Tg 6
6

S

PRÉCIS

un

COURS DE ZOOLOGIE VÉTÉRINAIRE,

Par L. F. Grognier,

PROFESSEUR A L'ÉCOLE ROYALE VÉTÉRINAIRE DE LYON.

CHAPITRE PREMIER.

GÉNÉRALITÉS.

Définition de la Zoologie, et de son objet.

La Zoologie est cette partie de l'histoire naturelle, qui a pour objet la connaissance des animaux (1).

On peut définir l'animal : Un être organisé, doué de sentiment et de mouvement volontaire. Cette définition, qui ne pourrait pas s'appliquer absolument à tous les animaux connus, convient, du moins, à tous ceux qui vivent à l'état de domesticité ; il en est de même du caractère suivant :

(1) L'étymologie de ce mot est grecque et signifie discours sur les animaux.

Une cavité intérieure pour recevoir la nourriture : cavité digestive qui n'existe dans aucune plante, et dont on peut considérer l'existence comme étant liée à la faculté de changer de lieu ; les êtres, en effet, qui en sont doués, pouvant se mouvoir afin de se procurer leur nourriture, et emporter, avec eux, une quantité de matière nourrissante, pour en absorber à loisir les sucs utiles.

Classification des animaux.

On a classé les animaux selon le nombre, l'importance des organes dont ils sont pourvus, et le degré d'intelligence dont ils sont doués : circonstances qui ont entre elles beaucoup de rapports.

De tous les organes, les plus importans sont les nerveux ; ce sont ceux dont le développement suppose un plus grand nombre d'autres organes également développés ; et c'est sur leur forme, leur position, leur dimension, qu'on peut apprécier le degré d'intelligence parmi les animaux.

On a supposé, avec raison, que plus était grand le rôle que jouaient ces organes dans une espèce, plus la nature avait pris de soin pour les conserver, et les préserver de toute atteinte, par de fortes parois.

De là, la première division des animaux, en vertébrés, c'est-à-dire, ayant un organe cérébral, protégé par un système osseux, nommé vertébral, dont le crâne fait partie ; et en invertébrés, c'est-à-dire, étant dépourvus de vertèbres.

Les animaux vertébrés, parmi lesquels se trouvent le cheval, le bœuf, le chien, la poule et le canard, ainsi que les serpens et les poissons, sont distingués par les caractères suivans :

1.º Un squelette intérieur, d'une nature osseuse ou cartilagineuse.

2.º Un tube pratiqué dans ce squelette pour recevoir le cerveau et son prolongement : tube très-dilaté à son origine, et dont le diamètre diminue graduellement jusques à sa terminaison, sauf quelques renflemens.

3.º Des organes des sens spéciaux et déterminés.

4.º Des mâchoires transversales, munies de dents distinctes ou rudimentaires.

5.º Jamais plus de quatre membres.

6.º Les sexes séparés sur des individus différens.

7.º Une rate, un foie, un pancréas, des reins, etc.

8.º Enfin, beaucoup de sensibilité et d'aptitude à recevoir de l'éducation (1).

Les animaux vertébrés se divisent en deux sections, savoir : à sang chaud et à sang froid ; à l'un et à l'autre de ces deux caractères d'autres sont joints.

Les vertébrés à sang chaud sont doués d'une force de température, par laquelle la chaleur de leur sang est indépendante du milieu où ils vivent ; ils ont des poumons bien développés, et un cœur à quatre cavités. Presque tous les animaux domestiques sont dans l'une ou dans l'autre de ces sections.

Les vertébrés à sang froid sont dépourvus de poumons, ou ont ces organes peu développés : il en est

(1) Les animaux de cette classe sont intelligens, ceux des autres sont aveuglément instinctifs ou automatiques.

de même du cœur. Leur sang circule incomplétement, et sa température est la même que celle de l'atmosphère dans laquelle ils vivent : tels sont les serpens et les poissons : animaux dont aucune espèce n'est domestique, et qui, par conséquent, ne nous occuperont pas.

On a formé deux grandes classes parmi les animaux vertébrés à sang chaud : l'une est caractérisée par des mamelles ; l'autre, par l'absence de ces organes. On nomme mammifères ceux qui en sont pourvus ; les autres sont les oiseaux.

Parmi les animaux sans vertèbres, ou doués, au lieu d'intelligence, d'un instinct aveugle, souvent collectif, on trouve : 1.º les mollusques, tels que le limaçon et l'escargot ; 2.º les annelides, tels que la sangsue ; 3.º les vers, dont le plus grand nombre vit dans l'intérieur des mammifères et des oiseaux, etc. On appelle ces vers intestinaux ou entozoaires ; 4.º les insectes, tels que le ver à soie, l'abeille, la cantharide, etc.

Nous parlerons des invertébrés utiles ou nuisibles, sous le rapport vétérinaire, et nous passerons les autres sous silence.

Des mammifères.

Les mammifères sont des animaux vertébrés à sang rouge et chaud, dont voici les principaux caractères :

1.º Nutrition des fœtus dans la matrice, au moyen d'un organe nommé placenta.

2.º Alimentation des petits avec du lait sécrété par les mamelles des femelles qui ont mis bas.

5

3.º Des poils , souvent de nature diverse , couvrant presque toute la surface du corps.

4.º Des mâchoires garnies de dents bien prononcées.

5.º Quatre membres servant à la locomotion : de là le nom de quadrupèdes donné à ces animaux.

6.º Les deux cavités du tronc séparées par une cloison forte et mobile, nommée diaphragme.

7.º Des poumons libres et flottans dans la cavité antérieure, nommée poitrine ou thorax.

8.º Cinq sens complets.

9.º Une voix qui se module suivant les passions , et que l'on pourrait considérer comme un langage.

10.º Beaucoup plus d'intelligence et d'aptitude à l'éducation que les animaux des autres classes.

11.º Habitation sur la terre: ces animaux étant dépourvus de la faculté de s'élancer dans les airs et de vivre long-temps sous les eaux (1).

Division zoologique des mammifères domestiques.

Ces mammifères sont divisés en ordres ou familles, en genres et en espèces ; et parmi celles-ci les zoologistes en ont décrit huit à neuf cents. Sur ce nombre il en est à peine dix à douze que nous soyons tenus de connaître ; elles se trouvent dans les familles des pachydermes ou brutes, des ruminans , des carnivores ; ce sont les seules dont nous parlerons, en y ajoutant quelques notions sur celle des rongeurs.

(1) Leur cerveau est beaucoup plus compliqué que dans les autres classes.

Les pachydermes ou brutes sont, d'après les naturalistes, des mammifères dont la peau est dure, qui ont plusieurs sortes de dents, et dont l'estomac est impropre à la rumination. Il s'est trouvé, d'après ces caractères, que, parmi nos animaux domestiques, le cheval et le cochon ont été rangés dans la même famille.

Nous nous croyons en droit de supprimer la famille des pachydermes ; nous mettrons à la place les solipèdes et les ongulogrades, sauf à conserver pour ces derniers, parmi lesquels est le porc, le nom de pachydermes.

Comme on ne connaît, dans l'ordre des solipèdes, que le genre cheval, il nous suffira de décrire ce genre ; et en le décrivant nous tracerons les caractères de son ordre.

L'ordre des ruminans a pour caractères :

1.º Quatre estomacs servant à la rumination.

2.º L'absence de dents incisives à la mâchoire antérieure et supérieure suppléée par un bourrelet calleux.

3.º Les pieds divisés en deux doigts, renfermés dans deux sabots.

4.º Deux rudimens de doigts derrière chaque sabot.

Les carnivores autrement dits carnassiers se distinguent :

1.º Par trois sortes de dents : six incisives à chaque mâchoire, des canines très-fortes, des molaires tranchantes.

2.º Les extrémités divisées en plusieurs doigts onguiculés, jamais en forme de mains.

3.º Des mamelles en nombre variées, toujours au-dessus de quatre.

4.º Un estomac simple, presque entièrement membraneux, des intestins courts.

5.º Le mode de nourriture qui se compose généralement de chair fraîche ou corrompue, quelquefois de fruits et de racines, jamais d'herbes ni de feuilles.

Les pachydermes proprement dits ou ongulogrades ont pour caractères:

1.º Plusieurs doigts, ordinairement au nombre de quatre, recouverts de sabots, dont deux postérieurs et supérieurs plus courts ne touchent pas la terre.

2.º Trois espèces de dents.

3.º Un estomac membraneux simple.

4.º Un corps massif.

5.º Une peau fort épaisse, nue, raboteuse ou garnie de poils rudes et rares, nommés soies.

(Famille au reste dont les caractères sont mal déterminés).

Les rongeurs ont pour caractères :

1.º Deux grandes incisives à chaque mâchoire, séparées des molaires par un espace vide.

2.º L'absence de dents canines.

3.º Les extrémités postérieures beaucoup plus longues que les antérieures.

4.º Les doigts onguiculés, libres et flexibles.

5.º Le nombre de mamelles variable.

Neuf mammifères domestiques sont compris dans les familles dont nous avons sommairement tracé les caractères. Ce sont le cheval, l'âne, le bœuf, le mouton, la chèvre, le porc, le chien, le chat et le lapin. Nous les décrirons successivement sans suivre l'ordre dans lequel les zoologistes les ont placés. Nous passerons sous silence des mammifères qui ne sont domestiques que dans des climats lointains, tels que l'éléphant, le chameau et le renne. Mais nous ne nous dispenserons pas de parler de quelques mammifères indigènes nuisibles, tels que le loup, le renard, l'ours, etc.

Nous traiterons ensuite successivement des oiseaux et des insectes domestiques, et nous ferons connaître quelques espèces pernicieuses de ces deux grandes sections zoologiques.

CHAPITRE II.

DU CHEVAL.

✳

Caractères zoologiques.

1.° Pieds terminés par un seul doigt et un seul ongle, en forme de sabot sémi-circulaire. De là le nom de solipède donné à ces animaux.

2.° Trois sortes de dents, savoir : molaires 24, incisives 12, canines ou crochets 4 : ces dernières manquant presque toujours dans les femelles.

3.° Un espace vide, nommé barre, entre les canines et les molaires.

4.° Les molaires carrées, sillonnées sur leur face, offrant des croissans sur leur couronne.

5.° Deux mamelles inguinales dans les femelles.

6.º Estomac simple, peu volumineux, intestins très-développés, cœcum d'une grande capacité.

7.º Caractère herbivore, naturel paisible, sociable, vivant à l'état sauvage en troupes nombreuses sous la conduite d'un mâle (1), se défendant principalement avec les pieds de derrière.

Espèces.

On connaît au moins huit espèces de ce genre, dont deux domestiques et six sauvages. Les premières sont le cheval ordinaire et l'âne. Nous traiterons de celles-là, nous bornant à nommer les autres :

1.º Dziggtai ; 2.º zèbre commun ; 3.º zèbre de Burchell ; 4.º couagga ; 5.º âne khur ; 6.º guémul, celui-ci à pieds divisés.

Il existe en Amérique et en Sibérie des troupes immenses de chevaux, errant en liberté. On les regarde comme sauvages ; mais ils ont tous les caractères des chevaux ordinaires, et il est prouvé qu'ils descendent de l'espèce qui vit à l'état domestique.

Caractères zoologiques du cheval ordinaire domestique.

Les naturalistes n'ont trouvé d'autres caractères pour le distinguer des autres espèces du genre, qu'une queue couverte de longs crins dans toute son étendue, et l'absence de bandes symétriques d'une couleur différente de celle du fond de la robe. On peut ajouter des oreilles moyennes.

(1) Il n'y a que les espèces vivant en société dans l'état sauvage qui puissent être réellement domestiques.

Sens.

Ils sont exquis. Les yeux conformés de manière que, tout en paissant, l'animal porte la vue très-loin dans la direction horizontale ; et mieux que l'homme, il distingue les objets pendant la nuit ; ouïe délicate ; faculté de recueillir les rayons sonores, au moyen des conques auriculaires, grandes et mobiles.

Fosses nasales, amples ; narines mobiles pour percevoir de fort loin les particules odorantes.

Plus de délicatesse sur la nourriture que les autres herbivores ; goût plus développé ; lèvre supérieure ayant une grande facilité de mouvement, pour palper, pour ramasser les alimens ; peau très-sensible ; faculté de la faire froncer pour se débarrasser des insectes incommodes.

Voix.

On l'appelle hennissement. Se module sur les sensations, les désirs, les passions de l'animal. De là cinq sortes bien caractérisées : 1.º Celui d'alégresse, dans lequel les sons montent à des tons toujours plus forts et plus aigus ; le cheval bondit ; il a l'air de ruer ; mais il n'a aucune intention de nuire. 2.º Celui de désir, inspiré par l'amour sexuel, ou l'attachement à son maître ; les sons alors se prolongent et deviennent plus graves. 3.º Celui de la colère. Il est court, aigu, entrecoupé ; l'animal alors cherche à ruer, à frapper des pieds de devant, s'il est vigoureux ; à mordre, s'il est méchant. 4.º Celui de la peur. Il est grave, rauque ; il ne semble sortir que des naseaux ; et comme celui de la colère, il est fort court. 5.º Enfin le hennissement de la douleur. C'est un gémissement, une espèce de toussement étouffé, dont les sons graves suivent les mouvemens de la respiration ; ce sont les chevaux les

plus nobles qui hennissent le plus souvent d'alégresse
et de désir. Les chevaux hongres (châtrés) et les femelles
hennissent rarement, et jamais d'une manière bruyante.
Dès le premier âge, le mâle a la voix plus sonore que la
femelle.

Allures.

On entend par allures chez le cheval la progression, la
manière dont il marche. Il en a naturellement trois, d'une
manière plus marquée que les autres quadrupèdes, savoir :
le pas, le trot et le galop. Plus qu'aucun, il en contracte
de défectueuses, et en acquiert d'artificielles ; on peut
ranger dans ce nombre le pas allongé. La vîtesse du
cheval surpasse celle de tous les autres animaux terrestres.

Poils. — Châtaigne.

Les poils du cheval sont différens selon les parties où
ils sont implantés ; longs, roides, rares, sous forme de
soie aux lèvres et autour des yeux ; plus longs, plus
épais, plus nombreux à l'encolure et à la queue, où
on les appelle crins ; fins, soyeux aux parties génitales
des deux sexes ; courts et flexibles sur le reste du corps ;
devenant rudes, grossiers, crépus sur les chevaux dé-
générés, sous l'influence du froid et de l'humidité,
principalement à la face inférieure et postérieure des
extrémités, où on les appelle fanon ; variant beaucoup
en couleur, souvent sur le même individu. Ces variétés
de couleur tranchantes avec le reste de la robe ont reçu
les noms d'*étoiles*, *balsanes*, *etc*.

Une excroissance nommée châtaigne, de substance
cornée, ainsi que les poils, est particulière au cheval ;
elle se développe plus ou moins, dans toutes les races.

la partie interne des jambes au-dessus du genou ; aux extrémités de devant, au-dessous des jarrets, à celles de derrière.

Génération.

Verge fort grande, respectivement à la taille, renfermée dans un fourreau dirigé en avant ; deux rudimens de mamelles sur le prépuce. Les deux mamelles de la femelle, qui sont inguinales, peu volumineuses comparativement au reste du corps ; beaucoup d'ardeur génitale dans les deux sexes se manifestant pour l'ordinaire au printemps. Gestation d'environ douze mois ; portée presque toujours unique ; allaitement de la nature à peu près de même durée que la gestation, et le plus souvent abrégée à l'état domestique. Le poulain en naissant a les yeux ouverts ; il est couvert de poils, n'a point de dents, et déjà il est assez fort pour se soutenir et marcher ; il quitte son nom pour prendre celui de cheval à cinq ans, âge où il est entièrement développé. Durée naturelle de la vie, trente à quarante ans.

Naturel.

Herbivore ; se nourrissant de substances animales dans des cas fort rares ; buvant par aspiration, en humant ; l'estomac conformé de manière à ne pas permettre le vomissement ; éminemment sociable à l'état sauvage, et devenant facilement domestique, même quand il est pris à l'état adulte. S'attachant à l'homme ; devenant son compagnon fidèle, et en quelque sorte son ami ; partageant ses travaux, ses périls et sa gloire ; se prenant d'amitié pour des individus de son espèce ; se montrant très-sensible aux bons comme aux mauvais traitemens ; aimant les éloges ; fier d'être brillamment harnaché ; s'animant au signal des combats ; possédant beaucoup de qualités intellectuelles, surtout une mémoire longue et sûre.

Services du cheval.

Nous lui faisons porter ou traîner un fardeau.

Comme animal de trait, il sert à l'agriculture, au commerce, à l'industrie, à l'art militaire, aux commodités de la vie, aux jouissances du luxe.

1.º A l'agriculture. Il partage avec le bœuf les travaux des champs ; on lui donne la préférence sous ce rapport, surtout dans les pays de plaines, attendu que sa marche est plus rapide.

2.º Au commerce. Il transporte les produits de l'agriculture et ceux de l'industrie, comme bête de roulage, de messagerie, de hallage, etc.

3.º A l'industrie. Il sert de moteur à un grand nombre d'usines.

4.º A l'art militaire. Il traîne l'artillerie, les vivres, les bagages, les ambulances.

5.º Aux commodités et même aux besoins de la vie. Il abrége en quelque sorte les distances, en nous transportant avec rapidité, agrément, économie et sûreté, à des distances qui peuvent être fort éloignées.

6.º Au luxe. Quand il est attelé aux carrosses, aux calèches, aux cabriolets.

Comme animal de selle, le cheval sert encore aux besoins ou au luxe ; sous le 1.ᵉʳ rapport il monte le voyageur, agriculteur, industriel, ou commerçant, dont il économise le temps tout en transportant ses effets.

Sans chevaux de selle on ne conçoit d'autre système militaire qu'une guerre de montagnes escarpées. Hors de ces cas, une nation sans cavalerie ne peut ni attaquer ni se défendre.

Comme objet de luxe, le cheval sert de monture aux grands, aux riches; et de tous les luxes, il n'en est point de plus beau et de plus utile.

Il sert au manége où il déploie sa vigueur, son élasticité, ses grâces et son intelligence.

Il est employé à la chasse, et il dispute le prix de la course.

Les chevaux de luxe étant plus beaux, plus forts comparativement à leur taille, même plus intelligens que les chevaux simplement utiles, ils les améliorent en s'alliant à eux.

Aux divers services rapidement indiqués sont adaptées diverses races dont nous ferons connaître les principales dans un autre cours.

Le cheval fournit à l'agriculture un fumier chaud, très-bon pour le jardinage. Les Tartares font fermenter le lait de jument pour obtenir une liqueur alcoolique dont ils sont fort avides.

Produits du cheval après sa mort.

1.º La chair. Elle est alimentaire pour notre espèce, quoique peu employée à cet usage, excepté en Danemarck où elle est étalée dans les boucheries. Nous la faisons servir à la nourriture des chiens, des porcs, des poules; nous l'employons avec d'autres débris de ces animaux pour fumer les terres, et cet engrais est puissant. On en retire des produits chimiques, tels que de l'adipocire (espèce de savon) et de l'ammoniac.

2.º La peau souple et plus légère que celle du bœuf, moins employée pour chaussure, plus dans l'art du sellier, du carrossier, du bourrelier.

3.º La graisse employée par les hongroyeurs, préparateurs de peaux, qui, à la manière des Hongrois, les disposent pour les harnais ; par les bourreliers, pour assouplir les cuirs. Elle sert à l'éclairage, sa flamme est plus égale que celle de l'huile, ne s'épaissit pas, convenant aux émailleurs, ouvriers qui appliquent des métaux sur le verre ; servant à la fabrication du savon, des chandelles et à la préparation des alimens, etc.

4.º Le sang, cuit, comprimé, émietté, mêlé ensuite à des substances végétales, sert à l'engraissement des poules et des porcs ; — desséché et carbonisé, entre dans la fabrication d'un produit tinctorial nommé bleu de Prusse ; — dépouillé d'un de ses principes (la fibrine), employé pour raffiner le sucre ; — mêlé à d'autres substances, excellent engrais.

5.º Les os mis en œuvre par les tourneurs, les couteliers, les tabletiers, les boutonniers, les éventaillistes, les bimbelotiers ; réduits en poudre, servant d'engrais ; — calcinés imparfaitement, formant ce qu'on appelle noir d'os, noir d'ivoire, qui, après avoir été réduit en poudre, sert à clarifier les vins, les sirops, etc. ; — décomposés au moyen d'un acide constituant l'ostéocolle ou colle d'os, qui sert à la fabrication des chapeaux et à l'apprêt des toiles de coton.

6.º Les tendons et autres tissus blancs analogues, servant aussi à faire de la colle forte.

7.º Les boyaux, à faire, entre autres choses, de la baudruche, substance dont se servent les batteurs d'or

pour réduire ce métal en lames d'une excessive min-
ceur ; — les boyaux, ainsi que les issues (le cœur,
les poumons, etc.), excellent engrais.

8.º Sabots, dont on fait des peignes, des ouvra-
ges de tabletterie ; engrais de longue durée, surtout
pour la vigne.

9.º Les crins employés par les bourreliers, les ta-
pissiers, les fabricans de cordes de crins, les tisseurs
d'une étoffe nouvelle nommée crinolline, etc.

CHAPITRE III.

DE L'ANE.

Caractères zoologiques.

Ceux du genre cheval, dont il est une espèce (equus
asinus), et, de plus, la queue nue jusques à son extrémité où elle offre une houpe de longs poils, et
une ligne dorsale noire, croisée par une ou deux bandes de même couleur, qui descendent sur les épaules.

Beaucoup moins variée que la robe du cheval, celle
de l'âne est, en général, grise, plus ou moins rous-
sàtre. Ses oreilles sont fort longues, comparativement
au volume total du corps.

Les zoologistes n'ont pu saisir d'autres caractères
fondamentaux pour distinguer nettement le cheval ordinaire (*equus caballus*) de l'âne domestique (*equus
asinus*) ; encore ces caractères ne sont-ils pas bien
constans.

Différences de conformation entre l'âne et le cheval domestique ordinaire.

Elles n'existent ni dans le squelette, ni dans la conformation des organes, ni dans la distribution des vaisseaux et des nerfs. Aux yeux de l'anatomiste, l'âne vulgaire est un petit cheval; les différences sont extérieures. En outre de celles indiquées, voici les principales : taille plus petite, les plus grands ne s'élevant pas au-dessus des chevaux moyens; — tête plus grosse, terminée par un museau renflé; — lèvre supérieure ou antérieure plus longue; — oreilles grandes, dont la conque est tapissée de poils longs et crépus; — poils longs et épais au front et aux tempes; — yeux écartés l'un de l'autre; — encolure épaisse; — poitrail étroit; — dos arqué; — épine dorsale saillante; — hanches plus hautes que le garrot; — peau dure et grossière; sabots étroits, droits, ternes, ordinairement raboteux, à talons serrés; — point de châtaigne aux extrémités postérieures.

Sens et qualités.

L'âne ne le cède guère au cheval par la bonté de la vue, la délicatesse de l'odorat, la finesse de l'ouïe. Son goût est beaucoup moins délicat, se contentant de la nourriture la plus grossière. Sa voix ne se module pas comme celle du cheval; elle est rauque, dure, bruyante, désagréable, tout aussi forte dans la femelle que dans le mâle; on la nomme braiment. Elle tient à quelques légères particularités de structure du fond du larynx.

Moins vigoureux que le cheval, il est plus dur, portant, respectivement à son volume, de plus lourds fardeaux, surtout quand on le charge sur la croupe. Moins rapide, il a le pas plus sûr.

Il supporte bien plus long-temps la faim et la soif.

Ses maladies sont moins nombreuses, mais aussi plus aiguës.

Quoiqu'à un degré moindre que le cheval, il a de l'intelligence, la mémoire des lieux, de l'aptitude à l'éducation. Comme lui, il s'attache à un bon maître ; il est reconnaissant des bons traitemens.

S'il est surchargé, si le bât le blesse, il l'indique en inclinant la tête, en baissant les oreilles, en refusant de marcher ; rarement il cherche à se défendre avec les pieds ou les dents.

S'il accélère le pas, parce qu'il est trop chargé, c'est moins une preuve de stupidité que d'intelligence. Il voudrait arriver plus vite au terme d'une marche fatigante.

Comme sa peau est rude, sale, qu'on ne l'étrille jamais, qu'il transpire difficilement, qu'il est tourmenté par les poux, il aime à se rouler dans la poussière, jamais dans la fange.

S'il est poltron, têtu, paresseux, stupide, c'est le résultat de la mauvaise éducation qu'on lui donne, des mauvais traitemens dont on l'accable, du profond mépris dont il est l'objet.

Génération.

L'âne est de beaucoup plus prolifique que le cheval. Il peut saillir jusqu'à dix fois dans un jour. On profite d'une ardeur que souvent on excite à coups de bâton pour lui faire couvrir des jumens, et de cette alliance résultent des mulets dont nous parlerons plus tard.

En livrant la jument à l'âne étalon, on obtient
d'autres bâtards nommés bardeaux, plus petits et plus
forts pour leur taille.

La faculté d'engendrer est plus précoce dans cette
espèce que dans celle du cheval.

La gestation dure le même espace de temps.

Les doubles portées sont encore plus rares.

La parturition est précédée, accompagnée, suivie de
moins d'accidens.

L'ânesse ne le cède point à la jument en tendresse
maternelle.

Dans l'ordre de la nature, l'allaitement aurait chez
les deux espèces la même durée ; on sèvre l'ânon avant le
poulain pour profiter du lait de l'ânesse.

L'ânon a des formes agréables, des mouvemens légers,
de la gaîté, tout autant qu'un joli poulain du même âge.
Si dans la suite de si grandes différences le distinguent, c'est
moins la loi de la nature que l'effet de l'éducation.

Services.

Dans quelques contrées de l'Asie et de l'Afrique où l'âne
est bien soigné, où l'on en entretient de belles races (1), il
est employé aux mêmes services que le cheval, sans en
excepter ceux de la guerre.

Chez nous on l'attèle à la charrue pour labourer des
sols légers; il sert de renfort en avant d'un attelage de vaches.

Son principal service est le bât. Il est très-utile sous
ce rapport, surtout aux environs des villes, pour

____

(1) Il sera question, dans un autre Cours, de quelques races d'ânes,
comme de quelques races de chevaux.

porter au marché les produits du verger, du jardin et de la basse-cour.

Il coûte si peu, on l'entretient à si peu de frais, on croit lui devoir si peu de soins, que le moindre cultivateur peut l'introduire dans sa chaumière ou l'attacher à côté; le cheval le plus chétif serait au-dessus de ses moyens.

Indépendamment de ses labeurs, l'âne donne du fumier, et sa femelle donne, de plus, du lait.

Le fumier d'âne était chez les anciens plus estimé que celui de cheval. On le regardait avec raison comme moins propre à infecter un champ de mauvaises herbes, l'animal digérant mieux les grains qui pourraient se semer avec les excrémens.

Le lait d'ânesse tient le milieu entre celui de la femme et de la jument; il est riche en principes mucoso-sucrés; il contient peu de matières tant butireuses que caseuses.

Il est modifié plus que chez les autres femelles domestiques par les passions et le régime.

Il a été de tout temps regardé comme médicamenteux préférablement à tout autre, surtout dans les maladies chroniques des poumons et des voies digestives.

Produits après sa mort.

Dans quelques contrées d'Asie, la chair d'âne est viande de boucherie.

Les saucissons renommés de Bologne sont faits avec de la chair d'ânons qu'on nourrit et que l'on engraisse en nombreux troupeaux.

Ce qu'on a dit sur les produits qu'on peut obtenir des débris du cheval s'applique à ceux de l'âne.

La peau de ce dernier est plus dure et plus élastique;

elle s'étend beaucoup plus sous la main du mégissier , et on en fait des cribles, des tamis, des tambours, de gros parchemins , des reliures de livres.

Son poil plus crépu que celui du cheval est plus employé par les bourreliers, les selliers, les fabricans de fauteuils, etc.

CHAPITRE IV.

DU BŒUF.

✳

Caractères zoologiques.

Mammifère ruminant dont les caractères sont, en outre, de ceux de la classe et de la famille,

1.º Des cornes chez les deux sexes, persistantes, creuses, presque toujours emboîtées dans des axes adhérens à l'os frontal (1);

2.º Une tête courte, à chanfrein droit, terminée par un organe large, épais, recouvert d'une peau fine, dénuée de poils, presque toujours humide, et qu'on appelle mufle ;

3.º Des oreilles grandes, mobiles, dirigées horizontalement ;

4.º Des yeux grands, entourés d'éminences considérables;

(1) Quoiqu'on connaisse une race de bœufs sans cornes , on n'en appelle pas moins les *bovinées* bêtes à cornes ou à grosses cornes, etc. et cette dernière expression est fort inexacte, car les cornes du bélier sont, respectivement à la taille des deux genres , cinq à six fois plus grosses. Ce sont les moutons qu'il faudrait appeler bêtes à grosses cornes.

5.º La langue hérissée de petits crochets fermes, pointus, dirigés en arrière', qui la rendent rude ;

6.º Quatre mamelles inguinales (quelquefois une cinquième ou même une sixième, mais ces dernières inutiles) ;

7.º La queue est toujours terminée par des flocons de longs poils.

Les caractères qui suivent appartiennent plus particulièrement aux bœufs domestiques proprement dits :

1.º Des cornes arrondies, dirigées latéralement et relevées en pointe ;

2.º Un pli de la peau, pendant sous le cou et tombant entre les jambes de devant, quelquefois jusqu'au-dessous du genou, pli nommé fanon ; deux lèvres grosses qui ne permettent à l'animal de saisir que des herbes hautes, et tout au plus de pincer celles qui sont courtes ;

3.º Front grand, aplati, couvert d'un poil crépu, portant en général un épi à son milieu ;

4.º Cou gros et court, dirigé horizontalement, et le corps massif ;

5.º Jambes fort courtes, comparativement à la grosseur du corps, garnies inférieurement d'une touffe de poils analogue au fanon des chevaux ;

6.º Hanches larges et saillantes ;

7.º Jarrets larges, évidés ; genoux gros ;

8.º Horizontalité presque parfaite d'une ligne qui, partant de la nuque, se prolongerait jusques à l'origine de la queue. Pelage varié, mais le plus souvent réfléchissant les diverses nuances de rouge.

Naturel.

On a cru le bœuf domestique descendu de l'auroch, le plus grand des quadrupèdes après l'éléphant et le rhinocéros ; mais l'auroch a 14 paires de côtes et le bœuf n'en a que 13.

Aucune autre espèce sauvage ne nous offre le type du plus précieux de nos animaux ; les individus de cette espèce qui vivent à l'état de nature descendent des races domestiques.

Toutes les espèces de bœufs sont sociables, paissant en troupes plus ou moins nombreuses, sous la conduite d'un mâle. Les vaches domestiques qui pâturent en liberté sur les montagnes ont pour chef l'une d'entre elles.

Les bêtes bovines sont fortes et courageuses ; leurs armes sont les cornes ; elles se défendent aussi avec les pieds.

Un troupeau de bœufs abandonné à lui-même, qui est menacé par un animal carnassier, se range en un cercle dans l'intérieur duquel se placent les veaux ; il présente à l'ennemi un rempart circulaire, hérissé de cornes.

Il aime à se frotter les cornes contre les corps durs, ce qui fait que dans le jeune âge il s'en détache des lames ; ce qui a fait croire que les bœufs changeaient de cornes, comme les chevaux de dents incisives.

La voix dans ces animaux se nomme mugissement ; elle est forte dans les mâles entiers qu'on nomme taureaux ; elle se modifie selon que l'animal est agité par l'amour ou par la fureur, et dans ce dernier cas elle a un accent terrible. La vache mugit d'un ton rauque, quand elle a peur ; d'un ton plaintif, quand elle a perdu son veau.

Ce dernier mugit d'un ton à peu près semblable, quand il souffre, quand il éprouve le besoin de nourriture, qu'il désire sa mère.

Malgré sa conformation massive, le bœuf court quelquefois fort vite, et il nage bien.

Son sommeil est court et léger, se réveillant au moindre bruit. Comme il se couche ordinairement du côté gauche, le rein de ce côté est toujours plus gros et plus chargé de graisse que celui qui lui est opposé.

Quoique son intelligence soit moins développée que celle du cheval, il est susceptible d'éducation, il obéit à la voix, s'attache à un bon maître. On a vu des bœufs attelés ensemble se prendre de la plus vive amitié; on connaît la tendresse de la vache pour son petit.

La patience, la douceur et même les caresses sont les meilleurs, pour ne pas dire les seuls moyens de dompter les taureaux et les bœufs, et d'obtenir le lait des vaches.

Génération.

Le taureau a le membre très-long et la pointe contournée en spirale; il franchit la fleur épanouie, pénètre dans l'intérieur de la matrice, et quelquefois même dans les cornes de ce viscère; il peut engendrer à un an. La femelle est encore plus précoce; mais c'est plus tard qu'il convient de les accoupler.

La chaleur se manifeste pour l'ordinaire au printemps. Il n'est pas rare de voir des vaches en chaleur plusieurs fois l'année, et même constamment.

La vache porte neuf mois; plus souvent que la jument elle met bas deux petits; la parturition est chez elle, plus souvent que chez les autres espèces domestiques, accompagnée d'accidens.

On nomme veau le mâle impubère; vèle, la femelle du même âge; génisse, la femelle qui, ayant atteint l'âge de la puberté, n'a pas encore porté. Le taurillon est un mâle entier qui n'a pas encore trois ans; le bouvillon est un bœuf de même âge (1).

(1) Sur les montagnes d'Auvergne on nomme bourrets et bourrettes

Les bœufs, comme les vaches, prennent en deux ans
à peu près tout leur volume en hauteur et en longueur.
Après cet âge, ils peuvent augmenter en grosseur et
même, dit-on, jusques à la fin de leur vie.

Leur plus grande force est de cinq à neuf ans.

Le terme naturel de leur vie, quinze à dix-huit.

Services du bœuf.

Le bœuf est employé avec le cheval pour les travaux
de l'agriculture ; chez les anciens il y servait exclusivement. Il convient mieux à cet usage, étant plus robuste, plus patient, plus solide sur les terrains inégaux,
pentifs, escarpés.

L'avantage du cheval est d'aller plus vite ; mais cet
avantage disparaît, au moins en grande partie, quand, au
lieu de mettre les bœufs au joug, on les attèle au collier
comme les chevaux.

Les avantages du bœuf sur le cheval pour les travaux
de l'agriculture sont :

1.° Économie dans l'achat, deux bœufs ne coûtent
pas plus qu'un cheval ;

2.° Économie dans la nourriture. Car quoique le bœuf
mange plus que le cheval, il se contente d'une nourriture
plus grossière, et, tout en travaillant, il peut vivre
d'herbe fraîche ; il se passe de grains ;

3.° Économie dans les harnais, même en adoptant l'utile
usage du collier, et le ferrage encore moins nécessaire.

les jeunes bêtes qui ont moins de deux ans ; ce sont ensuite des dou-
blons, des doublonnes, des tierçons, des tierçonnes (doubles-ans,
trois ans).

4.º Économie dans les soins. Un bouvier pourrait soigner beaucoup plus de bœufs qu'un charretier ou un palefrenier ne peut soigner de chevaux ;

5.º Augmentation de la valeur du bœuf en avançant en âge, tandis que celle du cheval diminue ;

6.º Ressource d'engraisser le bœuf de réforme, et de le vendre au boucher plus qu'il n'a coûté ; de se défaire aussi à un bon prix du bœuf blessé, menacé de maladie ou même malade, tandis que dans les mêmes cas le cheval ne peut guère être vendu qu'à l'équarrisseur ;

7.º Maladies beaucoup plus nombreuses dans les chevaux que dans les bœufs ;

8.º Si hors des travaux on fait paître les uns et les autres, les premiers détériorent le pâturage, les autres l'améliorent ;

9.º Enfin, si on a adopté la stabulation permanente, les bœufs s'accommodent mieux que les chevaux de ce régime.

Ce ne sont pas seulement les bœufs, mais encore les taureaux et les vaches qu'il convient d'employer aux travaux de l'agriculture.

Les uns et les autres servent aux charrois, au roulage, au hallage, au mouvement des machines.

En quelques pays on met un bât sur le dos des bœufs, et alors, de même que les mulets et les ânes, ils sont des bêtes de somme.

Dans l'Inde et en Afrique on les selle, on les bride et on les monte ; on les fait servir à la guerre.

La vache est encore plus utile que le mâle de son espèce ; elle est en nombre beaucoup plus grand.

On voit dans plusieurs contrées plus de vaches que de bœufs attelés à la charrue de l'agriculture, et aux voitures des charrois et du roulage.

On obtient de chaque vache presque annuellement un veau qui, dès l'âge d'un mois ou six semaines, nous fournit un aliment également abondant, délicat et salubre.

Mais c'est surtout par son lait que la vache tient le premier rang parmi les animaux utiles; on le consomme, en très-grande partie, en nature, dans les environs des villes; ailleurs, on le convertit en beurre et en fromage, et les deux industries sont de la plus haute importance sous le rapport de l'économie rurale.

Le lait sert à divers usages sous le rapport de l'industrie manufacturière.

A égalité de volume et de litière, une bête bovine donne plus de fumier qu'une bête chevaline, et ce fumier est plus convenable pour les terres arides et il dure plus long-temps.

Produits après sa mort.

1.° La chair. De tous les alimens pour notre espèce le plus substantiel, celle de la jeune vache engraissée ne le cède guère à celle du bœuf, et elle l'égale quand, avant de la livrer à l'engraissement, on châtre la vache: pratique utile usitée en quelques pays. La chair du taureau n'est pas mangeable ; celle du veau n'est bonne qu'à l'âge d'un mois au plus tôt ; elle est, avant, fade, visqueuse, indigeste.

La meilleure est riche en un principe (osmazome) éminemment tonique et nutritif. On sale la chair de bœuf pour la marine, celle de vache pour des ménages peu aisés de cultivateurs. Dans quelques pays, comme en Allemagne, on l'enfume pour la conserver.

2.° La graisse. Celle qui est unie à la chair la rend plus douce et plus savoureuse, tout en en favorisant la cuisson. Celle qui est en masse isolée autour des reins, des viscères, se nomme suif. Chez les herbivores gras, elle est la plus consistante, et sert à la fabrication des chandelles, ainsi qu'à celle des savons ; on s'en sert en pharmacie moins que de celle de porc. L'huile de pieds de bœufs est retirée par l'ébullition de ces parties ; elle est fluide et sert à l'éclairage et à l'assouplissement des cuirs pour harnais.

3.º La peau. C'est celle qui prend le plus de tan, dont on peut faire les cuirs les plus forts, ceux des semelles de souliers. Ce gros cuir, apprêté avec du suif, sert à faire les plus beaux harnais.

Le cuir de vache est plus souple, et a des rapports avec celui de cheval ; celui de veau est assez extensible pour former les plus belles reliures des livres. Les cuirs des bêtes bovines sont mis en œuvre par les selliers, les carrossiers, les mégissiers et beaucoup d'autres ouvriers.

4.º Les poils, nommés bourre, sont employés par les bourreliers, les selliers, les fabricans de meubles. On en fait un ciment pour plafonds, en les mêlant avec de l'argile, de la chaux, du plâtre ; on est parvenu à la filer pour tisser des étoffes.

5.º Les cornes et onglons servent à faire des peignes, des boîtes, des tabatières, des manches de couteau ; on les amincit au point de les rendre diaphanes, et dès-lors on en fabrique des lanternes, des fanaux pour la marine ; c'est en les ramollissant par des procédés particuliers qu'on leur fait prendre toutes les formes. Les rapures de cornes sont un engrais énergique et durable pour les vignes surtout.

6.º Les os, de même que ceux de cheval, servent à faire l'ostéocolle, le noir d'os ; on en extrait de la gélatine alimentaire, tout aussi bien que des cartilages et des tendons. Quelques os choisis servent dans l'art du tabletier ; les os moulus sont un excellent engrais.

7.° Le sang est employé pour raffiner le sucre ; on en extrait un produit tinctorial, nommé bleu de Prusse. On le pétrit dans l'aire des granges pour leur donner de la solidité.

8.° Les excrémens, en outre de leur usage comme engrais, sont la base d'un remède contre les plaies des arbres, qu'on nomme *onguent de St. Fiacre*. Dans certains pays pauvres en combustibles on les fait sécher pour les brûler.

Nous n'avons pas dit tous les services et tous les produits de l'espèce bovine domestique.

Nous parlerons ailleurs du lait, du beurre et du fromage.

Nous dirons plus tard un mot du buffle, espèce bovine domestique en Italie, et qui sans doute le deviendra un jour dans nos contrées.

CHAPITRE V.

DU MOUTON.

Caractères zoologiques.

Mammifère ruminant, dont les caractères génériques sont les suivans :

1.° Cornes anguleuses, ridées en travers, contournées latéralement en spirale, et se développant sur un axe osseux, celluleux, ayant la même direction, n'existant guère que chez le mâle, dans l'espèce domestique du moins ;

2.º Les huit dents incisives formant un arc entier, et se touchant toutes régulièrement par leurs bords;

3.º Museau terminé par des narines de forme allongée, sans mufles, comme il en existe chez le bœuf;

4.º Point de barbe au menton, et en cela différent de la chèvre;

5.º Chanfrein convexe, oreilles droites, rarement pendantes; jambes grêles;

6.º Stature moyenne entre les plus grands et les plus petits quadrupèdes; queue pendante, fort courte dans les espèces sauvages;

7.º Deux mamelles inguinales;

8.º Deux onglons derrière les sabots, et un sinus, canal biflexe, situé entre les deux onglons de chaque doigt, d'où suinte une humeur;

9.º Une petite fosse au bas de l'angle nasal des paupières.

Description du mouflon.

Le mouflon étant considéré comme le type de toutes les races de moutons domestiques ne doit pas être passé sous silence.

Il se distingue par des cornes très-fortes, arquées en arrière et recourbées en avant, existant quelquefois dans les femelles, mais beaucoup plus petites. Pelage ras, d'un fauve terne avec des taches noires, blanc sous le ventre; deux espèces de poils, l'un laineux en tire-bouchon, l'autre long et lisse; le premier est un duvet, l'autre plus abondant est rude et grossier.

La substitution d'une laine fine et moëlleuse à ce *jarre* est le résultat de la domesticité.

Le mouflon habitait jadis les Alpes, les Apennins et les Pyrénées ; on le trouve encore sur les montagnes de la Corse, de la Sardaigne et de la Turquie d'Europe.

Il vit en troupes de plus de cent individus, sous la conduite des mâles les plus vieux et les plus grands.

On en a pris jeunes, et on n'a pu, ni les apprivoiser, ni leur donner de l'intelligence. Accouplés à des brebis domestiques, ils ont produit des métis féconds : caractère fondamental de l'identité d'espèce.

Je dois me borner à nommer les autres espèces de mouflons, ou moutons sauvages ; celui d'Afrique à longue crinière sous le cou, qui habite les déserts de la Barbarie et de l'Égypte ; celui d'Amérique, grand et svelte comme un cerf, qui habite les montagnes du Canada ; celui de Sibérie ou argali, à cornes triangulaires, regardé par quelques naturalistes comme le type de nos moutons.

Toutes nos races domestiques sont des variétés héréditaires du mouflon d'Europe ou du mouflon d'Asie : peut-être de l'un et de l'autre.

Différences extérieures entre le mouton et le bœuf domestiques.

Elles ne sont point dans le nombre, la situation, la structure, la forme et les usages des organes intérieurs.

Elles résident 1.º dans la forme des cornes ; 2.º dans la configuration de la tête, et l'absence du mufle remplacé par une lèvre divisée par un sillon dépourvu de poils ; 3.º dans la nature du poil ; 4.º dans le pli de la peau nommé fanon, qui est particulier au bœuf ; 5.º dans l'humeur visqueuse, cutanée, nommée suint, et dans le sinus interdigité, particulier au mouton ; 6.º dans la différence de taille qui est, en général, cinq à six fois plus petite que celle du bœuf.

Naturel du mouton ordinaire.

De tous les animaux domestiques, le seul qui ne puisse pas redevenir sauvage ; abandonné à lui-même, il ne saurait ni chercher un pâturage, ni se réfugier sous un abri, ni se défendre contre ses ennemis. Les béliers qui, dans quelques races, sont vigoureux et assez hardis pour braver le chien, ne savent pas se réunir contre un ennemi commun, comme les autres animaux domestiques abandonnés à eux-mêmes.

Mus par la timidité et par la crainte, ils se serrent les uns contre les autres ; un stupide instinct produit la même détermination ; un troupeau de moutons fort tranquille aime à occuper au pâturage comme à l'étable le moins d'espace possible, ce qui facilite les moyens de les agglomérer et de les garder.

Ils suivent aveuglément celui d'entre eux qui marche le premier, soit par hasard, soit excité par le chien ou le berger ; ils s'engagent à sa suite dans les plus mauvais pas, et même se jettent dans un précipice.

La voix du mouton qu'on nomme bêlement a un accent très-remarquable de stupidité ; elle est toujours la même, seulement le bélier et la brebis en chaleur poussent quelquefois de petits gémissemens.

Point de liaison d'attachement entre les moutons, comme on en observe parmi les autres animaux domestiques herbivores ou carnassiers.

Aucune querelle ne s'élève jamais entre les moutons et entre les brebis, ce qui prouve encore plus la stupidité que la faiblesse. Les béliers se battent en silence, toujours de la même manière, se heurtant avec le front et la base des cornes ; l'œil sans feu, la bouche et les oreilles presque sans mouvement ; seulement, le bélier mérinos se retournant quelquefois contre le chien, cherche à lui prouver qu'il ne le craint pas en faisant un appel avec un pied de devant.

Génération.

Le bélier peut engendrer à deux ans, la brebis plus tôt ; mais à cet âge, n'ayant pas encore atteint tout leur accroissement, il faut retarder l'accouplement, que dans cette espèce on nomme *lutte*.

L'ardeur de la reproduction n'est, dans cette espèce, un peu vive que dans le mâle ; elle est presque insensible dans la femelle. Elle n'a point d'époque fixe ; car, selon les convenances, on détermine la lutte dans toutes les saisons. Il suffit pour cela de mettre en présence mâle et femelle, et de nourrir un peu plus.

Un bélier peut suffire pour trente à quarante brebis.

La durée de la gestation est de cinq mois ou environ.

Les portées doubles sont fréquentes, et les triples ne sont pas fort rares ; il y a compensation entre cet excédent de naissance et le déficit causé par les avortemens et la mort des nouveau-nés.

La durée de l'allaitement selon la nature serait à peu près égale à celle de la gestation ; mais on l'abrége par convenance.

La brebis a peu de tendresse pour son petit ; elle se laisse téter par le premier agneau qui s'empare de sa mamelle ; elle témoigne peu de sensibilité, quand on lui enlève le fruit de ses entrailles.

Certaines races portent régulièrement deux fois l'année.

La durée naturelle de la vie du mouton est de douze à quinze ans.

Sa constitution est faible et débile ; il supporte difficilement les intempéries, surtout l'humidité ; est plus sujet aux maladies que les autres herbivores, est plus tourmenté par les vers et les insectes pernicieux.

Produits du mouton pendant sa vie.

Différent du cheval, de l'âne et du bœuf, le mouton ne rend aucun service pendant sa vie ; mais il fournit des produits précieux, tels que sa laine, son lait, son fumier et ses agneaux. Sa laine est de toutes les matières celle qui contribue le plus à nous vêtir ; elle sert encore à nos ameublemens ; elle recouvre la majeure partie de son corps, et dans quelques espèces la presque totalité. Les autres poils sont d'abord, deux espèces de crins dont l'une, nommée jarre, est éparse dans la laine du sommet de la tête, du ventre, etc., et l'autre est au bord des paupières et autour des lèvres ; ensuite une espèce de duvet court qui tapisse la face, les ars, les mamelles et les bourses.

La couleur la plus ordinaire de la laine est le blanc. Sa longueur varie depuis 1 pouce jusqu'à 22. La meilleure est la plus blanche, la plus fine, la plus douce au toucher, la plus tenace, la plus tortillée. Ces qualités varient selon les races, les âges, le régime, l'époque de la tonte, et l'endroit du corps. Elles sont imprégnées sur l'animal d'une humeur visqueuse nommée suint, qui fait à peu près la moitié de son poids, et qu'il faut enlever en très-grande partie avant d'employer la laine.

Dans les pays où les vaches sont rares, on trait les brebis pour boire le lait, pour en faire du beurre, du fromage. Celui de Roquefort, si renommé, est de brebis.

Le fumier de cette espèce est chaud, agissant à petites doses. Tantôt il s'accumule dans les bergeries, dans les cours d'où on l'extrait pour le porter aux champs, tantôt l'animal l'y porte lui-même ; c'est lorsqu'on l'y renferme dans des parcs mobiles : pratique nommée parcage. La fumure dans ce cas ne consiste pas dans la seule effusion des excrémens, mais encore dans celle du suint et dans celle de la transpiration tant pulmonaire que cutanée.

Produits du mouton après sa mort.

La viande de mouton est une grande ressource partout, particulièrement dans les contrées où les bœufs sont rares. Son goût varie selon les races, le mode de castration et celui d'engraissement ; elle est d'une digestion facile, convenant aux malades, aux convalescens. Celle d'agneau au-dessous d'un mois est visqueuse, indigeste ; celle de brebis non châtrée, de qualité inférieure ; celle de bélier, immangeable.

Le suif. Masse de graisse accumulée principalement autour des reins, aussi blanche et plus ferme que celle du bœuf avec laquelle on la mêle par la fusion pour la fabrication des chandelles.

La peau. Celle des grandes races sert à faire des tabliers d'ouvriers, des culottes ; on la marroquine. Avec les petites, on fait des souliers légers, des gants. On les étend, on les amincit pour les réduire en parchemin, en basanes propres à couvrir les livres.

On la prépare avec sa laine pour faire des housses pour la cavalerie légère.

La laine d'agneau est employée par les chapeliers, les fabricans de quelques étoffes légères.

Les mauvaises peaux et les rognures des bonnes servent à faire de la colle.

On fabrique avec les intestins des cordes à boyaux.

Les cornes, les onglons, les os, les issues ont les mêmes usages que les mêmes parties tirées du bœuf, du cheval, etc.

CHAPITRE VI.

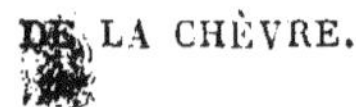 DE LA CHÈVRE.

Caractères zoologiques.

Mammifère ruminant, dont l'espèce a beaucoup de rapports avec celle du mouton ; quelques naturalistes les ont considérées comme identiques ; différenciées par le caractère fondamental, l'impossibilité de produire ensemble des individus féconds.

On remarque dans la chèvre :

1.º En outre de la dentition particulière aux ruminans, des incisives à peu près d'égale dimension.

La femelle a quelquefois naturellement moins de dents que le mâle.

2.º Des cornes, le plus souvent chez les deux sexes, et dirigées en haut et en arrière, comprimées et ridées en travers, jamais en spirale comme chez le mouton.

3.º Chanfrein droit et même concave, du moins dans les races sauvages.

4.º Point de mufle, mais un rudiment de cet organe.

5.º Menton le plus souvent garni de longs poils, nommés barbe, et quelquefois de deux appendices cutanés.

6.º Point de sinus à la base des os des pieds.

On peut ajouter :

Un corps svelte, des jambes robustes, la queue courte, deux mamelles inguinales, volumineuses, les testicules renfermés dans un scrotum fort gros, deux espèces de poils, dont l'un plus apparent, long et lisse, l'autre en moindre quantité et n'existant pas toujours, court, laineux, beaucoup plus fin ; c'est le duvet, nommé encore *capelin*.

Caractères particuliers à l'espèce ordinaire ou domestique.

On croit qu'elle a pour type la chèvre sauvage, nommée ægagre, *capra ægagrus*, qui se distingue par la face antérieure des cornes formant un angle aigu, avec des nœuds ou côtes légèrement marquées, et la face postérieure arrondie.

D'autres caractères appartiennent à notre chèvre commune ; tels sont éminences osseuses saillantes, train de derrière plus élevé que celui de devant, oreilles droites mobiles ou pendantes, yeux grands et vifs à iris, d'un beau jaune, peu d'embonpoint, fort peu de duvet, tantôt à longs poils soyeux, tantôt à poils ras, de couleurs variées, les plus ordinaires blanches, ou noires, ou pies ; assez souvent une ligne brune, oblique sur les joues, passant sur l'œil et se rendant de la base des oreilles à la commissure des lèvres. La femelle de taille plus petite que le mâle, manquant de cornes ou les offrant moins comprimées, plus régulièrement arquées en arrière.

Naturel.

L'espèce domestique, soit qu'elle ait ou non l'ægagre pour type, pouvant vivre à l'état sauvage. On en voit dans les Alpes de petites femelles, gravissant les pics escarpés, se tenant suspendues aux bords des précipices, s'élançant de rochers en rochers, éventant de loin les chasseurs, et, forcées ou surprises, se défendant avec courage. Il est probable que ces chèvres sont d'origine domestique ; si l'on en prend de jeunes, on les apprivoise facilement.

Elles conservent toujours, ainsi que les autres individus de l'espèce nés à l'état domestique, beaucoup d'indépendance. Les chèvres sont vives, pétulantes, capricieuses ; on ne peut pas les agglomérer en troupeaux dociles ; elles aiment à s'écarter en tous sens, et quand on les joint à des moutons, on les voit marcher à la tête et souvent à une grande distance, cherchant à grimper sur les lieux escarpés et rocailleux.

Elles aiment à brouter plutôt qu'à paître ; leur dent ou plutôt leur salive est réputée venimeuse pour les arbustes ; faisant de grands dégâts dans les haies et les taillis.

Sauvages ou domestiques, leur physionomie a de la finesse, leur regard de la vivacité, leurs sens de la délicatesse ; leur intelligence est développée ; différentes des moutons, leurs prétendus congénères, encore plus par les qualités intellectuelles que par les physiques. Elles sont plus robustes, d'un entretien plus facile, quoique consommant davantage ; moins sujettes aux causes de maladies.

Génération.

L'époque de la puberté est dans cette espèce un peu plus précoce que dans celle des bêtes ovines. Ainsi que la brebis, la chèvre peut recevoir le mâle en toutes saisons, mais plus souvent en automne. Le bouc est beaucoup plus lascif, plus prolifique que le bélier, pouvant couvrir 20 chèvres en un jour, et en féconder mille en une saison. Il exhale, surtout pendant le rut, une odeur *sui generis* fort désagréable ; nos chèvres n'en sont pas toujours exemptes. Cette odeur est nulle ou peu sensible dans les boucs du Thibet et de Cachemire.

La chèvre porte cinq mois, et plus souvent que la brebis, ses portées sont doubles ou même triples ; la parturition est plus pénible que chez les brebis. Les chevreaux sont fort gais, faciles à élever ; ils tètent environ un mois ; la mère en a grand soin, témoigne beaucoup de douleur en les perdant.

Dans plusieurs de nos provinces, les jeunes chevreaux s'appellent *cabrits* et les chèvres *cabres* ; ailleurs on appelle celles-ci *biques*, et les petits *biquets*.

La durée de la vie est à peu près quinze à dix-huit ans.

Races remarquables (1).

Ce sont celles de Cachemire, du Thibet, d'Angora, et naine ou cabri.

1.º Chèvre de Cachemire, ayant pour caractère des cornes droites et pointues dans les jeunes sujets ; plus tard rugueuses, annelées, croisées ordinairement vers la pointe, surtout dans le mâle ; oreilles longues, larges, plates et pendantes ; toupet tombant en flocons sur le front ; jambes petites et fortes.

(1) J'ai passé sous silence, dans ce précis de zoologie vétérinaire, les races du cheval, de l'âne, du bœuf et du mouton domestiques, me proposant d'exposer en d'autres traités sommaires l'économie vétérinaire de ces quatre animaux, et voulant éviter des répétitions.

D'une manière plus marquée que dans notre race ordinaire, deux espèces de poils; l'un fort long, blanc ou gris, roide, droit et soyeux; l'autre blanc, fin, laineux, élastique et tenace, plus abondant que sur les chèvres ordinaires, se floconnant et tombant à la fin de l'hiver.

2.° La race du Thibet a beaucoup de rapports avec celle de Cachemire; on les a confondues; elle en diffère par des cornes divergentes, tordues sur elles-mêmes dans les mâles, une taille plus élevée, des jambes comparativement plus courtes; des poils soyeux, plus longs, moins roides; un duvet plus fin, moins abondant.

Les caractères de ces deux races ont été fondus dans des croisemens multipliés.

3.° La race d'Angora offre dans les mâles des cornes dirigées horizontalement, et contournées en spirale. Les poils soyeux sont très-longs, frisés et contournés en tire-bourre, susceptibles d'être filés comme la laine des moutons.

Le croisement de la race de Cachemire avec celle d'Angora a produit, sous le rapport de l'abondance du duvet, des résultats heureux.

4.° Chèvre cabri ou naine a beaucoup de rapports avec la chèvre commune; en diffère par la taille qui n'est que de 18 à 20 pouces, par des jambes proportionnellement plus basses, le corps plus ramassé, le poil plus ras.

Originaire d'Afrique, cette race a été transportée en Amérique, et de là dans le midi de la France où elle n'est pas assez répandue; car elle est sobre et donne beaucoup de lait.

Les autres races, que nous nous bornons à nommer, sont celle sans cornes d'Espagne, celle de Juda, la mambrine ou du Levant, la chèvre du Napaul, celle de la Haute-Égypte.

C'est à tort qu'on a regardé comme formant une race particulière les chèvres du Mont-d'Or lyonnais ; on ne peut saisir parmi elles aucune variété constante, héréditaire.

On ne peut pas considérer comme telle l'absence ou la présence des cornes, la longueur ou la brièveté des poils.

Produits de la chèvre pendant sa vie.

Elle fournit pendant sa vie du poil soyeux, du duvet, du lait, des agneaux, du fumier.

1.º En certains pays on tond les chèvres, et du poil soyeux qu'on ne file pas on fait des feutres, nommés *rouge de bourre* ; on en remplit les coussins et autres meubles ; on le file pour fabriquer des camelots, des bourracans, des ganses, des ceintures et autres objets de mercerie.

2.º Le duvet, poil laineux, capelin, existe dans toutes les races connues ; plus abondant l'hiver que l'été, on le regarde comme un vêtement naturel, opposé au froid. Le plus abondant et le plus précieux est fourni par les chèvres du Thibet, de Cachemire et d'Angora ; il sert à faire ces riches tissus nommés schals dont la matière fut long-temps d'origine inconnue.

3.º Le lait, principal produit de la chèvre de nos pays ; elle en donne assez fréquemment jusqu'à trois ou quatre litres en un jour, et la moitié de cette quantité tout en allaitant son chevreau. Ce lait est riche en caséum ; on en fait des fromages fort délicats ; il contient peu de matières butireuses, mais le beurre qu'on en obtient se conserve frais long-temps. On a reconnu dans ce lait des propriétés médicamenteuses particulières.

4.º La chair de chevreau est, de fort peu, inférieure

à celle d'agneau ; elle lui est souvent substituée dans les boucheries.

5.° Le fumier de chèvre est chaud, énergique, agissant à petites doses, analogue à celui de mouton et peut-être préférable. En Provence, on fait parquer des chèvres pour fumer les olivettes.

Produits de la chèvre après sa mort.

1.° La chair. Elle ne serait pas de qualité si inférieure, si on châtrait les jeunes de l'un et de l'autre sexe, si on les engraissait. On ne consomme que des chevreaux frais ou de vieilles chèvres maigres dont on sale ou dont on fume la chair, et cet aliment est une ressource dans les pays pauvres où les chèvres sont abondantes.

2.° Le suif. Il entre dans la fabrication des chandelles, est employé pour l'apprêt des cuirs, peut servir à la fabrication des savons.

3.° La peau. Préférable à celle de mouton, on la rend presque aussi souple, aussi moëlleuse que celle de daim et de chamois ; on la fait servir aux mêmes usages, on en fabrique des gants, des outres, des parchemins ; on la marroquine en diverses couleurs.

4.° Les cornes servent à fabriquer des peignes, des râpes, des manches de couteaux.

5.° On peut utiliser les intestins, toutes les issues, comme celles des autres herbivores.

La chèvre, qui rend tant de services pendant sa vie et après sa mort, est néanmoins l'objet de vives réclamations, à cause des dégâts qu'elle cause ; mais on peut les prévenir en la rendant sédentaire, comme elle l'est dans le Mont-d'Or lyonnais.

CHAPITRE VII.

DU COCHON OU PORC.

Caractères zoologiques.

Mammifère pachyderme ou ongulograde, dont les cactères sont, en outre de ceux de la classe et de la famille,

1.º Quarante-quatre dents, savoir douze incisives, quatre canines, vingt-huit molaires (1).

2.º Quatre doigts renfermés dans des sabots, nommés onglons, deux plus grands servant seuls à la marche, les deux autres situés au-dessus, en arrière et pouvant s'écarter en dehors, utiles pour empêcher l'animal de s'enfoncer sur un sol gras, et le soutenir sur un sol mouvant.

3.º Tête terminée par un organe aplati, large, à bords retroussés, de nature cartilagineuse, renfermant un os percé de deux petits trous simples ou écartés (narines); cet organe nommé boutoir sert pour fouiller la terre.

4.º Yeux petits pour la masse du corps, à pupilles rondes.

5.º Corps massif, couvert d'une peau rude et revêtue de poils longs, roides, rares, nommés soies.

6.º Douze mamelles, quelquefois quatorze.

7.º Queue mince, petite, tortillée.

On regarde le sanglier comme la souche de toutes les races de cochons domestiques, et dès-lors il est lui-

(1) Dans quelques espèces non domestiques, seulement 10 incisives.

même la race sauvage de l'espèce, pouvant produire, avec les femelles domestiques, des individus féconds.

Le sanglier se distingue des autres races par la longueur des canines, sortant de la bouche, triangulaires, recourbées, pointues, dont les deux inférieures sont des armes puissantes, nommées défenses; il présente de plus:

1.º Des oreilles droites et petites.

2.º Des soies abondantes, longues, à la base desquelles un poil fin, court et laineux, véritable duvet.

3.º Couleur du pelage uniforme, gris, noirâtre.

4.º La tête est forte, l'occiput élevé, le chanfrein droit, la lèvre supérieure remontée par les défenses.

Cochons domestiques, races principales.

On remarque dans toutes les races de cochons domestiques:

1.º De longues oreilles pendantes presque toujours.

2.º Des soies rares sans duvet.

3.º Le dos recourbé, formant un demi-cercle.

4.º La queue en tire-bouchon.

5.º Une couche fort épaisse de graisse, nommée lard, sous la peau.

6.º Canines dépassant les autres dents, quoique fort courtes, comparativement aux défenses des sangliers.

7.º Variétés du pelage, dont les principales sont le blanc, le noir et le pie.

Les races françaises les plus remarquables sont celles de Normandie, — de Poitou, — de Périgord, — de Champagne; — et parmi les étrangères, on distingue celle d'Angleterre, celle de Siam ou de la Chine, celle de Turquie ou de Mongolitz.

1.º Race de Normandie. Tête petite et pointue, —

oreilles étroites, — corps long et épais, — poil blanc très-rare, — sabots larges, — taille élevée ;

2.º — De Poitou. Tête longue et grosse, — front saillant, — chanfrein droit, — oreilles larges, — corps long pour sa hauteur, — corpulence moindre que dans la précédente ;

3.º — De Périgord. Cou court et gros, — corps ramassé et trapu, — poil noir ;

(Cette race croisée avec les deux précédentes dont le poil est blanc a produit les sous-races pies qui sont fort estimées.)

4.º — De Champagne. Haute stature , — flancs aplatis , — grandes oreilles , — poils blancs.

La race anglaise, remarquable par sa corpulence, acquiert en poids jusqu'à 1000 à 1200 liv. ; elle a le corps alongé, les côtes larges, de très-longues oreilles. Mais elle est peu féconde, peu robuste ; sa chair est peu délicate ; aussi préférons-nous nos races indigènes.

La race chinoise ou de Siam, et la race turque ou de Mongolitz se distinguent des races françaises par les oreilles qui sont petites, redressées, pointues et mobiles.

La variété la plus estimée de porc chinois est à tête raccourcie, à mâchoires épaisses, à oreilles courtes ; dos enfoncé, ventre traînant presque à terre, peau mince, soies courtes, de couleur ordinairement cuivrée. Il n'en est aucune qui croisse plus vite et s'engraisse plus facilement et à moins de frais, sans acquérir toutefois un grand développement.

La race turque ou de Mongolitz est ramassée, ses jambes sont courtes et fines, ses soies minces et frisées , de couleur grise plus ou moins foncée, bariolée de noir. De même que le précédent, d'un engraissement prompt , facile , économique.

Naturel.

A l'exception de l'odorat, les sens du cochon soit sauvage soit domestique sont obtus, le toucher est presque insensible; la voix, nommée grognement, est désagréable; l'allure est pesante, lente, même dans le sanglier, lequel ne cherche pas à échapper à ses ennemis par la fuite. Quand il ne peut se cacher, il se défend avec courage; sa retraite se nomme *bauge*, il la choisit dans les lieux des forêts les plus ombragés; il n'en sort que la nuit pour chercher sa nourriture. Ordinairement solitaire, il se réunit quelquefois en bandes qui ne tardent pas à se disperser. Le rut se déclare au mois de décembre; alors les mâles se battent avec fureur, et sont pour l'homme très-dangereux.

La femelle se nomme *laie*; sa taille est plus petite, et ses défenses moins fortes; elle n'en défend pas moins ses petits avec grand courage.

Les jeunes des deux sexes s'appellent *marcassins*, leur pelage est bariolé de bandes de couleurs variées, espèce de livrée qu'ils quittent à six ans; c'est l'âge adulte.

Toutes nos races de cochons domestiques semblent aimer la fange et les ordures, et s'y vautrer avec des sensations agréables. On observe néanmoins que ceux qui vivent ainsi ne s'engraissent pas facilement.

De tous les mammifères, les porcs sont les plus gloutons, vivant indifféremment de substances animales et de végétales, mangeant beaucoup pour leur taille, et n'éprouvant presque jamais d'indigestion.

Génération.

Le mâle, dans les races ordinaires, se nomme verrat, la femelle truie, les petits des deux sexes cochons de lait dans le premier mois, et cochonnets jusques à la puberté.

A six mois les verrats et les truies sont pubères; c'est à huit à dix mois qu'on les accouple; un mâle peut suffire à vingt femelles; l'un et l'autre sont presque toujours en chaleur.

La verge du verrat diffère peu par sa structure de celle du taureau.

L'accouplement dure quelquefois plusieurs heures; la semence est épaisse et a la consistance de l'humeur cristalline des yeux.

Le verrat est réformé à 18 mois ou 2 ans; il deviendrait féroce en avançant en âge.

La gestation est d'environ quatre mois.

Chaque portée de 12 petits et quelquefois d'un plus grand nombre.

Les petits, en naissant, choisissent un mamelon; ils l'adoptent et n'en tètent pas d'autre; s'il naît plus de petits qu'il n'y a de mamelons, les surnuméraires meurent de faim, ou la mère les dévore; s'il y a plus de mamelons que de petits, les excédens tarissent et se dessèchent.

La truie, principalement celle qui a mis bas pour la première fois, est sujette à dévorer ses petits; pour l'en détourner, il faut la nourrir abondamment. On a proposé de frotter le dos des petits avec quelque substance amère.

Quinze jours après le part, la truie peut mener au champ sa nombreuse famille; l'allaitement est de deux mois.

La truie peut porter trois fois annuellement, et jusqu'à quinze ans; si toute sa postérité femelle était employée à la reproduction, combien serait prodigieuse la multiplication de cet animal! on la châtre vers la sixième année pour l'engraisser. Cette opération est facile.

Services du cochon pendant sa vie.

1.º On s'en sert dans le Périgord pour découvrir les truffes noires.

2.º En Normandie, on les attache aux pieds des pommiers qu'ils cultivent en fouillant la terre tout autour. On les nomme de petits cultivateurs.

3.º En Amérique, on les lâche contre les serpens venimeux dont ils font leur proie.

4.º La truie fournit des cochons de lait, on ne la trait jamais.

5.º On arrache aux cochons vivans des soies pour faire des brosses, des vergettes et des pinceaux.

6.º Le fumier de cochon est peu estimé ; cependant les cochons nourris de châtaignes et de glands doivent en donner de meilleur que ceux qui vivent d'herbe, de son, de choux, de petit lait, etc.

Produits du cochon après sa mort.

1.º Il fournit une grande masse alimentaire, même pour son volume ; le squelette d'un cochon de mille livres ne pèse pas plus que celui d'un gros mouton de cent vingt.

2.º Des parties telles que le sang, les intestin , toutes les issues qui, dans le bœuf et le mouton, sont d'daignées comme nourriture, sont fort estimées dans le cochon.

3.º Presque toutes les parties de cet animal prennent mille formes entre les mains du charcutier.

4.º Aucune viande ne se sale plus aisément, et n'est susceptible d'une plus longue conservation.

5.º Le lard, qui est une espèce de graisse, supplée dans les campagnes la viande de boucherie.

6.º La graisse, que dans cette espèce on appelle axonge, se trouve à l'épiploon, à la surface des intestins et autour des reins ; étant fondue et purifiée, on la nomme saindoux ; elle est plus blanche, plus molle que le suif. Elle rancit en vieillissant, et on la nomme vieux-oing ; l'axonge est à peu près la seule graisse employée en pharmacie où ses usages sont nombreux ; elle est préférable au suif pour la fabrication des savons graisseux.

7.º La peau du sanglier, préparée avec son poil à l'eau salée, entre dans la composition de beaucoup de harnais ; la peau du cochon domestique est tannée rarement, du moins en France. On aime mieux la laisser avec le lard ; elle prend alors le nom de couenne ; on pourrait en faire d'excellent cuir, et la marroquiner de diverses manières.

Ce serait une acquisition précieuse pour l'industrie.

CHAPITRE VIII.

DU CHIEN.

Caractères zoologiques.

Mammifère carnivore dont les principaux caractères génériques sont dans les dents et les pieds.

1.º Quarante-deux dents dont douze incisives, quatre canines, vingt-six molaires ; et de ces dernières, douze à la mâchoire supérieure, quatorze à l'inférieure, plusieurs molaires aiguës, carnassières.

2.º Cinq doigts aux pieds antérieurs, seulement quatre à ceux de derrière avec le rudiment d'un cinquième, pourvus d'ongles allongés, obtus, non rétractiles.

Les autres caractères sont peu constans , n'existant pas en beaucoup de races domestiques.

1.º Les mâchoires allongées, le museau pointu terminé par une espèce de petit mufle , nez arrondi.

2.º La langue lisse , la queue moyenne.

3.º Des oreilles médiocres , droites et pointues.

Le caractère le plus constant de l'espèce domestique est la forme ronde des pupilles.

On peut ajouter ce qui suit :

Queue recourbée en arc, museau plus ou moins allongé ou raccourci ; pelage très-varié pour la nature des poils ou pour ses teintes , *à cela près que toutes les fois que la queue offre une couleur quelconque et du blanc , ce blanc est terminal* (1).

Races de chiens les plus utiles.

La domesticité a modifié l'espèce du chien soumis à l'homme , au point de produire des races nombreuses , qui diffèrent beaucoup plus entre elles qu'avec les autres espèces de leur genre. Pour nous borner aux plus utiles de ces races , nous signalerons seulement le chien de berger, le mâtin, le dogue, le chien courant, le braque, le basset , le lévrier et le barbet.

1.º Le chien de berger , regardé comme le moins éloigné du type naturel , est de taille médiocre , à oreilles droites et courtes, à poils longs principalement sur la queue, et de couleur où le noir domine ; queue horizontale ou relevée en haut, rarement pendante ; odorat peu développé ; peu sensible aux caresses. Il est doué de beaucoup d'intelligence et d'activité pour s'acquitter de ses fonctions.

(1) Cette dernière observation appartient à M. Desmarets , mon honorable confrère d'Alfort.

2.º Le mâtin. Tête grosse, lèvre supérieure lâche, oreilles à demi-pendantes, jambes hautes, queue recourbée en haut, poil court, pelage varié, odorat assez fin, force, courage, intelligence, attachement à son maître, quoique peu de docilité, bravant le loup et même le sanglier, et chien de garde plus que de chasse.

3.º Le dogue (de forte race). Presque aussi gros que le mâtin, mais moins élevé sur jambes; tête presque ronde, museau gros, court, plat, nez retroussé, oreilles pendantes, lèvres tombantes, poils courts; le plus gros, le plus fort, le plus courageux de son espèce; devient facilement féroce; quoique peu intelligent s'attache beaucoup à son maître: c'est le chien des bouchers, des geôliers. On le dresse au combat (1). Les mâles sont peu ardens, les femelles avortent souvent; il vit moins de temps que les chiens des autres races.

Le dogue le plus commun ressemble au précédent, seulement il est plus petit; on en voit à narines séparées par une scissure profonde; susceptible d'éducation.

Le doguin est ce petit chien mignard nommé carlin, ne différant guères que par la taille de celui à forte race, mais bien différent par ses mœurs: étourdi, poltron et lascif; sans utilité.

4.º Le chien courant. Tête grosse et ronde, museau long et gros, oreilles longues et pendantes, corps allongé, haut sur jambes, queue relevée, poil ras, de couleur blanche avec des taches de diverses couleurs. Agile, d'un odorat exquis, fort intelligent, ardent chasseur, obéissant plutôt que fidèle, changeant facilement de maître.

5.º Le braque ou chien couchant ne diffère du précé-

(1) Boulldogues des Anglais.

dent que par un museau plus court, des oreilles moins longues, un peu redressées, de plus longues jambes, et cependant moins efflanqué, la queue plus courte et plus charnue. — Quoique bon chasseur, il est moins propre que le précédent à suivre le gibier à la piste; il est meilleur comme chien d'arrêt.

6.º Le basset. Oreilles longues et pendantes, queue longue, poil ras, nez quelquefois fendu, différant des deux précédens par une taille moins élevée, surtout par des jambes plus grosses et plus courtes.

La variété de cette race, dite à jambes torses, a les jambes antérieures arquées en dehors; propre à la chasse au renard et au blaireau, se glissant facilement dans leurs terriers.

7.º Le lévrier. Museau allongé et effilé plus que dans aucune autre race, taille svelte, haut sur jambes, flancs retroussés, poils soyeux fort courts, admettant plusieurs variétés, dont une de quatre pieds de hauteur (celle d'Islande), l'autre de quelques pouces (celle d'Italie); ceux des grandes variétés, rapides, employés à la chasse à *courre*; intelligence bornée, peu d'attachement à un maître, beaucoup de sensibilité aux caresses, même des premiers venus.

8.º Le chien barbet. Tête grosse, ronde, cavité cérébrale plus vaste que dans aucune autre race, oreilles pendantes, corps épais et ramassé, jambes courtes; poils longs et frisés comme la laine des moutons; couleur la plus ordinaire, noire ou blanche. — Le plus intelligent des chiens, le plus attaché à son maître, excellent nageur, pouvant rester long-temps sous l'eau, propre à la chasse du gibier aquatique.

9.º Nous pourrions ajouter à cette liste : 1.º l'épagneul à poils longs et soyeux, et dont les petites variétés sont des animaux de salon ; 2.º le grand danois, qui, dans quelques pays, est attelé à des chariots, et qui montre pour les chevaux une vive sympathie; 3.º le chien-loup, qu'on peut employer à la chasse ; 4.º les chiens anglais, chinois, turcs, d'Islande, du Bengale, de Terre-Neuve, car les races de cet animal sont innombrables ; il résulte de leur mélange une foule de métis de toutes les formes, dont l'ensemble constitue ce qu'on appelle *chiens de rues*.

Naturel.

Le chien ordinaire (*canis familiaris*) vit à l'état sauvage ; ses formes alors sont à peu près celles du loup, pour lequel il a conservé de l'antipathie. On le croit descendu du chien domestique. On en voit des bandes de plus de cent, chassant de concert et bravant les animaux les plus redoutables.

Le chien a suivi l'homme sur toutes les parties du globe ; les voyageurs en ont trouvés partout, même au milieu des peuplades les plus sauvages. C'est le plus intelligent des animaux et le meilleur ami de l'homme. Il n'en est point dont le naturel, ainsi que les formes, aient éprouvé, sous l'influence de la domesticité, des modifications plus profondes. Les différences de races sont beaucoup plus frappantes dans son espèce que dans celles du cheval, du bœuf, du mouton, etc.

Au milieu de tant de races si différentes de formes et de mœurs, les caractères physiques et moraux de l'espèce ont dû s'effacer ; et ce n'est pas dans le chien sauvage qu'on pourrait les retrouver, car lui-même n'est qu'une race, et même peu connue.

Nos chiens, en général, peuvent vivre de végétaux comme de chair ; ils ne répugnent pas à la chair corrompue, il semble que l'odeur leur en est agréable.

Leur voix varie depuis le hurlement le plus furieux jusques à l'aboiement le plus mielleux ; c'est un gémissement quand ils souffrent ; des sons doux et caressans envers leur maître.

Leur démarche est indécise ; ils témoignent leur joie et leur attachement en remuant la queue ; ils tournent sur eux-mêmes avant de se coucher.

Génération.

Les habitudes qui tiennent à la propagation de l'espèce ont résisté aux influences de la domesticité ; elles sont à peu près les mêmes dans toutes les races :

1.º Age pubère, dix à douze mois dans les deux sexes ;

2.º Chaleur du mâle presque en tout temps, celle de la femelle pour l'ordinaire au commencement de l'hiver et du printemps ;

3.º Tempérament lascif, et préférence des femelles pour les gros mâles, d'où résultent des parts laborieux ;

4.º Accouplement forcément prolongé, à cause de la conformation de l'organe génital ;

5.º Gestation d'environ soixante-trois jours ;

6.º Portée depuis cinq jusques à quatorze petits, naissant les yeux fermés et ne les ouvrant qu'après dix à douze jours ;

7.º La mère défendant avec courage ses petits, quelquefois prenant en haine ceux qu'elle a conçus d'une autre race, au point de les dévorer ;

8.º Jeunes chiens mâles, et femelles dans tous les âges, s'accroupissant pour uriner ;

9.º Durée de la vie, quatorze à quinze ans.

Services.

1.° La conduite des troupeaux. Le chien de berger est très-habile à rallier les moutons, à empêcher qu'ils ne dévastent les récoltes ; mais s'il faut les défendre contre des loups, on emploie le mâtin de forte race.

2.° La garde des maisons. C'est principalement l'office des mâtins ; on y fait servir néanmoins le dogue, le barbet, même le chien de berger. Pour l'ordinaire, on ne les détache que la nuit.

3.° La chasse. C'est la fonction la plus conforme à son naturel, celle qu'il remplit avec le plus d'ardeur ; on y fait servir, en outre des chiens courans ou d'arrêt, les barbets, les lévriers, les mâtins et même les dogues : on nomme meutes de nombreux rassemblemens de chiens pour la chasse.

4.° L'attelage. On voit en Flandre de petits chariots traînés par des chiens : ce sont des lévriers et des danois. Dans les régions boréales, on attèle des chiens à des traineaux où sont des voyageurs et des marchandises, et de grandes distances sont franchies avec rapidité.

5.° Services particuliers. Le chien de Terre-Neuve va chercher les noyés au fond des eaux ; celui de St-Bernard va à la découverte des voyageurs perdus dans les neiges. On voit des chiens conduire de pauvres mendians, et mendier avec eux.

6.° On voit des chiens tourner la broche, d'autres mettre en mouvement de petites machines. Un très-grand nombre servent de compagnie, d'amusement, de joujou.

Il est dans les villes, comme dans les campagnes, des chiens sans maîtres, errans et vagabonds, dont la multiplication serait effrayante, si la police ne la réprimait.

Produits après la mort.

1.º Chez les Romains, on châtrait, on engraissait de jeunes chiens pour l'usage alimentaire, et cette viande était estimée. C'est encore un mets fort recherché chez divers peuples d'Asie, d'Afrique et d'Amérique.

2.º Les chamoiseurs font avec la peau de chien des gants, des bas, des culottes. Les fourreurs et les pelletiers emploient celles des barbets et des épagneuls.

3.º Les dents servent à polir le bois et les métaux.

4.º Avec les intestins on fabrique des cordes à boyaux.

5.º Tout le cadavre enterré est un puissant engrais, et trop peu employé pour cet usage.

(On n'emploie plus les excrémens calcaires des chiens jadis appelés *album rhasis*, pas plus que l'huile de petits chiens.)

CHAPITRE IX.

DU CHAT.

Caractères zoologiques.

Mammifère carnivore, ayant pour caractères génériques :

1.º Dents incisives, 12 ; canines, 4 ; molaires, tantôt 12, tantôt 16 ; toujours 6 inférieurement, quelquefois 8 en haut, — 28 ou 32 ;

2.º Cinq doigts aux pieds de devant, quatre à ceux de derrière, armés d'ongles crochus, pointus, rétractiles, plus forts aux pieds antérieurs ;

3.º Tête arrondie, mâchoires courtes.

4.º Langue, ainsi que le gland de la verge , hérissée de papilles cornées ;

5.º Jambes fortes , celles de derrière plus longues et fléchies ;

6.º Oreilles droites , cou épais et court, queue longue ;

7.º Essentiellement carnassier , et pouvant résister à de longues abstinences.

Ces caractères appartiennent aux espèces de chats les plus puissantes , telles que les lions et les tigres , tout aussi bien qu'au chat domestique.

Celui-ci appartient à la même espèce que le chat sauvage ; car ils produisent ensemble des individus féconds.

Ce sont deux races qui ne diffèrent entre elles que par la taille deux fois plus grande, et par la couleur du poil uniformément bigarrée dans les chats sauvages.

Peu de différence dans le naturel ; le chat ordinaire ayant été peu modifié par la domesticité (sauf quelques exceptions individuelles) et devenant facilement sauvage.

Races principales domestiques.

Nous nous bornerons à quatre , savoir : le chat tigré ; — celui des Chartreux ; — celui d'Espagne ; — celui d'Angora.

(Les deux premiers ont , comme le sauvage, la plante des pieds et les lèvres noires.)

1.º Chat tigré. S'en rapproche encore par son poil bigarré et par son naturel très-peu domestique.

2.º Chat des Chartreux. Poils longs, très-fins , gris d'ardoise.

(Les deux suivans , ayant les lèvres et la plante des pieds couleur de chair.)

3.º Chat d'Espagne. Poils courts et lisses, pelage bigarré de blanc, de roux et de noir, surtout chez les femelles.

4.° Chat d'Angora. Poils longs et soyeux, ceux du ventre descendant quelquefois jusqu'à terre ; pelage d'un beau blanc.

Tous les chats domestiques résultant du mélange de ces races, leurs poils varient à l'infini.

Naturel.

1.° Ouïe d'une délicatesse extrême.

2.° Vue excellente, quoique de courte portée, distinguant les objets presque aussi bien la nuit que le jour.

3.° Odorat peu étendu, percevant avec lenteur.

4.° Goût peu sensible ; point de mastication, l'impression agréable des alimens ne se faisant sentir qu'après avoir été reçus dans l'estomac.

5.° Toucher très-délicat sur toute la surface du corps ; les poils et plus particulièrement les moustaches servant à ce sens.

6.° Sensation agréable, exprimée par une espèce de ronflement, quand on frotte la peau sur le dos, surtout à rebrousse-poil.

7.° Attrait pour l'odeur de la racine de valériane et celle de la cataire.

8.° Voix, nommée miaulement, dont le mode varie beaucoup selon les passions, grondement ou sifflement dans la colère, et alors haleine fétide, poils hérissés et balancement de la queue.

9.° Sommeil, quand il est complet, très-profond ; mais le plus souvent immobilité figurant le sommeil.

10.° Propension à se lécher, après avoir pris la nourriture, à lustrer la face avec la salive, à couvrir de poussière les excrémens.

Le chat sauvage vit solitaire dans les forêts, s'établissant dans des creux d'arbres ou dans des terriers qu'il n'a pas creusés, il grimpe sur les arbres pour y saisir les oiseaux, se blottit dans un fossé, ou se cache dans un buisson pour attendre une proie avec une étonnante patience.

Sa vigueur est grande, comparativement à sa taille; son adresse et son agilité ne sont pas moindres. La conformation de ses membres lui permet de s'élancer d'un seul bond à une grande distance.

Il en est de même du chat domestique.

L'un et l'autre aiment à surprendre leur proie plutôt qu'à la forcer à la course, ou à l'attaquer ouvertement.

L'un et l'autre sont ennemis naturels de tout animal trop faible pour leur résister; et ce n'est pas toujours pour en faire leur proie qu'ils le saisissent, c'est souvent pour le tuer en se jouant. Les chats domestiques les mieux nourris ne sont pas les moindres destructeurs des petits animaux.

Avec cet instinct de destruction, les allures du chat domestique sont gracieuses, pleines d'adresse et d'agilité; il aime la propreté, se couche sur les meubles les plus douillets, craignant beaucoup le froid et l'humidité.

Recevant et quelquefois rendant des caresses sans perdre son indépendance.

Ne pouvant, par aucun moyen, être assujéti au moindre travail, s'attachant beaucoup moins aux hommes qu'aux habitations, et pouvant y revenir de fort loin par des voyages nocturnes.

Génération.

Ces animaux peuvent s'accoupler dès la première année de leur vie, mais ce n'est qu'à la deuxième qu'ils sont féconds. La femelle entre en chaleur deux ou trois fois par an, pour l'ordinaire à la fin de l'automne et au commencement du printemps.

Elle a plus d'ardeur que le mâle; elle l'appelle, le poursuit, avec des miaulemens plaintifs, qui annoncent des besoins pressans et un état douloureux.

Cependant la copulation lui cause des souffrances, tant parce que le mâle se cramponne sur elle avec ses griffes et ses dents, que parce que sa verge est hérissée de papilles cornées.

Elle crie avec fureur, elle se défend, et l'accouplement ressemble à un combat.

La gestation est de cinquante à cinquante-six jours.

Les portées ordinaires de cinq à six petits, naissant les yeux fermés, et ne les ouvrant que vers le neuvième jour.

La mère cache ses petits, de peur qu'on ne les lui enlève; elle craint que les mâles ne les dévorent, ce qui arrive quelquefois.

Elle les aime beaucoup, les caresse, les lèche, joue avec eux, et ne les abandonne pas après les avoir sevrés; ce qui a lieu au bout de trois semaines ou un mois.

Elle leur apporte des souris, des oiseaux, leur apprend à se jouer de ces petits animaux, avant de les tuer; plus tard elle les mène à la chasse.

On sait combien les petits chats sont gais, gentils et mignons.

La vie moyenne est, dans cette espèce, de huit à dix ans.

Services.

Quoique domestiques infidèles, les chats sont utiles, portés, par instinct, à détruire tout ce qui est faible et sans défense; ils délivrent nos maisons des rats et des souris, et nos champs des mulots et des campagnols; il suffit de leur odeur pour écarter ces petits animaux déprédateurs.

Les meilleurs chats, dans les fermes, sont ceux qui se rapprochent le plus de la race sauvage, supposée la primitive.

On a aussi des chats pour s'amuser de leurs gentillesses ; les plus jolis sont ceux d'Espagne, des Chartreux, d'Angora ; mais ils ne sont pas les plus intelligens.

On a vu des chats s'attacher à leur maître, le suivre comme des chiens, lui donner d'autres témoignages de fidélité.

Produits après la mort.

La peau de chat n'est ni tannée, ni corroyée ; on la prépare toujours avec le poil pour faire des fourrures, des articles de pelleteries. Celle du chat d'Angora est la plus estimée pour cet usage.

Ses intestins sont meilleurs que ceux de chien pour faire des cordes d'instrumens.

Son cadavre pourrait servir d'engrais, si on l'enterrait, au lieu de le jeter sur les chemins.

(Observation qui s'applique à tant d'autres cadavres d'animaux, qu'on pourrait utiliser de diverses manières, et principalement pour fertiliser la terre, et qui, par leur putréfaction, empoisonnent l'air et les eaux.)

CHAPITRE X.

DU LAPIN.

⁂

Caractères zoologiques.

Mammifère rongeur, du genre du lièvre, qui a pour attributs génériques :

1.° 28 dents, dont 6 incisives et 22 molaires. Les premières, 4 en haut, 2 en bas ; une de chaque côté fort longue ; les secondes, 12 en haut, dont deux fort petites, et 10 en bas ; toutes les molaires différentes entr'elles ;

2.° Pieds antérieurs courts et grêles, avec cinq doigts ; pieds postérieurs longs, à quatre seulement. Tous ces doigts serrés les uns contre les autres, et garnis d'ongles ;

3.° Museau épais, grandes oreilles, yeux saillans, intérieur de la bouche garni de poils, narines abaissées, presque toujours en mouvement, lèvre supérieure fendue ;

4.° Mamelles au nombre de 6 à 10.

5.° Cœcum énorme.

L'espèce domestique, ou le lapin, distingué du lièvre par le volume du corps, et celui de quelques parties.

Il est plus petit, et proportionnellement au volume général, il a la queue et les oreilles plus courtes, le pelage varié, plus bigarré, la chair blanche.

Les plus grandes différences sont dans les mœurs.

Races principales.

Nous nous bornerons à trois, savoir : le lapin sauvage, le lapin riche, celui d'Angora.

1.º Le lapin sauvage, type ou non des races domestiques, plus voisin du lièvre par son pelage, fauve ou roux, diffère de nos lapins par la tête plus courte et presque ronde, des ongles plus longs et plus forts, surtout aux pieds antérieurs, un pelage beaucoup moins varié. Comme celle des lapins domestiques, leur chair cuite est blanche.

2.º Le lapin riche. La couleur de son pelage, en grande partie, d'un beau gris argenté, la tête et les oreilles presque entièrement noirâtres, — commun en Champagne.

3.º Le lapin d'Angora. Poils longs et soyeux, ondoyans et comme frisés, tantôt blancs, tantôt jaunes ou d'un roux clair, se pelotonnant dans le temps de la mue.

Naturel.

Animaux timides, nocturnes, vivant en société, et se cachant dans des terriers qu'ils ont creusés.

Les ongles des pieds servant d'outils pour gratter la terre, et non d'armes pour se défendre.

De longues incisives à l'extrémité de chaque mâchoire, après lesquelles est un intervalle vide, au lieu de canines. Elles sont disposées pour ronger, limer les alimens, toujours végétaux, au lieu de les déchirer ou de les moudre.

Les extrémités postérieures plus longues que celles de devant donnent à la marche une allure sautillante.

Vivant à l'état sauvage, ils se creusent dans des terreins secs un profond terrier à plusieurs issues, où chaque famille a son domicile particulier; et à mesure qu'elles se multiplient, les excavations augmentent; d'où peuvent résulter des souterrains d'une étendue prodigieuse. Ils ne sortent de leur retraite que la nuit, et pour aller chercher la nourriture; dorment les yeux ouverts. Sont-ils effrayés?

ils frappent vivement le sol avec un pied de derrière pour avertir du danger.

La domesticité a bien peu modifié cette espèce. Nous entretenons des lapins demi-sauvages qui, par les mœurs, ressemblent à ceux qui sont abandonnés à la nature; ils diffèrent de ceux qui sont tout à fait domestiques par la grosseur et la force de leurs doigts antérieurs.

Génération.

Animal très-prolifique, pouvant produire dès l'âge de cinq ou six mois.

Un mâle pour 10 à 12 femelles.

La chaleur des femelles s'annonce par le gonflement de la vulve et sa teinte bleuâtre.

Gestation de trente à trente-un jours; portée de six à huit petits; mise-bas six ou sept fois par an; tendresse de la mère pour sa progéniture qu'elle dépose sur un lit formé de poils qu'elle a arrachés de son ventre avec les dents.

Allaitement, six semaines.

La lapine, pouvant être employée à la reproduction jusqu'à la fin de sa vie qui est de sept à huit ans, mettant bas annuellement environ 5o petits; pouvant laisser une postérité immédiate de 4oo individus; et en supposant dans ceux-ci la même puissance prolifique, le nombre de lapins qui sortiraient d'une seule femelle, serait prodigieux.

La superfétation doit être facile dans cette espèce; les deux cornes de la matrice ayant chacune un orifice particulier.

La castration des lapereaux est tellement simple qu'il suffit, pour la pratiquer, d'une fille de basse-cour. Ils ont ensuite la chair plus tendre, plus savoureuse, le poil plus fin et plus touffu; les mâles les prennent en aversion.

Garennes.

Elles sont libres, forcées ou domestiques.

1.º Garennes libres. Les lapins y vivent, y travaillent, y pullulent en liberté, mais pour le profit des propriétaires des terreins où ils sont placés. Ces terreins doivent être arides, sablonneux, éloignés de cultures productives.

On les exploite en chassant; c'est un parc à gibier.

2.º Garennes forcées. Lieux fermés, dont les clôtures, disposées de manière à empêcher que les lapins enfermés ne puissent, ni les franchir, ni se glisser à travers, ni passer par-dessous.

Le sol en est couvert de végétaux alimentaires, herbacés ou arborescens. On y apporte du fourrage pendant l'hiver; on les exploite en s'emparant des animaux par des piéges; on châtre les mâles surabondans, on relâche les jeunes, les maigres, les faibles, et on emporte la récolte, consistant plus en peaux et en poils qu'en viande.

3.º Garennes entièrement domestiques, ou clapiers (1), les plus ordinaires, n'exigeant pas de grandes propriétés. Ce sont de petites étables, couvertes d'un toit, garnies de cabannes où les lapines puissent déposer et allaiter leurs petits. On porte à manger et à boire à ce petit bétail entièrement domestique, dont chaque bête consomme à peu près cinquante fois moins qu'une vache.

Produits.

Les lapins fournissent de la viande, des peaux, des poils et du fumier.

(1) On appelle encore *clapier* le lapin domestique.

On ne retire guère, pendant leur vie, que ce dernier produit qui est convenable sur les terrains argileux.

On n'est pas dans l'usage de peigner les lapins ordinaires ; il n'en est pas de même des lapins riches et d'Angora ; l'époque de la mue, dans ces races, offre une récolte. On la renouvelle de temps en temps ; on pourrait obtenir des clapiers un produit de même genre, quoique inférieur en quantité et en qualité.

Le plus grand usage du poil de lapin est pour la chapellerie, où il supplée celui de castor, de jour en jour plus rare et plus cher. Il entre aussi dans la confection de gants, de bas, de bonnets, de diverses sortes de draps. Ce poil en effet se file, comme il se feutre.

On est parvenu à tanner la peau de lapin, de manière à en faire des tiges de bottes, des souliers de femme, des gants, des cuirs marroquinés, le tout avec avantage et économie.

Le plus grand usage de cette peau dépouillée est la fabrication d'une colle de bonne qualité dont le besoin, ainsi que celui des poils, nous oblige à acheter de l'étranger des peaux de lapins pour plusieurs millions.

Il en est de même de tant d'autres produits d'animaux domestiques.

Quoique inférieure à la viande de boucherie et à celle de charcuterie, la chair de lapin est un bon aliment. Celle du lapin sauvage ou de garenne libre a un goût de venaison ; celle du clapier n'est si peu estimée que, parce qu'on n'en soigne pas assez le régime ; on donne trop de choux et de débris de jardinage, au lieu de végétaux plus substantiels et plus toniques.

Les lapins s'engraissent avec une singulière rapidité ; on en a vus dont le poids avait doublé en sept à huit jours : on en a élevé des variétés pesant 10 à 12 livres.

Un lapin gras, de trois mois et demi , n'aura coûté que deux mois de nourriture , ayant été allaité pendant six semaines.

On oppose à l'entretien des lapins les dégâts qu'ils causent, et la mortalité à laquelle ils sont exposés ; mais on peut, par des soins et du régime, prévenir ces deux inconvéniens , sans se priver d'une matière première réclamée par nos manufactures, et d'une ressource précieuse pour l'alimentation des habitans des campagnes , qui consomment si peu de viande.

CHAPITRE XI.

MAMMIFÈRES NUISIBLES.

Nous parlerons seulement du loup, du renard, de l'ours, du blaireau , de la fouine , du putois , de la belette et de la loutre.

Du loup.

Carnivore du genre du chien , n'ayant, d'après les zoologistes, d'autres caractères spécifiques essentiels, que l'obliquité de la pupille, la direction de la queue toujours courbée inférieurement, un pelage gris fauve, avec une raie noire sur les jambes de devant, qui n'existe pas dans le jeune âge.

Il diffère encore de toutes les races de chiens domestiques par les caractères suivans :

1.º Tête grosse, anguleuse, terminée par un museau effilé.

2.º Dents plus longues, plus fortes que dans aucune race de chiens.

3.º Dans aucun, les yeux ne sont, comparativement à la taille, plus petits et plus éloignés l'un de l'autre ; les oreilles plus petites et plus droites.

4.º Dans aucun, les poils ne sont si fermes, si rudes sous tous les climats.

Les différences, sous le rapport du naturel, sont plus prononcées ; une grande antipathie divise les deux espèces.

La voix du loup est un hurlement rauque, prolongé, qui ne ressemble à l'aboiement d'aucun chien.

La louve n'entre en chaleur qu'une fois par an, et c'est en hiver ; elle est moins féconde, et porte plus long-temps que la chienne.

Les loups ne vivent pas en société, comme les races sauvages des chiens ordinaires ; ils s'attroupent quelquefois, et pour peu de temps, afin de chasser en commun.

Ils sont intelligens, rusés, défians, moins courageux que forts et agiles ; la louve néanmoins défend ses petits avec une fureur intrépide.

Il y a quelques exemples d'accouplement entre les deux espèces, et les produits n'ont pas toujours été inféconds.

Ravages du loup. — Moyens de le détruire. — Dépouilles.

Fuyant presque toujours à l'approche de l'homme ; craignant des chiens moins forts que lui, le loup compte plus sur la ruse que sur la force, pour saisir une proie. Il fait la chasse aux chevreuils, aux lièvres, et emporte les moutons ; il est dangereux pour les jeunes chiens et les veaux.

Il est moins commun en France qu'autrefois, et on est parvenu à en extirper l'espèce en Angleterre.

Cependant en quelques contrées d'Europe, on est obligé de garder les troupeaux avec des fusils.

On écarte le loup, au moyen de lanternes à verres de diverses couleurs.

On accorde des récompenses pour la destruction des loups, surtout des femelles.

Jadis des officiers étaient institués pour chasser aux loups ; on les appelait *louvetiers*.

La chasse de cet animal, à force ouverte, n'est pas facile.

On le traque et l'on se met à l'affût, on l'attire dans des piéges.

On l'empoisonne avec du colchique, de l'aconit (tue-loup), de la noix vomique.

L'animal dévastateur nous rend quelques services. Faute d'autre proie, il se jette sur les fouines, les belettes, les rats, les campagnols. — Avec sa peau, on fait des fourrures ; avec son poil, des chapeaux ; avec ses dents, des outils pour polir l'or et l'argent.

Du renard.

Comme le loup, est un carnivore du genre du chien. On en connaît plusieurs espèces, ayant toutes pour caractère essentiel les pupilles lenticulaires.

Le renard commun se distingue par un pelage uniforme, fauve sur le dos, blanc sous le ventre, noir derrière les oreilles et au bout de la queue qui est longue et touffue.

Il a le museau effilé et la tête grosse, les oreilles petites, droites et pointues, les yeux inclinés et obliques ; il est plus petit et moins vigoureux que le loup.

Son urine est d'une odeur forte, encore plus fétide que celle du chat ; sa voix est un glapissement qui ne ressemble pas plus au hurlement du loup qu'à l'aboiement du chien.

Le mode de génération paraît être le même que chez le loup.

Il est plus habile, plus rusé que lui, surtout plus patient à l'affût d'une proie; réuni en meute, il chasse avec plus d'adresse.

De plus que lui, il se creuse des terriers à plusieurs issues, éloignées les unes des autres; c'est là qu'il est caché pendant le jour, qu'il se réfugie dans le danger, que sa femelle dépose ses petits. Il n'y porte jamais les produits de la chasse dont l'odeur pourrait le déceler.

Ravages du renard. — Moyens de le détruire. — Dépouilles.

Il fait la guerre aux poules, aux dindes, aux oies, aux canards, déroutant, par ses ruses et sa patience, la surveillance la plus active; il vole, pendant l'hiver, le miel dans les ruches, et, en automne, il va marauder dans les vignes.

Les amateurs de la chasse n'ont pas de plus grand ennemi, et c'est surtout au printemps qu'il fait une grande déconfiture de lièvres, de lapins, de perdrix.

La prise d'un renard est plus agréable au chasseur que celle d'une grande quantité du meilleur gibier.

On l'attire en faisant crier une poule ou une oie, et on l'attend à l'affût.

On le chasse aux chiens courans.

On le force, en faisant fouiller son terrier par des bassets à jambes torses, ou des furets; on l'y enfume, lorsqu'on peut découvrir et boucher toutes les issues, à l'exception d'une par laquelle on introduit du soufre allumé.

On lui tend des piéges, dont l'un se nomme traque-renard.

Il rend, au reste, quelques services à l'agriculture : car, faute d'autres proies, il se jette sur les fouines, les belettes, les taupes, les mulots, les campagnols, même sur les hannetons et les sauterelles.

Sa peau est préparée par les pelletiers et les fourreurs.

De l'ours.

Carnivore plantigrade. Les trois espèces de dents en nombre qui varie de 32 à 44, celles qui tombent avec l'âge n'étant pas remplacées : 12 incisives, 4 canines très-fortes; tantôt 16, tantôt 28 molaires, à tubercules mousses.

Cinq doigts à chaque extrémité, la plante des pieds postérieurs appuyant en entier sur le sol.

Six mamelles, dont deux pectorales et deux ventrales.

On connaît plusieurs espèces d'ours, dont une seule habite nos climats : c'est l'ours brun.

Il a le front convexe au-dessus des yeux, le pelage brun, de nuances variées aux diverses parties, le poil long, crépu, la taille de quatre à cinq pieds.

Le moins carnivore de sa famille ; son système dentaire étant peu approprié à la lacération d'une proie, ses ongles sont moins des armes offensives que des outils pour creuser la terre ; il vit également de fruits et de substances animales.

Il est hivernant, c'est-à-dire qu'il se ménage contre les rigueurs de la saison froide un asile sous la neige ; il s'y engourdit étant gras, et il se réveille maigre, suçant ses pattes durant son demi-sommeil.

Ravages de l'ours. — Moyens de destruction. — Dépouilles.

Il ne se jette sur l'homme que lorsqu'il est attaqué ou pressé par la faim ; il se dresse alors sur ses jambes de derrière, et il cherche à étouffer son ennemi, en le serrant avec ses pattes de devant. Il attaque quelquefois les troupeaux, renverse les ruches pour s'emparer du miel, fait des dégâts dans les jardins et les vergers.

On le chasse à force ouverte, et on lui tend des piéges.

Pris jeune, on lui apprend à danser, à faire des tours, et de pauvres savoyards le montrent dans les rues pour de l'argent.

On fait avec sa peau des manchons, des housses, des bonnets de grenadier.

Du blaireau (taisson).

Même genre que l'ours, dont le système dentaire est différent : 12 incisives, 4 canines, 8 ou 10 molaires en haut, toujours 12 en bas ; — 36 ou 38.

Cinq doigts à chaque pied, armés d'ongles robustes.

Queue courte, velue, jambes courtes, pelage gris.

Un orifice au-dessus de l'anus, d'où suinte une humeur grasse, très-fétide, que l'animal aime à sucer.

Il se creuse, avec les ongles, des terriers semblables à ceux du renard, qui quelquefois l'en chasse pour s'y établir. Comme l'ours, il s'y engourdit, s'y nourrissant de sa propre graisse.

Ravages. — Moyens de destruction. — Dépouilles.

Il fait des dégâts dans les vergers, les jardins et les ruches. Les anciens l'ont nommé *melis*, à cause de son goût pour le miel.

D'un autre côté, il fait la guerre aux mulots, aux grenouilles, aux lézards.

Très-commun autrefois, il est devenu fort rare, à cause de la chasse acharnée dont il est l'objet.

Cette chasse est à peu près la même qu'à l'égard du renard.

Il est des personnes qui trouvent sa chair bonne à manger.

Les rouliers en emploient la fourrure pour couvrir les colliers de leurs chevaux.

Sa graisse, ainsi que celle de l'ours, étaient jadis usitées en pharmacie.

De la fouine.

Mammifère carnivore, digitigrade. Les trois espèces de dents ; les molaires en nombre indéterminé, presque toutes tranchantes ; le corps très-alongé, reptiliforme en quelque sorte, pieds très-courts armés d'ongles acérés.

Pelage brun, avec le dessous de la gorge blanchâtre ; tête aplatie au sommet.

Faculté de s'alonger à volonté d'une manière singulière ; progression par sauts et par bonds ; facilité de grimper sur les arbres et sur les murailles ; émission, par deux orifices voisins de l'anus, d'une liqueur jaunâtre d'odeur musquée.

Ravages. — Moyens de destruction. — Dépouilles.

Comme toutes les espèces de son genre, la fouine fait la guerre aux animaux plus faibles qu'elle, elle en tue au-delà de ses besoins, elle en suce le sang ; elle va dénicher les œufs sur les arbres, ne s'approchant que pendant la nuit des habitations pour se glisser dans les poulaillers, les colombiers ; et quelquefois, surtout pendant l'hiver, s'établissant dans les maisons, se blottissant comme un rat dans un trou de muraille.

Une fouine qui s'introduit dans un poulailler ne se borne pas à y saisir une proie ; elle y égorge, avant de s'y repaître, toute la volaille qui s'y trouve, sauf à revenir le lendemain pour emporter de nouveaux cadavres.

La fouine, vivant aussi de fruits, fait des dégâts dans les vergers, dans les jardins, faisant tomber beaucoup plus de fruits qu'elle n'en mange.

On chasse dans les greniers même les fouines ; car elles s'y retirent. On emploie pour cela de petits bassets à jambes torses ; on leur tend des piéges comme aux rats ; on les empoisonne par l'appât d'œufs dans lesquels on a mis de l'arsenic ou de la noix vomique.

On évite les fouines en crépissant les murs du colombier ; garnissant de fer-blanc les environs de l'entrée des pigeons ; veillant à ce que les poulaillers soient bien clos, que les poules s'y retirent et y pondent.

Les fouines sont utiles en faisant la guerre aux mulots, aux rats, aux campagnols et même aux belettes, animaux de leur genre.

On fait avec sa peau des manchons, des doublures d'habits, des gants, etc. On fait servir son poil à la fabrication de pinceaux ; il entre dans celle des chapeaux fins.

On est parvenu à apprivoiser des fouines pour leur faire remplir les fonctions de chat.

De la Belette. — Du Putois. — Du Furet.

Même genre que la fouine, ayant pour caractère essentiel un pelage d'un brun roux sur le dos, blanc sous le ventre ; elle a le corps plus effilé et de beaucoup plus petit que la fouine ; ses mœurs sont les mêmes.

Le putois a le museau plus court que les deux espèces précédentes. Il a sur toute la surface deux espèces de poils distincts ; les uns extérieurs, longs, de couleur brune, parsemés de points blancs ; les autres, d'un blanc jaunâtre ; à peu près même taille que la fouine, (16 à 18 pouces de longueur), exhalant une odeur fétide.

Même naturel que la fouine et la belette ; plus rare.

Toutes les espèces de martes tiennent de celles des chats par l'instinct destructeur, indépendant du besoin de nourriture.

Il est une espèce de marte, nommée furet, dont le corps est jaunâtre et les yeux roux, qui est l'ennemi particulier du lapin. On profite de cet instinct pour le dresser à la chasse de ce gibier, on va jusqu'à le jeter dans les terriers du renard.

Comme il est originaire des pays chauds, il est sensible au froid, et ne peut vivre sous nos climats que domestique, ou pour mieux dire apprivoisé, et on lui fait perdre difficilement l'instinct dévastateur des basse-cours et des poulaillers.

De la loutre.

La loutre d'Europe est mammifère, carnivore, dont le genre est très-voisin des martes, qui a 12 incisives, 4 canines, 20 à 22 molaires : — 36 ou 38 dents.

Tête large, aplatie ; — corps long avec des pattes courtes ; — ongles crochus comme des hameçons, réunis par une membrane servant de rame : ce qui annonce un animal nageur, vivant de pêche. Il exhale une odeur désagréable due à une liqueur sécrétée par une glande voisine de l'anus.

Le pelage est brun sur le dos, blanchâtre sous le ventre.

La loutre est avide de poissons ; quoique pouvant vivre de grenouilles et de rats, elle dévaste les étangs et les viviers, détruisant beaucoup plus de poissons qu'il n'en est nécessaire à sa consommation.

On la chasse à l'affût, et on lui tend des piéges, non pour sa chair qui n'est pas mangeable, mais pour faire cesser ses ravages. On en a tant tuées en France qu'il en reste fort peu.

Il viendra un temps que, par les progrès de la civilisation, toutes les grandes espèces nuisibles ou incommodes à la nôtre auront vécu.

La peau de loutre peut servir à faire des fourrures, et ses poils des chapeaux.

On est parvenu à apprivoiser des loutres, à les dresser à la pêche pour notre compte.

Je passe sous silence une foule de petits quadrupèdes nuisibles, rats, souris, mulots, campagnols, taupes, gaspillant nos meubles, nos provisions, les produits de l'agriculture, mais ne faisant pas la guerre aux animaux utiles (hormis les abeilles). Nous passons à la classe des oiseaux.

CHAPITRE XII.

OISEAUX.

Caractères. — Divisions zoologiques.

Animaux vertébrés à sang chaud, ovipares, pourvus de deux pattes, de deux ailes, ayant le corps couvert de plumes.

Leurs autres caractères les plus saillans sont :

1.º Un bec, de nature cornée, plus compliqué et susceptible de plus de mouvement que les mâchoires des mammifères.

2.º Point de lèvres, ni de gencives ; des dents rudimentaires, une langue en partie osseuse, presque pas de glandes salivaires.

3.º Trois estomacs bien distincts dans les espèces granivores, savoir le jabot, le ventricule succenturié et le gésier ; ce dernier très-fort.

4.º Un seul conduit, nommé cloaque, pour l'issue des excrémens, de l'urine, des œufs, et l'entrée de la semence ; un ovaire unique.

5.º Embryons sortant de la mère, renfermés dans un œuf, ayant besoin, pour naître, d'une incubation extérieure.

6.º Poumons attachés aux côtes, communiquant avec

les os, les plumes, le tissu cellulaire, et où l'air pénètre et se raréfie.

7.º Jamais plus de quatre doigts aux pieds.

Attributs physiologiques.

1.º Circulation et respiration plus actives que chez
les mammifères ; température du sang plus élevée.

2.º Plus grande force musculaire, respectivement au
volume ; la course la plus énergique ne pouvant être
comparée au vol pour la vitesse et la durée.

3.º Vue vingt fois plus perçante que dans les autres
classes, distinguant un objet à une longue tout aussi
bien qu'à une courte distance.

4.º Odorat également très-développé.

5.º Les autres sens obtus.

6.º Voix forte, éclatante, variée, et, en plusieurs espèces, naturellement mélodieuse, modifiée par l'éducation
au point de simuler la voix humaine.

7.º Intelligence, aptitude à recevoir de l'éducation, à
s'attacher à l'homme, quoique à un degré inférieur que
dans la classe des mammifères.

8.º Quelques espèces voyageuses, parcourant périodiquement une notable partie du globe terrestre.

9.º Quelques-unes monogames, vivant en ménage,
le mâle partageant avec la femelle les soins des petits.

Génération.

Sexes, en beaucoup d'espèces, difficiles à distinguer.
Organe mâle renfermé dans le cloaque ; accouplement
instantané ; fœtus renfermé dans l'œuf, se développant
sur la grappe de l'ovaire, se détachant de son pédicule

pour suivre l'oviductus qui se termine à l'orifice du cloaque : telle est la ponte ou parturition des oiseaux.

La ponte peut avoir lieu sans fécondation; mais dèslors, quoique bons à manger, les œufs sont stériles.

Les œufs renferment, avec le fœtus, des substances destinées à le protéger et à le nourrir. Ces substances sont le jaune et le blanc unis par deux ligamens nommés chalazes, qui maintiennent le jaune en place, communiquent avec l'embryon, auquel ils servent de cordon ombilical. Celui-ci est au sommet du jaune, caché sous une tache blanchâtre nommée cicatricule (1).

L'embryon devenu visible est un fœtus; il croît dans l'œuf, absorbant le jaune, le blanc, le chalaze, sauf les parties fluides qui s'exhalent à travers la coquille, enveloppe calcaire poreuse, tapissée intérieurement d'une membrane.

Le petit se développe dans l'œuf, et il éclot à l'aide d'un acte qui lui est étranger, c'est l'incubation. Cet acte, dont se charge la mère ou tout autre oiseau, même mâle, n'est que l'application sur l'œuf d'une température un peu supérieure à celle du corps humain.

L'incubation dure plusieurs jours; on peut l'obtenir par des moyens artificiels. Elle est inutile pour les œufs non fécondés, qu'on nomme *clairs*, qui ont grossi, mûri dans des poules vierges. L'embryon seul n'a acquis aucun développement.

Il est des œufs qui viennent sans coquille, on les nomme *hardés*; d'autres sont sans jaune ou à deux jaunes; il en est d'emboîtés dans un autre, d'autres contiennent des corps étrangers, etc.

A mesure que le blanc et le jaune diminuent par

(1) Répondant au *hile* des botanistes.

suite de l'évaporation et de la nutrition du petit, il se forme des vides dans l'œuf, l'air y pénètre, et le petit respire ; il lime lui-même sa coquille avec le bec déjà corné, et, au moment marqué, il sort.

Il est encore nu ou couvert d'un duvet laineux, au lieu de plumes qui viendront plus ou moins tard, selon les espèces et les saisons. Des oiseaux adultes, dans le Nord surtout, sont pourvus, entre les plumes, d'un duvet très-fin.

Divisions.

La classe des oiseaux renferme des espèces carnivores, phytivores, omnivores. Il en est de robustes, destructrices, d'autres pacifiques et timides. Il est des oiseaux qui vivent en familles, en sociétés nombreuses ; d'autres naturellement farouches et solitaires, dont les individus ne se rapprochent entre eux que pour la génération et le combat.

De même que les mammifères, les seuls sociables peuvent être apprivoisés.

On peut diviser cette classe en six familles, savoir : 1.º les grimpeurs, 2.º les rapaces ou oiseaux de proie, 3.º les oisillons ou passereaux, 4.º les échassiers ou oiseaux de rivage, 5.º les gallinacées, 6.º les palmipèdes.

Il existe parmi les grimpeurs un oiseau plutôt apprivoisé que domestique : c'est le perroquet, qui a l'air de parler, et dont la longévité est étonnante.

La famille des oiseaux de proie offre le faucon, dont on avait fait jadis, par des soins habiles et soutenus, un chasseur très-précieux.

On trouve parmi les passereaux des chanteurs que

nous enfermons dans des cages, tels que les chardonne-
rets, les canaris et les rossignols. Les anciens en ren-
fermaient d'autres, tels que les grives, dans des volières,
ou les élevaient, comme volatiles de basse-cour, pour les
usages de la table.

Point d'animaux domestiques ni susceptibles de le devenir, pas même d'être apprivoisés, parmi les échassiers,
en général oiseaux de passage, excellent gibier : tels la
becasse, le râle, la poule d'eau.

C'est dans les familles des gallinacées et des palmipèdes que se trouvent les oiseaux vraiment domestiques.

Les pigeons, demi-domestiques, ont à tort été con-
fondus avec les gallinacées.

CHAPITRE XIII.

GALLINACÉES. — POULES.

Le coq, *gallus*, a donné son nom à toute la famille :
elle a pour caractères :

1.º Quatre doigts, dont trois antérieurs, dentelés sur
les bords et réunis à la base par une courte membrane,
disposés de manière à gratter la terre. De là le nom de
pulvérateurs donné à ces oiseaux.

2.º Mandibule supérieure recourbée comme une dent
de râteau, pour ramasser les graines (1).

(1) Chez les oiseaux comme chez les mammifères, c'est des organes de la manducation et de ceux de la locomotion que se tirent
les principaux caractères. De grands rapports les unissent. Ils annoncent conjointement le mode de nutrition, celui de défense des individus, tout leur naturel.

6

3.º Ailes courtes et disposées de manière, ainsi que le sternum, à rendre le vol lourd et de courte durée.

4.º Larynx trop simple dans sa structure pour permettre beaucoup de modulations dans la voix ; aussi ces oiseaux ne figurent-ils pas parmi les chanteurs.

5.º Jabot large, gésier vigoureux. Dans ce second estomac, de petits cailloux pour faciliter la trituration des graines dures dont se nourrissent les gallinacées, plutôt que d'insectes.

6.º Génération polygame ; un mâle suffisant à un grand nombre de femelles, les surpassant en grosseur, en force et par l'éclat du plumage ; ne se mêlant ni de la construction du nid, ni du soin des petits.

7.º Les nids établis sur la terre, sans art ; la ponte nombreuse, les petits pouvant courir en sortant de l'œuf. L'oiseau ne perche pas sur les arbres, il aime à vivre en société.

8.º Les gallinacées sont les principaux des volatiles de basse-cour ; leur chair est excellente, leur graisse est blanche et solide comme celle des mammifères ruminans.

Tous ces caractères de la famille sont trop bien déterminés pour que ceux des espèces ne soient pas difficiles à saisir.

Les gallinacées domestiques sont d'abord les poules et les dindes, ensuite les paons, les outardes et les pintades.

Les pigeons constituent, à notre avis, une famille tenant le milieu entre les gallinacées et les passereaux. Nous en dirons un mot.

Nous passerons sous silence les cailles et les perdrix, qui ne sont que des gibiers.

Caractères de l'espèce de la poule.

Ils sont à peu près les mêmes que ceux de l'espèce du

faisan. Quoique si différentes par les mœurs , les deux espèces, d'après quelques ornithologistes, appartiennent au même genre.

Ces caractères sont : 1.º un bec épais et robuste ; mandibule supérieure voûtée , courbée vers le bout, plus longue que l'inférieure.

2.º Les trois doigts de devant réunis par une membrane jusques à la première articulation , le doigt postérieur ne portant à terre que sur le bout ; les ongles peu courbes et presque obtus , les tarses des mâles éperonnés.

3.º Les narines recouvertes en dessus d'une membrane calleuse ; la tête dénuée, en partie, de plumes.

4.º Les ailes courtes, concaves, arrondies.

Cependant le mâle de la poule diffère de celui du faisan par la crête charnue dont sa tête est surmontée, et les prolongemens de même nature qui s'étendent sur le bec.

Le faisan n'étant qu'un gibier, et tout au plus un oiseau de volière, ne doit pas nous occuper.

Du mâle (coq).

Dans cette espèce , le mâle diffère beaucoup de la femelle, on le nomme *coq*. Il se distingue par des éperons longs et crochus (ergots) dont ses jambes sont armées, et par une crête et des barbillons d'un grand volume et d'un rouge plus vif. Sa taille est plus élevée, le bec est plus gros et plus court, les ongles plus forts et acérés, la poitrine plus large, les ailes plus fortes, le plumage plus varié, plus éclatant , deux grandes plumes dépassent la queue.

Il aime à lustrer son plumage avec le bec.

Sa voix est sonore, il aime à la faire entendre à l'aube du jour.

Il a le regard vif, l'air fier; on le voit marcher lentement, d'un pas grave et cadencé, le cou relevé et la tête haute.

Quelquefois, néanmoins, son allure est prompte et rapide: c'est lorsqu'il est animé par l'amour ou la colère.

Il s'arroge sur les poules une grande autorité; il les conduit pendant le jour, les rassemble le soir, les rallie quand elles s'écartent, les appelle pour se repaître, les défend, et livre bataille à tout individu de son espèce et de son sexe qui voudrait les lui disputer.

On fait battre des coqs en public, et pour cela on arme leurs ergots de pointes de fer.

Races.

Il en est de sauvages, en Amérique, qui descendent de la race commune, dont elles ont conservé les caractères, sauf l'uniformité du plumage.

Trois races, ou, si l'on veut, trois espèces de poules sauvages, ont été signalées depuis peu; l'une, trouvée sur les montagnes de l'Indoustan, offre sur le cou du mâle des plumes dont les tiges s'élargissent par le bas en trois disques successifs de matière cornée.

La deuxième, rapportée de Java, a la crête grande, dentelée, les plumes du cou fines, longues, étroites, nombreuses, d'une belle couleur dorée.

On la croit la souche de toutes les races domestiques.

La troisième, dont l'origine est la même, est noire avec le cou vert cuivré, etc.

On distingue parmi les races indigènes:

1.º Celle de soie, ou soyeuse, dont le corps, au lieu

de plumes, est couvert d'un duvet ; jolie, mignonne, attentive à pondre, assidue à couver, plus intéressante pour l'amateur que pour l'économe, car deux de ses œufs n'en valent pas un de la poule commune.

2.° La patue, qui a des plumes jusques sur les doigts, pondant également de petits œufs, plus sensible à l'humidité, plus sujette à la vermine.

3.° Celle à plumage frisé, ayant la peau à découvert, souffrant plus du froid, moins empressée à pondre.

4.° La nègre. Tout est noir dans cette espèce, plumes, crête, peau, squelette, et même la chair cuite. Plus curieuse qu'utile.

5.° Celles du Mans, du pays de Caux, de grande taille, consommant beaucoup, faisant de gros œufs, mais en petit nombre.

C'est la race commune qui est la plus précieuse.

Économie des poules.

Les bonnes poules bien tenues pondent tous les jours. Elles paraissent souffrir dans cet acte, et cherchent à cacher leurs œufs ; elles en donnent pendant quatre ans, mais alors l'ovaire est épuisé, flétri, émacié.

Tantôt la poule répugne à couver, tantôt c'est un besoin impérieux, surtout au printemps. Elle couve des œufs étrangers dont elle adopte les poussins, les soignant avec sollicitude ; on met à profit cette disposition.

On fait jouer ce rôle à des chapons dont on a plumé le ventre.

L'incubation dure vingt-un jours.

L'incubation artificielle, pratiquée chez les anciens, a été renouvelée en France ; elle s'y généralise.

On place les poussins dans un panier, en forme de

nid, qu'on a présenté à la poule ; on les met , pour les premiers jours, sous un autre panier, nommé mue. Au bout de 15 jours, on les abandonne, pour les conduire, à la poule ou même à un chapon.

Le poussin devient poulet, quand le duvet fait place aux plumes ; dès cet âge on distingue les coqs par la crête et les pennes.

Les jeunes poules ont les pattes lisses et douces, et les plumes du croupion en pointe. Ces plumes sont carrées chez les vieilles poules, et les pattes écailleuses.

Ces oiseaux sont très-adroits, très-alertes pour découvrir et saisir leur nourriture ; étant omnivores, ils se la procurent facilement. Ils peuvent digérer jusqu'aux noyaux les plus durs ; ils suppléent les dents par de petites pierres qu'ils avalent, et que presse contre les grains un gésier très-fort.

Ce sont les principaux volatiles de basse-cour, les plus répandus partout, dont l'entretien est le moins dispendieux, et les produits les plus abondans.

Leurs œufs sont , de tous, les meilleurs , nourrissant presque autant que la viande, et d'une digestion plus facile. — Les poulets sont un mets délicat ; — on les châtre très-aisément pour les engraisser, après quoi on les nomme, selon le sexe, chapons ou poulardes.

Pour l'engraisser, on force l'oiseau à manger au-delà du besoin ; on le place dans un lieu obscur ; on en renferme un certain nombre dans une machine suspendue, à plusieurs loges, nommée épinette. L'animal s'y remue à peine, un trou est pratiqué pour qu'on lui entonne la nourriture, ses excrémens sortent par un autre ; on ne donne pas à boire.

Il en est qui , pour l'engraisser plus vîte, crèvent les yeux de l'oiseau.

Quoiqu'il soit omnivore, on l'engraisse avec des végétaux, maïs, sarrasin, orge, millet, pomme de terre.

Cette économie est importante dans le Maine et dans la Bresse (1).

Le fumier de la volaille est plus énergique, et par conséquent agit à moindre dose que le meilleur des mammifères.

CHAPITRE XIV.

DU DINDE ET DE QUELQUES AUTRES GALLINACÉES.

Caractères zoologiques.

Ceux de la famille des gallinacées. On l'a cru du même genre que le précédent ; on lui en a donné le nom (*coq* et *poule d'Inde*). D'un autre côté, on l'a placé parmi les paons (meleagris gallo-pavo).

Il se distingue par des caroncules spongieuses, rouges, quelquefois violettes dans les deux sexes, placées à la tête et à la gorge, et de plus dans le mâle par un bouquet de poils roides, espèce de crins, et la faculté de relever en roue, à la manière des paons, les grandes plumes de la queue avec un mouvement convulsif.

Caractères n'existant pas dans le jeune âge.

Le plumage presque toujours noir à l'état domestique ; brun, bigarré et fauve à l'état sauvage.

(1) C'est par les œufs que l'économie de la volaille est importante, 12 œufs représentant une livre de viande. Une poule en sa vie peut donner 1,200 œufs, c'est l'équivalent d'un quintal de viande de boucherie. Combien faut-il de poulets, de poulardes et de chapons pour représenter cette masse alimentaire ?

Point de races distinctes dans cette espèce, peut-être trop nouvellement domestique pour qu'elles aient pu se former. Elle n'a été introduite en Europe que depuis le commencement du XV.ᵉ siècle.

Sauvage dans l'Amérique du Nord où sa taille est de trois pieds de haut, et sa chair d'un goût exquis.

Naturel.

A l'état sauvage, il vit en société, est omnivore, courageux, attaquant de concert, et par des manœuvres bien conduites, de gros reptiles.

A l'état domestique, il montre peu de courage et d'intelligence, surtout la femelle dont l'allure est humble et craintive.

Le mâle se rengorge quelquefois avec une espèce de fierté devant un objet inconnu : alors ses caroncules se colorent d'un rouge plus vif, ses plumes se hérissent ; il relève celles de sa queue, et fait entendre des cris perçans.

La couleur rouge excite sa fureur ; il fait la roue et se rengorge d'une manière bizarre quand on le regarde, et comme pour se faire admirer.

Mâles et femelles, on les agglomère en troupeaux, et on les mène paître.

Génération.

Le mâle témoigne son ardeur en faisant la roue, abaissant les ailes, portant la tête en arrière, piaffant, faisant entendre un gloussement qui lui est propre ; les couleurs de ses caroncules sont plus vives.

La femelle piaille, ses caroncules restent les mêmes

Un mâle pour dix femelles ; pouvant servir jusqu'à

six ans; mais c'est vers trois ans qu'on l'engraisse pour le vendre.

Pour l'ordinaire deux pontes : l'une à la fin de l'hiver, l'autre au commencement de l'été, chacune de quinze à vingt œufs ; les jeunes femelles sont sujettes à les éparpiller, les mâles à les casser ; on les éloigne des pondeuses et des couveuses.

Celles-ci sont assez stupides pour couver avec sollicitude, persévérance, des pierres, des mottes de terre, quand on leur a enlevé leurs œufs.

On a dans quelques basses-cours des poules d'Inde pour la couvaison d'œufs d'oie, de canard, etc. ; l'opération dure de 30 à 32 jours. Comme la couveuse ne se dérange pas, il faut lui porter de la nourriture.

L'éclosion de la même manière que dans la poule.

Les dindonneaux, plus frileux et plus délicats que les poussins, n'acquérant de la force qu'après le développement des caroncules : c'est ce qu'on appelle *pousser le rouge :* crise qui survient à six ou sept semaines, et n'est pas sans dangers. Alors se développent les crins pectoraux et les ergots tarsiens, le sexe se décèle, les oiseaux sont des dindes ou des dindons, et on les engraisse si on ne veut pas en tirer race.

On croit avoir remarqué que, dans le jeune âge, la femelle est un peu plus grosse que le|mâle ; ce qui est le contraire dans l'état adulte.

Économie des dindes.

Après la révolution du rouge, on les réunit, sans distinction de sexe, par bandes de 80 ou 100, sous la conduite d'une dindonnière de 10 à 12 ans.

Les dindonneaux exigent plus de soins et d'attentions que les poussins.

Quoique omnivores, ils préfèrent les substances animales.

C'est dans les landes et les friches qu'il convient d'élever des dindes en troupeaux ; ceux qu'on nourrit à la ferme coûtent plus qu'ils ne peuvent rapporter.

En général, on n'en mange pas les œufs ; on abandonne aux dindonneaux ceux qu'on ne fait pas couver.

On ne châtre pas les dindes pour les engraisser, l'opération est, pour cet engraissement, peu utile, et ne serait pas sans dangers.

Les procédés d'engraissement sont les mêmes que pour les poules ; ils réussissent mieux et plus promptement dans les femelles.

On sale la chair de dindons, on la conserve dans du saindoux ; mais le plus souvent on la mange fraîche ; on la parfume, pour les gourmets, avec des truffes noires, etc. On n'emploie pas les plumes.

Le fumier est à peu près de la même nature que celui des poules et des pigeons.

Du paon.

De la famille des gallinacées, moins lourd au vol que ses congénères, remarquable par l'éclat de son plumage d'un vert doré, et les sons tristes et désagréables de sa voix. De grandes plumes recouvrant celles de la queue dans le mâle, les dépassant, offrant des barbes soyeuses et lâches, ainsi qu'un disque, nuancé, en forme d'œil, des couleurs les plus vives. La tête est ornée d'une aigrette de plumes redressées et dont le bout est élargi. Plus élégamment que le dinde, cet oiseau fait la roue.

Les couleurs de la femelle (paonesse) sont moins brillantes, les plumes de sa queue ne sont pas recouvertes par de plus longues, elle ne fait pas la roue.

Il est des paons sauvages, dans l'Inde, qui manquent d'aigrette ; il en est de blancs.

La femelle pond, au printemps, une douzaine d'œufs, dans un lieu solitaire, voisin de l'habitation, les couve avec assiduité, amène les poussins (paonneaux) à la maison aux heures des repas. Ils sont bons à manger ; la chair des adultes est mauvaise.

Jadis il figurait sur les tables splendides avec tout son plumage, qu'on lui remettait après l'avoir fait cuire.

Son naturel, son régime, ses maladies, à peu près les mêmes que dans le dinde.

Moins sociable, plus commun autrefois, comme oiseau de luxe.

Si son plumage est beau, son cri est désagréable ; et il dégrade les toits des bâtimens où il aime à se percher.

De la pintade.

Gallinacée ayant pour caractères génériques la tête nue, surmontée d'une crète calleuse, des barbillons au bas des joues, la queue courte et pendante, point d'ergots, corps bombé.

L'espèce commune, à demi-domestique (*numida meleagris*), a un plumage ardoisé, parsemé de taches blanches.

On en nourrit une race à crète de plumes sur la tête, une autre à casque conique.

Naturel criard, querelleur, vivant en mauvaise intelligence avec les autres oiseaux de basse-cour. Sa chair est d'un goût exquis, tenant de celle du dinde et du faisan. Les anciens en élevaient beaucoup.

De l'outarde.

Le plus gros des gallinacées ; dos roux, ondulé, taché

de noir, ventre blanchâtre, longues plumes pendantes sous le bec, dans le mâle ; réservoir dans la poitrine pour contenir de l'eau ; organe analogue à celui des chameaux, pour le même usage.

Oiseau voyageur, gibier précieux.

La quantité et l'excellence de sa chair ont fait de tout temps désirer de le rendre domestique ; on y réussira, car il faut bien que la puissance de l'homme s'étende dans tous les sens.

On a pu facilement élever les petits, mais non faire propager l'espèce dans les basses-cours.

Du hocco.

Gallinacée de la taille de la poule, à 12 plumes à la queue, sans ergots, dos noir, ventre blanc.

Naturel, régime de la poule ordinaire ; chair meilleure. Élevé depuis long-temps, au Brésil, à l'état complet de domesticité ; introduit avec succès dans les basses-cours de la Hollande, il ne tardera pas à l'être dans celles de France.

CHAPITRE XV.

DES PIGEONS.

✳

Placé dans la famille des gallinacées à cause de la forme du bec et de celle des pieds ; et cependant son bec est faible, grêle, droit à la base, avec une protubérance qui recouvre une partie des narines ; les doigts sont séparés jusques à leur origine, et les pieds sont courts, presque toujours rouges, peu propres à gratter la terre. En outre :

1.º Le pigeon n'est pas, comme les gallinacées, un oiseau pulvérateur.

2.º Sa queue n'a que 12 pennes, au lieu de 14, comme dans les coqs, les dindes, les paons et les pintades.

3.º Le mâle est dépourvu d'ergots.

4.º L'espèce est monogame.

5.º Le vol est léger et rapide, tandis qu'il est lent et lourd dans toutes les espèces de gallinacées.

Races.

Le pigeon est du genre de la colombe, qui se compose de plusieurs espèces dont une seule est domestique, encore a-t-elle pour type un pigeon sauvage nommé biset ou de roche (*columba livia*), dont le plumage est gris d'ardoise, avec des bandes vertes dorées autour du cou, et du blanc sur le croupion.

Les bisets se joignent aux volées domestiques, et les suivent aux colombiers.

Les pigeons entretenus dans les colombiers volent en liberté à de grandes distances; on les nomme *fuyards;* leur taille est petite et leur couleur cendrée; ils se rapprochent des bisets.

Ceux qu'on nourrit dans des volières sont beaucoup plus gros, et leur plumage est varié.

C'est des pigeons de volière que sont sorties presque toutes les races, dont voici les principales :

1.º A grosse gorge, ayant la faculté d'enfler le jabot en y retenant de l'air.

2.º Mondain, le plus gros de tous, ayant un filet rouge autour des yeux.

3.º Patu, ayant, ainsi que le coq, les pattes emplumées.

4.º Pigeon paon, relevant en roue les plumes de la queue.

5.º Nonain, à plumes du cou relevées et entourant la tête.

6.º Tournant, décrivant toujours des cercles en volant.

On a distingué un grand nombre d'autres races de cet oiseau.

Naturel.

Les bisets sont voyageurs; ils nous arrivent au printemps et partent en automne, pour retourner à des climats plus chauds. Pendant leur séjour, ils font deux pontes. Ils nichent dans des creux d'arbres, des fentes de rochers, des excavations de vieux murs abandonnés.

Les fuyards font deux pontes par an.

Les pigeons de volière en font jusqu'à douze : fécondité qui tient moins à la race qu'à l'abondance de nourriture; car des fuyards, renfermés dans les mêmes volières et aussi bien nourris, sont presque aussi féconds.

A chaque ponte seulement deux œufs. Le mâle aide la femelle; il a choisi le lieu du nid et a concouru à sa construction, s'y est placé le premier, et a appelé sa compagne par ses roucoulemens; ils couvent dans la même journée, chacun à leur tour; l'incubation est d'environ 20 jours.

L'un est l'autre se disputent les soins des pigeonneaux; ils leur dégorgent dans le bec des alimens à demi-digérés, rappelés du jabot, et il arrive souvent au mâle de les déposer d'abord dans le bec de la mère qui les transmet aux petits.

Quand ceux-ci peuvent voleter, le père les chasse, pour qu'ils aillent chercher leur nourriture.

Jusqu'à l'âge adulte (six mois) on distingue difficilement le sexe. Alors les mâles sont plus gros, ils ont le bec plus fort, la voix plus sonore.

A peine adultes, les pigeons cherchent à s'appareiller ; on offre pour cela, à ceux de volière, un lieu nommé *appareilloir*. Les couples formés, on les porte dans la volière, ayant soin d'en exclure les mâles dépareillés, qui porteraient le trouble dans les ménages.

Voyages des fuyards.

De même que les bisets, les fuyards sont voyageurs, quoique ne parcourant pas de si grands espaces. On en voit à dix à douze lieues de leur colombier, surtout sur les bords de la mer, où ils vont chercher du sel. D'autres quittent pour tout l'hiver les contrées froides, pour s'établir dans des pigeonniers du Midi, qu'ils abandonnent au retour de la belle saison pour aller au lieu natal s'appareiller et pondre. Quelques-uns restent, d'autres emmènent des recrues.

On les retient au gîte en y mettant du sel à leur portée.

On a profité de l'instinct voyageur de ces oiseaux et du penchant qui les porte à retourner au colombier, pour en faire des messagers. Transportés à plus de cent lieues dans des cages, et lâchés ensuite, ils se sont trouvés, au bout de quelques heures, à l'endroit où, plusieurs jours auparavant, on les avait pris.

Économie des pigeons.

Les colombiers étaient autrefois beaucoup plus nombreux que de nos jours ; ils furent, comme les girouettes, réputés signes de féodalité ; on accusa les pigeons fuyards de déprédations dans les champs. On paraissait ignorer que n'étant pas pulvérateurs, comme les poules, ils ne déterrent pas les semences ; qu'ils vivent de graines de plantes parasites ; que, sous ce rapport, ils sarclent les terres à blé au lieu de les ravager. Jadis, les plaines de France les plus fertiles en céréales étaient hérissées de colombiers.

Ils ont disparu, elles ne sont pas devenues plus fécondes, et la masse animale alimentaire de la France a diminué de quelques millions de kilogrammes. On a, de plus, perdu une immense quantité du plus énergique de tous les engrais (la colombine).

On l'extrait trois ou quatre fois par an. Après chacune de ces opérations, on voit revenir des fuyards qu'avait éloignés le méphitisme de leur habitation.

Encore plus que le colombier, la volière sera tenue avec une minutieuse propreté ; on y veillera à ce que les mâles et les femelles y soient en nombre égal ; l'air y circulera librement, la nourriture y sera abondante, et dès-lors les pontes seront nombreuses et les bénéfices considérables.

CHAPITRE XVI.

DES PALMIPÈDES.

Du canard.

Les palmipèdes, oiseaux nageurs, ont pour caractères :
1.º Des pieds courts, palmés.
2.º Un plumage serré, huilé, recouvrant un duvet fin et épais.
3.º Un col souvent fort long.
4.º Un sternum volumineux.
5.º Un gésier musculeux.

Genre canard.

Il comprend, avec le canard proprement dit, l'oie et le cygne ; ses caractères sont, en outre de ceux de la famille :

1.° Bec lamelleux, dentelé sur ses bords, convexe en dessus, aplati en dessous, terminé par un onglet.

2.° Langue frangée sur les bords et obtuse.

3.° Quatre doigts, dont les trois antérieurs joints par une membrane, et le quatrième isolé.

4.° Jambes plus courtes que le corps, en arrière de l'abdomen, dégarnies de plumes à la partie inférieure.

Plus de cent espèces dans ce genre, dont deux, le canard et l'oie ordinaire, sont oiseaux de basse-cour ; et une troisième, le cygne, est oiseau de luxe. D'autres canards sont des gibiers d'eau, tels les macreuses et les sarcelles.

Du canard proprement dit (anas).

1.° Volume du corps moyen entre les plus gros et les plus petits du genre.

2.° Bec plus large qu'épais à sa base.

3.° Cou court.

4.° Bec sans tubercules.

5.° Point d'espace nu entre le bec et l'œil.

On peut ajouter : corps arqué et bombé ; — cou relevé sur une poitrine saillante ; — queue courte, arrondie à son extrémité, et d'une forte texture ; — cuisses articulées très en arrière et au-delà du centre de gravité.

D'après leur conformation, les palmipèdes, et surtout le canard, nagent mieux qu'ils ne marchent ; leurs pieds

supportent difficilement les aspérités du sol : ils se ber-
cent, ils tournoient sur eux-mêmes, faisant peu de chemin en se hâtant.

Léurs mouvemens sur les eaux sont faciles et gracieux ; ils plongent à une grande profondeur pour saisir
leur proie. L'humeur qui enduit leurs plumes les préserve
des effets de l'humidité.

Race sauvage.

Les canards voyageurs qui parcourent une grande partie du globe sont de la même espèce que ceux de nos
basses-cours ; ils propagent ensemble. Leurs œufs, cou-
vés par nos canes, donnent des canetons farouches,
à la vérité, mais dont les descendans deviennent tout
à fait domestiques.

La race sauvage diffère de la domestique par un plumage uniforme, vert, fauve et gris, des formes moins
massives, des jambes plus déliées, des ongles plus aigus,
plus luisans ; la chair en est beaucoup plus délicate.

Son vol est puissant. Il nous arrive du Nord en automne pour s'en retourner au printemps. Voyageant de
nuit, en caravane aérienne bien organisée, ces canards
sont-ils rabattus sur la terre ou sur les eaux, ils placent des sentinelles pour veiller à la sûreté commune.

Ils nichent quelquefois dans nos pays ; la femelle a
grand soin de ses œufs, les cache avec sollicitude. Les
canetons se nomment *halbrans*, ils ont les pattes rouges.
Le canard, de sa nature, est monogame.

Il n'est pas facile de chasser aux canards sauvages ; on
les attire dans des filets, au moyen de canards domestiques nommés *appelans*. Ceux-ci vont les chercher pour
les amener dans des canardières où l'on s'en empare.

Race de Barbarie.

Nommé encore cane-dinde, de Guinée, musquée;
— deux fois plus gros que l'ordinaire; — tête couverte
de caroncules d'un rouge vif, plus nombreuses et plus
coloriées dans le mâle; — glande au croupion sécrétant
une humeur d'odeur musquée.

Il réussit dans les pays chauds; d'un entretien dispendieux; n'allant pas chercher sa nourriture.

S'appariant avec la cane commune; donnant naissance
à des métis qui ne produisent guère qu'avec la race ordinaire, d'où résulte ce qu'on nomme des *mulards*, communs dans les Cévennes; ils n'ont point d'odeur.

On les emboque comme des oies, et ils prennent des
foies énormes.

De même que le canard de Guinée, une race de Pi-
cardie vit dans la basse-cour, où elle aime à barbotter;
elle a reçu son nom de cette habitude.

Naturel. — Génération.

Omnivore; plus glouton que le porc, et doué d'une
plus grande énergie digestive, avalant sans inconvéniens
plusieurs substances incapables de le nourrir; habile à
chercher sa nourriture, et en absorbant d'énormes quantités; ayant bientôt dépeuplé d'insectes, de vers et de
petits poissons les réservoirs qu'il fréquente.

Sa voix est bruyante aux approches des orages,
qu'il annonce encore par des mouvemens vifs, rapides,
et un air d'alégresse.

Devenu polygame en domesticité, un mâle pour dix
femelles. Sa verge, au lieu d'être cachée dans le cloaque,

sort contournée en spirale, comme un entozoaire ; se distinguant encore de la femelle par deux plumes relevées sur le croupion. La cane, de même que la poule, pond, sans l'approche du mâle, des œufs clairs ; elle les cache tous avec soin, les canards les cherchant pour les manger. Mais elle est mauvaise couveuse, abandonnant ses œufs pour peu qu'on la trouble, n'en adoptant qu'une partie ; aussi les confie-t-on à des poules.

Les canetons sont beaucoup plus vivaces que les petits des autres volailles : presqu'en sortant de l'œuf, ils suivent leur mère à l'eau. Cependant ceux qui ont eu pour couveuse une poule ou une dinde, obéissent un peu plus tard à l'instinct aquatique.

Économie des canards.

Vivant peu à la ferme, et absorbant, comme le porc, les derniers molécules alimentaires, ils ne donnent pas en grande quantité d'excellens engrais, comme les poules et les pigeons. Leurs œufs ont mauvais goût ; mais ils fournissent des plumes qu'en mai et en septembre on leur arrache au cou et au ventre, sans inconvéniens pour la santé. On fait avec ces plumes des matelas et des traversins.

Ce petit bénéfice a suffi quelquefois pour payer l'entretien des canards.

Des cultivateurs ont jeté des canards dans des cultures pour les débarrasser des chenilles, des altises et d'autres petits animaux (1).

______

(1) Nous avons vu un canard de Barbarie servir à cet usage dans les semis de mûriers de la pépinière départementale du Rhône.

Ces oiseaux s'engraissent avec la plus grande facilité, et souvent sans qu'on s'en mêle ; mais avec des soins l'engraissement est plus complet et plus rapide ; on les y soumet à six mois, on les met dans l'obscurité, on les emboque, on les prive d'eau, on les étouffe quelquefois, et dès-lors ils n'en sont que meilleurs; ils sont très-gras au bout de dix à douze jours. On connaît cet état par la disposition, en éventail, des plumes de la queue.

Point de volatile dont l'entretien et l'engraissement soient moins dispendieux.

<hr>

CHAPITRE XVII.

DE L'OIE.

✳

Caractères zoologiques.

Palmipède du genre canard, offrant :

1.º Un bec épais à la base, et diminuant insensiblement de grosseur jusqu'à ce qu'il se termine en pointe arrondie.

2.º Le cou plus long que le corps.

3.º Narines peu distantes du front.

4.º Langue effilée.

5.º Jambes longues, peu en arrière.

6.º Taille moyenne entre celles du cygne et du canard.

7.º Voix sonore et bruyante.

Plusieurs races dans cette espèce, dont une seule domestique, tirant son origine d'une race sauvage.

Race sauvage.

Plumage gris, ou brun ondulé de gris ; — bec orangé, noir à sa base et au bout ; — pieds jaunes ; — ongles noirâtres.

Oiseaux voyageurs qui, au commencement de l'hiver, nous arrivent des régions polaires, pour s'en retourner aux premiers jours du printemps. Volant en silence dans des régions élevées, se rapprochant de la terre dans des jours de brouillards. Ce passage dure deux ou trois mois.

Se cachant la nuit, pâturant le jour, faisant des dégâts dans les lieux cultivés.

Défians, habiles à se garder, on les chasse difficilement.

Race domestique.

Elle offre peu de variétés.

La domesticité ayant peu pesé sur cet oiseau, il est, dans nos basses-cours, presque toujours de la même couleur (blanche); seulement la taille diffère. Les plus grands sont nourris en Languedoc. On a néanmoins distingué quelques variétés ou sous-races :

1.º De Toulouse, plumage panaché, la tête du mâle (jars) surmontée d'une hupe qui se hérisse dans la colère.

2.º Du Haut-Languedoc, portant sous le ventre une masse de graisse bien développée au mois d'octobre, touchant presque à terre, et qu'on nomme *panouille*.

3.º D'Égypte, nouvellement introduite dans nos basses-cours, dont les couleurs panachées sont éclatantes, et les ailes pourvues d'un petit éperon.

4.° De Russie, moins remarquable par ses formes que par ses mœurs. Demi-sauvage, émigrant en automne pour rentrer à la ferme au printemps.

Naturel. — Génération.

Oiseau omnivore, s'accommodant mieux que le canard d'alimens uniquement végétaux ; paissant l'herbe aussi près que le mouton, nuisant ainsi aux prairies, et encore plus par ses excrémens qui rendent, pendant deux ans, l'herbe qu'il touche dégoûtante pour le bétail.

Sa voix, tantôt résonnante comme le son du clairon, tantôt imitant le sifflement de la couleuvre, ne tient point à la structure de la glotte, mais à certaines membranes disposées à la partie inférieure de la trachée, disposition telle qu'en pressant l'abdomen de l'animal, peu de temps après sa mort, il rend ces mêmes sons.

Monogame dans l'état de nature, comme les autres canards ; il est, en domesticité, moins polygame. On donne à un jars sept à huit femelles. Comme elles ne savent pas se construire des nids, on leur en donne de tout faits dans des habitations nommées *musses* en quelques pays.

Chaque ponte de 40 à 5o ; on n'en laisse que 14 ou 15 à la couveuse, avec de la nourriture et de l'eau à sa portée, car elle n'aime point à se déranger.

Le mâle protége la couvaison, et témoigne de la joie à l'éclosion.

Durée de l'incubation, 3o jours.

Oisillons sensibles au froid et à l'humidité. Ils peuvent, par un temps tempéré, sortir deux ou trois jours après la naissance.

A deux mois, leurs ailes commencent à se croiser ; on peut alors leur abandonner le soin de leur subsistance.

On ne les mène pas paître comme les dindons ; de même que les canards, ils connaissent le chemin de la basse-cour où ils sont nés, où les attendent un asile et de la nourriture.

On leur coupe quelquefois les ailes, pour empêcher qu'ils ne prennent envie de suivre les oies sauvages : il leur arrive d'en embaucher quelques-unes.

Produits en plumes et en duvet.

Les plumes à écrire, dont la consommation s'étend tous les jours, sont celles des ailes et de la queue de ces oiseaux ; ces dernières nommées *pennes*. Ce sont des tuyaux cornés, ronds, transparens, remplis d'une moëlle muqueuse, terminés par un cône garni latéralement de barbes.

On les arrache au moment de la mue ; chaque récolte en fournit huit ou dix. On la néglige en France, mais non en Hollande (1). C'est dans ce pays qu'on les prépare, c'est ce qu'on nomme *hollander* : opération qui consiste à les dépouiller de certaines matières animales, au moyen d'une lessive alcaline.

Le duvet se trouve entre les grandes plumes ; on le récolte en été sur les oies vivantes, de même que sur celles nouvellement tuées. Les oisons donnent peu de duvet, et ils souffrent de l'opération. L'oiseau qui a vécu neuf mois a pu donner trois récoltes. Celle des oies maigres

(1) Les plus belles plumes viennent de Westphalie.

est meilleure et plus abondante ; elle peut être annuellement d'une livre par individu. Le temps de la faire est celui où le duvet se détache de lui-même. Il est de mauvaise qualité sur un cadavre refroidi. Il exige des soins pour être amené à un état convenable de dessication.

On s'en sert pour faire des matelas et des traversins.

Le plus fin est vendu comme édredon.

Le véritable édredon est fourni par une espèce ou race sauvage nommée *eider* (anas mollissima), oiseau polaire qui n'arrive pas jusques à nos contrées. Il vit de poissons, établit sur des rocs maritimes un nid construit avec son duvet. On ramasse ce produit fin, léger, élastique, servant à fabriquer les coussins, les traversins les plus chauds, les plus délicats, les plus douillets.

La peau de l'eider, avec les plumes et le duvet, sert à faire des peluches de grand prix.

On respecte la vie de l'oiseau, quoique sa chair soit exquise, à cause des produits qu'on en retire.

C'est en vain qu'on cherche à l'acclimater sous notre ciel.

Économie de l'oie.

Avant l'introduction du coq d'Inde, l'oie était beaucoup plus commune dans nos basses-cours qu'elle ne l'est aujourd'hui ; elle a cessé de figurer avec honneur sur les tables splendides.

On mène paître les oies comme les dindons, et, pour prévenir leurs dégâts, on les fait conduire par des enfans armés de perches, ou par des chiens, ou on leur met une plume à travers les ouvertures du nez, ou un carcan au cou, ou une muselière au bec.

On les engraisse étant jeunes ou adultes, les premières plus facilement et en quinze jours. Pour cela, on leur plume le ventre, on les tient dans l'obscurité, dans le silence, et dans le moindre espace possible ; on les emboîte dans des pots percés de deux trous, l'un pour la nourriture, l'autre pour les excrémens ; on les gorge à l'aide d'un entonnoir. Le produit de cet appareil est dix à douze livres de viande ou de graisse en un mois. Dans cet état de gêne, le foie de l'oiseau s'engorge, devient énorme, et acquiert un goût, depuis les Romains, recherché par les gourmets. Dans la vue de produire le même effet, on crève les yeux de l'oiseau, on lui cloue les pattes sur une planche : méthode barbare que les lois devraient proscrire.

Du cygne.

Espèce de canard, le plus gros de tous, distingué par la longueur et le contour gracieux du cou, l'absence de plumes entre l'œil et le bec, la forme du bec, aussi large en avant qu'en arrière, l'éclatante blancheur de son plumage, la noblesse de sa démarche.

Assez fort, assez courageux pour se défendre contre les chiens et les oiseaux de proie.

Omnivore, quoique préférant les substances animales.

Monogame comme la tourterelle et le pigeon.

Ponte de 7 à 8 œufs ; durée de l'incubation, 5o jours.

Longévité séculaire.

Ce magnifique oiseau devient plus rare, de jour en jour, en France. Il vogue encore, en grand nombre, sur les bassins et les viviers du nord ; il s'éloigne fort peu des réservoirs, aux bords desquels fut placé son nid.

Quoique oiseau de luxe, il n'est pas sans utilité ; sa chair est bonne à manger, et son duvet ne le cède qu'à celui de l'eider ; mais la recolte n'en est pas aussi facile.

CHAPITRE XVIII.

DES INSECTES. — GÉNÉRALITÉS.

Définition.

Animaux invertébrés, dont le tronc et les membres sont extérieurement articulés, et qui respirent par des orifices nommés *stigmates*, répondant à des vaisseaux intérieurs nommés *trachées*.

Différens des mammifères et des oiseaux, non-seulement par une taille beaucoup plus petite, mais encore par l'absence d'os intérieurs, d'un cœur, de vaisseaux circulatoires, de poumons, de cerveau distinct.

Ayant des membres locomoteurs, latéraux, de plus que les annelides et les vers, auxquels ils ressemblent sous plusieurs rapports.

Se distinguant de tous les autres êtres animés par la faculté merveilleuse de se métamorphoser (1).

Structure.

1.º Trois régions, savoir: la tête, le corcelet ou thorax, l'abdomen ou ventre.

2.º Jamais moins de six pattes, quelquefois un plus grand nombre.

3.º Articulations, le plus souvent au nombre de seize.

4.º Yeux sans paupières, taillés à facettes nombreuses, accompagnés le plus souvent d'autres organes de la vision, lisses, placés presque toujours au nombre

(1) Les espèces d'insectes privés de cette faculté devraient peut-être former d'autres classes.

de trois au sommet de la tête ; organes, nommés *stemmates*.

5.º Ailes et antennes chez le plus grand nombre.

6.º Bouche s'ouvrant latéralement, tantôt nue, tantôt armée de tenailles cornées, nommées *mandibules*, quelquefois pourvue de bec, ou de trompe, ou d'une langue composée de plusieurs lames roulées en spirale, etc.

Sens.

1.º Vue. Supposée délicate, d'après la structure de l'organe qui lui est approprié, et le volume du nerf dont il est pourvu. N'existant point chez ceux qui vivent dans l'obscurité.

2.º Ouïe. Les organes en sont inconnus ; on les suppose les mêmes que ceux de la respiration. Dans cette classe les sons se produisent par d'autres voies, telles que le froissement des ailes et des parties articulées. On appelle ces sons, chant dans les cigales, bruissement dans les sauterelles, bourdonnement dans les abeilles : sorte de langage sonore et varié dans les temps des amours.

3.º Odorat. Les organes n'en sont pas mieux connus ; mais l'existence en est prouvée par la certitude avec laquelle les insectes, qui vivent ou pondent sur les cadavres infects, les trouvent dans l'obscurité.

4.º Goût. Son siége est dans quelques parties de la bouche ; car on voit des insectes déguster les alimens avant de les prendre, et, après les avoir pris, les rejeter quelquefois.

5.º Toucher. C'est sans doute, de tous les sens, le moins développé chez l'insecte, sa peau étant dure et souvent cornée. On en a supposé le siége dans les antennes, ou dans les palpes, ou dans les tarses.

On voit que, dans cette classe, s'il existe cinq sens, comme dans les mammifères et les oiseaux , les organes en sont bien moins déterminés.

Fonctions.

1.º Sensibilité, dont le siége est une moëlle nerveuse , composée, le plus souvent, de douze renflemens ou ganglions successifs, d'où partent les nerfs ; cette moëlle située inférieurement et ventrale.

2.º Locomotion, dont les organes sont des pattes et des ailes ; les pattes attachées au thorax , composées de quatre parties, savoir : la hanche, la cuisse, la jambe et le tarse ; cette dernière partie se terminant , selon les espèces, en doigts, pinces, griffes , serres , tire-bourres. Ailes attachées au corcelet ; plusieurs insectes en sont dépourvus, aucun n'en apporte en naissant ; le nombre, qui varie de 2 à 4, a servi à classer ces animaux. Chez quelques-uns, recouvertes d'une espèce de cuirasse nommée *élitre.*

3.º Nutrition. Les insectes qui prennent des alimens liquides sont dits *suceurs* (mouches), d'autres qui les broient sont nommés *mâcheurs* (chenilles).

Il est des insectes phytophages, d'autres carnivores , quelques-uns sont successivement l'un et l'autre dans les phases de leur vie. Il en est qui s'attachent aux êtres vivans, d'autres aux cadavres.

Le tube intestinal des carnivores est généralement de la longueur du corps , et il est au moins triple dans les phytophages. — Ce tube offre , selon les espèces , des poches et des renflemens.

Il y coule des sucs salivaires, pancréatiques, biliaires ; on n'a pas découvert d'organes pour les sécréter.

L'absorption nutritive est directe, tandis que, dans les classes supérieures, elle a lieu par l'intermédiaire de la circulation sanguine.

4.° Sécrétions. Une huile fétide sort des articulations des méloé ; -- une odeur suave s'exhale de quelques insectes des sables. -- Le venin de la guêpe, celui de l'abeille, sont des produits sécrétés. Il en est de même du coton de plusieurs chenilles, des toiles des araignées, de la soie du bombyce du mûrier : le mode de cette fonction inconnu.

5.° Respiration. Ayant lieu par les stigmates ou spiracules, dont le nombre est de 16 à 18, et qui sont les orifices des trachées, vaisseaux élastiques, se répandant dans tout le corps.

De même que chez les mammifères et les oiseaux, absorption d'oxigène, dégagement d'acide carbonique, et même production de chaleur, du moins par l'agglomération, comme on l'a observé dans les ruches, les fourmilières, etc.

6.° Génération. Presque toujours sexes distincts, presque toujours les femelles plus nombreuses que les mâles ; ceux-ci pour l'ordinaire plus petits et plus brillans, ne s'accouplant qu'une fois, et ne tardant pas à mourir ; les femelles leur survivant jusqu'après la ponte.

Chez quelques insectes vivant en société, tels que les abeilles, les fourmis, les pucerons, se trouvent en grand nombre des neutres, c'est-à-dire, des femelles dont les organes sexuels ne se sont pas développés.

Tous les insectes ovipares. Seulement des œufs éclosent en quelques espèces dans le corps de leur mère. Dans quelques-autres, un seul accouplement pouvant féconder des œufs pour plusieurs générations.

Métamorphoses.

Changement de forme qu'éprouvent tous les insectes ailés, et quelques-uns de ceux qui ne le sont pas. Vermiforme en sortant de l'œuf, l'animalcule se nomme *larve* ou *chenille*, improprement *ver*; dans cet état, qui dure quelquefois plusieurs années, il est toujours stérile et mou, très-vorace et change plusieurs fois de peau.

Après la dernière mue, l'insecte se transforme en ce qu'on nomme *crysalide*, *nymphe* ou *aurélie*.

Quand cet état est complet, plus de mouvement ni de nutrition, mort apparente, aspect de momie : tel le ver à soie dans son cocon.

Dans les métamorphoses incomplètes, dans celles qui sont ébauchées, pas d'autres changemens que le développement des pattes ou des ailes, la nymphe est active, ainsi que la larve (exemple, les sauterelles).

C'est seulement dans l'état d'insecte parfait que l'animalcule propage son espèce ; mais, dans plusieurs familles, c'est la seule fonction que le mâle ait à remplir, la nature lui ayant refusé jusques aux organes de la manducation.

Naturel.

Parmi les insectes, les uns marchent comme les quadrupèdes, d'autres volent comme les oiseaux; il en est qui nagent et vivent dans les eaux comme les poissons, d'autres qui rampent comme les reptiles.

C'est à l'état de larve qu'ils sont déprédateurs, vivant aux dépens des animaux domestiques et des végétaux cultivés, leur nuisant et quelquefois leur causant la mort.

Ceux qui vivent de cadavres sont utiles en prévenant l'infection de l'air.

Il est des larves qui, en un jour, absorbent une masse d'alimens de beaucoup supérieure à celle de leur corps.

Leur développement est encore plus étonnant : la larve de la mouche vivipare ne présente, en naissant, que la cent cinquantième partie de la taille qu'elle aura 24 heures après. — La chenille du Cossus pesait 72,000 fois moins en naissant qu'après avoir pris tout son accroissement.

Comparativement à la taille, la force musculaire des insectes est beaucoup plus considérable que celle des grands animaux ; une fourmi porte ou traîne, avec ses tenailles, 15 à 20 fois le poids de son corps, tandis qu'un cheval serait écrasé par un poids égal au sien.

L'instinct de quelques insectes surpasserait l'intelligence des mammifères, et, sous quelques rapports, la raison humaine, s'il procédait par observations et raisonnemens ; mais il est aveugle dans son principe, nécessaire, et par conséquent uniforme dans ses effets.

L'insecte sait tout ce qu'il doit savoir, sans avoir rien appris ; il se comporte comme sa mère qu'il n'a jamais connue ; depuis que le sphex existe, tant que durera son espèce et sous tous les climats, le sphex pondra un œuf dans le corps d'un autre insecte qu'il aura tué ; il mettra le cadavre en lieu de sûreté ; la larve naîtra au milieu de sa pâture. Comment sait-elle que c'est sa mère déjà morte qui l'a lui a ménagée ? par quelle prévoyance imitera-t-elle un exemple qui ne lui a pas été donné ?

L'entomologie est toute pleine de faits de ce genre.

Les plus grandes merveilles éclatent au milieu des insectes vivant en société, tels que les termites, les fourmis, les abeilles. Il règne, dans chaque colonie, et pour l'utilité commune, un accord, un concert, une harmonie dont aucune aggrégation humaine n'offrira jamais d'exemples, mais qui trouvent une parfaite analogie dans les divers organes du corps humain ; concourant tous, chacun selon sa structure et son mode de sensibilité, au maintien de l'économie vivante.

C'est ainsi qu'une ruche, une fourmilière, une société de termites, plus merveilleuse encore, peuvent être considérées comme un individu dont les organes sont ce que nous appelons mâles, femelles, neutres, tous guidés par un instinct collectif.

Tout est plein d'insectes visibles ou non. Qui sait si leur masse réunie ne surpasserait pas celle de tous les vertébrés? On les a divisés et subdivisés; nous ne suivrons pas les entomologistes dans leurs classifications, n'ayant à parler que d'un petit nombre d'insectes, tant utiles que nuisibles : parmi les premiers, sont l'abeille et le ver à soie.

CHAPITRE XIX.

DE L'ABEILLE.

Caractères zoologiques.

De la famille des hyménoptères, ainsi caractérisée :

1.º Six pattes dont les tarses ont presque toujours cinq articles.

2.º Quatre ailes nues, membraneuses, veinées, les inférieures plus courtes.

3.º Bouche garnie de mandibules, et conformée de manière à diviser les matières solides, et à pomper les fluides.

(Insectes tout à la fois mâcheurs et suceurs).

4.º Femelles pourvues de tarières ou d'aiguillons.

De la tribu des apiaires ou mélites qui ont:

1.º Lèvre inférieure plus longue que les mandibules.

2.º Antennes brisées ou coudées.

3.º Abdomen attaché au thorax par un pédicule court et étroit.

4.º Suçant, sous l'état parfait, le nectar des fleurs, et nourrissant les larves de pollen.

Les caractères principaux du genre sont :

1.º Tête déprimée, presque triangulaire, plus étroite que le corselet, avec deux yeux latéraux et trois stemmates disposées en triangle au sommet.

2.º Antennes filiformes, à douze articulations dans les femelles, et treize dans les mâles.

3.º Lèvre inférieure plus longue, garnie de palpes, configurée en trompe qui sert de gaîne à la langue.

4.º Abdomen offrant six anneaux, portant l'aiguillon, en deux lames, renfermé dans un fourreau composé de deux parois qui s'écartent à la volonté de l'insecte.

(L'aiguillon reste dans la plaie où il a introduit un venin ; — il y a une race d'abeilles sans aiguillon.)

5.º Corps velu, brun, de diverses nuances, long d'environ six lignes, sur deux de diamètre.

6.º Deux estomacs dans l'abdomen, dont le plus près du corselet ne contenant que du miel ; l'autre, plus fort, que de la cire ; l'un et l'autre capables de contractions, comme ceux des mammifères ruminans.

Sortes d'abeilles dans une ruche.

Femelles ou reines, neutres dites ouvrières , mâles ou faux bourdons.

1.º Femelles. Le plus souvent une seule dans une ruche, plus longue et à ailes plus courtes que les deux autres ; moins grosse que les mâles, à pattes lisses, brillantes, dont les articulations sont très-distinctes ; armée d'un long aiguillon, se traînant à peine pendant la ponte, légère quand elle a pondu, ne travaillant point , vivant sept à huit ans , pouvant fonder plusieurs colonies.

2.º Mâles. Plus gros que les deux autres, à tête plus arrondie, yeux plus grands, mâchoires et mandibules plus courtes, corselet plus velu , point d'aiguillon, formant dans une ruche environ le dixième de la population totale, exhalant une odeur particulière, ne vivant que deux mois.

3.º Neutres , mulets, ouvrières. La plus petite des trois, la plus brune et la plus velue, ressemblant, au premier aspect, à la reine hors de la ponte ; mais son aiguillon est beaucoup plus petit, ses mâchoires plus fortes, sa trompe plus longue. — Ses jambes sont garnies de brosses pour ramasser le pollen et d'une cavité pour le recueillir ; seule elle travaille , vit un à deux ans ; son nombre dans une ruche jusqu'à 30,000.

Ce n'est guère que pendant deux mois du printemps qu'une ruche offre les trois sortes d'abeilles.

Fonctions de la reine.

C'est la mère de toute la colonie : si elle manque et ne peut être remplacée, les ouvrières se dispersent et périssent.

A l'âge de seize jours, elle est fécondée dans les airs, où les mâles la suivent ou l'attendent. Il est probable qu'une fécondation suffit pour sa vie entière.

Quarante-six heures après l'accouplement, la ponte commence. Dès-lors la reine ne sort plus, à moins d'aller fonder une colonie.

Elle pond, en un an, 30 à 40 mille œufs; d'abord ceux d'ouvrières, et successivement ceux de mâles et ceux de femelles, les déposant dans des cellules appropriées à chaque sorte, et ne se trompant jamais.

Comme il ne peut y avoir qu'une reine dans une ruche, et que plusieurs peuvent y naître en même temps, il se livre alors un combat à outrance, et la victoire décide.

Au cas où la reine viendrait à manquer, il se trouverait des larves de réserve capables de le devenir ; ce sont des neutres, dont on élargirait et fortifierait les cellules, qu'on nourrirait largement, et dont on développerait ainsi les organes génitaux. Car les neutres sont des femelles avortées faute de nourriture et d'espace.

Ces larves surnuméraires sont protégées contre la fureur rivale de la reine, et c'est la seule de ses volontés que les neutres ne respectent pas.

Destinée des mâles.

Ils ont pour berceau des cellules semblables à celles des neutres, seulement plus profondes ; plus lents à se déve-

lopper; objet, dans leur enfance, des soins des ouvrières;
allant ensuite, comme elles, butiner dans la campagne,
mais n'apportant jamais rien à la ruche; n'y rentrant
que pour s'y mettre à couvert; le plus petit nombre d'entre eux, un seul peut-être, servant à la fécondation.

Les neutres souffrent leur présence, tant que dure la
belle saison; à l'approche de l'hiver, l'entrée de la ruche
leur est interdite. On tue ceux qui y sont ou cherchent à
y pénétrer; on pique, dans les cellules, leurs larves et
leurs nymphes; on rejette les cadavres.

Quelques mâles sont épargnés pour la fécondation
éventuelle de l'année suivante.

Travaux des neutres-ouvrières.

Elles vont chercher jusqu'à une lieue des matériaux
pour la construction de la ruche et l'approvisionnement
de la colonie. Elles bâtissent, avec un art infini, des cellules de diverses sortes : les unes hexagones, plus ou
moins grandes, pour recevoir les provisions et les œufs
mâles ou neutres ; d'autres, coniques, plus vastes et à
parois beaucoup plus fortes, pour le développement des
reines.

Partout l'espace est économisé avec une précision géo-
métrique.

Elles nourrissent les larves, les soignent; éloignent de
la ruche tout ce qui pourrait l'infecter; veillent, nuit et
jour, à la sûreté commune.

Comme elles se partagent le travail, on en suppose de
deux sortes différemment organisées : les unes élaborant
la cire de construction ; les autres, le miel pour la nourriture des larves et les provisions d'hiver.

Elles ramassent le pollen avec les brosses des pattes antérieures pour le déposer sur les palettes des postérieures. De retour à la ruche, leurs compagnes les débarrassent de ce fardeau.

Les neutres se donnent réciproquement à manger, se défendent de concert contre leurs ennemis, se prêtent des secours mutuels; elles se dévouent pour le salut commun.

Tout en butinant, elles dispersent le pollen, facilitant ainsi la fécondation végétale (1).

CHAPITRE XX.

DU VER A SOIE.

Caractères zoologiques.

Insecte (improprement nommé ver) de la famille des lépidoptères, de la tribu des bombycites, du genre bombyce, ou lasiocampe, offrant :

1.º *A l'état parfait*, quatre ailes couvertes de petites écailles colorées, imbriquées, entières, horizontales, les inférieures plus longues, les supérieures marquées de trois raies obscures.

2.º Corps velu, corselet laineux, et, chez les femelles, abdomen volumineux.

3.º Antennes alongées, pectinées, brunes.

(1) Nous avons dû nous borner, dans ce précis zoologique, au signalement de l'insecte, à la description de ses mœurs ; quant à ce qui concerne les ruches et leur gouvernement, l'essaimage, la récolte du miel, etc., c'est de l'économie rurale vétérinaire et l'objet d'un autre cours.

4.º Papillon nocturne , volant pesamment , point de stemmate ni d'organe de la manducation.

5.º *A l'état de larve* (chenille), corps alongé, seize pattes, les seules antérieures articulées ; des mâchoires.

6.º Plusieurs aspects successifs : dans les premiers jours, corps velu, noir ou brun, ensuite nu, blanchâtre ou bleuâtre ; dans le dernier temps, d'un jaune luisant, presque diaphane, et alors un tubercule charnu sur le dernier anneau.

7.º Construction d'un cocon ovale, jaune ou blanc, très-rarement d'autres couleurs, dans lequel la chrysalide est immobile.

Œufs du ver à soie. -- Éclosion.

Œufs, nommés *graines*, ronds, du volume d'un grain de mil, successivement jaune clair, gris de lin, gris cendré, se cassant aisément, pleins d'un fluide visqueux. Les stériles toujours jaunes et aplatis, contenant un fluide liquide.

L'éclosion a lieu, l'année qui a suivi la ponte, sous une température naturelle ou artificielle de 25 degrés R. soutenue plusieurs jours, ce qui est rare en France ; aussi l'éclosion artificielle y est-elle la plus usitée, d'autant mieux qu'on peut l'avancer, la reculer, la régler, la multiplier.

On la détermine au moyen d'une étuve, d'un four de boulanger, de cendres chaudes, de la chaleur animale. Les premiers œufs apportés en Europe furent incubés dans du fumier.

On s'aperçoit que l'éclosion est prochaine à la nuance gris blanchâtre des œufs.

Si, dans ce moment, ils ont une teinte blanc sale, ou rouge, on doit les rejeter.

Larve et mues.

On la nomme chenille, comme celle de toutes les lépidoptères. Elle change quatre fois de peau ; ces mues sont pénibles, quelquefois mortelles, et cependant nécessaires pour le développement de la chenille.

Elle s'opère au moyen d'une matière soyeuse dégorgée par la chenille, qu'elle colle d'un côté à divers points de son corps, de l'autre à ce qui l'entoure. Ainsi amarrée, elle pousse en avant par un mouvement vermiculaire, s'aidant de ses pattes ; elle sort dépouillée de sa vieille enveloppe, une humeur visqueuse ayant facilité le glissement.

Cette opération est précédée et suivie de langueur, d'inappétence, d'une espèce de sommeil.

Ages.

Les âges de la chenille sont les périodes qui séparent les sommeils et les mues.

Le 1.ᵉʳ, qui commence à l'éclosion, dure cinq jours, sous 18 ou 25 degrés R.

Le 2.ᵉ dure quatre jours ; la taille de l'animalcule a quadruplé.

Le 3.ᵉ et le 4.ᵉ, chacun de sept jours ; les poils ont disparu, du moins à l'œil nu ; les pattes ont acquis de la force, le corps est d'un blanc jaunâtre. On entend un bruit comme celui de la pluie, dû aux mouvemens des pattes, non à celui des mâchoires, comme on l'a cru.

Le 5.ᵉ âge, de dix à douze jours, période où la consommation est quatre fois plus grande que dans les précédentes réunies ; on l'appelle *briffe* ou *frèze*. Elle produit un grand et rapide développement ; il est complet au cinquième jour de cet âge. Alors la chenille, à 36 à 40 lignes, pèse 90 grains. Elle avait en naissant un quart de ligne, pesait un cent douzième de grains. Ainsi, en 25 ou 30 jours, augmentation de volume à peu près comme un à dix mille ; tandis qu'elle est comme un à dix ou quinze dans les grands animaux.

Construction des cocons.

Trente-six heures avant de filer, la chenille cesse de manger ; elle se vide, devient flasque, molle, jaunâtre, sémi-transparente : on dit qu'elle est mûre ; elle rampe sur les feuilles sans les attaquer, s'efforce de grimper ; on voit sortir de sa bouche des fils soyeux.

Les premiers de ces fils (bave des éleveurs) sont de la soie imparfaite (bourres ou bourrettes des fileurs) ; et ils ne servent pas à construire le cocon, mais à en préparer la place, à le fixer sur un point d'appui. Tout en le filant, la chenille tourne en zigzag sur elle-même, serrant et collant les brins à mesure qu'ils se forment. Les plus extérieurs filés les premiers, la chenille se raccourcit, sa peau se contracte ; elle a terminé son travail en trois ou quatre jours ; elle s'est endormie, semble morte, momifiée, et cependant elle respire. Elle restera dans cet état environ 20 jours.

On a trouvé que chaque brin du cocon avait environ 900 pieds.

Apparition de l'insecte parfait.

Devenu papillon, l'insecte se fraie une issue à travers le pôle du cocon où est la tête ; l'écartement des fils ou leur rupture est facilité par une humeur qui sort de la bouche. Espèce d'accouchement quelquefois laborieux, souvent mortel, surtout pour les femelles ; moins difficile sur une surface raboteuse, où l'insecte se cramponne par les premières pattes qui sortent. Le cocon est mouillé à l'extérieur, une heure ou deux avant la sortie ; si elle était trop difficile, on pourrait adroitement élargir l'ouverture.

On a remarqué qu'en général il sortait des mâles des cocons les plus petits et les plus alongés. Il n'est pas rare de voir sortir du même cocon deux papillons, toujours l'un mâle et l'autre femelle, dont les chenilles ont filé ensemble.

Les mâles, à l'état parfait, sont quelquefois privés de la faculté de voler, c'est lorsque la température n'a pas été suffisante ; ils n'en sont pas moins vifs, lestes, courant très-vîte à la rencontre de la femelle, agitant avec vivacité des ailes inutiles. — La femelle vole encore moins ; on la reconnaît en ce qu'elle est plus grosse, que son abdomen est double en volume, qu'elle est beaucoup moins vive. — L'un et l'autre craignent la lumière, qui est favorable à leurs larves.

Ils ne viennent pas tous le même jour ; c'est au cinquième ou au sixième qu'ils arrivent en plus grand nombre. Une température de 18 degrés R. accélère leur apparition.

Accouplement et ponte.

Mâles et femelles restent immobiles en sortant des cocons, pour se sécher et évacuer une liqueur surabondante. La femelle recherche le mâle, quoiqu'avec moins d'empressement qu'elle n'en est recherchée.

L'accouplement dure depuis cinq à six heures jusques à plus d'un jour ; il est des éleveurs qui croient devoir le faire cesser s'il se prolonge au-delà d'une demi-journée.

Quoique les insectes ne s'accouplent en général qu'une fois, on peut choisir les mâles les plus vigoureux qui sont restés accouplés peu de temps, pour les donner à des femelles manquant de mâles.

Ceux-ci ne tardent pas à mourir ; le vœu de la nature étant rempli, la femelle vit deux ou trois jours de plus, ayant à pondre des œufs. Elle commence la ponte, peu de temps après avoir quitté le mâle, l'interrompt cinq à six fois, chaque intervalle de plusieurs heures ; nombre d'œufs 5 à 600, fixés sur une surface au moyen d'un gluten, et ne devant éclore que l'année suivante, sous une température convenable.

Il suffit de régler la température et d'user de quelques précautions, pour avancer ou retarder l'éclosion, pour déterminer ainsi plusieurs récoltes, dites *éducations*, dans le cours de la même année.

(Observation récente et de haute importance, sous le rapport de la production de la soie).

Races parmi les vers à soie.

On en a signalé quatre, savoir:

1.º Commune, à cocons jaunes ; plus répandue que toutes les autres, non-seulement en France, mais encore dans le reste de l'Europe ; la mieux connue, dont une once de *graines* produit près de 40 mille *vers*, lesquels fournissent 100 livres de cocons dont on retire 8 à 10 livres de soie.

2.º A cocons blancs ; on la nomme *sina* (chinoise), aussi à 4 mues, fournissant des produits plus précieux, et quoi qu'on en ait dit, pas plus difficile à élever (1).

3.º De Frioul ; plus grosse, même nombre de vers pour une once, mais deux fois au moins plus volumineux ; il en est de même des cocons, éducation plus longue et soie moins belle.

4.º A trois mues, ou *milanaise* ; étant cultivée en Lombardie, à poids égal de graines, donnant plus de vers, mais plus petits, ainsi que les cocons ; éducation plus courte, soie plus fine, on la regarde comme plus délicate ; on l'adoptera peut-être en France, quand on la connaîtra mieux (2).

Productions de la soie.

Cette matière si précieuse est d'abord un liquide excrété, coulant dans deux vaisseaux, dont les orifices sont deux petits pores ouverts sous la bouche. Ce liquide concrété à l'air forme un seul brin, dont le diamètre est la cent cinquantième partie d'une ligne, et la longueur, contournée en tous sens pour former un cocon, a plus d'une lieue ; la longueur de tous les brins composant une livre de soie, est d'environ 250 lieues ; cette matière est presque indestructible, soit à l'air, soit dans le sein de la terre (3).

(1) On rencontre fréquemment des cocons blancs dans les éducations de la race à cocons jaunes.

(2) M. Latreille est persuadé, d'après un manuscrit chinois que lui a communiqué M. Huzard, inspecteur-général de nos écoles, que les vers à soie sauvages de la Chine, qui filent en plein air, appartiennent au *bombyx mélite* de Fabricius et au *phalène Cynthie* de Drury.

(3) Nous nous occuperons plus tard de l'éducation si importante des chenilles fileuses de la soie.

CHAPITRE XXI.

INSECTES NUISIBLES AU BÉTAIL.

FAMILLE DES DIPTÈRES.

Caractères zoologiques.

1.º Deux ailes membraneuses, avec deux rudimens de ces organes, et deux balanciers en-dessous.

2.º Point de mâchoires, deux palpes.

3.º La bouche en suçoir de diverses formes, renfermant des soies, lames effilées.

4.º Les larves le plus souvent privées de pattes et d'yeux, et se développant au milieu de leur nourriture ou dans l'eau. On trouve dans cette famille le taon, le cousin, l'asile, le stomoxe, l'hyppobosque, la mouche, l'œstre enfin qui, de tous, est pour nous le plus important à connaître.

Du taon.

Tribu des taoniens ; antennes articulées seulement à l'extrémité, pattes courtes, ailes triangulaires.

Larves cylindriques, annelées, sans pieds.

Aspect de grosses mouches, avec des yeux verts et luisans.

Habitation ordinaire dans les prés humides et sur les lisières des forêts.

On croit que les femelles seules sont avides de sang.

Trois espèces principales dans nos pays, savoir :

1.º Taon du bœuf, tourmentant aussi le cheval ; noirâtre , ailes transparentes , veinées de brun , jambes blanchâtres ; taille de 8 à 10 lignes.

2.º Taon aveuglant; yeux ponctués de rouge , taches jaunes sur le ventre , brunes sur les ailes.

3.º Taon pluvial ; corselet rayé de gris , abdomen cendré , ailes ponctuées de noir , yeux traversés de bandes rougeâtres. .

Ces deux dernières espèces plus petites.

Toutes plus actives dans les jours chauds et aux approches des orages. Piqûres pouvant donner lieu à des tumeurs , même à des hémorragies ; bourdonnement suffisant pour mettre en fuite les bêtes bovines , qui en sont beaucoup plus tourmentées que les chevaux , surtout les noires.

On les prend avec la main , au moment où elles piquent.

Du cousin.

Tribu des tipulaires ; caractérisé par un corps alongé, une trompe avancée renfermant un suçoir en cinq lames crénelées, pattes fort longues.

Trois espèces, savoir :

1.º Le commun; gris , trois ailes transparentes , antennes du mâle plumeuses ; trois lignes de long.

2.º L'annelé ; plus petit , tête noire , pattes annelées de blanc et de noir.

3.º Le serpentant ; plus petit encore , presque invisible , gris avec les pattes noires ; le plus tourmentant de tous ; volant par millions.

Ainsi que l'abeille, le cousin est muni d'un venin qu'il introduit dans la piqûre, sans doute pour rendre plus fluide le sang qu'il pompe.

Les cousins habitent les pays chauds et humides, remontent les fleuves pendant l'été; plus fatigans le matin et le soir; attaquant l'espèce humaine encore plus que le bétail; on cherche à s'en garantir, dans le Midi, au moyen de tentes nommées *cousinières*. — Plus pernicieux en Amérique, où on les nomme *moustiques*; ils y causent quelquefois la mort des hommes et des grands animaux égarés dans les marécages.

Quand ils ne peuvent pas se rassasier de sang, ils sucent les plantes.

De l'asile.

Tribu des asiliques; caractérisé par un corps alongé et les ailes couchées sur le corps dans le repos.

Deux espèces se jetant sur nos grands animaux, savoir:

1.º Le frèlon; abdomen conique, pointu, bigarré de noir et de fauve; corselet, pattes, ailes d'un brun jaunâtre; taille d'un pouce. Joli insecte.

2.º Le cendré; de moitié plus petit, gris, hérissé de longs poils.

L'un et l'autre se tiennent sur la terre sèche, à l'exposition du soleil, n'ayant d'activité qu'au milieu des jours chauds et sans nuages.

Du stomoxe.

Tribu des conopzaires; ayant l'apparence de la mouche ordinaire, en différant par la forme des antennes, surtout par l'existence d'une trompe saillante, non rétractile, renfermant plusieurs lames.

Deux espèces en Europe :

1.º Le piquant ; tête blanche, trompe fort longue, noire ; ailes blanches ; deux lignes de long. C'est le plus commun et le plus ressemblant à la mouche ordinaire.

2.º L'irritant ; beaucoup plus petit ; des lignes noires sur le corselet et l'abdomen, blanches sur les pattes.

On attribue à la mouche ordinaire, qui est presque inoffensive, les piqûres des stomoxes.

Ceux-ci, volant par milliers, couvrent quelquefois des chevaux, surtout des bœufs. Ils lâchent prise plus difficilement que les taons, tourmentent le bétail par leur nombre, surtout dans les temps chauds et humides, et les forcent à déserter le pâturage.

De l'hippobosque.

Tribu des coriacées, dont la peau est ferme, dure, élastique, résistant à une pression capable d'écraser les autres diptères ; forme plate, disposition des pattes et progression, en quelque sorte, comme chez les araignées ; de là son nom vulgaire en quelques pays (mouche-araignée).

La femelle pond un œuf presque aussi gros qu'elle, d'où sort l'insecte parfait, la métamorphose s'étant opérée dans le sein de la mère.

Ce diptère ne vole presque pas ; il court avec vitesse.

Il se fixe sur le cheval comme sur le bœuf et même le chien ; c'est l'âne qu'il tourmente le plus. On le voit souvent en grand nombre sous le ventre, entre les cuisses, sous la queue, partout où la peau est la plus fine, le moins défendue par les poils.

Les moutons et les oiseaux sont attaqués par d'autres espèces de la même tribu.

Lyon, imprimerie de J. M. BARRET.

L'hippobosque se distingue par un corselet rond, brun et jaune; un abdomen large, jaune; des ailes arrondies, à l'extrémité blanches, transparentes, deux fois plus longues que le corps; des tarses crochus.

Plus commun en été, suivant à l'écurie les bœufs et les chevaux.

Excitant un prurit incommode plutôt qu'une douleur vive.

L'hippobosque du mouton (mélophage de Lat) est aptère et d'une couleur rougeâtre; il se cache sous la laine.

L'hippobosque des oiseaux (ornithophage verte de Lat) a des ailes et des antennes alongées, le corps d'un vert obscur; il est agile et suce le sang des oiseaux.

De la mouche.

Tribu des muscides, renfermant un grand nombre de genres, parmi lesquels l'œstre.

Le genre mouche (*musca*), dont les ailes sont dans le repos très-écartées, comprend :

1.º L'ordinaire ou domestique dont l'abdomen est court, d'un brun noirâtre; la base des ailes jaunâtre; sa piqûre devient assez vive dans les temps chauds et humides, aux approches des orages.

2.º Celle de la viande (vomitoria), dont l'abdomen est bleu, le corselet noir, deux fois plus grosse que l'ordinaire, dépose ses œufs sur la viande, et les larves qui en sortent en accélèrent la décomposition ; elle pond aussi sur les surfaces vivantes dénudées, d'où résultent des ulcères compliqués de *vers*.

3.º La mouche carnassière. Celle des cadavres est utile en prévenant les dangers des émanations putrides, et disposant les débris des animaux à servir d'engrais. Les dindons et les poulets sont friands de leurs larves (1).

4.º La météorique, la plus nuisible au bétail. Corps noir avec l'abdomen cendré, la base des ailes d'un fauve clair, pattes longues, minces et très-velues ; deux lignes de longueur.

Commune en été dans les contrées boisées ; — volant, en grand nombre, autour des chevaux et des bœufs ; cherchant à pénétrer dans les yeux et les oreilles pour pomper l'humeur qui les lubrifie ; ne respectant pas notre espèce, fatigante surtout quand le temps est à l'orage : de là son nom. Beaucoup d'otites, inflammations de l'oreille, dans le bœuf surtout, sont dues à cet insecte.

De l'œstre.

Tribu des muscides, dont le genre est caractérisé par des antennes fort courtes, insérées sur le milieu du front ; soie latérale, des ailes grandes, écartées, triangulaires, point de trompes.

Cet insecte pernicieux ne pique pas le bétail pour s'abreuver de son sang, il n'insinue pas un venin dans les piqûres ; mais il force les grands animaux, et souvent à leur détriment, à nourrir ses larves.

Comme le papillon du ver à soie, il ne vit à l'état parfait que ce qu'il faut de temps pour s'accoupler et pondre ; il ne se métamorphose pas dans les lieux où sa larve s'est développée.

On en distingue plusieurs espèces, dénommées selon les grands animaux qu'elles attaquent. Telles sont celles des bœufs, des chevaux, des moutons.

(1) Nommées *asticots.*

De l'œstre du bœuf.

Corselet jaune, bariolé de noir ; abdomen fauve et blanc ; ailes blanches ; corps velu ; 6 lignes de longueur ; un dard ou tarière à l'abdomen.

Dépose ses œufs sous la peau des bêtes bovines, des cerfs, etc., en la perçant avec la tarière dont elle est armée ; choisissant les bêtes les plus jeunes, les plus saines, celles dont la peau est la plus fine ; un seul œuf dans chaque piqûre ; l'insecte très-fécond disséminant sa progéniture pour en assurer la conservation.

La larve éclose déterminant par irritation une tumeur qui lui sert d'asile, où elle vit de l'humeur sécrétée, où elle respire par une petite ouverture du cuir qu'elle sait entretenir.

Apode ; elle est ceinte d'anneaux épineux, irritans ; éclose en août, elle sort de son asile en juin de l'année suivante, pour chercher un lieu favorable à sa métamorphose.

Les bêtes bovines, qui y sont les plus exposées, pâturant dans l'intérieur ou sur la lisière des bois. La piqûre est douloureuse, mais peu fréquente ; ce n'est que lorsqu'elles sont nombreuses que ces larves nuisent, en causant la maigreur de la bête bovine ; plus ou moins elles détériorent le cuir.

De l'œstre du mouton.

Beaucoup plus petit que celui du bœuf ; brun noirâtre, ponctué de blanc ; larve armée, à la tête, de deux crochets pour se cramponner sur la surface vivante où elle doit se développer.

Celle surface est la muqueuse qui compose les fosses nasales, ainsi que les sinus frontaux et ethmoïdaux du mouton, comme de la chèvre et du cerf.

Sans ses crampons, elle tomberait par son propre poids ou serait expulsée par l'éternuement.

La ponte a lieu en juin ou juillet; la mouche glisse adroitement ses œufs dans les fosses nasales. Effrayé par instinct du bourdonnement de l'insecte, le mouton se cache le nez en terre ou dans la toison de son voisin; tout le troupeau est agité.

Cependant les œufs funestes sont déposés; ils pénètrent par l'inspiration; ils éclosent dans le sinus, les larves s'y fixent pour séjourner 10 à 11 mois, vivant du mucus dont leur présence provoque la sécrétion.

Leur nombre peut s'élever jusques à 10 même à 15.

Quelques-unes sortent pour opérer leurs métamorphoses; d'autres, ne le pouvant pas, s'agitent, irritant la surface muqueuse, d'où résultent des douleurs vives, des convulsions, le tournis, souvent la mort.

De l'œstre du cheval.

Il admet deux ou trois variétés dont les siéges sont différens.

La plus commune et la mieux connue offre, à l'état parfait, le corselet ferrugineux rayé de brun, l'abdomen fauve avec des poils jaunes, des ailes sans tache; 5 lignes de long.

La larve cylindrique d'un pouce à 15 lignes quand elle est alongée; se raccourcit, grossit, se replie sur elle-même; et alors s'effacent les anneaux, au nombre de 12 à 14, dont elle est entourée. Peau dure, velue, rougeâtre ou blanche; tête armée de deux crochets, pour se cramponner avec tant de force qu'il est plus facile de casser que de détacher les insectes fixés sur la muqueuse gastrique; presque toujours à la région pylorique, rarement en avant du raphé, plus rarement encore dans les intestins.

Vivant du mucus gastrique, dont elles augmentent la sécrétion.

Deux opinions sur la manière dont elles se sont introduites:

Selon la première, la mouche aurait déposé ses œufs sur des parties du corps du cheval à portée de sa bouche; celui-ci, excité par la démangeaison, avalerait ces œufs en se léchant. Ce prurit, si favorable à l'œstre, serait encore provoqué par la piqûre des taons et des stomoxes; mais ce n'est pas en vain que la nature a placé un dard à l'oviductus de l'œstre femelle à l'état parfait.

D'après l'autre opinion, la mouche se glisserait sous la queue du quadrupède, piquerait le bord de l'anus, la démangeaison ferait sortir l'extrémité de l'intestin sur lequel elle se hâterait de pondre, et de s'envoler. L'intestin, en rentrant, introduit les œufs qui éclosent sur-le-champ, et les larves auraient des crochets pour se cramponner contre le mouvement péristaltique. Cependant elles voyagent par toutes les circonvolutions intestinales pour arriver à l'estomac.

Ce voyage me paraît peu probable; j'adopte l'autre opinion.

Dans tous les cas, les larves ont pénétré en juin ou juillet, et leur occupation est de onze mois: alors elles s'abandonnent au mouvement péristaltique qui entraîne les excrémens, sortent par l'anus et se réfugient en lieu sûr pour se métamorphoser ; restent chrysalides un mois, et très-peu de jours à l'état parfait.

Il suffit d'une mouche pour peupler de larves plusieurs chevaux ; presque tous en contiennent pendant onze mois, plus particulièrement les jeunes ; rarement leur santé en est altérée ; elles sont peut-être utiles pour exciter l'organe digestif ; c'est leur trop grand nombre qui est funeste : elles rongent alors l'estomac, le criblent, le perforent, font irruption dans le péritoine. Des haras en ont été ravagés, elles ont causé de véritables épizooties.

De l'œstre hémorroïdal.

Egalement parasite du cheval, confondu avec les précédens, ce qui a donné lieu à l'opinion du voyage de la larve par les circonvolutions intestinales, ne dépassant pas la région du rectum.

Moins longue que la gastrique, jamais d'une teinte aussi rouge ; anneaux moins nombreux ; crochets plus longs et plus forts, ayant à résister à de plus grands efforts expulsifs ; quoique fatigans, surtout pour les jeunes poulains, ne causant jamais la mort.

La mouche, de moitié plus petite que la précédente, avec l'extrémité de l'abdomen fauve et les ailes unicolores. Il est difficile de croire qu'elle ponde, comme on l'a dit, à la commissure des lèvres du quadrupède, et que de ce lieu les larves descendent jusqu'à l'anus pour y habiter jusques au moment de leur métamorphose ; et il est plus probable que la ponte a eu lieu dans l'endroit où les larves s'établissent.

De l'œstre utérin.

Encore un parasite du cheval, dont la mouche tient le milieu, pour la grosseur, entre les deux précédentes; elle est couleur de rouille, avec les côtés blanchâtres. On n'a pas saisi de caractères pour distinguer sa larve, qui vit dans les intestins, de la larve de l'hémorroïdal qui habite le rectum.

Les premiers observateurs ne supposèrent chez le cheval qu'un seul œstre, qu'ils avaient nommé *œstrus equi*. Ayant rencontré la larve parasite tantôt à l'anus, tantôt dans les intestins, et le plus souvent dans l'estomac, n'auraient-ils pas cru voir toujours un animalcule de la même espèce? Ayant surpris l'œstre hémorroïdal bourdonnant derrière la croupe du cheval, n'en auraient-ils pas conclu que ses larves, écloses au fondement, étaient celles qu'on trouvait plus tard dans l'estomac?

Appartiennent-elles aux espèces mentionnées, les larves d'œstres trouvées sur l'encolure des chevaux affectés de *roux vieux*, et s'y comportant à la manière de celles du bœuf? celles que recèle quelquefois le sabot décollé? celles qu'on a vu sortir des naseaux du cheval?

Une monographie complète de l'œstre manque à notre art, comme à l'entomologie.

CHAPITRE XXII.

DES INSECTES APTÈRES ET AUTRES INVERTÉBRÉS ENNEMIS DU BÉTAIL.

✳

Caractères zoologiques arbitraires et systématiques; les entomologistes ayant rangé, dans cette classe ou famille, des insectes (il faudrait peut-être leur donner un autre nom) n'ayant entre eux de commun que l'absence des ailes; les uns se métamorphosant, les autres privés de cette faculté; les uns à six pieds, les autres en offrant un beaucoup plus grand nombre; quelques-uns sociaux, d'autres parasites. Nous nous bornerons à quelques-uns de ces derniers.

Du pou. — *Caractères zoologiques.*

Tribu des parasites (rhinaptères).

1.º Tête distincte, mobile, deux antennules; point de mâchoire, mais un suçoir.

2.º Corps aplati, demi-transparent, mou au milieu, coriace sur les bords.

3.º Pieds au nombre de six, pourvus de forts crochets pour se cramponner sur la chair et autour des poils et des plumes.

4.º Sans métamorphoses, ovipares; œufs, nommés *lentes*, collés à l'aide d'un gluten.

5.º Multiplication prodigieuse, au point que, calcul fait, deux femelles pourraient avoir en deux mois une postérité de 18,000 individus.

6.º Pullulation à la faveur de la malpropreté et de quelques maladies particulières.

Les espèces de pous sont peut-être aussi nombreuses que celles des grands animaux qu'elles attaquent ; il est peu de ces dernières qui ne puissent avoir des pous particuliers, et quelques-unes en nourrissent d'espèces diverses.

Cette partie, très-difficile et peu riante, de l'entomologie est peu avancée.

Espèces.

Trois espèces affectées aux quadrupèdes domestiques ont été bien caractérisées, savoir : le pou du bœuf, celui du veau, celui de l'âne.

1.º Du bœuf. Le plus petit des trois ; abdomen blanc, offrant, à la face supérieure, huit bandes transverses d'un rouge fauve, et cinq bandes semblables, à l'inférieure ; toutes tachées sur les bords de quelques points bruns ; attaquant les vaches tout aussi bien que les bœufs.

2.º Du veau. On le rencontre aussi sur le bœuf ; le double plus grand que le précédent ; pattes courtes, grosses, grises, ainsi que la tête et le corselet ; abdomen de couleur bleuâtre et plombée.

3.º De l'âne. C'était bien à tort qu'on l'avait déclaré exempt de ce parasite. Abdomen ovale, de couleur obscure et striée, tête obtuse, pattes en forme de pince.

Ce pou se rencontre sur le cheval, indépendamment de celui qui lui est particulier ; et, réciproquement, la brebis a le sien avec celui du cerf ; le porc en a trois qui ne sont pas encore décrits (1).

(1) Il est un de ces parasites du porc dont le thorax est très-étroit avec l'abdomen fort large.

Ces parasites pullulant dans les écuries, étables et bergeries mal tenues, causent un prurit fatigant, un malaise continuel qui amène l'inappétence, la maigreur, des maladies cutanées.

Du ricin.

Autre genre de parasite ; vivant aux dépens du chien et de plusieurs oiseaux de basse-cour ; ayant beaucoup de rapport avec le pou, en différant par une bouche à deux lèvres et des tarses articulés, plus nombreux ; plus petit, plus vif ; il se nourrit de sang.

On a distingué celui du chien, celui du dindon, de la poule, de l'oie, du pigeon, d'un très-grand nombre d'autres oiseaux :

1.º Du chien. Tête angulaire jaunâtre ; abdomen blanchâtre ; corselet très-court.

2.º Du dindon. Tête plate, arrondie en devant ; abdomen gris sur les côtés, blanc au milieu.

3.º De la poule. Tête échancrée en croissant en arrière ; abdomen alongé ; blanc sale.

4.º De l'oie. Corps filiforme, d'un blanc grisâtre.

5.º Du pigeon. Corps presque filiforme, d'un blanc jaunâtre, bordé d'une raie brune.

Les économes nomment pous les ricins des oiseaux, qui s'établissent sous les ailes, aux aisselles, à la tête ; pouvant y multiplier au point de causer le marasme et la mort ; ne survivant point à leurs victimes ; pullulant à la faveur de l'infection des poulaillers et des colombiers.

De l'ixode.

Ce n'est point un insecte, mais ayant 8 pattes, un arachnide, de la tribu des *tiques* dont on lui donne le nom. C'est la *louvette* des veneurs ; bien caractérisé par un corps globuleux ; une tête confondue avec le corselet ; point d'yeux distincts ; suçoir armé d'une lame dentée en scie.

Quatre espèces au moins, en nos pays, savoir : le ricin, le reduve, le sanguisuge et le sanguin.

1.º Le ricin ; ressemblant à une graine de *ricinus communis*, le plus ordinaire ; d'un rouge de sang ; deux lignes, étant vide ; quatre, quand il est gorgé ; attaquant le bœuf comme le chien.

2.º Le reduve ; grisâtre, avec une tache brune ; deux fois plus grand ; vivant sur les mêmes animaux, quelquefois sur l'homme.

3.º Le sanguisuge ; même taille que le précédent ; noir avec l'abdomen ferrugineux ; moins commun.

4.º Le sanguin ; microscopique, causant un prurit intolérable.

Une autre espèce, en Amérique, beaucoup plus meurtrière par sa prodigieuse multiplication, faisant périr de grands animaux au milieu de violentes douleurs.

Différens des autres parasites, les ixodes ne naissent pas tous sur leurs victimes, ils attendent sur la lisière des bois, dans les haies, au milieu des broussailles, sur les feuilles sèches, que le hasard amène l'animal qui doit les nourrir ; comme les sangsues, capables d'une longue abstinence ; aplatis étant à jeun, ils prennent en se gorgeant une forme vésiculaire, quadruplant alors de volume ; ceux qui étaient gris contractant une teinte rougeâtre ; les pattes et les suçoirs enfoncés dans la peau au point qu'il est souvent plus facile de les casser que de les détacher.

De la puce.

Insecte aptère et qui, néanmoins, se métamorphose ; passant par l'état de larve et de chrysalide ; à six pattes (hexapode) et suceur ; corps ovale, comprimé, revêtu d'une peau ferme ; tête petite ; abdomen fort volumineux ; deux pieds de derrière beaucoup plus grands que les autres, forts, épineux, disposés pour le saut ; couleur brune.

Dans l'accouplement, le mâle sous la femelle ; abdomen en contact ; têtes vis-à-vis l'une de l'autre.

Ponte. Une douzaine d'œufs ovales qui se collent au moyen d'un gluten, et qui éclosent au bout de sept à huit jours. Les larves, d'abord blanches, ensuite rousses, vermiformes, toujours en mouvement quoique aveugles et apodes ; armées de crochets pour se cramponner ; vivant de sang chez les mammifères, et de plus, chez les oiseaux, de la partie charnue des plumes. Après douze ou quinze jours, elles s'enferment dans un cocon soyeux, grisâtre, fixé sur les murs, les planchers, les couvertures, les draps, les pelleteries, sous la poussière et les ordures ; elles s'entassent surtout dans les colombiers mal tenus ; s'attachent sur les poils des chiens et des chats, sur les plumes des oiseaux. Dans les temps chauds, l'état de nymphe dure douze à quinze jours, mais il peut se prolonger pendant tout l'hiver. C'est en se dépouillant d'une pellicule dont elle était enveloppée qu'elle apparaît sous l'état parfait.

Une espèce unique en nos pays, savoir la commune ou *irritante*, tourmentant beaucoup le chien et le chat, ainsi que plusieurs oiseaux, particulièrement le pigeon ; et cela au point de les faire maigrir, dépérir, et même de leur causer la mort.

Une espèce encore plus malfaisante, nommée *péné-trante*, existe en Amérique, sous le nom de *chique* (1).

Du scorpion.

C'est un arachnide de la tribu des scorpionides, ayant des peignes en forme de bras, aux deux côtés de l'abdomen; six ou huit yeux; de grandes mandibules; le corps long, terminé brusquement par une queue longue, grêle, en six nœuds, dont le dernier en pointe arquée, aiguë, ou en un dard sous l'extrémité duquel deux petits trous servant d'issue à un venin échappé d'un réservoir intérieur.

Ce sixième nœud figuré comme une queue, mobile en tous sens, ordinairement relevée au-dessus du corps, courbée en arc vers la tête, et toujours prête à piquer.

Plusieurs espèces de ce genre, dont deux indigènes, celui dit d'Europe et celui d'Occitanie.

Le premier, d'un brun fauve, avec les pattes et les derniers anneaux de la queue d'un brun jaunâtre clair; six yeux, neuf dents à chaque peigne; longueur totale, environ deux pouces; habitant le midi de l'Europe, s'introduisant dans les maisons.

Celui d'Occitanie, ou roussâtre, queue plus longue que le corps; plus de vingt-huit dents à chaque peigne.

Dans toutes les espèces un sexe pourvu de deux verges, l'autre de deux vulves. Femelles se renversant sur le dos pour l'accouplement, donnant naissance à des petits vivans, et les portant sur le dos.

(1) Est-il vrai que la puce du chien soit la même que celle du chat, que celle des oiseaux, que celle de notre espèce, comme on le croit : ou plutôt la monographie de la puce ne serait-elle pas à faire, comme celle du pou ?

Toutes les espèces lucifuges, se cachant sous des pierres, dans les fentes de murs, les crevasses de rochers, courant fort vite.

Insectivore muni, pour sa défense, d'un venin d'autant plus actif que l'individu est plus âgé et plus irrité. Quoiqu'on en ait peut-être exagéré l'énergie, il peut causer la mort d'un chien (1).

C'est à tort qu'on a accusé les nombreuses espèces d'araignées proprement dites qu'on rencontre partout, de causer, par leur venin, des maladies au bétail : à peine ce venin est-il assez fort pour tuer un insecte. Il peut tout au plus exciter quelque douleur à un bœuf ou à un cheval, comme à un homme. C'est tout ce que peut faire la tarentule, l'une des plus grosses appartenant à l'espèce dite *araignée loup*, à laquelle on a imputé une maladie qui ne pouvait, dit-on, être guérie que par le son de la musique.

Quoi qu'on en ait dit, l'ingestion des araignées est encore moins dangereuse que leur morsure (2).

Acares.

Animalcules en général microscopiques, que des entomologistes ont rangés parmi les araignées, d'autres parmi les pous, en attendant qu'on les constitue en famille particulière. Bouche garnie tantôt de mandibules, tantôt de suçoir; tantôt six pattes, tantôt huit, et, dit-on, successivement dans le même individu, tête, corselet et

(1) *Instructions et observations sur les maladies des animaux domestiques*, année 1694, page 271.

(2) Les araignées sont peut-être plus utiles par leur instinct insectivore que nuisibles par leur présence; il n'en est pas moins convenable d'en purger les étables, écuries, etc.

abdomen en une seule masse ; prodigieuse multiplication de ces animalcules, presque invisibles.

Il en est de fixes, d'autres errans. Des myriades sont dispersés sous les pierres, les feuilles, les écorces d'arbres, dans la terre, les eaux ; d'autres gaspillent la farine, les viandes sèches, les fromages ; d'autres vivent en parasites, aux dépens des grands animaux qu'ils exténuent par leur multiplication excessive.

On en connaît plusieurs espèces parmi lesquelles, selon quelques entomologistes, l'ixode (1) dont nous avons parlé ailleurs.

Acare de la gale.

C'est peut-être un genre, peut-être une tribu qui, pendant quelque temps, a porté le nom de Sarcopte.

Corps mou, sans croûte écailleuse, avec une pelotte visqueuse sur les huit pattes, qui sont armées de griffes ; de longs poils, un suçoir ; visible à l'œil nu.

On en a découverts sur les boutons et les ulcères galeux de l'homme, du cheval, du chien, du mouton, et de diverses espèces non encore déterminées.

On en a déposés sur des surfaces vivantes saines, et on les a vus fouir sans différer un trou pour s'y nicher, y pondre, s'y multiplier, et bientôt après la gale se développer, d'abord sur ce point, ensuite ailleurs.

Dans d'autres cas de gale, on a cherché l'acare en vain, même à l'aide du microscope.

Cet animalcule est-il cause, effet, ou seulement véhicule de la maladie ? ne peut-il pas être tout cela selon les circonstances ?

---

(1) Nous n'avons suivi aucune classification entomologique, ayant à parler d'un petit nombre d'espèces.

Est-ce un acare de la même espèce ou du même genre que l'insecte trouvé sous les onglons des moutons affectés de crapaud ?

Est-ce seulement la gale dont on pourrait expliquer l'étiologie par la présence des acares ou autres animalcules microscopiques, ou même inaccessibles au microscope par leur petitesse ou leur diaphanéité ?

L'opinion souvent reproduite d'après laquelle les maladies exhantématiques, les contagions, les grandes épizooties, auraient pour cause des insectes, est appuyée sur de graves autorités ; elle peut seule expliquer la persistance des virus, leur incubation souvent régulière, leur force de résistance contre les agens extérieurs, physiques et vitaux (1).

CHAPITRE XXIII.

DES ENTOZOAIRES.

Caractères zoologiques.

1.º Vivant exclusivement dans l'intérieur d'autres animaux ; nommés d'abord vers intestinaux, ensuite entozoaires (de deux mots grecs, qui signifient *intérieur, animal*) (2).

(1) La vie résiste à la vie. L'hétérogène nuisible purement physique, introduit au corps vivant, agit d'abord selon sa nature, et il ne tarde pas à être neutralisé, digéré, éliminé.

(2) L'une et l'autre dénominations peu méthodiques : d'une part, parce que les parasites dont il s'agit habitent en d'autres parties que les intestins, et que tous les parasites intestinaux ne sont pas des vers ; d'un autre côté, que c'est par leur organisation et non par leur domicile qu'il faut classer les animaux. Le mot *entozoaire* a prévalu.

2.º Ne se distinguant des insectes que par des caractères négatifs, tels qu'absence d'articulations, de pattes,
de la faculté de se métamorphoser; n'offrant pas distinc-
tement des organes, soit nerveux, soit respiratoires.

3.º Les espèces très-différentes entre elles; quelques-
unes sans apparence animale, présentant tantôt une
masse molle, parenchymateuse, tantôt une vessie; plusieurs renfermés dans des kystes avec lesquels on pourrait
les confondre.

4.º Quelques-uns toujours immobiles dans un lieu
exigu, d'autres pourvus de muscles visibles, et doués de
la faculté locomotive. Il en est qui sont armés de crochets
pour se cramponner : on a compté 24,000 de ces instrumens sur un entozoaire hydatide. Chez le plus grand
nombre, aucune cavité intérieure digestive apercevable,
pas plus que respiratoire; absorbant la nourriture par des
pores extérieurs, comme les plantes. Un grand nombre
hermaphrodite, tous ovipares. Souvent plusieurs individus en un seul corps; vivant tout à la fois d'une vie
particulière et d'une vie générale, à la manière des zoo-
phites, dans la classe desquels on peut les ranger.

Naturel.

Habitant dans toutes les parties du corps : dans les
cavités, dans la profondeur des organes, dans le sang et
les autres humeurs, même celles de l'œil.

Ne sont-ce pas des entozoaires, ces animalcules nommés *cercaires*, découverts dans le sperme des mammifères, des oiseaux, des poissons? tellement petits qu'il en
faut cent quarante mille millions pour peser un grain;
dont on est cependant parvenu à déterminer la figure

(petite tête, queue d'une longueur extrême); qu'on ne rencontre pas dans le sperme inerte des enfans, des vieillards, des individus épuisés par l'abus de l'acte génital, des eunuques, des mulets.

S'il est des entozoaires d'une petitesse extrême, il en est de fort grands; on a vu des tænia de trois cents pieds.

Aucun animal n'en est exempt, pas même les entozoaires qui en nourrissent de beaucoup plus petits.

Rien, en effet, n'est grand, rien n'est petit dans la nature.

La vie des entozoaires est en rapport avec celle des animaux qu'ils occupent; ils y sont nés, ils ne peuvent pas vivre ailleurs; ils ne peuvent pas leur survivre. A peine expulsés ils meurent; tant qu'ils vivent, ils résistent à la digestion; morts, leurs cadavres sont bientôt digérés; ils succombent par milliers à des épizooties qui se développent parmi eux.

Origine.

Ne viennent pas vivans du dehors, car on ne les a rencontrés ni sur la terre, ni dans les eaux : et quelles routes eussent-ils suivies pour arriver dans l'intérieur du crâne, où l'on en rencontre assez souvent chez le mouton?

On en a découverts dans des animaux nouvellement nés, dans des fœtus, dans des oiselets sortant de l'œuf.

Dans une épizootie sur les moutons, accompagnée de vers, des agneaux en naissant étaient pleins de vers.

Ils ne peuvent être, comme on l'a dit, les produits de la putréfaction, de la corruption; ils ne se forment point dans les cadavres, dans les animaux atteints de maladies putrides, charboneuses, gangréneuses.

La génération spontanée par excès de vie, l'animali-

sation d'une molécule, d'une fibre pour former un in—
dividu, est inconcevable; et les conséquences de cette
théorie sont absurdes et téméraires ; car si de cette manière il avait pu se former un entozoaire, pourquoi pas
un insecte, pourquoi pas un poisson, un mammifère ,
l'homme ?....

On a observé dans les entozoaires des organes génitaux, soit sur les mêmes individus , soit sur des individus
différens; on en a surpris dans l'accouplement.

On peut raisonnablement expliquer leur existence dans
toutes les parties par l'extrême ténuité de leurs œufs ,
pouvant se glisser partout, pénétrer à travers toutes les
parois, dans toutes les profondeurs, et passer de la
mère aux petits.

Ces germes sortent des corps vermineux; ils rentrent
en d'autres par les alimens, les boissons, l'air; ils suivent la circulation fœtale, pénètrent dans les œufs des
oiseaux.

Comme tous les autres germes répandus avec tant de
profusion dans toute la nature, se développent en infiniment petit nombre. Les êtres même qui en sortent ne
sont pas tous féconds.

Certaines circonstances favorisent les pullulations des
entozoaires, telles que le jeune âge, la faiblesse, les
constitutions cachectiques, la mauvaise nourriture, l'air
humide, marécageux; des circonstances atmosphériques.
On a observé des épizooties, des enzooties vermineuses.

Effets des entozoaires.

Ils ne nuisent que par leur nombre, leur siége ou
leurs dimensions. Il n'est peut-être pas d'animal qui ne
nourrisse des vers, peu sentent leur présence : peut être

sont-ils quelquefois utiles, en stimulant les organes, particulièrement les digestifs :

Ceux qui sont immobiles, renfermés dans une poche membraneuse, nommée *kyste*, nuisent localement comme corps étrangers; si leur siége est au cerveau, ils causent la mort.

D'autres armés de crochets, de dards, irritent, corrodent, percent quelquefois les membranes qu'ils attaquent, et font irruption dans les parties voisines.

Ceux qui habitent les organes digestifs (ce sont les plus ordinaires), absorbant les sucs nourriciers, causent la maigreur, le marasme, des faims canines, des appétits dépravés, des coliques, des tranchées violentes, des mouvemens convulsifs, un grand nombre de symptômes équivoques, quelquefois ceux de la rage.

Plusieurs maladies vermineuses ne se sont décelées que par l'émission des vers.

Divisions des entozoaires.

On en a signalé sept à huit cents espèces.

Il en est qui ont un siége particulier, tel celui qu'on nomme fasciole hépatique; d'autres, comme le lombric, changent de place; quelques-uns ne se rencontrent que dans une espèce, le plus grand nombre dans plusieurs.

La division la plus simple, la plus claire des entozoaires est en trois sections, d'après leurs formes : cylindriques, aplatis, vésiculaires.

1.º Les cylindriques. Ayant un canal intestinal, (de là leur nom de cavitaires) ouvert aux deux extrémités; — les deux sexes séparés sur deux individus différens; — corps alongé, plus ou moins atténué aux deux extrémités; tête peu distincte. (Strongles, filaires, ascarides.)

2.º Aplatis. Absence de canal intestinal ; — texture parenchymateuse sans vaisseaux ; — hermaphrodite ou sans sexes connus ; tête souvent armée de crochets, de suçoirs (tænia, douve).

3.º Vésiculeux. Formés d'une vessie remplie d'un fluide lymphatique ; — une ou plusieurs têtes peu apparentes ; — point d'intestins ni d'organes reproducteurs visibles ; — texture parenchymateuse ; — presque toujours enkystés (hydatides cœnures).

On a fait d'autres divisions toutes peu naturelles ; car on a rangé en groupes des espèces très-différentes entre elles.

D'autres auteurs, comprenant dans le même ordre les aplatis et globuleux, n'ont admis que deux familles de vers : les cavitaires, pourvus d'intestins, et les parenchymateux ; plaçant ainsi les tænia avec les hydatides, les uns rubanés, d'autres vésiculeux, dans le même ordre.

N'ayant à parler que d'un petit nombre, nous ne suivrons pas les auteurs dans leurs divisions et subdivisions systématiques ; nous nous bornons aux suivans : Strongle, — ascaride, — filaire, — échinorhynque, — douve, — tænia, — cysticerque, — cœnure, — échynocoque.

CHAPITRE XXIV.

ENTOZOAIRES COMMUNS CHEZ LES ANIMAUX DOMESTIQUES.

Du strongle.

1.º Corps cylindrique, arrondi, aminci aux deux extrémités.

2.º Trouvé dans toutes les espèces de mammifères

domestiques ; habitant les voies intestinales, les pulmonaires, le foie , le pancréas, les reins ; on le rencontre dans une tumeur anévrismale , assez fréquent aux artères mésarraïques du cheval ; — plusieurs espèces.

3.º Strongles intestinaux. L'armé : bouche pourvue d'aiguillons ; couleur brune ; deux pouces ; habitant le cœcum du cheval. — Le rayonné : tête obtuse ; trois lignes à un pouce et demi ; habitant les intestins du bœuf. — Le contourné : tête à trois nœuds ; cinq à neuf lignes ; les intestins du mouton. — Le veinuleux : tête obtuse ; un pouce chez la chèvre. — Le dentelé : dix à douze épines autour de la bouche, chez le porc.

4.º Strongle géant. Bouche orbiculaire, papilleuse ; tête obtuse ; corps jusqu'à trois pieds de long sur un demi pouce de diamètre ; rencontré dans les reins du cheval, du bœuf, et plus souvent du chien ; causant des douleurs vives dont la cause ne se décèle souvent qu'à l'autopsie qui montre des reins rouges, presqu'entièrement dévorés.

5.º Strongle filaire. Tête obtuse ; corps très-mince , partout du même diamètre ; un à trois pouces ; la trachée artère, les bronches des moutons ; quelquefois en assez grand nombre pour causer la mort. On a observé des épizooties ovines dont des masses de filaires étaient la cause ou l'effet.

De l'ascaride.

1.º Corps cylindrique, arrondi, atténué aux deux extrémités ; trois tubercules autour de la bouche.

2.º Ascaride lombricoïde ; le plus connu des entozoaires. On le nomme lombric-strongle ; comparé au ver de terre, supposé de la même origine ; cylindrique, plus mince du côté de la tête ; longueur, six à quinze pouces ; grosseur, deux ou trois lignes ; couleur rouge plus ou moins foncée ; dans tous les intestins et particulièrement dans le grêle chez le cheval, le bœuf, le porc.

Peu nuisible quand il n'est pas en grand nombre.

3.º Ascaride à moustache. Offrant une membrane demi-ovale de chaque côté de la tête ; habite les intestins du chat.

4.º Ascaride oxyure, dont on a fait un genre sous ce dernier nom.

Il en est un chez le cheval (1) qu'on avait nommé ascaride, lombric ; cylindrique, arrondi ; la tête plus mince que la queue ; sans papilles à la tête ; longueur, trois pouces ; couleur blanchâtre ; le cœcum du cheval.

5.º L'ascaride ou oxyure vermiculaire. Une ou deux lignes, filiforme ; voies intestinales chez tous les mammifères. C'est le crinon de Chabert.

De la filaire.

1.º Corps cylindrique, presque d'un égal diamètre dans toute son étendue ; bouche orbiculaire. (On a dû la confondre avec le strongle filaire.)

2.º Plusieurs espèces chez les vertébrés, et même les insectes ; vivant dans toutes les parties. Parmi ces espèces, est le ver de Guinée, de Médine, dragoneau si terrible sur l'homme, en Afrique, non encore observé sur les animaux.

3.º Filaire papillaire. Bouche et parties voisines garnies de papilles (petites éminences membraneuses). Deux

(1) Oxyure du cheval, *oxyuris curvula*.

à trois pouces de long, un tiers de ligne de diamètre ; rencontrée en grand nombre dans la cavité thorachique du cheval, et même dans la chambre antérieure de l'œil de ce quadrupède, dont on a pu l'extraire par la ponction.

De l'échinorhynque.

1.º Parenchymateux , sans tube intestinal distinct ; cependant les deux sexes sur des individus différens : corps subarrondi ; espèce de trompe rétractile, armée de crochets.

2.º Espèces nombreuses dans toutes les classes des vertébrés , le plus souvent dans le canal vertébral entre ses membranes, ou à l'extérieur sur l'épiploon , le péritoine. On en a trouvés au cou sous la peau.

3.º L'espèce la plus remarquable, la mieux connue, est le géant, dont la trompe est presque globuleuse, courte, épineuse ; corps cylindrique, se terminant en pointe ; long de huit à quinze pouces ; large de deux à trois lignes : femelle plus grande que le mâle , comme dans tous les entozoaires ; habitant les intestins grêles du porc, s'y cramponnant, les perçant quelquefois ; pénétrant dans la duplicature du péritoine.

De la douve.

1.º Genre des distomes. Entozoaire parenchymateux, non vésiculaire, hermaphrodite ; point de trompe ; des pores plus ou moins nombreux faisant fonctions de bouche ; corps aplati en forme de feuille d'arbre.

2.º Douve hépatique (fasciola hepatica). Pore ventral plus grand que les autres ; corps plane subovalaire ; environ un pouce et demi de long, six lignes de large ;

couleur jaune, verdâtre ou brunâtre ; se trouve dans les organes biliaires de tous les mammifères domestiques, plus particulièrement du mouton.

Tant qu'ils sont en petit nombre ces entozoaires ne nuisent pas sensiblement. Des moutons très-sains en recèlent, mais ils peuvent se multiplier au point d'obstruer les canaux biliaires, d'altérer, de désorganiser le foie, de causer la mort. Comme on les rencontre en grand nombre dans le corps des animaux morts de cachexie ovine (pouriture), on leur a attribué cette maladie, tandis qu'elle en a favorisé la pullulation. C'est dans les lieux humides où croît une renoncule, nommée *douve*, que se déclare la pouriture. On l'a regardée comme la cause du ver : de là le nom vulgaire qu'il a reçu.

Du tænia.

1.º Improprement nommé ver solitaire: car on en a rencontré plusieurs dans le même animal. — Parenchymateux ; — sans tube intestinal, ni nerfs, ni vaisseaux apparens ; — plat rubané, avec une tête distincte ; filiforme, pourvue de suçoirs, armée ou non de crochets ; corps très-long (1) ; annelé ; chacun des anneaux pourvu de suçoirs, étant peut-être un individu ; — génération androgyne, ou, pour mieux dire, inconnue ; accroissement par la partie antérieure ; — pouvant vivre un grand nombre d'années. Plusieurs espèces, toutes habitant les intestins.

2.º Chez le cheval. Le plissé (equina) et le perfolié ;

____

(1) Un savant helmintologiste (Goëze) a trouvé dans un agneau encore allaité par sa mère, un tænia de cinquante-une aunes de long. On en a vus de trois cents pieds.

l'un et l'autre dépourvus de crochets, à tête tétragone, sans trompe ; articles courts ; distingués l'un de l'autre par des caractères peu saillans, rares et peu nuisibles.

3.º Chez le bœuf. Le denticulé également dépourvu de crochets et de trompe ; denté sur les côtes ; rare et peu nuisible.

4.º Chez le mouton. L'élargi, aussi sans crochets et sans trompe ; tête obtuse et cou nu ; fréquent chez les agneaux ; ayant causé des mortalités.

5.º Chez le chien (beaucoup plus que les autres mammifères, exposé aux tænia). Le cucumérin et le tænia en scie. Le premier ainsi nommé, parce que ses anneaux ressemblent à des graines de concombre (cucumis) ; l'autre plus funeste, étant armé de crochets, et muni d'une trompe ; la tête presque sphérique : les jeunes chiens surtout sont fréquemment tourmentés par les tænia.

6.º Chez le chat. Le tænia en coin, ainsi nommé, parce que sa tête et sa trompe sont en forme de coin. Peu d'observations sur les effets de cet entozoaire dans le chat.

Du cysticerque.

D'une famille d'hydatides qui se présentent sous forme d'une vessie, remplie d'un liquide albumineux ; pris d'abord pour des corps inorganiques, mais ayant manifesté des mouvemens spontanés, on les a considérés comme des êtres vivans, des entozoaires. On a aperçu sur quelques-uns une ou plusieurs têtes ressemblant à celle du tænia, et on les a rangés dans cette famille sous le nom de tænia hydatigène, d'autant mieux que plusieurs n'ont de vessie qu'à la queue. On a réservé le nom d'acéphalocystes à ceux qui n'offrent pas même un rudiment de tête, et que seulement par analogie on regarde comme êtres vivans.

Quoi qu'il en soit, les entozoaires hydatides ou vé-siculeux, nommés encore cystoïdes, comprennent trois genres, savoir : le cysticerque proprement dit, le cœnure et l'échynocoque.

1.° Le cysticerque. Offre une tête et un cou de tænia, que l'animal peut alonger ou faire entrer dans l'intérieur de sa vessie ; vit solitaire dans une autre vessie ou kyste.

Deux espèces principales, savoir : le ténuicolle dont le cou est court et filiforme ; se rencontrant dans le péritoine, la plèvre, le tissu cellulaire des moutons, des bœufs, des porcs, etc. — Le celluleux ou ladrique. Corps d'un blanc jaunâtre, arrondi, du volume d'un grain de chènevis ; de consistance presque cartilagineuse ; à peu près de la longueur de la vessie caudale ; fréquent chez le porc, extrêmement rare chez les autres animaux ; se multipliant beaucoup ; habitant non-seulement le tissu cellulaire, comme son nom l'indique, mais encore les muscles, le cœur, le cerveau, le lard, l'intérieur des vaisseaux sanguins ; se groupant à la base de la langue, etc.

Il existe quelquefois, même en grand nombre, sans que la santé du porc soit sensiblement affectée ; mais alors il détériore sa chair et la rend d'une salaison difficile. La ladrerie, parvenue au dernier degré, dégénère en cachexie mortelle.

Du cœnure.

Plusieurs têtes adhérentes à une même vessie, toutes pourvues de quatre suçoirs ; vivant quelquefois plusieurs ensemble dans un même kyste qui est rempli de sérosité :

entozoaire des ruminans, et plus particulièrement des bêtes ovines, surtout dans le jeune âge; se rencontrant entre les meninges et le crâne, ou dans la masse encéphalique, quelquefois dans la moëlle épinière; donnant lieu à une maladie presque toujours mortelle, qui offre quelques symptômes du tournis.

De l'échynocoque.

L'échynocoque des vétérinaires présente un emboîtement de vessies. On a trouvé dans le liquide qu'elles contiennent de petits corps microscopiques pourvus de quatre suçoirs et d'une couronne de crochets. Ce sont là sans doute les véritables échynocoques. Cet entozoaire habite le tissu des poumons et du foie chez le bœuf, le le mouton et le porc, et ne peut être découvert qu'à l'autopsie. On en a vu des masses dans les poumons et le foie des vaches mortes de la pommelière (1).

CHAPITRE XXV ET DERNIER.

AUTRES ANIMAUX DE DIVERSES CLASSES COMPRIS DANS LA ZOOLOGIE VÉTÉRINAIRE.

Comme animaux qui peuvent tantôt nuire au bétail, tantôt être utiles à leur médecine, sont : la sangsue, la cantharide, le méloé des maréchaux; comme seulement

---

(1) Nous eussions pu grossir cette liste en y faisant entrer le tricocéphale voisin, parasite du bœuf; le prionoderme lancéolé, qui se loge dans les sinus frontaux du chien; le polystome tanioïde, rencontré dans ceux du cheval. Ces entozoaires, comme beaucoup d'autres passés sous silence, sont rares et peu connus.

pharmaceutique, la noix de galle (1), et comme seulement nuisible, la vipère, quoiqu'elle ait, autrefois, été rangée parmi les médicamens.

C'est à ces cinq espèces que nous nous bornerons dans ce dernier chapitre de notre *Précis de zoologie vétérinaire*, passant sous silence le kermès et la cochenille, animaux en quelque sorte demi-domestiques, et servant à l'industrie; les cloportes, la sèche, l'écrevisse, le castor, etc., dont des produits sont encore réputés pharmacologiques.

De la sangsue.

1.º Invertébrée; fut rangée parmi les vers aquatiques, c'est-à-dire habitant les eaux; ensuite parmi les annélides, étant composée d'anneaux; assez caractérisée pour constituer une famille, sous le nom d'*hirudinée* (du mot latin *hirudo*, nom du genre; ou *sanguisugaires*, pompant du sang).

2.º Sang rouge, circulant dans un double système vasculaire; point d'organes de respiration ni de locomotion apparens; corps aplati, visqueux, contractile, composé de segmens ou anneaux dont le nombre varie; extrémités tronquées l'une et l'autre, et pouvant se fixer à la manière des ventouses; extrémité céphalique plus mince.

5.º Bouche triangulaire, armée de trois dents ou mâchoires; elles-mêmes pourvues de *denticules* au nombre de 5o à 6o; dures et assez fortes pour percer la peau d'un cheval, d'un bœuf, en trois ouvertures par lesquelles l'annelide pompe le sang; anus dorsal; dos convexe, verdâtre, rayé de jaune; ventre plat et jau-

(1) Elle sert bien plus, au reste, à l'industrie qu'à la médecine.

nâtre, taché de noir : telle est la sangsue officinale, la plus commune et la seule employée.

Elle vit dans les eaux pures, quoique stagnantes, nage comme les anguilles, beaucoup mieux dans le sens vertical ; s'élevant à la surface, à l'approche des orages. Marchant de cette manière: elle fixe la ventouse postérieure, s'alonge, fixe l'antérieure, détache l'autre, se contracte, répète cette manœuvre et change de place, même assez vite.

Elle se nourrit des molécules alibiles, suspendues ou dissoutes dans l'eau. Elle suce les poissons, les insectes, les grenouilles qui sont à sa portée, et même une autre de son espèce qui est gorgée : elle peut vivre long-temps sans nourriture ; ne se gorge pas pour se nourrir, car après cet acte elle meurt ordinairement d'indigestion. On croit que sa vie peut se prolonger au-delà de 8 à 10 ans ; on en a vues qui, engourdies par le froid et gelées, se sont ranimées subitement. Après avoir coupé transversalement des sangsues, on a remarqué que la partie céphalique vivait encore long-temps.

Elles sont hermaphrodites ; pondent des œufs renfermés dans une double capsule d'où s'echappent 12 ou 15 petits.

On en introduit de grandes quantités dans des réservoirs pour les conserver et les multiplier, les réduisant ainsi, en quelque sorte, à l'état domestique : c'est ainsi que les anciens faisaient parquer des escargots et des huitres pour leurs tables.

On connaît d'autres espèces ou races de sangsues, telle est la noire et celle dite *du cheval*, à la piqûre desquelles on a attribué de graves accidens, mais à tort ; car les premières du moins manquent de dents (1).

(1) C'est ce qu'a prouvé **M. Huzard** fils.

On a observé en Égypte une espèce de sangsue fort petite, habitant des eaux saumâtres, qui a causé de graves accidens aux hommes et aux animaux qui se sont abreuvés de cette boisson. Il en est une autre espèce, à l'ile de Ceylan, longue et grosse comme une épingle, qui s'attache en grand nombre sur l'homme et sur les animaux, au point de les faire périr.

Des vétérinaires ont observé dans les pays méridionaux des accidens graves, quelquefois mortels, causés par des sangsues fort petites, nageant dans des eaux où des chevaux étaient abreuvés. Ces annelides funestes s'étaient fixées dans les voies gastriques et dans les pulmonaires.

Tel est l'emploi des sangsues, comme moyens thérapeutiques, que si l'on ne parvient pas à les conserver et à les multiplier dans l'état domestique, il est à craindre que l'espece officinale ne s'épuise entièrement, la consommation toujours croissante n'en étant pas bornée à la médecine de l'homme....

De la cantharide.

Insecte pharmacologique, fameux dès la plus haute antiquité (1); de la famille des coléoptères, du genre nommé successivement *méloé*, *cantharis*, *lytta*, dont le nom le plus convenable est *cantharis vesicatoria*, cantharide des boutiques; se distinguant par les caractères qui suivent :

1.º Quatre ailes, les supérieures crustacées en forme d'étui, nommées élytres; les inférieures pliées en travers.

(1) La plupart des naturalistes pensent que l'insecte vésicant des anciens n'était pas notre cantharide, mais un mylabre encore usité en Asie.

2.º Bouche garnie de mâchoires et de mandibules, étant un insecte mâcheur.

3.º Tête triangulaire, séparée du corselet par un rétrécissement brusque en forme de cou.

4.º Élytres longues, larges, flexibles, recouvrant les ailes membraneuses et transparentes.

5.º Antennes filiformes articulées, de la longueur de la moitié du corps et en avant des yeux.

6.º Pattes grêles, pourvues de tarses filiformes, poilues.

7.º Couleur vert doré, avec les tarses et les antennes noires.

8.º Larve blanche à 13 anneaux, six pattes, tête semblable à celle de l'insecte parfait; vivant, dans la terre, deux ou trois ans.

Les cantharides apparaissent en mai, fréquemment sur les frênes, les troënes, les lilas, rarement sur les chèvrefeuilles, les sureaux, les rosiers. Leur présence se décèle à une distance assez éloignée, par une odeur analogue à celle des souris.

Elles sont beaucoup plus communes et peut-être plus vésicantes dans le Midi. Presque toutes celles du commerce viennent d'Espagne ou d'Italie.

Elles vivent huit ou dix jours, mangeant avec assez de voracité pour dépouiller entièrement les arbres de leur verdure.

Les mâles sont plus petits, ils meurent les premiers; les femelles s'enfoncent dans la terre pour pondre leurs œufs en tas agglutinés; il en sort des larves qui rongent les racines des plantes.

A l'état parfait, les cantharides sont peu actives avant le lever du soleil; on choisit ce moment pour s'en emparer en secouant les arbres qu'elles habitent.

On les étouffe par la vapeur du vinaigre, ou on les noie dans cet acide ; on les fait ensuite sécher, et leur poids diminue au point qu'il en entre six mille quatre cents en une livre.

D'autres insectes de la famille des acares en dévorent les cadavres, respectant la cantharidine qui est leur principe vésicant. On en a employées, au bout de vingt ans, qui n'avaient rien perdu de leur énergie.

L'odeur seule des cantharides est délétère ; aussi leur récolte n'est-elle pas sans dangers ; leur pilation a quelquefois été funeste.

On a de nombreux exemples de grands animaux empoisonnés mortellement pour avoir avalé des cantharides, en buvant dans des réservoirs ombragés par des arbres chargés de ces insectes (1).

Du scarabée des maréchaux.

Ce coléoptère, renommé dans les vieux livres de maréchallerie, est le méloé pro-scarabée, caractérisé par une tête plus large que le corselet qui est cubique, un abdomen volumineux dont une partie seulement est recouverte par les élytres, en quelque sorte rudimentaires, et au-dessous de ces élytres, point d'ailes ; taille d'un pouce ; femelle, à la veille de la ponte, beaucoup plus grosse que le mâle ; l'un et l'autre noirâtres.

Cet insecte se montre, dès les premiers jours du printemps, dans les prés et les champs, et quand on veut le saisir, il laisse échapper de ses articulations une humeur onctueuse, âcre et fétide.

Il fut jadis employé pour résoudre les molettes et les

(1) Leur important usage en thérapeutique est étranger à ce cours.

vessigons. On l'a, de nos jours, recommandé contre la rage; il ne doit pas être inconnu aux vétérinaires.

Du cynips de la noix de galle.

De la famille des hyménoptères; genre des diplolèpes; l'un des plus petits des insectes ailés; corselet bossu; abdomen ovalaire, en forme de lentille.

La femelle pourvue d'une tarière recourbée, dentée en scie d'un côté, qui lui sert à diviser l'épiderme des branches, des pétioles et des feuilles pour insinuer ses œufs.

Une excroissance globuleuse se forme dans ce lieu. C'est dans son intérieur que vivront les larves et où elles subiront leur métamorphose. Est-ce leur présence? est-ce la piqûre de leur mère qui a donné lieu à l'extravasation séveuse d'où est résultée cette excroissance qui survient sur plusieurs plantes de diverses familles, et qui sur le chêne a reçu, à cause de sa forme, le nom de noix?

La plupart des chênes indigènes sont exposés à la piqûre du cynips; mais ce ne sont pas ceux qui fournissent les noix de galle employées dans la médecine et dans l'industrie; on les retire d'une espèce asiatique, tortueuse et peu élevée, nommée *quercus infectoria* (1).

Ces excroissances sont situées à la base du pétiole. Leur surface est raboteuse, celluleuse à l'intérieur, percées ou non; dans le premier cas l'insecte s'est échappé; elles sont plus légères, moins riches en principes actifs; on les nomme *blanches*. Les autres sont appelées *noires* ou *vertes*.

C'est d'Alep que nous arrivent les meilleures.

____

(1) On doit la connaissance de cet arbuste à mon savant confrère d'Alfort *Olivier*.

Leur usage en médecine est peu étendu; il est plus important dans les arts du teinturier, du chapelier, du corroyeur.

De la vipère (1).

Reptile, le seul venimeux dans nos pays; ainsi nommé, parce qu'il met au monde des petits vivans (*vivos parere*); de la famille des hétérodermes, qui est armée de crochets rétractiles et venimeux à la mâchoire supérieure, et qui offre, sous la queue, des plaques écailleuses, rangées par paires.

Trois espèces en France, dont les différences sont peu distinctes, et dont les caractères communs sont :

1.º Tête plus large que le corps, couverte d'écailles, et s'élargissant, s'aplatissant même au moment de la colère du reptile (ce caractère est l'un de ceux qui distinguent la vipère de la couleuvre).

2.º Corps brun, tout le long duquel une raie noire en zigzag, avec des taches noires sur les flancs; ventre, couleur d'ardoise; dos recouvert d'écailles ovales et imbriquées.

3.º Langue noire, fendue en deux lames aiguës, en forme de double dard (qu'on a faussement considérée comme introduisant le venin).

4.º Mâchoires noires; la supérieure tachée de blanc; l'une et l'autre garnies de petites dents peu fortes, mais la supérieure armée, de plus, de deux crochets mobiles.

5.º Ces crochets beaucoup plus longs que les autres

(1) C'est par quelques notions sur ce reptile que nous terminerons ce chapitre et ce Précis d'un cours de zoologie vétérinaire. Nous l'avons placé à la fin, comme un appendice, n'ayant pu le mettre ailleurs.

dents, aigus et percés d'un petit canal, donnant issue à une liqueur venimeuse qui est sécrétée par une glande placée près de la mâchoire supérieure, au-dessous de la peau.

6.º A côté de chacun de ces crochets, deux ou trois autres plus petits et destinés à les remplacer, en cas d'accident.

7.º Ces crochets se cachent dans un repli de la mâchoire supérieure, lorsque l'animal ne veut pas s'en servir ; mais quand il le veut, il les redresse ; et tout en les introduisant, il comprime la vésicule située à leur origine et qui renferme le poison , lequel coulant dans le canal de ces crochets s'insinue dans les plaies.

Une vipère est inoffensive, quand elle a perdu ses crochets cannelés, ou quand on en a bouché l'orifice, ou quand le venin a été épuisé par des morsures récentes.

Elle n'emploie ce moyen contre l'homme et les grands animaux qu'à la dernière extrémité , cherchant plutôt à les éviter par la fuite.

La puissance du venin lui a été donnée, moins pour attaquer les grands animaux et se défendre contre eux que pour s'assurer de sa proie.

Le venin de ce reptile n'est ni acide ni alcalin ; sans action quand il est ingéré ; agissant sur la fibre musculaire dont il amortit l'irritabilité , et sur le fluide sanguin dont il altère la constitution ; très-rarement assez énergique pour donner la mort à un cheval ou à un bœuf, mais pouvant leur causer des plaies douloureuses et graves ; constamment mortel pour les oiseaux, et fréquemment pour les moutons et les chiens.

La vipère est le seul reptile venimeux de nos contrées ;

rare dans les plaines, elle se montre au printemps dans les broussailles, sur la lisière des bois montueux, étant restée engourdie pendant l'hiver ; change deux ou trois fois de peau ; produit des petits vivans, attendu que ses œufs éclosent dans son ventre ; peut vivre dix mois sans manger. Il lui suffit d'un ou de deux repas dans un an ; elle avale, après les avoir empoisonnés, des grenouilles, des crapauds, des rats, des oiseaux quatre fois plus gros qu'elle.

Elle est utile en débarrassant l'agriculture de quelques animaux nuisibles.

On a regardé l'usage pharmaceutique de la vipère comme un antidote de son poison.

On a vu figurer dans les pharmacies, de la poudre, du sirop, de la graisse, de la gelée, du vin, du bouillon de vipère.

Ce médicament qui n'est pas sans efficacité est encore usité.

Malgré ces avantages, on range la vipère parmi les animaux pernicieux ; on lui fait une guerre à mort. Les chasseurs la redoutent moins pour eux que pour leurs chiens, et ils doivent être munis d'un flacon d'ammoniaque pour cautériser les morsures du reptile ; l'expérience et la théorie attestent l'efficacité de ce moyen.

FIN DE LA ZOOLOGIE.

PRÉCIS

D'UN

COURS D'HYGIÈNE VÉTÉRINAIRE.

Par L. F. Grognier,

PROFESSEUR A L'ÉCOLE ROYALE VÉTÉRINAIRE DE LYON.

CHAPITRE PREMIER.

GÉNÉRALITÉS.

Définitions de l'Hygiène.

L'Hygiène (1) qui, dans l'autre médecine, est l'art de conserver la santé des hommes, est, dans la nôtre, celui de gouverner les animaux domestiques et de les améliorer.

Gouverner ces animaux, c'est, le plus souvent, maintenir leur santé pour obtenir des services ; mais quelquefois l'altérer pour retirer des produits.

Les améliorer, c'est modifier leurs formes, leurs organes, leur naturel, pour les rendre plus féconds, plus utiles, plus agréables.

---

(1) L'étymologie grecque est *santé* ; c'est par respect pour l'usage que nous n'avons pas changé le titre de ce cours.

Ces modifications peuvent, par transmission héréditaire, être imprimées à l'espèce d'où résultent des races.

Ce qu'on nomme *élève*, *éducation*, *haras*, *amélioration des races*, est une branche de l'Hygiène qui sera l'objet d'un autre cours.

Les préceptes sanitaires de l'autre médecine sont adressés à ceux qui en sont les sujets ; aucune puissance n'a le droit d'en empêcher l'application. Les objets de nos conseils sont des propriétés, des marchandises dont les possesseurs usent à leur gré, et peuvent abuser.

La naissance, la vie, la santé, la mort des animaux domestiques sont, le plus souvent, à la merci des intérêts bien ou mal entendus de leur maître.

L'ignorance ou le mépris des règles de l'Hygiène vétérinaire peuvent avoir des suites graves, même pour l'état ; c'est surtout quand un grand nombre d'animaux sont soumis à l'influence de causes puissantes de maladies et de mortalité. On appelle alors ces règles, prophylactiques (1).

On nomme *diététiques* celles qu'on applique aux malades et aux convalescens. Elles secondent les prescriptions de la thérapeutique, et souvent les suppléent avec avantage.

Sujets de l'Hygiène vétérinaire. — Animaux domestiques. Leur caractère.

Les animaux domestiques sont ainsi nommés, parce que l'homme les a reçus dans sa maison (*domus*).

Ils appartiennent à trois classes zoologiques : celles des mammifères, des oiseaux, des insectes.

(1) D'un mot grec qui signifie *préserver*.

Ceux de la première ont une organisation plus parfaite, une intelligence plus développée que les autres ; ils sont mis dans des rapports intimes avec leur maître qui exerce sur leurs formes et leur naturel un grand pouvoir ; ce sont les plus domestiques.

Les oiseaux reçus dans les basses-cours , les volières , les colombiers , contractent peu de liaisons avec l'homme.

Les insectes logés dans les ruches et les magnanières n'en contractent aucune : pas plus que les poissons réputés domestiques, parce qu'ils vivent et se propagent, pour le compte de l'homme, dans des réservoirs qu'il a creusés.

Ces derniers animaux étant utiles, leur gouvernement n'est point étranger au domaine de notre art.

Il en est d'autres qui, quoique appartenant à des espèces sur lesquelles l'homme est sans action, entrent accidentellement dans sa société ; ils lui obéissent ; ils logent dans sa maison, sans être domestiques ; ils sont apprivoisés. De ceux-là on en voit qui appartiennent aux classes des mammifères les plus farouches ; d'autres à celles des reptiles, des poissons , des insectes. Tous deviendraient domestiques, si, sous le pouvoir de l'homme, ils se propageaient en transmettant à leur postérité leur instinct d'obéissance et d'affection, surtout s'ils pouvaient s'agglomérer en troupeaux dociles ; mais tout est individuel dans leurs rapports avec nous, et même assez souvent ces rapports cessent au moment de la puberté.

Les seuls animaux domestiques ou capables de le devenir sont ceux qui, étant abandonnés à la nature, vivent entre eux en société , sous l'obéissance de quelques individus de leur espèce.

Tels on a trouvés, en grand nombre , à l'état sauvage, des chevaux, des bœufs, des chiens appartenant aux mêmes espèces que nous entretenons.

Leurs ascendans étaient probablement domestiques, et ils sont toujours disposés à le devenir.

Entraînés par l'instinct de sociabilité et de subordination, ils se forment, dans les déserts comme ils le sont dans notre société, en escadrons, en troupeaux, en meutes. Dans le premier cas, l'un d'entre eux les commande ; dans le second, ils nous obéissent.

Si nous abandonnons, pour un temps déterminé, à eux-mêmes nos domestiques, notre pouvoir passe à l'un d'entre eux ; les haras, entièrement ou demi-sauvages ont des étalons pour chefs ; les vaches de montagnes ont parmi elles des vaches conductrices (1).

Le chat, animal naturellement solitaire et insubordonné, ne nous obéit point ; nous ne le formerons jamais en troupeaux ; il vit dans nos maisons comme bête apprivoisée : sa manière de vivre confirme ce que nous avons dit.

Quoique les espèces sociables soient nombreuses, très-peu sont devenues domestiques, et celles-ci sont les mêmes qui étaient entretenues dès la plus haute antiquité. On ne peut assigner l'époque où, pour aucune d'entre elles, a commencé l'état domestique (2) ; et rien ne prouve qu'après l'avoir subi aucune s'y soit derobée tout entière.

Il est quelques espèces qu'on pourrait introduire facilement dans nos étables et nos basses-cours, et que semble réclamer notre économie rurale.

Tels sont la vigogne, le lama, quelques espèces d'an-

(1) Nommées, sur les Alpes, *helruck.*

(2) *Domestication.* Nous n'avons pas osé hasarder ce mot.

tilopes (ruminans) ; le tapir et le peccari (pachydermes) ;
l'argouti (rongeur) ; et parmi les oiseaux, l'outarde, la
pintade, la gélinote, le hocco, le mareuil, l'agami, la
grive, l'ortolan et tant d'autres.

Des espèces, domestiques en d'autres pays, pourraient
être amenées dans le nôtre : tels le buffle et le chameau.

La civilisation des uns, l'acclimation des autres, ne
sont pas étrangères à l'Hygiène vétérinaire (1).

Son importance (2).

Elle est plus gran e que celle de la thérapeutique ;
il est, en effet, plus facile et moins dispendieux de
prévenir les maladies, dans les animaux surtout, que
de les guérir. Plusieurs sont incurables ; d'autres, après
la cure, laissent l'animal faible, taré, peu productif ;
il en est dont la cure, fût-elle certaine, dût-elle être
complète, ne doit pas être tentée, à cause des frais de
traitement.

Le plus grand nombre des maladies des animaux
domestiques dérivent de l'ignorance, des erreurs, de
l'incurie, de l'intérêt mal entendu.

Fort peu d'entre les animaux ont la force, la souplesse, l'intelligence qui appartiennent à leur espèce. Un
plus petit nombre, même de ceux qui nous servent par
leurs travaux, sans nous nourrir de leur chair, atteignent
le terme naturel de leur existence.

Ils ont des besoins qui n'étaient pas dans leur nature ;

(1) Nous reviendrons sur ce sujet dans une autre partie de ce
cours, nous y montrerons l'influence puissante de l'homme sur les
espèces.

(2) Nous traiterons ailleurs de son influence sur la formation et
l'entretien des belles et bonnes races.

nous les avons soumis à un régime factice ; nous avons affaibli dans eux l'instinct conservateur, lui substituant notre volonté ; nous exigeons souvent d'eux beaucoup plus qu'ils ne peuvent nous donner : ce qui explique leur dégradation extrême, presque générale.

Mais en les gouvernant selon les règles de l'Hygiène, on exercerait sur leur santé, sur leur longévité, leurs formes, leur vigueur, leur intelligence, une influence qui les rendrait supérieurs à leurs congénères sauvages.

Il en résulterait pour les propriétaires de grands avantages, et pour l'état une source de richesses et de puissance.

Telle est l'importance de l'Hygiène vétérinaire, appliquée tant aux individus qu'aux espèces domestiques.

Ses rapports avec d'autres connaissances.

L'Hygiène a, relativement à son objet, des rapports avec la zoologie, la physiologie, l'étiologie, la thérapeutique ; elle leur emprunte et leur fournit des notions. Relativement à ses moyens, elle puise des secours dans la physique, la chimie, la météorologie, la botanique.

Elle éclaire, elle met à contribution l'art de l'architecte, celui du bourrelier, du sellier, et par-dessus tout, celui du maréchal.

Elle consulte la jurisprudence dans l'intérêt de la conservation des animaux.

1.° La zoologie fait connaître les formes, le naturel, le mode de génération des animaux domestiques, tels que la nature les a faits ; et l'Hygiène, à son tour, éclaire la zoologie, en signalant les modifications qu'imprime la domesticité, tant dans l'individualité que dans l'espèce.

2.º La physiologie expose les phénomènes de l'économie vivante, et l'Hygiène concourt à les expliquer, en déterminant l'action des agens extérieurs.

3.º L'étiologie, partie de la pathologie, qui a pour objet la recherche des causes de maladies, les trouve, en général, dans l'inobservation du régime prescrit par l'Hygiène. Les moyens de ces deux sciences sont analogues; leur but est différent: l'une remonte aux causes des maladies, pour les guérir; l'autre, pour les prévenir; elles s'éclairent mutuellement.

4.º La thérapeutique, partie de la médecine qui a pour objet les moyens curatifs, doit connaître ce qui peut précéder ces moyens, les seconder, les suppléer: toutes choses du domaine de l'Hygiène. Celle-ci doit connaître le pouvoir de la thérapeutique, pour s'associer à elle dans la prescription du régime diététique, souvent plus puissant que la pharmacologie dans le cours des maladies, et dans la période de convalescence toujours voisine d'une rechute.

5.º La physique et la chimie, deux sciences que l'on n'eût pas dû séparer, et qui sont aujourd'hui confondues, traitent des corps et de leurs lois, en masse ou à l'état moléculaire. Dans l'un comme dans l'autre état, ces corps agissent sur les animaux d'une manière utile ou nuisible; l'Hygiène en étudie l'influence pour la déterminer, l'affaiblir, la faire cesser selon les circonstances.

6.º La météorologie, science de l'atmosphère, encore peu avancée, se lie à l'Hygiène qui voit, dans la constitution atmosphérique et ses vicissitudes, dans les météores ou phénomènes qui éclatent dans l'air, des conditions de santé ou des causes de maladies, qui toutes ne sont pas au-dessus de ses prévisions et de son pouvoir.

7.º La botanique, science des végétaux. Ils fournissent à l'alimentation de presque tous les animaux domestiques ; quelques-uns de ceux qui leur sont donnés n'offrent point de principes nutritifs ; d'autres fort peu ; quelques-uns sont nuisibles : toutes ces propriétés sont du domaine de l'Hygiène vétérinaire.

8.º L'architecture rurale, en ce qui concerne l'habitation des animaux domestiques, fournit à l'Hygiène, et elle reçoit d'elle des instructions propres à la conservation de la santé de ces animaux, à l'augmentation de leurs produits, au maintien ou à l'amélioration de leurs races.

9.º L'art du bourrelier, celui du sellier se lient à l'Hygiène vétérinaire. C'est, en effet, d'après des règles physiologiques que doit être disposé ce qui s'applique sur le corps des animaux pour les vêtir, les assujétir, les approprier aux services que nous en exigeons ; et l'Hygiène vétérinaire ne doit pas être étrangère aux procédés de ces arts, et en beaucoup de cas elle doit les diriger.

10.º La maréchallerie est l'art de fabriquer et de placer des croissans de fer sous les pieds du cheval et d'autres animaux, dans la vue de conserver ces organes. Cet art pourrait être considéré comme mécanique, de même que ceux du sellier et du bourrelier ; mais il a une toute autre importance.

Il suppose, en effet, une connaissance profonde de la structure intime d'organes délicats, siéges d'une multitude d'affections dont quelques-unes fort graves. Les connaître, les prévenir sont une branche précieuse de l'Hygiène vétérinaire.

11.º La police médicale vétérinaire est une partie

de la jurisprudence, qui a pour objet les dispositions législatives et les mesures d'administration qui s'appliquent à la conservation des animaux soumis à l'influence d'une cause générale et puissante de maladies et de mortalité. L'Hygiène vétérinaire invoque ces dispositions; elle réclame ces mesures, quand elles sont devenues nécessaires ; elle montre au besoin leur insuffisance et l'opportunité d'en prescrire de nouvelles, et c'est à elle à en diriger l'emploi.

La prophylactique, tant médicale que politique, des épizooties contagieuses étant de son ressort.

Connexion avec l'économie rurale.

Cette connexion est intime:

L'économie rurale (agronomie), ayant pour objet de multiplier les animaux comme les plantes utiles, a besoin des secours de notre art qui est fondé sur la physiologie :

1.º Pour connaître les facultés et les besoins des êtres sensibles qu'elle fait naître et qu'elle entretient ;

2.º Pour découvrir, apprécier, écarter les influences fâcheuses auxquelles ils peuvent être soumis ;

3.º Pour amener les conditions les plus favorables au perfectionnement des individus comme des espèces.

Aussi les agronomes regardent-ils *l'Hygiène vétérinaire* comme une branche essentielle et très-importante de la science de l'agriculture ; à plus forte raison nous considérons comme partie de la science vétérinaire tous les principes qui, dans l'art agricole, se rapportent au gouvernement et à l'amélioration des animaux domestiques.

Nous fournissons à cet art des théories puisées dans la physiologie ; il les applique, les étend et les rectifie par son expérience journalière.

C'est principalement à la campagne que l'Hygiène vétérinaire exerce son influence. C'est là seulement que les animaux vivent en troupeaux, tandis que dans les villes et dans les camps ils sont rassemblés. Ce n'est guère qu'à la campagne qu'ils naissent ; ils y passent au moins leur enfance. C'est là que les races se maintiennent, s'améliorent ou se dégradent.

Les animaux sont tour à tour les agens et les produits de la culture.

Leur entretien se marie à presque toutes les opérations champêtres.

Partout leur multiplication et leur bon état est l'indice certain d'une culture perfectionnée, et le gage de la richesse particulière et publique.

Ils sont en quelques lieux le produit principal de l'exploitation.

N'est-ce pas l'économie du gros bétail qui vivifie les Alpes et le plateau central de la France ? Que deviendraient la Beauce, le Berri, quelques contrées de la Provence, sans l'économie ovine ? Quel serait le sort de plusieurs provinces du Midi, si tout à coup on cessait d'y entretenir des vers à soie ? N'est-ce pas à des chèvres que les Monts-d'Or lyonnais doivent leur prospérité ?

Et, cependant, partout pourraient se perfectionner ces genres d'industrie, et dans un grand nombre de cantons ils devraient s'établir.

La pénurie et la chétivité du bétail, sous le beau ciel de la France, est une honte et une calamité.

Faire cesser cet état est la plus belle mission que puissent remplir l'économie rurale et l'Hygiène vétérinaire.

CHAPITRE II.

·PLAN DU COURS (1).

❋

L'Hygiène vétérinaire est, dans ce cours, divisée en quatre sections.

La 1.re comprend l'air et les lieux, c'est-à-dire les modificateurs de la santé qui entourent les animaux domestiques; la 2.e, les alimens, les boissons, les condimens dont les qualités, l'excès ou la pénurie exercent sur eux une grande influence; la 3.e a pour objet les choses utiles ou nuisibles qui sont appliquées sur la surface de leurs corps, ou qui agissent d'autres manières sur leur sensibilité; la 4.e traite du régime auquel nous les soumettons selon les services que nous en attendons et les produits qu'ils doivent nous fournir.

SECTION PREMIÈRE.

Air et lieux.

On doit considérer, sous le rapport de l'influence hygiénique:

1.º Les divers états de l'air, ses vicissitudes, les phénomènes (météores) qui se forment dans son sein;

2.º Les substances étrangères à sa composition, qui peuvent en altérer la pureté; leur origine, leurs effets, les moyens de les neutraliser;

______
(1) Ceci est la désignation des objets qui seront traités, non un programme absolu, encore moins une table de matières.

3.º Les saisons, les climats, les localités et les modifications qu'ils impriment aux animaux domestiques;

4.º Les pâturages absolus, la nuit comme le jour,
dans toutes les saisons, à l'état de liberté dans des bois
et de vastes prairies, ou dans des enclos et des parcs
peu étendus;

5.º Les pâturages temporaires dans les parcours, les
communaux, les friches, les bois, les marais, les
montagnes, les prés, etc.

6.º La stabulation permanente, le régime mixte et
l'hivernage;

7.º Les habitations des herbivores : écuries, étables,
bergeries, chèvreries;

8.º Les habitations des autres animaux domestiques :
chenils, toits à porcs, poulaillers, colombiers, magnanières et ruches;

9.º Les vices dans la construction, dans la tenue
de ces habitations, et les effets qui en résultent.

SECTION 2.

Alimens. — Boissons. — Condimens.

On doit traiter dans cette section, la plus étendue
dans toute Hygiène vétérinaire:

1.º Des alimens en général, de leurs principes, de
leurs effets physiologiques indépendans de la nutrition;

2.º De l'alimentation selon les espèces, les âges, les
lieux, les saisons, les genres de services, les conditions
physiologiques;

3.º De l'alimentation médicamenteuse diététique, du
régime du vert, particulièrement pour les solipèdes;

4.º Des prairies permanentes, de leur composition,

leurs produits fauchés, qualités et altération du foin ;

5.º Des prairies temporaires (dites artificielles), leur culture, leur composition, leurs produits, leur influence sur la multiplication du bétail ;

6.º Des choux, des feuilles vertes, sèches ; paille, son, etc.

7.º Des grains, graines, fruits ;

8.º De la cuisson, d'autres préparations alimentaires, des résidus de fabriques ;

9.º Des nourritures animales ;

10.º Des boissons naturelles, des réservoirs, de l'altération de l'eau, des boissons nutritives ;

11.º Des condimens, du sel, de la distribution des alimens et des boissons.

SECTION 5.

Applications extérieures. — Effets sur la sensibilité.

Les objets de cette section sont les suivans :

1.º Le pansage, les bains, les lotions, les frictions hygiéniques ;

2.º La tonte, le tondage, les ablations, hors les cas chirurgicaux, de la queue, des oreilles, des cornes, des organes de la génération ; effets hygiéniques de ces opérations ;

3.º La ferrure considérée sous le rapport de son influence hygiénique ;

4.º Les harnais, le joug, le collier, les liens, les entraves, les effets de leur mauvaise disposition ;

5.º Les effets des insectes ailés, des parasites ; préservatifs contre ces animaux ; vêtemens contre les intempéries, ornemens ;

6.º Les bons et les mauvais traitemens, leur influence sur le naturel et la santé des animaux.

SECTION 4.

Services et produits (1).

Comme c'est dans le but d'obtenir des services et des produits que nous entretenons des animaux domestiques, cette section est le complément de celles qui précèdent ; et comme la conservation de leur santé est subordonnée à notre intérèt, ce ne sont pas seulement des moyens d'Hygiène qui doivent ètre compris dans cette même section ; nous y traiterons les objets suivans:

1.º La manière de dresser et de gouverner les animaux employés à la culture et aux charrois ; leur régime ; l'emploi de leurs forces en les comparant entre eux ;

2.º Le gouvernement, comme le régime des animaux de selle, de bàt, de trait ; leur emploi pour les divers services autres que ceux de l'agriculture ;

3.º Le régime particulier des chevaux de troupes, de ceux de luxe, de course, etc. ;

4.º Le gouvernement et le régime des vaches laitières ;

5.º La lactation ; les causes qui influent sur cette fonction et sur son produit ;

6.º Le lait et les laitages ;

7.º La laine, les poils, le duvet, la soie, le miel et la cire ;

8.º Les produits en fumier, le parcage ;

9.º L'engraissement, ses conditions physiologiques, ses moyens et ses produits ;

(1) Nous sèmerons cette 4. section de détails statistiques.

10.º Qualités, consommation de la viande, usage des débris des animaux, sous le rapport de la police médicale et de l'économie publique.

CHAPITRE III.

DE L'AIR ATMOSPHÉRIQUE ET DES INFLUENCES HYGIÉNIQUES DE SES DIVERS ÉTATS.

✵

Composition et propriétés.

L'air atmosphérique est un mélange, en proportions inégales, de trois gaz, nommés *oxigène*, *azote* et *acide carbonique.*

Il contient en général de l'eau, tantôt dissoute, tantôt suspendue, du gaz acide carbonique libre, de l'hydrogène, des fluides impondérés, tels que lumière, calorique libre, matière de l'électricité, du magnétisme (1). Un grand nombre d'autres corps, la plupart invisibles, et qui, à un certain degré de température et de pression, ont pu se volatiliser, et par leur légèreté spécifique se soutenir à des hauteurs diverses.

Le nombre, l'état, la quantité de ces substances varient sans cesse; elles sont mues dans tous les sens, se mêlent et se séparent à tout moment, d'où résultent des phénomènes nommés *météores*, dont nous parlerons plus tard.

Uni à ces substances, l'air constitue l'atmosphère (2);

(1) Il est probable que tous ces fluides impondérés sont des modifications d'une substance unique.

(2) De deux mots grecs, *sphère*, *vapeur.*

masse fluide, rare, élastique, diaphane, qui enveloppe de toutes parts le sphéroïde terrestre jusqu'à la hauteur d'environ quinze lieues.

On a reconnu dans l'air des propriétés particulières, les unes physiques, les autres chimiques. Les premières tiennent à sa densité, à sa pesanteur, surtout à son union à des substances étrangères ; les autres sont dues à sa composition intime.

Ces dernières, à peu près les mêmes dans tous les points accessibles de l'atmosphère ; au-dessus des sommités les plus élevées, comme au niveau des vallées les plus profondes ; sur les sols arides, comme sur les lieux marécageux ; dans les localités réputées les plus salubres, comme dans celles où règnent des pestes et des contagions. Partout, environ 28 parties d'oxigène, 72 d'azote, et un millième ou une quantité inappréciable d'acide carbonique.

Ce n'est que dans les lieux clos où s'exercent la combustion, la respiration, que l'oxigène aérien diminue par l'absorption, que l'azote se maintient, que l'acide carbonique augmente ; et la proportion du mélange peut changer, au point d'altérer la santé ou de causer la mort. L'air, dans ces cas, ne peut pas être considéré comme atmosphérique, c'est de l'air renfermé dont nous parlerons ailleurs.

Pesanteur de l'air. — Son influence.

On a reconnu que la pesanteur moyenne de l'air était égale à celle d'une colonne d'eau de même base et de 32 pieds de hauteur, ou d'une colonne de mercure, également de même base, et d'un peu moins de 28 pouces de hauteur. — On sait que sa densité moyenne est d'environ 800 fois moindre que celle de l'eau distillée (1).

On s'est assuré qu'un homme de stature moyenne supportait un poids d'air de 33,600 liv., et le fardeau d'air doit être de 300,000 liv. pour le cheval qui est en général cinq à six fois plus volumineux que l'homme.

Ce poids énorme est insensible, étant uniformément réparti sur tous les points de la surface, et contrebalancé par les liquides intérieurs, tant élastiques qu'incompressibles.

C'est d'après la même loi que les poissons de mer se meuvent rapidement à des profondeurs de 3,000 pieds, supportant dans ces régions une colonne aqueuse 78 fois plus pesante qu'une atmosphérique de même dimension.

La pression de l'air est nécessaire, même aux végétaux, pour comprimer l'impulsion des fluides intérieurs. Est-elle nulle, ou seulement affaiblie sur un point de la surface ? les liquides s'y dilatent, les vaisseaux cèdent, une tumeur se forme, tel est l'effet des ventouses.

Comme elle est proportionnée à la pesanteur, et celle-ci à la densité, on conçoit qu'elle doit diminuer par la raréfaction.

Les causes qui raréfient l'air sont l'élévation, le calorique et l'eau.

Son état moyen de densité le plus favorable à la santé est marqué par 28 pouces barométriques.

Les inconveniens de la raréfaction, causés par la chaleur ou par l'humidité, se confondent avec ceux d'un air chaud ou d'un air humide. On a observé particu-

______

(1) Le pied cube d'air pèse 1 once 3 gros 5 grains.

lièrement ceux d'un air trop rare par l'effet de l'élévation·
Sous cette influence , la respiration est accélérée , la circulation rapide , une fièvre se développe.

La cause augmentant d'intensité, surviennent la dips-
née , des hémorragies , un gonflement général , la mort.
C'est ce qui arrive à l'animal plongé dans le vide : un
exemple analogue est offert par les poissons , habitant
les profondeurs des mers ; si on les tire hors de l'eau,
leur vessie aérienne, n'étant plus suffisamment comprimée , se gonfle , se crève ; ils rendent l'air raréfié par
la bouche , et ils meurent.

Aucun mammifère ne pourrait vivre quelque temps
à une hauteur de 3,000 toises ; bien au-dessous de cette
hauteur, toute végétation cesse.

A une élévation de 12 à 15 cents toises , et avant
d'arriver aux glaces éternelles , il est des lieux habités,
où les maladies fréquentes sont des phlegmasies thora-
chiques , la phthisie pulmonaire , des anévrismes du
cœur , de fréquentes hémorragies.

On n'a pas observé les effets, sur l'économie vivante,
de l'excès de pesanteur de l'air , tel qu'il doit exister
dans la profondeur des mines. Les hommes et les chevaux d'exploitation qui s'y trouvent ont peu de forces , et
vivent peu de temps ; mais leur triste état peut tenir
à d'autres causes que la pression atmosphérique , telles
que l'immobilité de l'air , l'absence de la lumière solaire,
les exhalaisons minérales , etc.

Chaleur de l'air. — Son influence.

L'air le plus froid contient beaucoup de calorique
dont la soustraction, si elle était possible , le rendrait
liquide et même solide.

Ce principe est alors intimement combiné. Il doit être librement interposé entre les molécules aériennes , pour être sensible aux organes et appréciable au thermomètre.

Tant que cet instrument ne marque pas 20 degrés réaumuriens de chaleur , on ne peut pas dire que l'air soit chaud.

Sa température moyenne est de 10 à 18 degrés pour les quadrupèdes et les oiseaux domestiques ; sans la préciser plus exactement, on peut la regarder comme la plus favorable à la santé.

On fait éclore et l'on élève les vers à soie sous une température de 18 à 25 degrés ; celle de l'incubation naturelle ou artificielle des œufs d'oiseaux domestiques est de 25 à 32 degrés.

Les plus fortes chaleurs atmosphériques de quelque durée sont de 30 à 32 degrés ; celles-ci se font sentir dans les régions polaires comme dans les tropicales , au Groënland comme au Sénégal ; seulement elles persistent plus long-temps dans cette dernière contrée.

C'est presque à cette température extrême qu'est , sous tous les climats et dans toutes les saisons , la chaleur animale chez les mammifères et les oiseaux.

Preuve qu'elle ne dépend pas de celle de l'atmosphère , et qu'elle n'est pas subordonnée à l'équilibration des fluides.

C'est par une réaction physiologique modérée qu'un membre gelé reprend de la chaleur , non en soutirant le calorique de la neige dont on le recouvre.

En vertu de la force vitale de température , les animaux résistent à de grandes variations dans l'état thermométrique de l'air , surtout quand elles ne surviennent pas brusquement , et qu'ils y sont préparés par l'assuétude et par la transmission héréditaire des hydiosiacrasies.

Cependant, quoique la température vitale soit chez les mammifères et les oiseaux domestiques à peu près 3o degrés réaumuriens, ils éprouvent les effets de la température atmosphérique élevée au-dessus de 20 ; alors a lieu une influence physiologique sur l'économie vivante , d'où résultent le relâchement des vaisseaux , la dilatation des humeurs , un mouvement excentrique extraordinaire , une excrétion cutanée abondante qui , par un léger mouvement musculaire , devient une sueur copieuse ; les urines sont rares et chargées ; l'appétit a diminué ; la soif a augmenté ; la digestion est moins active ; les muscles ont perdu de leur énergie ; la sensibilité est devenue plus exquise.

Sous l'influence de cette température , les animaux maigrissent ; les fonctions nutritives étant affaiblies et les déperditions étant plus abondantes , ils sont , par l'effet de la raréfaction du sang , exposés à des pléthores fausses qui , lorsqu'elles ont leur siége au cerveau , déterminent des apoplexies foudroyantes : accidens auxquels succombent les bêtes bovines qui , par des jours brûlans , meurent dans leurs sillons. Les chevaux qu'on nomme *pris de chaleur* sont atteints d'apoplexie due à la même cause, mais moins rapide.

Après le cerveau , c'est le poumon qui est le plus exposé aux effets de cette influence. Il en résulte des phlegmasies contre lesquelles les émissions sanguines sont beaucoup trop prodiguées ; car , dans ces cas, ce n'est pas la surabondance de sang qui constitue l'indication thérapeutique essentielle.

Les maladies ont alors un caractère aigu ; elles prennent facilement un caractère bilieux et putride.

Cette température, surtout si elle s'accompagne d'humidité, produit des foyers d'infection et en étend les effluves. C'est, en effet, dans les pays chauds et dans les étés brûlans que naissent et que se propagent presque toutes les grandes épizooties.

Pour prévenir les mauvais effets d'un air trop chaud, il faut moins nourrir, abreuver davantage, introduire dans les boissons des substances rafraîchissantes et diurétiques, telles que des acides affaiblis ou du sel de nitre ; faire prendre des bains ; lotionner, avec de l'eau froide nitrée ou acidulée, la tête et d'autres parties ; donner des lavemens ; aérer les habitations ; panser plus exactement ; redoubler de soin pour éloigner les causes d'infection ; défendre, plus qu'en d'autres temps, des attaques des insectes pernicieux ; c'est alors, en effet, qu'ils pullulent le plus et ont la plus grande activité; demander moins de travail ; ne pas en exiger dans le milieu du jour ; donner des abris : tels sont les conseils de l'Hygiène vétérinaire contre les excès de la chaleur.

Air froid et ses effets.

L'air commence à être froid à 2 degrés réaumuriens au-dessus de 0. Il est modéré jusqu'à 2 au-dessous. Cette température moyenne, quand elle n'est pas humide, convient aux animaux adultes, robustes, bien nourris, qui ne l'éprouvent pas brusquement ; qui, étant originaires des pays chauds, ont eu le temps de s'acclimater (1).

(1) Les quadrupèdes résistent au froid, leurs poils étant mauvais conducteurs du calorique, et les parties dénudées de poils étant cachées.

Elle resserre la peau, refoule vers l'intérieur, augmente l'activité des organes digestifs, l'énergie des muscles; alors les animaux de trait, de charroi, comme le remarquent les rouliers et les bouviers, ont moins d'ardeur et plus de force; ils mangent un peu plus et digèrent plus vite; ils boivent moins; leur transpiration est moins abondante, et leurs urines sont plus copieuses.

Sous cette influence, il convient de nourrir un peu plus (1).

Une température de 6 à 8 degrés de froid est supportée facilement par la plupart des herbivores domestiques. La nature les a vêtus chaudement; elle épaissit leur robe pour l'hiver, surtout dans les climats froids; aussi voit-on en Angleterre, et dans des contrées plus septentrionales, des chevaux, des vaches, des moutons vivant en plein air en toutes les saisons, et jouissant d'une bonne santé.

Cette température, néanmoins, refoulant de la circonférence au centre, est nuisible aux individus trop faibles pour réagir. Il se forme chez eux, sous cette influence, des stases sanguines, des phlegmasies, plus particulièrement dans les organes pulmonaires, des congestions cérébrales, la mort (2); aussi ne doit-on pas y exposer:

1.º Les animaux du premier âge, surtout ceux de naissance en général très-frileux;

2.º Ceux qui sont faibles, vieux, qui ont souffert de l'excès de fatigue et de la pénurie d'alimens;

(1) Déjà Bourgelat se plaignait de l'égalité de la ration des chevaux dans toutes les saisons.

(2) Il est à remarquer qu'on n'a pas observé sur les herbivores domestiques, même du jeune âge, ces inflammations érysipilateuses nemmées *angelures*; ou en a vues, quoique bien rarement, aux oreilles dans le chien.

3.º Les malades, surtout si l'organe cutané est le siége des affections ou des crises ;

4.º J'ajoute les animaux des pays chauds , nouvellement importés , et ceux qui sont nés et qu'on a toujours entretenus dans des étables, où la température est constamment élevée.

Pour éviter les effets de l'air froid , il suffit de fermer les étables et les écuries où le thermomètre , en effet, y marque rarement le premier degré du froid , et nous l'avons vu dans nos infirmeries , sans inconveniens. On peut encore vêtir les animaux faibles , malades, à poils fins, non acclimatés (1).

Air sec et ses effets.

L'air est considéré comme étant sec , au-dessous de 30 degrés de l'hygromètre de Saussure ; de 30 à 40 , il est à l'état moyen et le plus favorable à la santé.

Quelle que soit sa température , l'air sec est avide d'eau ; il enlève et il absorbe rapidement les vapeurs qui s'exhalent des surfaces, tant cutanées que pulmonaires.

Lorsqu'à cette force aérienne , dissolvante , se joint la chaleur qui dilate, épanouit, attire à la circonférence, la transpiration cutanée, insensible, est abondante, et la sueur rare. Sous aucune constitution atmosphérique il ne se dépose autant de poussière excrémentielle sur le corps des chevaux , et , sous ce rapport, jamais le pansage n'est si hygiénique.

Si la froidure ne resserrait pas la peau , si elle ne

(1) La crainte du froid, qui sous notre ciel dépasse rarement dix degrés, est un préjugé funeste dans l'entretien du bétail. Ce que l'on doit redouter, c'est l'excès de la chaleur qui peut s'élever jusques à trente degrés ; c'est surtout la transition brusque de la chaleur à la froidure,

refoulait point à l'intérieur, on considérerait l'air sec
et froid comme plus propre encore à rendre abondante
la transpiration cutanée, étant, plus que l'air sec chaud,
avide de vapeurs aqueuses.

C'est, au reste, l'avis de quelques physiologistes qui
regardent l'hiver comme la saison où la transpiration
insensible est la plus considérable.

On peut croire, du moins, que sous cette température l'exhalation qui s'opère par la muqueuse des poumons
est plus abondante que dans tout autre temps.

L'air froid et sec agit vivement sur l'organe pulmonaire. Sa densité est grande; sa pesanteur surpasse l'état
moyen (28 pouces barométriques); dès-lors une plus
grande quantité d'air est introduite par chaque inspiration,
et la combustion physiologique est plus active.

Aussi, l'air sec et froid est-il fatigant pour les poitrines
délicates.

Sous son influence, se forment des fièvres inflammatoires, des phlegmasies, surtout aux organes pulmonaires.

L'air sec et chaud n'est guère fâcheux que par son
état thermométrique. Cet air, quand il n'est pas excessif
sous ce rapport, est favorable aux tempéramens lymphatiques, à l'espèce du mouton; il favorise la crise des
maladies chroniques (1).

L'air sec, soit chaud, soit froid, ne peut guère
exercer son influence que sur les animaux en plein air.
S'il régnait dans les étables, les écuries, il serait facile
de l'humecter en y répandant de l'eau.

Au reste, l'évaporation aqueuse doit être pratiquée
près des chevaux de troupes, attachés sous un soleil

(1) Il peut néanmoins causer des ophtalmies en desséchant la
conjonctive.

brûlant, et des autres animaux renfermés dans des cours ou abrités sous de simples hangars. Ce moyen facile tempère la chaleur de l'air et corrige sa sécheresse. Des arbres produisent les mêmes effets d'une manière permanente, en répandant dans l'air la matière d'une transpiration aussi abondante que salutaire.

Air humide et son influence.

L'air est considéré comme humide, lorsque l'hygromètre de Saussure est au-dessus de 40 à 45 degrés ; alors il semble lourd, et cependant il est léger, comme le témoigne le baromètre.

Quand il est en même temps chaud, il agit tout à la fois par son humidité, sa raréfaction et sa température.

Cette action est favorable au développement des plantes et à la pullulation des insectes.

Elle affaiblit, elle énerve les grands animaux, en relâchant les tissus, ralentissant la circulation, soutirant l'électricité.

Sous cette influence, la peau se gonfle, la sueur est facile, du moins chez le cheval ; mais elle reste sur la peau. L'air saturé d'humidité se refusant à la dissoudre, dès-lors, est beaucoup moindre que par un temps sec l'excrétion cutanée dépurative.

Si les pores de la surface n'absorbent pas de l'humidité atmosphérique, il n'en est pas de même des pores bronchiques.

La respiration est plus fréquente, et son effet moindre ; l'air humide étant aussi peu favorable à la combustion physiologique qu'à la matérielle, le sang est peu vivifié.

Tous les organes sont débilités, les forces musculaires diminuent, les sens perdent de leur activité.

Si, dans cet état, les organes digestifs conservent quelque force, si on peut les exciter par des nourritures choisies, il y a disposition à l'embonpoint, à l'engraissement, à l'obésité.

Il est des oiseaux qui s'engraissent par un seul jour humide d'automne.

Un célèbre nourrisseur anglais (Backvell) exposait des moutons à l'influence débilitante de l'humidité pour les engraisser ; mais quand ils étaient parvenus à cet état, il ne perdait pas un instant pour les envoyer à la boucherie, n'ignorant pas qu'ils allaient tomber dans une espèce de cachexie, nommée *pourriture.*

Cette maladie si grave et si fréquente parmi les bêtes à laine, qui attaque aussi les bêtes bovines, si souvent enzootique, est due à l'humidité, soit des habitations, soit des pâturages.

La même cause détermine des hydropisies, des maladies lymphatiques, telles que la morve et le farcin, des rhumatismes, le scorbut, des inflammations lentes intérieures, les diverses variétés de charbon du gros bétail, la ladrerie des porcs.

Sous cette influence, les fièvres et les inflammations franches sont rares, les médicamens peu actifs, les crises difficiles (1).

Il y a encore disposition à ces divers accidens, l'air humide étant en même temps froid. Peut-être, dans cet état, est-il encore plus délétère que s'il était humide et chaud ; en effet, contenant moins de vapeurs, étant moins rare, il est moins débilitant ; il fatigue davan-

---

(1) Alors sont plus fatigans les insectes ailés et plus nombreux les entozoaires.

LYON — IMPRIMERIE DE J. M. BARRET.

tage; il met de plus grands obstacles à l'excrétion cutanée ; il irrite la poitrine et cause des phlegmasies pulmonaires.

Pour donner une sensation pénible de froid, l'air humide n'a pas besoin de descendre au degré de la congélation ; il produit cet effet, quoique à 7 ou 8 degrés réaumuriens de chaleur.

On regarde comme froid l'air tiède et humide de l'automne ; c'est la saison où règne le plus communément l'humidité atmosphérique, et où sont le plus fréquentes les maladies que nous avons signalées.

C'est sous la constitution humide, qu'elle soit chaude ou tiède, que se forment en général les épizooties contagieuses, les typhus putrides ou nerveux ; mais ce n'est pas seulement l'impression sur l'organisme de l'humidité atmosphérique qui produit ces maladies, ce sont encore des matières répandues dans son sein ; mais les matières qu'on nomme miasmes, effluves, ou de toute autre manière, se sont exhalées de foyers formés sous l'influence de l'air humide.

Cet air favorise puissamment la décomposition des matières organiques; il se charge des émanations qui s'élèvent de ces substances putréfiées; il les conserve, les fomente, les transporte ; il les présente aux surfaces vivantes, d'autant plus disposées à les recevoir que leur tissu est plus relâché, tous les pores plus dilatés, et la force vitale excentrique moindre. Ces molécules funestes, quelle qu'en soit la nature, agissent avec d'autant plus d'énergie que l'animal qui les recèle a moins de force et de vigueur.

Ainsi l'air humide fait naître les contagions, il en propage les élémens et favorise leur activité.

Pour prévenir les effets de cette constitution atmosphérique, il faut donner des alimens toniques, ne pas
épargner le sel, surtout aux bêtes ovines ; exciter la
peau par un pansage fréquent, et ne pas borner cette
utile pratique au cheval ; faire prendre des bains, aérer,
nétoyer les habitations, éloigner des lieux aquatiques,
écarter les foyers de putréfaction.

Des brusques variations dans l'état de l'air.

Les constitutions atmosphériques, contraires à la
santé, sont d'autant plus fâcheuses qu'elles surviennent
plus brusquement. Il y a même des dangers pour les
animaux délicats, non acclimatés, convalescens, surtout
malades, à un changement atmosphérique subit, dût-il
amener un air meilleur.

C'est principalement une brusque transition du chaud
au froid qui a les inconvéniens les plus graves, dans
l'espèce du cheval surtout. Chez ce quadrupède vif et
sanguin, plus vigoureux que fort, le mouvement excentrique est considérable, et un léger exercice musculaire, une température peu élevée suffisent pour
déterminer une abondante transpiration ; chez aucun
autre animal, cette fonction n'est plus facilement troublée.

On conçoit que, sous l'influence de la chaleur extérieure ou de l'exercice, le sang abonde dans les
capillaires cutanés qui laissent échapper l'humeur perspiratoire, et que, s'il survient alors un refoulement
par l'effet d'une impression subite de froid, la transpiration doit s'arrêter ; et en vertu des lois de la physiologie, les organes qui sympathisent avec la peau
doivent suppléer aux fonctions de celles-ci : telles sont,

dans le cheval , surtout les muqueuses pulmonaires. Ces membranes, surprises par l'irruption subite d'une granue masse de sang , s'irritent et s'enflamment, d'où résulte une pleurésie. Si le parenchyme du poumon participe à cet état , il se forme une péripneumonie ; la fluxion peut se diriger sur d'autres organes , les irriter , les enflammer et donner lieu à des angines , des néphrites , surtout à des gastro-entérites.

Des maladies de même genre , quoiqu'en général beaucoup moins aiguës, attaquent les bêtes bovines qui , renfermées en grand nombre au milieu de l'hiver , dans des étables fermées où l'air est à 28^d de chaleur, en sortent pour être soumises à une température atmosphérique de 10 à 12^d de froid.

Les inconvéniens du passage subit du froid au chaud sont beaucoup moins fréquens ; ils supposent une énorme différence entre les deux températures : c'est celle qu'éprouvent les chiens qui , au retour d'une chasse d'hiver , se couchent près du foyer ; il leur survient des pléthores , des apoplexies , des hémorragies , des splénites , des érysipèles.

Lorsque les bêtes ovines sont exposées graduellement à l'humidité , elles résistent quelque temps à une influence si contraire à leur nature ; quelques races même s'y habituent ; mais quand ces animaux y sont soumis brusquement , ils peuvent tomber dans la cachexie en quelques heures.

Il est au-dessus de notre pouvoir d'empêcher les vicissitudes de l'air ; mais nous pouvons :

1.º Éviter d'exposer au froid les animaux en sueur , les vêtir , les exercer doucement, exciter en eux l'organe cutané , et rappeler par des cordiaux le mouvement excentrique : voilà les moyens simples de sauver une multitude de chevaux ;

2.º Diminuer la différence entre la température des étables et celle de l'atmosphère, et par ce moyen facile prévenir la perte d'un grand nombre de bêtes bovines ;

3.º Tenir dans un lieu sec et à une température modérée les chiens, surtout à poils ras, qui ont chassé dans la neige, et écarter ainsi plusieurs maladies de ces animaux ;

4.º Employer tous les moyens pour éloigner des moutons l'humidité des bergeries et des pâturages, et les préserver de la cachexie aqueuse.

CHAPITRE III.

INFLUENCE DE LA LUMIÈRE ET DE QUELQUES MÉTÉORES.

De la lumière.

La lumière est un fluide impondéré, dont la nature est inconnue, qu'on a supposée émanée du soleil et des étoiles fixes, qu'on croit aujourd'hui répandue dans tout l'univers, même dans les lieux les plus obscurs, et ne manifestant sa présence que sous certaines conditions.

Elle exerce une action chimique puissante sur les corps bruts, et stimule vivement tous les êtres organisés.

Là où elle n'est pas sensible, les plantes pâlissent, s'alongent, perdent leur odeur, leur sapidité, leur consistance , ne donnent ni fleurs , ni fruits ; dans cet état d'atonie , elles transpirent peu , et leur parenchyme se remplit de matières mucoso-sucrées ; on les dit étiolées (1). C'est pour se soustraire à cette influence que , par un mouvement automatique bien remarquable , un grand nombre de plantes se dirigent vers la lumière.

Un phénomène analogue à l'étiolement se remarque dans les grands animaux privés de lumière , sans en excepter notre espèce.

Le bétail , qui jouit des rayons lumineux , est plus fort et plus fécond que celui qui vit à l'ombre dans des étables ; on y élève difficilement des poulains et des veaux ; le régime diététique du vert est plus efficace , quand il est donné en plein air. Les vers à soie eux-mêmes ne réussissent jamais si bien que lorsque des flots de lumière pénètrent dans les magnanières.

On prive de lumière , on étiole , on *blanchit*, pour ainsi dire , les animaux livrés à l'engraissement ; ce n'est pas le moindre des moyens d'énervation qui facilitent l'accumulation de la graisse. D'un autre côté , en affaiblissant l'organisme , tout en prodiguant la nourriture , on rend , dans les vaches tenues à l'étable , la sécrétion du lait plus abondante. On ne les y tient pas dans une obscurité parfaite , et on devrait leur accorder plus de lumière (2).

Ce stimulant est plus qu'hygiénique ; c'est un remède dans des maladies atoniques , ayant leur siége aux voies lymphatiques ; c'est ce qui explique la cure spontanée

---

(1) Ce qu'on nomme le blanchiment des laitues, des chicorées , des céleris, est un étiolement artificiel.

(2) Les insectes sont inoffensifs dans l'obscurité , voilà l'un des motifs de celle des étables.

de chevaux morveux, farcineux, affectés d'*eaux aux jambes*, qu'on a abandonnés aux soins de la nature, pendant l'été, dans des îles ou d'autres lieux fermés.

C'est à l'absence de ce stimulant qu'on doit attribuer l'exacerbation nocturne des maladies cachectiques ou scrophuleuses.

Et, par une raison semblable, son action est nuisible dans les affections que caractérise la surexcitation, surtout si c'est au poumon ou au cerveau qu'elles ont leur siége. L'obscurité comme le repos et le silence sont, dans ces cas, des remèdes adoucissans.

L'obscurité est sans doute nécessaire dans les cas d'ophthalmie ; mais si cette inflammation n'est pas accompagnée de fièvre générale, un bandage peut suffire pour défendre l'organe de l'impression de la lumière.

Cet organe est, chez le cheval, d'une extrême délicatesse : témoin cette multitude de chevaux qui deviennent borgnes ou aveugles.

Parmi les causes de ces accidens est l'impression d'une vive lumière, surtout si elle frappe brusquement. Ce n'est pas sans danger pour la vue qu'on sort les chevaux des écuries obscures, pour les présenter tout à coup aux rayons du soleil. Aucune fenêtre ne doit s'ouvrir en face de leur tête. Quand, habituellement à l'écurie, on les expose au soleil, il est bon de les harnacher de manière à ce que leurs yeux soient à l'ombre ; ceux qui sont toujours en plein air résistent le plus souvent, du moins, par la force de l'habitude, à l'impression d'une trop vive lumière qui, d'ailleurs, dans la même journée, ne les frappe pas tout à coup.

Des météores (1).

On nomme ainsi tous les phénomènes physiques qui se forment dans l'atmosphère, quelles qu'en soient la cause et l'origine.

On les distingue en aériens, aqueux, lumineux et électriques ou ignés.

Les vents sont des météores aériens; les brouillards, la rosée, la pluie, la gelée, sont des météores aqueux; et parmi les électriques ignés est la foudre. Ce sont les seuls dont nous ayons à parler, et seulement sous le rapport de l'Hygiène vétérinaire.

Des vents.

Ce sont des mouvemens partiels de la masse atmosphérique, dont la cause n'est pas toujours connue; on les a, dès la plus haute antiquité, distingués en vents du Nord, du Sud, de l'Est et de l'Ouest, selon les points de l'horizon d'où ils sont partis. Il n'y a pas long-temps qu'on les a subdivisés en *Sud-Est*, *Nord-Est*, etc.; la boussole des marins marque jusqu'à 64 espèces de vents qu'ils nomment *rumbs*.

Au-dessous de 1000 toises par heure, la vitesse des vents est insensible; elle est modérée à environ 4000. Celle de la tempête passe 40,000; elle peut aller à 83,116 toises par heure, et alors les arbres sont déracinés, et les toitures enlevées.

Tantôt la course des vents est bornée à quelques lieues, tantôt elle s'étend à une partie notable du globe.

Les changemens, qu'ils apportent sous notre ciel, dépendent des lieux de départ, et de ceux qui ont été

(1) D'un mot grec qui signifie *j'élève.*

traversés. Celui de l'Est a soufflé au-dessus d'un long espace de terre ferme ; il est sec et d'une température moyenne. Celui de l'Ouest a passé par-dessus l'Océan , et s'est saturé de vapeurs qui se résolvent en pluie. Celui du Nord amène du froid presque toujours sec ; celui du Sud , de la chaleur ordinairement humide.

Tous les vents sont utiles à la santé , en agitant l'atmosphère ; ils dispersent ainsi dans l'immensité de l'espace des substances gazeuzes et vaporeuses , dont l'accumulation serait funeste ; ils remuent les eaux des lacs et des étangs , et les empêchent de croupir. Le vent du Nord (bise) est de tous le plus désinfectant ; vient ensuite celui de l'Est ; l'un et l'autre pour l'ordinaire peu chargés de vapeurs , et absorbant fortement les effluves nuisibles pour les annihiler ou les disperser au loin. Quant à ceux du Sud et de l'Ouest , ordinairement humides , s'ils sont trop saturés pour dissoudre ces effluves , ils peuvent au moins les déplacer et les étendre , et la pluie qu'ils apportent les précipitera sur la terre. Quelques vents sont nuisibles en changeant brusquement la constitution de l'air.

Celui du Nord , froid et sec , survenant tout à coup par un jour chaud , arrête la transpiration en crispant la peau (1) ; celui du Midi , chaud et humide , peut produire le même effet en se refusant à dissoudre la matière de la sueur. Les vents secs , venant du Midi , sont ordinairement très-chauds ; et ils agissent avec bien plus de force sur l'économie vivante que l'air calme , dont la température thermométrique serait beaucoup plus élevée.

(1) De ce genre est le *mistral* si redouté en Provence et en Languedoc.

La qualité des vents dépend, pour quelques localités, des lieux voisins sur lesquels ils ont soufflé ; ainsi un vent du Sud se refroidit, en passant au-dessus d'une sommité glacée : et quel que soit son point de départ, il peut se charger d'effluves et les transporter en masse et avec leurs qualités funestes à une certaine distance, surtout si, étant chaud et humide, il est peu dissolvant. Tels sont les vents du Sud et de l'Ouest, qui ont passé au-dessus des marais, des flaques, des autres foyers de putréfaction ; ce n'est pas vers ces points de l'horizon que doivent s'ouvrir les habitations voisines de ces lieux infects.

Des brouillards.

On appelle de ce nom des amas de vapeurs et d'exhalaisons, suspendues, à peu de distance de la terre, dans l'air dont elles troublent la transparence. Elles s'élèvent des eaux stagnantes, des rivières paresseuses, des sols aquatiques ; leur pesanteur et la température de l'air les retiennent dans les régions les plus basses de l'atmosphère.

Plus de froid les condenserait, et elles retomberaient sur la terre ; plus de chaleur les raréfierait, et elles se disperseraient dans les régions élevées : telle est la raison de leur fréquence au printemps et en automne, et de leur rareté dans les deux autres saisons. Elles ne persistent que par les temps calmes ; le vent les chasse ou les force à tomber sous forme de pluie fine, nommée *bruine*.

Si les brouillards ne se composaient que de vapeurs aqueuses, ils n'agiraient que comme de l'air humide ; mais ils sont encore plus insalubres à cause des exhalaisons délétères et souvent âcres et fétides, mêlées à ces vapeurs. Lorsque ces exhalaisons sont des miasmes, des effluves, elles portent les germes d'épizooties souvent contagieuses.

On doit, le moins possible, faire pâturer le bétail dans les temps de brouillards, et jamais alors dans le voisinage des lieux marécageux et autres foyers d'infection.

De la rosée.

La rosée est cette eau limpide, qui se présente sous forme de gouttelettes sur les plantes et sur d'autres corps qui, dans certaines constitutions atmosphériques, ont été exposés pendant la nuit à l'air libre. C'est sous le ciel le plus serein que se forme ce météore difficile à expliquer ; car il n'a rien de commun avec la pluie ou la bruine qui résultent du refroidissement des nuages, ou des brouillards.

Il est probable que l'électricité, ou tout autre fluide impondéré encore moins connu, joue un grand rôle dans la formation de la rosée ; elle ne mouille pas les métaux, tandis qu'elle humecte fortement le verre.

Quoi qu'il en soit, on distingue deux espèces de rosées, savoir, celle qui, le soir, tombe de l'air ou sort de la terre, c'est le serein ; et celle qu'on voit le matin, c'est la rosée proprement dite. Le serein persiste jusqu'au milieu de la nuit ; la rosée se développe à l'aube du jour. — Avant de se résoudre en eau, le serein, comme la rosée, est dans un air tout à fait diaphane, sous forme de vapeurs invisibles, rarement fétides comme la plupart des brouillards ; mais tout aussi bien qu'eux, s'unissant à des gaz, à des vapeurs exhalées des foyers délétères. Jamais dans le voisinage de ces foyers, l'air n'est plus impur que dans les temps où la rosée et le serein y abondent, et ce sont les localités où le météore se présente le plus souvent.

On a observé que, sous son influence, les grandes épizooties se répandent facilement.

L'herbe, humectée par la rosée, est autrement insalubre pour les herbivores, surtout pour le mouton, que si elle était mouillée par la pluie ou aspergée d'eau par la main de l'homme. Le trèfle et la luzerne couverts de rosées causent des tympanites bien plus sûrement que si de l'eau ordinaire les avait humectés.

Il est donc contraire aux règles de l'Hygiène de faire pâturer le bétail, pendant la nuit, dans les lieux et dans les saisons où la rosée et le serein sont abondans. Les herbivores, livrés à eux-mêmes, sont avertis par leur instinct, et ils attendent ordinairement, pour paître, que le soleil ait pompé la rosée ; mais il n'en est pas de même de ceux qui, renfermés pendant la nuit, attendent avec impatience l'ouverture des étables ; on doit les y retenir jusqu'à ce que la rosée ait disparu, les y faire entrer avant la chute du serein : n'est-ce pas, pour avoir négligé cette précaution importante, qu'on a perdu tant de troupeaux de bêtes à laine ?

De la pluie.

C'est la chute des particules aqueuses qui se sont formées dans l'atmosphère par le refroidissement des vapeurs, la compression des nuages, ou l'action de l'électricité.

Les pluies d'orage, les averses violentes sont dues à l'une ou à l'autre de ces dernières causes.

L'abondance des pluies, dans une localité, tient au

voisinage des amas d'eau, d'où s'élèvent les vapeurs ; à la proximité des montagnes et des bois qui attirent les nuages, à la direction des vents, et à d'autres courans inconnus ; tandis que le pluvimètre s'élève à 10 pieds au cap Français, il monte à Paris et à Londres à 18 ou 19 pouces, et à Lyon à plus de 2 pieds.

On a observé que, sous la latitude de Paris, les jours pluvieux étaient, années communes, au nombre de 134 ; ils doivent dépasser à Lyon 160.

Les pluies sont utiles, en purifiant l'air des effluves telluriennes, solubles, répandues dans son sein, et les entraînant vers la terre où, pour servir d'aliment à la végétation (1), elles le dépouillent d'excès de calorique, d'électricité, d'acide carbonique. Comme ce sont les premières pluies qui produisent ces effets, elles sont fatigantes après une longue sécheresse. Les animaux sont lourds, tristes, quand il commence à pleuvoir ; ils sont agiles, ils manifestent du bien-être, quand il a plu ; c'est particulièrement sur la constitution débile du mouton que cet effet se fait sentir. — C'est parce que les premières pluies balaient l'atmosphère, qu'il ne faut pas les recueillir pour les donner en boisson ; on ne doit introduire dans les citernes que celles qui tombent, cinq ou six heures après l'apparition du météore.

Les pluies chaudes sont favorables aux animaux et aux plantes ; les froides nuisent aux uns comme aux autres.

De la gelée.

C'est la conversion de l'eau, à l'état solide, par la

(1) C'est ce qui explique pourquoi les premières pluies sont plus fertilisantes que les eaux d'arrosement.

soustraction d'une grande partie de son calorique ; il résulte de ce changement la glace proprement dite, la neige, la grêle, le grésil, le verglas, le givre, la gelée blanche.

De la glace.

La glace, proprement dite, est l'eau solide qui ne descend pas de l'atmosphère ; elle se forme au degré de froid, le même dans tout l'univers, un peu au-dessous de o réaumurien ; une agitation légère en facilite la formation, une plus forte la retarde. Les étangs gèlent plutôt que les rivières ; l'eau pure exige un peu moins de froid. Quand il est intense, elle cherche à se cristalliser en octaèdre équilatéral ; son volume alors augmente d'un septième, et par une force d'expansion équivalente à 27,720 liv., elle crève les vases et les tuyaux, soulève les pavés, brise les arbres, fend les rochers ; elle peut acquérir la dureté du marbre, être réduite en poudre impalpable.

La glace qui se forme sur les étangs est funeste aux poissons, en interceptant l'air atmosphérique, et empêchant l'évaporation des gaz hydrogènes ; c'est en brisant cette glace qu'on prévient des épizooties dans les réservoirs poissonneux.

Le dégel, bien plus que la gelée, nuit aux animaux tenus à l'étable ; il s'y manifeste alors une humidité malsaine, souvent fétide. Les murs, les plafonds, les meubles se couvrent de gouttelettes, quelquefois à demi-congelées. Ce n'est pas de l'eau pure, reprenant l'état liquide ; ce sont des vapeurs animales, d'autres émanations que le froid avait condensées jusques dans les pores des pierres et du bois, qui transpirent et reprennent leur première forme (1).

De la neige.

Météore qui résulte de la congélation immédiate des vapeurs, constituant les nuages, tandis que la grêle est de la pluie qui gèle en tombant.

La neige se forme dans les régions élevées ; elle tombe en flocons, d'autant plus grands qu'il fait moins froid, ses molécules ayant alors plus d'attraction entre elles ; elle abaisse la température en diminuant la déperdition du calorique tellurien ; mauvais conducteur de ce fluide, elle ne soutire pas celui du corps vivant. Les animaux, surpris par un froid intense, peuvent dormir sans danger dans la neige ; on en frotte un membre gelé.

On la regarde comme contenant des principes fertilisans ; on a remarqué, en effet, que son abondance et sa durée étaient suivies de bonnes récoltes. Elle n'agit peut-être qu'en protégeant les semences, tuant et affamant les animaux destructeurs, empêchant l'évaporation des gaz et du calorique de la terre.

La trop longue durée de la neige est nuisible au bétail, qu'elle retient trop long-temps à l'étable sans provisions suffisantes pour le nourrir. — En quelques pays de montagnes, on découvre, avec des pelles, des pâturages couverts de neige ; on profite des pentes pour déterminer de petites avalanches ; ailleurs, on jette sur la neige des terres noires, des schistes pouris qui en accélèrent la fonte.

(1) Nous reviendrons sur ce point d'Hygiène en parlant des étables.

De la grêle et du grésil.

Ces météores résultent de la congélation de la pluie, qui a lieu par un refroidissement subit de l'air. On n'a pas donné une explication satisfaisante de ce phénomène qui est dû à l'électricité, fluide dont la nature et la marche sont encore un mystère.

Il grêle presque exclusivement pendant l'été, presque jamais la nuit.

Les grains de grêle sont, tantôt ronds, tantôt ovales, tantôt anguleux; mais ils sont à peu près uniformes dans le même orage. On en a vus du poids de 9 à 10 onces, hachant alors les plantes et tuant les animaux.

Il est des pays, beaucoup plus que d'autres, exposés à la grêle, et l'on n'en connaît pas bien la raison.

On a voulu opposer à ce météore dévastateur de longues perches, armées de pointes en fer; la théorie et l'expérience ont démontré la nullité de ce moyen.

Nous pouvons, du moins, saisir les signes précurseurs de la grêle, pour soustraire à ses ravages les troupeaux qui pâturent.

Le temps est lourd, la chaleur étouffante; il s'élève un vent quelquefois violent, venant du Sud ou de l'Ouest, charriant des nuages d'abord élevés, petits, blancs, s'abaissant ensuite et devenant gros, noirs, déchirés sur les bords, d'une surface inégale, hérissés de protubérances; les animaux sont inquiets et s'agitent; les feuilles tendres des végétaux se crispent, se fanent pour ainsi dire.

Le *grésil* est une grêle de petit volume et de peu de consistance, se fondant aisément, qui accompagne ces petits orages , nommés *giboulées* , fréquens au printemps. Sans être très-fâcheuse, cette intempérie diminue le lait des vaches qui pâturent , et en altère la qualité.

De la gelée blanche et du givre.

On nomme *gelée blanche* les gouttelettes de rosée qui se sont congelées, un moment avant l'aube du jour. Ce météore est fréquent au printemps et en automne, surtout dans les lieux bas et humides, et dans les temps sereins et calmes ; le soleil les pompe en vapeurs , et si cette évaporation est abondante , l'air est obscurci , et l'atmosphère est humide et froide ; ces vapeurs, au reste, ne tardent pas à se résoudre en pluie. Si la température est abaissée , les vapeurs gèlent de nouveau, et produisent des effets quelquefois singuliers sur les arbres et les poils des animaux ; ce contact est souvent funeste aux germes des plantes et aux bourgeons des vignes.

Le givre diffère de la gelée blanche , en ce qu'il est produit par les brouillards ; tandis que l'autre doit sa naissance à la rosée. Ces deux météores se forment à peu près à la même température qui marque le premier degré de la glace ; le givre est plus abondant, car il suffit souvent pour briser des branches d'arbres. Le pâturage est peu convenable, quand le givre couvre la terre ; il est utile en débarrassant l'agriculture d'un grand nombre d'insectes ; ils sont, en effet, rares en été, quand le givre et les gelées blanches ont été communs au printemps.

De la foudre.

C'est une masse de fluide électrique qui s'échappe brusquement d'un nuage surchargé de ce fluide ; ce dégagement est accompagné d'une vive lumière, nommée *éclair*, et d'un grand bruit, nommé *tonnerre* (1).

Le fluide électrique qui sort d'un nuage se porte le plus souvent sur un autre ; ce n'est que lorsqu'il vient s'unir à celui qui environne les corps telluriens, qu'il brûle, enflamme les matières combustibles, brise les arbres, foudroie les hommes et les animaux.

On appelle bons conducteurs les corps qu'il traverse facilement, et sur lesquels il agit avec le plus de force : tels sont les métaux et les corps animés. Les pointes l'attirent ; ses effets sont variés et bizarres ; il a fondu une lame d'épée sans endommager le fourreau ; il a enflammé une pièce de bois à côté d'un tas de poudre qu'il a seulement dispersée ; il choisira un individu dans une foule, ou en frappera plusieurs, placés à une grande distance, les uns des autres. L'individu foudroyé paraîtra vivant et endormi, ou son corps sera brisé ou consumé. Un physicien célèbre (2) rapporte que le tonnerre, étant tombé sur un troupeau de moutons, les tua tous sans exception ; on trouva que leurs os, brisés et réduits en mille parcelles, s'étaient dispersés dans les chairs.

La foudre tue le plus souvent par asphyxie ; elle peut traverser des animaux, sans leur faire du mal ; elle tombe, au reste rarement, même dans les plus violens orages ; elle est instantanée avec l'éclair, et précède le tonnerre. On peut voir l'éclair à 45 lieues du foyer de la tempête ; on n'entend le tonnerre qu'à 5 ou 6 lieues,

(1) Comment un nuage se trouve-t-il surchargé d'électricité ? Pourquoi l'abandonne-t-il si brusquement ? Quelle est la cause précise de l'éclair qui sillonne l'horizon en zig-zag ? Quelle est celle du tonnerre ? Nous renvoyons ces questions aux physiciens.

(2) Muschenbroeck.

14

et le son de ce bruit parcourt 1038 pieds par seconde.

Le bétail manifeste, à l'approche d'un orage, de l'inquiétude, de l'anxiété ; le cheval frappe du pied ; le bœuf mugit et se dirige de lui-même vers l'étable ; les moutons cessent de paître et s'agglomèrent ; la peur fait avorter des vaches et des brebis ; le lait des nourrices et plutôt des laitières s'altère ou tarit.

On a cru pouvoir conjurer la foudre par le son des cloches ; on a dit ensuite que c'était le moyen de l'attirer. Ce son me paraît, dans ce cas, insignifiant ; mais il n'en est pas de même des pointes des clochers ; c'est ce qui explique la mort de tant de sonneurs foudroyés. On ne se mettra pas, en temps d'orage, sous des arbres ; on n'agitera pas l'air, en marchant trop rapidement ; on tiendra fermées les ouvertures des habitations.

La surabondance d'électricité, avant et pendant l'orage, fatigue beaucoup les animaux malades, convalescens, faibles ; elle renouvelle de vieilles douleurs, reproduit des accès de rhumatisme ; sous cette influence, les fruits et la viande se corrompent facilement ; le lait tourne ; les œufs se gâtent ; on est dans l'usage, en quelques basses-cours, de mettre du fer sous les couveuses pour préserver les œufs de cette influence. Des magnaniers ont usé de la même précaution ; un orage, en effet, a quelquefois suffi pour faire échouer une éducation de vers à soie.

Les cadavres des individus frappés de la foudre ont une tendance rapide à la putréfaction ; on ne doit pas admettre dans les boucheries la viande des bœufs morts foudroyés (1).

(1) On n'a pas expliqué cette odeur *sui generis* tenant le milieu entre celle du soufre et du phosphore, qui se répand autour des lieux où la foudre est tombée.

CHAPITRE V.

ALTÉRATION DE L'AIR PAR L'INTERPOSITION ENTRE SES MOLÉCULES DE SUBSTANCES INSALUBRES.

Des gaz délétères.

L'oxigène, tempéré par l'azote, étant le seul gaz respirable, tous les autres sont, de leur nature, délétères.

On connaît, au moins, 24 espèces de gaz non respirables, dont les uns asphyxient, les autres empoisonnent.

Parmi les premiers, sont les gaz azote et acide carbonique ; parmi les seconds, les gaz hydrogène phosphoré, arseniqué, les acides nitreux, sulfureux, hydrosulfurique, hydrochlorique, le chlore, l'ammoniaque.

Les premiers ne sont jamais assez abondans, dans l'atmosphère, pour être funestes ; mais dans les lieux fermés, ils peuvent causer la mort par asphyxie, en prenant la place du seul air respirable, c'est-à-dire qui puisse changer le sang veineux en sang artériel.

Quant aux gaz capables d'empoisonner, ils sont le plus souvent le produit de l'art ; mais ils peuvent s'échapper, en assez grande abondance, de certaines usines pour nuire gravement aux animaux.

Telles sont les fabriques d'acides sulfurique, nitrique, de soude par la décomposition du sel marin ; la dernière surtout, qui étouffe la végétation à une grande distance, et qu'on ne doit pas tolérer dans le voisinage des habitations, ni des pâturages. Les émanations de ces usines déterminent, selon les circonstances, des phlegmasies pulmonaires, aiguës ou chroniques.

Le chlore produit quelquefois le même effet sur les animaux, employés dans les établissemens de blanchîment de toiles.

De tous les gaz, le plus funeste est l'hydrosulfurique; pur, il tue en quelques secondes; il peut tuer encore, mais en plus de temps, mêlé à l'air atmosphérique dans la proportion d'un 299e. C'est le gaz qui, sous le nom de plomb, est si redouté des vidangeurs; il se dégage encore des foyers de putréfaction, de certaines usines, et il peut atteindre les animaux.

Des émanations putrides et empyreumatiques.

Les émanations putrides ont toujours une odeur fétide, tandis qu'il est des gaz délétères, absolument inodores; on les a nommés *septon* (1).

L'extrême répugnance des herbivores pour l'odeur de ces émanations démontre qu'elles leur nuisent. Quoiqu'on en ait exagéré les effets funestes, il n'en est pas moins vrai que les chevaux, et surtout les bœufs, plongés dans une atmosphère putride, mangent peu, paraissent souffrir, et maigrissent; que leur poitrine s'altère; qu'ils sont disposés aux fièvres adynamiques, charbonneuses, typhoïdes.

On ne peut nier l'infection de l'air par des exhumations opérées en grand, le curage de vastes et anciennes fosses d'aisance, le mouvement des matières d'un égout.

(1) D'un mot grec je fais pourrir. On a mis de la viande sous des cloches avec des émanations des égouts ou des latrines, elle s'est putréfiée rapidement.

Des émanations de même genre, quoique moins actives, sortent des ateliers où l'on prépare des substances animales : telles sont les boyauderies, les triperies, les fabriques de chandelles, celles de cordes d'instrumens.

Les animaux herbivores résistent moins que l'homme à ces émanations animales putrides ; il en est de même des boues et immondices, des dépôts de matières, provenant des fosses d'aisance, des poudrettes, des urates, de la gadoue artificielle et autres engrais que, dans l'intérêt de l'Hygiène de notre espèce, comme de celle des grands animaux domestiques, il ne faut pas laisser exposés à l'air, en attendant le moment de les employer (1).

Les émanations empyreumatiques, quoique moins nuisibles que les putrides, ne sont pas sans influence sur la santé, tant des animaux que de notre espèce ; et c'est dans ce double intérêt qu'on doit exiger l'éloignement des usines, où l'on travaille en grand les arcansons ou résines de pin ; celles où l'on calcine les os des animaux pour faire du *noir d'ivoire* ; celles où l'on épure le charbon de terre, à ciel ouvert, pour produire du coack ; celles où l'on travaille le goudron, où l'on fabrique des vernis gras, de l'encre d'imprimerie, etc. (2).

(1) C'est cette considération qui a fait abandonner, dans les environs de Lyon, l'utile pratique de la gadoue artificielle que nous avions cherché à propager.

(2) Chargé fréquemment d'examiner des fabriques de ce genre, je me suis assuré qu'elles pouvaient nuire à la santé du cheval et du bœuf plus qu'à celle de notre espèce.

Des émanations marécageuses.

Elles sont tantôt invisibles, tantôt elles paraissent au-dessus des marais et dans leur voisinage, sous forme de brume ou de nuages; tantôt inodores, tantôt d'une odeur fade, légèrement nauséuse (vapide).

D'après leurs effets se distinguant, tant des vapeurs aqueuses qui s'élèvent des eaux immobiles, des lacs, des étangs profonds, que des gaz hydrogènes qu'on extrait des marais, comme on les produit dans les laboratoires, et qui se perdent inoffensifs dans le vague des airs.

On a dû croire que, quelque soit leur véhicule, vapeur aqueuse ou gaz hydrogène, elles étaient d'une nature particulière.

Et pour la découvrir, on a suspendu au-dessus d'un sol marécageux, dans un jour chaud, des globes de verre pleins de glace ; il s'est déposé, pendant la nuit, à leur surface extérieure, de petits flocons gélatineux qui n'ont pas tardé à répandre une odeur cadavéreuse. Le même procédé, pratiqué dans des hôpitaux encombrés, a donné les mêmes résultats; d'autres épreuves, tentées de diverses manières, ont toujours fait découvrir, dans les émanations marécageuses, une substance animale, *sui generis* en infime quantité.

Formation de la matière de ces émanations. Leur dispersion dans l'air.

Cette formation a lieu dans les eaux stagnantes où naissent, vivent et meurent des myriades d'animaux et de plantes la plupart invisibles; la masse de leurs cadavres constitue une vase qu'agite une fermentation putride, dont les lois ne sont pas celles que subit la fermentation de même genre dans le sein de la terre, ou en plein air.

Cette fermentation est d'autant plus active, et ses produits d'autant plus abondans, que la masse fermentescible est plus grande, proportionnellement à l'épaisseur de la couche aqueuse qui la recouvre; et l'évaporation est subordonnée à la chaleur atmosphérique. Les particules délétères, exhalées avec de la vapeur aqueuse et des gaz hydrogènes de diverse nature, s'élèvent par leur légèreté, au milieu du jour, à des hauteurs qu'on suppose de 2 à 300 toises; mais condensées le soir, elles tombent, et c'est en ce moment qu'elles sont nuisibles; l'air alors aurait recouvré sa pureté, si de nouvelles exhalaisons ne se formaient pas sans cesse.

Elles sont d'autant plus dangereuses qu'elles troublent moins la sérénité de l'air, parce qu'alors elles sont dissoutes dans un moindre véhicule.

On a évalué à environ 150 toises la distance horizontale qu'elles peuvent parcourir; mais elles doivent être transportées beaucoup plus loin par certains vents.

Les mamelons qui entourent les marais sont plus insalubres, quoique moins humides, que les vallons où ces derniers sont situés.

Leurs effets sur l'économie vivante.

Elles pénètrent par les pores cutanés, entrent avec l'air dans les voies pulmonaires, et avec les alimens dans les voies gastriques; plusieurs jours s'écoulent quelquefois entre leur absorption et le développement des maladies qu'elles causent. Les effluves marécageux ont, comme les miasmes et les virus, leur temps d'incubation ; ils déterminent des maladies aiguës chez les animaux inaclimatés ; les indigènes , modifiés par cette influence , éprouvent des altérations plus lentes , et même constitutionnelles.

Ces maladies aiguës varient selon les ydiosincrasies et les saisons ; au printemps, des péripneumonies ; en été , des gastrites et des dyssenteries ; en automne, des charbons ; dans ces trois saisons , pour les bêtes à laine la pourriture ; pendant l'hiver , absence de maladies , à moins qu'il n'ait conservé la température de l'automne ou revêtu par anticipation celle du printemps.

Les maladies intermittentes , nommées fièvres des marais, n'entrent point dans la nosographie vétérinaire.

On a observé la coïncidence de ces fièvres chez l'homme, avec des épizooties aiguës chez les animaux ; et la nécropsie a décelé , dans l'un et dans les autres, des désordres semblables.

Les enzooties sont communes dans les lieux marécageux. C'est dans ces foyers que se sont formées la plupart des épizooties qui ont ravagé la terre ; c'est des marais de la Hongrie que s'est échappé plusieurs fois le typhus des bêtes bovines qui a reçu, à cause de son origine le nom de *peste bos-hongroise.*

Précautions hygiéniques contre l'influence de ces émanations.

La plus efficace serait la suppression de la cause funeste, par un dessèchement complet. En beaucoup de pays, les enzooties ont disparu avec les eaux marécageuses ; en quelques autres, le mal s'est aggravé par un desséchement qui n'a pas été complet ; on a, dans ces localités, changé des étangs en marais.

Les étangs argilleux, profonds, d'une certaine étendue, dont le lit n'est jamais exposé à l'air, dont l'eau se renouvelle périodiquement, altèrent peu la pureté de l'air.

Il est utile d'entourer d'arbres ces réservoirs, non parce qu'ils versent dans l'air pendant le jour, comme on l'a dit, des torrens d'oxigène ; mais parce qu'ils absorbent, pour s'en nourrir, les particules délétères qui empoisonnent les animaux.

Comme nous ne pouvons rien sur l'atmosphère (1), notre puissance chimique se bornant à l'air renfermé, nous userons des précautions suivantes :

1.º Éloigner le bétail des marais, le plus possible ;

2.º S'abstenir de le faire parquer dans leur voisinage ;

3.º Le garder à l'étable, le plus long-temps qu'on peut ;

4.º L'en faire sortir tard, et l'y rentrer de bonne heure ;

5.º Ne pas l'envoyer au pâturage, étant à jeun ;

6.º Ne pas lui épargner le sel ;

7.º Au pâturage, le tenir autant que possible en mouvement ;

8.º Ne pratiquer aucune ouverture aux étables dans la direction des foyers d'infection ;

9.º Exciter l'organe cutané, et par sympathie tout l'organisme, au moyen de frictions sèches et d'un pansage fréquent.

____

(1) Malgré tout ce qu'on a dit du pouvoir désinfectant atmosphérique des grands feux, et de l'expansion du chlore.

Des rizières et des routoirs.

Ce sont de petits marais, ces derniers temporaires.

Il n'existe pas de riziéres en France ; on a cherché à en introduire dans le Midi ; le gouvernement s'y est opposé dans l'intérêt de la salubrité publique. On ne peut, en Espagne, établir des rizières qu'à une lieue de distance des villes ; on est plus sévère dans les États de l'Union : ce n'est qu'à dix lieues de Charleston qu'il est permis de cultiver le riz.

Il y a moins de sollicitude en Italie pour la santé des hommes, et pour celle des animaux ; aussi, beaucoup d'épidémies et d'épizooties se forment-elles autour des rizières du Milanais.

On les préviendrait, soit en accoutumant le riz ordinaire à vivre ailleurs que sur les sols marécageux, soit en lui substituant celui de la Cochinchine qui fructifie sur les terreins secs.

Si, comme je le pense, ce changement était possible, il n'y aurait plus motif d'empêcher l'introduction, dans notre économie rurale, de la céréale qui nourrit plus des deux tiers du genre humain.

Les routoirs sont communs en France ; la loi les a rangés dans la première classe des établissemens à odeur insalubre, et cependant on les trouve partout fort près des habitations.

Les émanations de ces cloaques ne doivent pas être semblables à celles des marais, proprement dits. Le gluten qui, par la macération, se sépare de la filasse, éprouvant une fermentation différente de celle à laquelle est livré le detritus vegeto-animal au fond d'un marais ; mais elle n'en est pas moins putride, exhalant une odeur fétide et vireuse dont s'éloignent, tant qu'ils le peuvent, les herbivores domestiques. Ce n'est pas aux environs des routoirs qu'on fera pâturer les vaches nourrices ou laitières, et on fermera les ouvertures des étables tournées vers ces cloaques. L'eau des routoirs empoisonne les poissons.

On prévient les inconvéniens signalés, en faisant rouir à la rosée, en employant pour cela des moyens mécaniques; et si l'on veut conserver ceux qui existent, il faut en renouveler l'eau, et les curer le plus souvent possible; on aura des foyers infects de moins et des engrais de plus.

Des émanations animales morbides (1).

Tout ce qui émane du corps des animaux, sains ou malades, infecte l'air: dans le premier cas, l'infection n'est funeste que dans un lieu fermé; dans le second, elle peut s'étendre dans l'atmosphère.

Le propre des émanations morbides est souvent de déterminer des maladies semblables à celles des animaux qui les ont fournies. Un effluve claveleux produira rien ou le claveau; il en est de même des pestilentiels, des typhoïdes, des charbonneux, tandis que les effluves marécageux, putrides, etc. déterminent, selon les circonstances atmosphériques et les ydiosincrasies, des gastrites ou des péripneumonies, des splénites ou des dyssenteries, des maladies aiguës ou chroniques.

(1) On leur a donné le nom de miasmes, réservant celui d'effluves pour les émanations putrides des substances organiques privées de vie; les uns conservent encore le nom de miasmes aux exhalaisons des marais, d'autres appellent effluves les émanations délétères des seuls végétaux. Nous ne chercherons pas à débrouiller cette logomachie.

Les autres effluves agissent à raison de la quantité de leurs molécules ; ceux-ci, par leur nature et surtout par la propriété de s'agrandir, en changeant dans l'air et dans les animaux d'autres corps en leur propre substance ; sans cette vertu puissante, on ne pourrait expliquer l'infection de tout un pays par l'émanation qu'un seul animal a donnée.

Lorsque l'émanation funeste est fixe, elle s'attache aux corps solides, et ne peut se propager que par le contact ou l'inoculation ; elle constitue les virus morveux, psoriques, farcineux, que l'air ne transporte pas ; d'autres émanations morbides sont tout à la fois effluves, (miasmes, si l'on veut) et virus : tels le claveau, le typhus, la peste.

L'étendue que les effluves peuvent parcourir dans l'air dépend de son état ; elle est plus longue par une humidité froide ; ils suivent, sans doute, des courans peu connus. On évalue à 100 ou 200 pieds le rayonnement de l'effluve claveleux.

Ils sont, en peu de temps, ou annihilés ou entraînés vers la terre par la pluie, la rosée, d'autres météores. Ils servent d'aliment à la végétation ; mais s'ils se déposent dans un lieu fermé, certaines substances, comme la laine, en sont imprégnées ; il est difficile d'assigner le temps où ils auront perdu leur activité funeste ; elle peut même s'accroître par une espèce de fermentation.

Ils résistent à la fermentation putride qui décompose les cadavres ; l'infection des typhus, de la peste, de la fièvre jaune, s'exhale des fosses où ont été enterrées des victimes de ces maladies.

Cette infection peut être neutralisée par une infection

d'une autre nature ; des pestes, des typhus, et en dernier lieu le choléra, ont respecté des lieux dont l'atmosphère était chargée de vapeurs putrides.

CHAPITRE VI.

DES SAISONS.

❉

Des saisons et de leur influence hygiénique.

Ce sont les parties de l'année ; la succession en est déterminée par le mouvement de la terre autour du soleil : au nombre de quatre, le printemps, l'été, l'automne et l'hiver, dans les régions tempérées.

Le printemps commence au 20 mars ; l'été au 20 juin ; l'automne au 22 septembre ; l'hiver au 21 décembre (1).

Les jours les plus longs, sous notre ciel, sont de 16 heures ; les plus courts de 8, sans compter les crépuscules.

Les grandes chaleurs de l'été sont à peu près les mêmes sur toute la surface du globe, de 28 à 32 degrés, leur grande différence étant dans la durée.

La température de l'hiver qui, dans des pays, ne descend jamais à la glace, qui, dans le nôtre, dépasse

(1) Le printemps dure 92 jours 21 heures 74 minutes.
L'été   93   13   58
L'automne   89   16   47
L'hiver   89   3   2

si rarement 10 à 12, parvient à 5o à 6o dans les régions polaires.

L'influence physiologique des saisons ne tient pas seulement à celle de la température, et de la présence plus ou moins longue du soleil sur l'horizon; elle résulte encore des impressions qu'a laissées la saison précédente.

La température de l'automne ne diffère pas de celle du printemps; dans les deux saisons, les jours ont la même durée, et les vicissitudes la même fréquence; néanmoins, elles agissent bien différemment sur l'économie vivante.

Telle est l'influence pathologique des saisons, qu'on a reconnu des maladies de printemps, d'été, d'automne et d'hiver; que le renouvellement des saisons coïncide souvent avec l'apparition, la recrudescence, la cessation des épizooties.

Mais ce mouvement médical ne s'accorde pas toujours avec celui des astres.

Le printemps physiologique n'est pas constamment celui de l'astronomie.

Du printemps.

De toutes les saisons, celle dont l'influence physiologique est la plus marquée.

Quand elle commence, les jours ont 12 heures, et 16 quand elle finit.

La lumière, le calorique, le fluide électrique affluent dans l'air.

L'économie animale est vivement excitée; les forces qui, dans les animaux bien nourris, s'étaient en quelque sorte accumulées pendant l'hiver, se développent.

La nutrition est active ; la respiration fréquente ; la combustion physiologique vive ; l'hématose énergique ; le sang plus abondant, plus épais, plus stimulant ; l'accroissement dans les jeunes sujets plus rapide.

L'énergie musculaire a augmenté ; les évacuations sont plus copieuses ; le besoin de se reproduire se fait sentir.

Le printemps est chez la plupart des grands animaux la saison du rut ; s'ils entrent en chaleur en d'autres temps, c'est parce qu'à l'état domestique ils sont sortis de leur naturel.

C'est encore la saison de la mue ; crise annuelle qui fait tomber, pour les renouveler, une partie du poil et des plumes, et qui exige des toniques quand elle languit.

A l'influence de l'atmosphère se joint, au printemps, celle de la nourriture pour le bétail qui, dedans ou dehors, n'est pas toujours nourri au sec ; et c'est le plus nombreux en France.

Il sort des étables où, si souvent, il a souffert du mauvais air et de la pénurie des alimens ; peu de jours suffisent pour opérer en lui de grands changemens ; c'est alors que se dissolvent des calculs biliaires, et que s'échappent des calculs urinaires formés, l'hiver, dans les bœufs.

L'herbe jeune et acide calme la diathèse inflammatoire qui, si elle prédomine, ce qui arrive fréquemment dans de gras pâturages, après un chétif hivernage, produit des pléthores vraies, des stagnations dans les capillaires, des apoplexies pulmonaires, des hémorragies actives : il ne faut pas craindre les fortes et copieuses saignées.

Il est des jumens et des vaches nourrices dont le lait

devient, sous ces influences, tellement stimulant et copieux, que les nourrissons en éprouvent une sur-excitation et une pléthore qui les font périr.

Les chevaux qu'on a tenus à l'étable, pendant l'hiver, presque sans exercice, tombent facilement fourbus au printemps, si on les nourrit trop, et si on ne les soumet pas graduellement au travail.

Les animaux d'un tempérament sanguin, à poitrine délicate, sont prédisposés aux maladies du printemps.

C'est aussi dans cette saison qu'on peut espérer une heureuse solution des affections chroniques, qui ne sont pas au-dessus de la nature et de l'art.

Le régime du vert, donné dans cette saison aux chevaux, ne pourrait souvent être remplacé par aucun autre moyen d'Hygiène ou de thérapeutique.

De l'été.

Au moment que s'ouvre cette saison, le soleil reste 16 heures sur l'horizon ; à la chaleur de cet astre se joint le rayonnement de celle de la terre.

La température ordinairement sèche et chaude n'est troublée que par des orages.

Les fonctions digestives ont peu d'énergie ; l'appétit est faible ; la nourriture sera tonique, surtout pour le cheval ; la soif est vive ; les bêtes bovines, tenues à l'étable ou pâturant sur des lieux secs, éprouvent plus souvent qu'on ne le croit le besoin de boissons abon-dantes.

Le pouls est accéléré, et cependant peu énergique ; les pléthores sont fausses ; elles exigent des tempérans plutôt que des saignées.

Les évacuations cutanées sont abondantes ; on doit craindre qu'elles ne s'arrêtent par l'impression subite d'un air froid ou d'une boisson froide : c'est la cause de la perte d'un grand nombre de chevaux.

Le tétanos, le vertige essentiel, l'abdominal, la gastro-entérite, des hémorragies en enlèvent beaucoup ; c'est le plus souvent alors que se déclare la rage canine.

Les bœufs attachés au joug sont frappés de la chaleur du soleil, tout en inspirant celle de la terre ; ils sont frappés d'apoplexie pulmonaire ou cérébrale.

Les épizooties inflammatoires se déclarent en cette saison.

Les insectes ailés tourmentent cruellement le bétail.

Pour éviter les effets de cette température, on le tiendra à l'étable au milieu du jour, partageant le labeur journalier en deux attelées ; on s'abstiendra de le mener paître dans les lieux marécageux ; on lui fera prendre des bains le plus souvent possible ; on le couvrira quand, au retour du travail, il sera en sueur. On évitera que, dans cet état, il boive de l'eau de fontaine ou de puits, à moins qu'elle n'ait été puisée et exposée au soleil depuis plusieurs heures ; on donnera du sel pour réveiller l'appétit ; on acidulera la boisson pour peu qu'on craigne la pléthore.

Sur la fin de cette saison, qui est l'époque des grands travaux de la campagne, les maladies bilieuses, adynamiques se développent ; c'est alors que la vase des marais, mise à découvert par une longue chaleur, laisse échapper les effluves funestes. Parmi les préservatifs de cette influence, est une nourriture sapide et substantielle.

La nature donne cette double qualité aux fourrages qui végètent en cette saison.

De l'automne.

Le premier jour de cette saison a 12 heures de soleil, le dernier 8.

Les travaux de la campagne sont toujours fort grands, et les forces musculaires ont diminué ; c'est la saison où les animaux résistent le moins à la fatigue, surtout après un été excessif.

Les vicissitudes de cette saison sont plus débilitantes que celles du printemps ; les brouillards et la rosée abondent.

C'est le temps où la température éprouve les plus grandes variations dans la même journée ; en aucun, il n'y a tant de vapeurs pompées et rendues à la terre. Sur la fin de la saison, l'humidité devient froide, ce qui constitue le plus insalubre de tous les états atmosphériques.

Sous cette influence, se développent les catarrhes, les fièvres muqueuses, vermineuses, les hydropisies, les cachexies, la pourriture des moutons et des bêtes bovines.

Dans aucun temps le charbon n'est plus commun. Il attaque surtout alors les vaches de montagnes qui, en quittant l'air pur et vif des pacages, se trouvent dans des vallées humides.

C'est la saison où les solipèdes sont le plus exposés à la morve, au farcin, à ce qu'on nomme *eaux aux jambes*, au crapaud.

Alors les maladies fréquentes chez le chien sont la gale, les dartres et le scorbut.

L'automne est la saison où affluent dans les infirmeries vétérinaires le plus grand nombre de maladies ; c'est l'époque où se forment, se reproduisent, se propagent le plus grand nombre d'épizooties, et où le caractère contagieux a le plus d'activité, tandis que les individus qui en sont menacés ont le moins de force de résistance.

Il faut, en cette saison, redoubler de soins pour maintenir la santé des animaux ; donner des alimens toniques, ne pas demander trop de travail, maintenir l'excrétion cutanée, préserver autant que possible des brusques variations atmosphériques, tenir à l'étable le plus qu'on peut, éloigner des foyers d'infection.

De l'hiver.

Dans cette saison, le soleil reste fort peu de temps sur l'horizon, et, pendant les longues nuits, les animaux sont portés au sommeil. Cet état favorise l'absorption nutritive et l'accumulation de la graisse ; c'est l'époque où l'engrais de pouture est le plus facile, le plus court et le plus complet ; d'autant mieux que par le refoulement à l'intérieur, les organes digestifs ont beaucoup d'activité, et que les excrétions sont peu abondantes.

Le poumon, recevant beaucoup d'oxigène à chaque respiration, l'hématose est puissante et le sang excitant ; d'où résulte une réaction excentrique favorable à la santé.

Mais comme elle est nulle ou incomplète dans les constitutions débiles, il peut en résulter des congestions, des fluxions, des phlegmasies, des hémorragies chez les animaux du premier âge, chez les malades, les convalescens, les individus exténués par des travaux excessifs, une nourriture insuffisante ou malsaine, de grandes déperditions.

Il faut tenir chaudement les chevaux de troupe qui,

après une campagne où ils ont souffert beaucoup, sont entrés en quartier d'hiver.

On n'exposera pas au froid des animaux qui, étant originaires d'un pays chaud, ne sont pas encore acclimatés.

L'hiver est fatal à la vieillesse ; mais c'est bien rarement que nous laissons vieillir les animaux.

Il est favorable, s'il n'est pas trop humide, à ceux qui sont robustes ; dans aucun temps, il se manifeste moins de maladies que dans un hiver tempéré.

Ce n'est pas la température, mais l'imprudence qui, pendant cette saison, est funeste au bétail ; on le tient quelquefois à l'étable à 26 ou 28 de chaleur et, tandis qu'il transpire abondamment, on le fait sortir à l'air ; on lui donne de l'eau froide ; on laisse pénétrer dans son habitation un vent coulis.

La plupart des animaux de travail sont, à l'étable, sans exercice pendant l'hiver. On a peur qu'ils n'engraissent trop ; ils coûtent plus à nourrir que dans le reste de l'année ; ils ne payent pas leur nourriture ; aussi leur en donne-t-on, en général, le moins possible. En les exténuant, on les livre aux impressions du froid, surtout à l'influence du printemps, qui sera d'autant plus active qu'il s'opèrera dans la nourriture un changement plus grand et plus brusque.

Les animaux, qui travaillent l'hiver, sont plus qu'en autre temps exposés aux atteintes, aux entorses, aux lésions de la corne, aux luxations et aux fractures ; et ce n'est pas seulement parce que les causes physiques de ces accidens sont plus communes, mais encore parce que les articulations ont moins de souplesse, que les os et la corne sont plus fragiles, que la peau est plus facilement blessée et que les plaies, étant frappées par le froid, sont plus graves (1).

CHAPITRE VII.

PATURAGES EN GÉNÉRAL , ET PARTICULIÈREMENT DE CEUX QUI SONT ABSOLUS.

De ce régime considéré dans les divers herbivores domestiques.

On nomme pâturage, tantôt le lieu où paît le bétail, tantôt le régime auquel il y est soumis (2).

La nature, qui a fait herbivores les solipèdes et les ruminans, ne leur a pas assigné les mêmes pâturages.

Elle a formé le pied du cheval pour fouler un terrain sec et solide; elle a disposé sa denture et ses lèvres pour pincer et couper une herbe fine et courte.

Elle a conformé les extrémités du bœuf de manière à ce que, malgré sa masse, il s'enfonce peu dans les terrains mous. En le privant d'incisives à la mâchoire supérieure, en lui donnant des lèvres épaisses, en garnissant sa langue de crochets courbés en arrière, elle ne lui a permis de pâturer que l'herbe longue.

(1) C'est dans un autre cours que nous signalerons particulièrement les climats et leur influence physiologique , et c'est en parlant des pâturages que nous parlerons des effets des localités sous les rapports hygiéniques.

(2) On dit un *pâturage de six hectares* comme un *pâturage de six mois.*

Le mouton et la chèvre, qui sont dépourvus de dents incisives supérieures, ont les lèvres fines; leur taille est petite, et leurs mouvemens sont trides; aussi, de même que le cheval, ils coupent l'herbe au collet de la racine, tout en blessant cet organe.

Ces trois animaux gâtent les pâturages, tandis que le bœuf les améliore.

Celui-ci, en effet, qui ne pince que l'extrémité des jeunes plantes, en favorise l'accroissement; il ne refuse pas les herbes les plus grossières, choisissant même les plus volumineuses pour remplir plus vite le rumen; il empêche la fructification de ces végétaux parasites, tandis que le cheval qui les dédaigne leur donne le temps de grainer et d'envahir la prairie.

C'est afin de prévenir l'épuisement d'un pâturage qu'on y met des bœufs avec des chevaux, et autant que possible les premiers en nombre beaucoup plus grand; on combine encore par ce procédé l'entretien des bêtes bovines avec l'élève des chevaux (1).

Influence du pâturage, principalement sur le cheval.

En nourrissant le cheval à l'écurie, on le soustrait en grande partie à l'influence du climat; mais s'il pâture, cette cause agit sur le quadrupède avec beaucoup de puissance.

Son pâturage est-il assis sur un terrein sec, où la température ne soit pas excessive, où croît de l'herbe courte, fine, plus tonique que substantielle; alors il sera svelte, de taille moyenne, même petite, haut monté,

(1) Nous ne faisons qu'indiquer une méthode qui sera développée dans un autre cours.

ayant les muscles et les tendons bien prononcés, les
sabots petits, durs, la peau fine, les poils courts et
soyeux, même aux extrémités. Ce cheval aura un tempérament sanguin ; il sera vif et plein d'ardeur, capable
de soutenir long-temps une allure rapide ; il se rapprochera du type de son espèce.

Mais s'il pâture sur un terrain, je ne dis pas marécageux, car dès lors il serait insalubre pour son
espèce, comme pour celle des autres herbivores, mais
seulement gras et humide, comme il l'est dans une
plaine arrosée, sur les bords d'un lac, d'une rivière,
de la mer ; sa taille s'élèvera ; ses formes deviendront
massives ; l'abdomen surtout acquerra de l'ampleur ; les
extrémités seront courtes ; les tendons mal dessinés ;
les sabots volumineux et mous ; la peau s'épaissira ; elle
deviendra dure, se couvrira de poils longs, grossiers,
crépus, surtout aux fanons. Cet animal aura un tempérament lymphatique ; il aura peu d'ardeur ; sa marche
sera lourde et lente ; il s'éloignera d'autant plus du
type de son espèce qu'il se rapprochera davantage de
celui du bœuf ; et avec plus de force, il pourra servir
aux mêmes usages. C'est le pâturage, plus que toute
autre cause, qui a créé les races des chevaux boulonois,
hollandais et flamands.

Cette influence s'exerce surtout dans le jeune âge. On
a vu des poulains anglais de premier sang prendre, dans
les pâturages du Nord, les formes des chevaux de trait
de ces contrées ; on voit encore des poulains bretons,
dont la race est petite, qui prennent dans la plaine
d'Alençon la corpulence des chevaux normands, et sont
vendus en cette qualité.

La nature du pâturage influe aussi sur le bœuf et sur

le mouton, mais sans déterminer des changemens de forme aussi profonds. Quoique fait pour les gras pâturages des plaines, le bœuf ne dégénère pas sur les sols peu fertiles des montagnes; il conserve mieux que le cheval, partout où il pâture, le caractère de sa race; et ce n'est guère que sur le volume du corps qu'agissent en lui les pâturages secs ou humides, maigres ou succulens.

Le mouton et la chèvre ont été destinés à paître sur des coteaux secs et presque arides; étant transplantés sur de gras pâturages, ils grandissent, engraissent, sans changer beaucoup de forme et de naturel; seulement le premier prend alors une laine longue et grossière, et il passe facilement de l'obésité à la cachexie.

Des circonstances où le régime du pâturage convient particulièrement.

Ce régime n'est absolument nécessaire à aucun herbivore domestique. La chèvre elle-même, cet animal si vif et si pétulant, passe sa vie à l'étable sur le Mont-d'Or lyonnais; elle s'y porte bien, et donne un lait dont on fait des fromages exquis: on voit en Saxe constamment à la bergerie des bêtes à laines superfines. Les Anglais sont parvenus à élever des poulains, sans les faire sortir des écuries que pour leur donner de l'exercice; de ces faits et de beaucoup d'autres, on a conclu, mais trop rigoureusement, la possibilité, l'opportunité même de supprimer tous les pâturages.

Mais dès lors que ferait-on des pacages des Alpes et du plateau central de la France où, pendant six mois de l'année, paissent d'innombrables troupeaux? A quoi servirait ce gazon touffu, élevé, tonique, qu'on ne fauche pas à cause de l'impossibilité de transporter le foin dans la plaine, et de celle d'hiverner le bétail sur ces sommités ? Que ferait-on des terrains arides, presque déserts, où pâturent tant de bêtes à laine ?

Indépendamment de ces grands motifs d'économie, le pâturage fortifie les taureaux ; il donne en général aux vaches un lait moins abondant, sans doute, mais plus riche en crême et en caséum ; mais par-dessus tout, l'expérience a prouvé qu'au pâturage seul on peut élever les veaux, pour en faire de robustes travailleurs ; s'ils n'y sont pas nés, c'est peu de jours après leur naissance, qu'il faut les y conduire ; car ces veaux d'élève ne doivent naître que dans la belle saison. Quant aux veaux de boucherie, on les fera venir quand on voudra ; leur allaitement sera artificiel, et ils ne sortiront de l'étable que pour être livrés à la consommation.

Malgré l'exemple de quelques éleveurs anglais, l'éducation des poulains à l'écurie est difficile ; elle exige que le jeune animal sorte tous les jours, pour prendre l'air et déployer ses membres ; il faut lui porter, dans les premiers temps, de l'herbe verte ; car il serait dangereux de le mettre absolument au foin, à la paille, au grain, immédiatement après le sevrage.

Ce n'est pas enfin sous le régime de la stabulation absolue qu'on pourrait créer, conserver ou relever de belles et fortes races, pas plus dans l'espèce bovine que dans la chevaline.

Pâturages libres, absolus en plein air.

Il est des pays riches en troupeaux innombrables, où l'on ne voit aucune espèce d'étables, pas même de simples hangars. Tel propriétaire de Chili possède cinquante à soixante mille têtes de bétail, qu'il fait garder par des pâtres à cheval, dans des pâturages immenses.

Dans les états de l'Union, on abandonne à eux-mêmes des troupeaux beaucoup moins nombreux; ils errent dans de vastes forêts, et se présentent devant la maison de leur maître à des heures fixes, pour recevoir du sel en toutes saisons, et de plus, en hiver, quelque nourriture sèche. Les vaches y viennent encore pour apporter leur lait à leurs veaux, et on profite de l'occasion pour les traire. Il est de ces troupeaux qui ne viennent que de loin à loin à la ferme ; on retient les bêtes qu'on veut garder pour la consommation, la vente ou le travail ; le reste s'en retourne pour revenir encore.

S'il y a quelques étables en Corse, ce n'est que dans les villes, et pour les chevaux seulement. En ce pays, la nuit comme le jour, l'hiver comme l'été, errent dans les campagnes et sans gardiens des chevaux, des mulets, des vaches et des bœufs qu'on va chercher, quand on en a besoin.

On voit dans la Camargue de petits chevaux gris, issus de la race arabe, et des bœufs noirs, descendus de la race d'Auvergne, dont quelques-uns conservant encore la couleur rouge originaire. On a des procédés pour saisir les uns, au moment du dépiquage des grains qui est leur principal emploi (1); on fait garder les autres réunis en troupeaux, nommés *menades*, par des pâtres à cheval armés de tridents.

Sur les côtes de Bretagne et de Normandie, s'étendent de riches pâturages, où des bestiaux paissent pendant toute l'année.

Dans des contrées où l'air est plus chaud, on jette du bétail dans des prés, après le fauchage, pour l'en retirer au printemps de l'année suivante.

On pourrait dire que c'est seulement dans des pays chauds, ou du moins tempérés, que le pâturage absolu est possible à des animaux domestiques; mais on a l'exemple des haras sauvages de la Hongrie, de la Pologne, de la Russie où jumens, étalons et poulains passent en plein air la saison froide, écartant, comme les rennes, la neige avec les pieds pour découvrir des mousses, des lichens (2), quelques autres plantes hivernales pour se nourrir. C'est le régime de tout le bétail vivant sous des climats très-froids.

Sans doute que, sous cette influence, beaucoup de veaux et de poulains périssent de froid, et que, de tous les âges, plusieurs meurent de faim; mais ceux qui résistent (et c'est le plus grand nombre) sont endurcis aux intempéries, comme à la disette. — Ils avaient été élevés sur ces pâturages, les chevaux cosaques qui bravèrent le froid et la faim dans la campagne terrible de 1813 (3).

(1) Quelques milliers de chevaux échappés à la domesticité errent au milieu des dunes de la Gascogne, et appartiennent au premier occupant.

(2) Les lichens du Nord, *islandicus, rangiferinus*, sont gigantesques et féculens.

(3) Une autre preuve de la force de résistance des herbivores, et

De la transumance (1).

C'est le passage d'un pâturage à un autre, qui en est éloigné quelquefois de cent lieues ; c'est une émigration annuelle du même genre que celle des sociétés d'animaux sauvges, qui passent la belle saison sur les montagnes , et l'hiver dans les plaines ; nous ne la pratiquons guère qu'à l'égard des moutons. Cette méthode était connue des Romains qui envoyaient, pour y passer l'été , leurs bêtes à laine sur des montagnes dont la république s'était réservé le domaine. La transumance s'introduisit en Espagne , vers la fin du 14ᵉ siècle ; époque à laquelle la peste noire fit périr le tiers de la population. Alors de grandes terres échurent au premier occupant qui , ne pouvant les cultiver faute de bras, les convertit en pâturages. Les troupeaux de moutons s'étant multipliés et , d'après leur nature, épui-

plus particulièrement du cheval, contre le froid, peut être recueillie sur les grandes routes de la Russie quand le thermomètre est à 25 ou 30 degrés R. Les voyageurs ainsi que les postillons y sont enveloppés de peaux d'ours, les chevaux n'ont d'autres vêtemens que leurs harnais ; partout où l'on s'arrête, voyageurs et postillons se réchauffent dans des appartemens autour desquels circulent des tuyaux de chaleur ; les chevaux sont laissés dehors, ils passent la nuit au bivouac sur la glace ou sous de simples hangars ; ils résistent beaucoup mieux que postillons et voyageurs à l'intensité du froid ; ainsi que les bêtes bovines, ils souffrent beaucoup plus de l'excès de chaleur, surtout de l'humidité , qu'elle soit froide ou chaude ; et cependant ce qu'on redoute le plus pour toute espèce de bétail, c'est le froid , et non l'excès de chaleur et l'abondance de l'humidité. De tous les préjugés qui s'opposent au bon entretien du bétail , ce n'est pas le moins désastreux.

(1) On fait dériver ce mot de la basse latinité : *trans humus*, au-delà d'une terre.

sant rapidement leur pâturage, ils durent en avoir en quelque chose de rechange. On imagina, à l'instar des Romains, de les laisser, l'hiver, dans la plaine, et de les envoyer passer la belle saison sur les montagnes, avec le privilége d'une pâture gratuite sur leur passage. Les propriétaires des troupeaux étaient riches et puissans, et la *mesta* fut formée (1). Ce privilége oppressif, qui subsiste encore, n'est pas l'une des moindres causes de l'état misérable de l'agriculture espagnole. Pour justifier la transumance, on l'avait représentée comme la seule garantie de la supériorité des laines mérines, principale ressource de l'Espagne ; mais il est reconnu que des moutons sédentaires *estantes* peuvent fournir des toisons plus fines encore que celles des moutons voyageurs *transumantes*.

Ce n'est pas, au reste, pour affiner la laine que la transumance est établie dans le midi de la France ; c'est pour rendre peu dispendieux l'entretien de nombreux troupeaux de moutons. Ces animaux passent l'hiver dans la plaine de la Crau, sans autre abri que les claies de leurs parcs ; on les mène passer l'été sur les montagnes de la Provence et du Dauphiné, où leur entretien, pendant six mois, est d'un franc par tête ; ils ne coûtent pas davantage pendant les six mois qu'ils passent en plaine ; on paye les dépenses qu'ils font pendant la route : ainsi cette transumance à laquelle sont soumis un million de bêtes à laine, est sans aucun privilége.

Ces troupeaux nomades trouvent sur les montagnes

______

(1) Du mot espagnol *mestal*, qui signifie terre aride et inculte, résultat nécessaire du parcours illimité des troupeaux.

des étables temporaires pour se mettre à couvert des intempéries ; ils jouissent d'une santé robuste ; leur laine est grossière et leur chair excellente.

Des pâturages en toutes saisons, le jour comme la nuit dans des clos.

A la campagne, un clos est un terrein entouré d'un mur, d'une haie, d'un fossé, ou d'une palissade.

Il est disposé ainsi, tantôt pour que les cultures qu'on y pratique et leurs produits soient à l'abri des dommages, que pourraient causer des hommes ou des animaux, tantôt pour y renfermer du bétail qui y pâture ou y reçoit de la nourriture du dehors.

Ce n'est que sous ce dernier rapport que nous devons nous occuper des clos, tout en déplorant leur rareté dans nos campagnes.

Il est des clos servant de pâturage, dont l'étendue a plus de cent arpens ; d'autres qui n'ont pas la centième partie de cette mesure. Ces derniers changent de place comme les parcs des moutons, et c'est une excellente méthode pour économiser le pâturage d'une prairie. L'enceinte qu'abandonne le bétail a été engraissée par son séjour ; elle ne tardera pas à se couvrir d'une herbe nouvelle, qui croîtra d'autant plus vite qu'elle ne sera point foulée ; et le bétail toujours renfermé pâturera successivement et plusieurs fois toute l'étendue de la prairie. Il a été prouvé qu'en divisant une prairie en quatre parties, alternativement pâturées, on pouvait y nourrir abondamment 20 vaches, au lieu de 8 ou 10 qui eussent à peine vécu, si on leur eût abandonné la totalité du pâturage.

On a perfectionné cette méthode, en faisant succéder dans une enceinte des vaches aux chevaux, et à celles-là des moutons; parcourant ainsi, les uns à la suite des autres, l'étendue du pâturage.

Au lieu de former des enceintes par des clotures, on a planté deux lignes parallèles de piquets: à la première étaient attachées des vaches; à la seconde, des moutons. A mesure que la première ligne s'avançait, on faisait suivre l'autre, en conservant les mêmes distances; et on a reconnu que, par cette méthode qui a été appliquée aussi au pâturage des chevaux, on pouvait, sur une surface donnée, nourrir trois fois plus de bétail que par une dépaissance vagabonde.

Cette économie ne peut avoir lieu toute l'année que dans les pays où les hivers sont à peine sensibles; mais c'est dans tous les pays où la température n'est pas excessive qu'on peut entretenir le bétail, pendant toute l'année, en plein air.

Le sol de la grande Bretagne est presque tout entier divisé en enclos de diverses grandeurs où sont renfermés, pêle-mêle, dans toutes les saisons, la nuit comme le jour, des chevaux, des vaches, des bœufs, des moutons; tout ce bétail pâture, l'été, en passant d'un enclos à l'autre, et il est fixé dans l'un d'entre eux pour la saison rigoureuse; alors de petits hangars y sont disposés, et on y apporte quelque fourrage.

La plus grande partie du bétail anglais passe sa vie en plein air, dans des enclos, sans autre abri que quelques planches que, selon les occurrences, on tourne vers le Nord ou vers l'Ouest; il y est plus robuste, moins sujet aux maladies que le bétail français dont la plus grande partie pâture, l'été, pour être renfermé, l'hiver, dans des étables ; il résiste bien mieux aux vicissitudes atmosphériques ; il n'éprouve pas les effets d'une transition brusque de la température des étables à celle de l'atmosphère.

C'est pour mitiger les effets de cette transition qu'en Hollande, où la stabulation dure depuis novembre jusqu'en avril, on jette une couverture sur les vaches délicates qui vont à l'herbe. On en agit de même en automne, lorsque le froid se fait sentir, avant la rentrée dans les étables.

CHAPITRE VIII.

PATURAGE TEMPORAIRE.

Régime auquel est soumis le bétail qui reste l'hiver à l'étable, et qui, pendant la belle saison, est tantôt absolument en plein air, tantôt au pâturage le jour, et à l'étable la nuit (1).

C'est en France le régime le plus ordinaire.

Il a lieu dans des prés, — des landes, — des friches, — des jachères, — des bois, — des marais, — des communaux de diverses natures ; — sur le terrain d'autrui, en vertu d'un droit absurde, la vaine pâture, et dans ces circonstances, il est le plus souvent diurne ; il est semestriel dans des prairies fertiles, nommées *herbages*, et sur les pacages, nommés *montagnes*, quoique situés quelquefois dans des plaines.

(1) Sauf les beaux jours d'hiver où on le fait sortir quelquefois.

Des prés (1).

Ce sont des terrains qui produisent de l'herbe que, le plus souvent, on fauche pour la convertir en foin ; ils sont des pâturages, si elle est consommée sur pied. En Auvergne toujours, et en Suisse quelquefois, cette dépaissange a lieu pendant un mois, depuis le moment où les vaches sortent des étables jusqu'à celui où on les dirige sur la montagne. On la nomme *déprimage* ; pratique utile pour ménager la transition de l'air des étables à l'atmosphère des pacages, et prévenir ainsi des péripneumonies. (2).

En Auvergne, un autre pâturage a lieu également pendant un mois, au retour de la montagne, avant la rentrée aux étables ; s'il diminue les produits des fourrages, il est favorable à la santé du bétail, et il abrège une stabulation toujours trop longue en ces pays.

Ailleurs, on met le bétail dans les prés après la coupe des foins ; il y reste jusqu'aux neiges et quelquefois jusqu'au printemps. Il nuit par le piétinement plus que par la consommation, à moins qu'on n'ait des moyens d'arroser en temps opportun.

Par ce pâturage, non-seulement le fumier est perdu, mais encore l'herbe est gâtée. C'est au point que de deux ans, une vache ne pâturera pas à la place où est tombée de la bouze ; et il est à remarquer qu'elle éprouvera moins de répugnance pour les excrémens d'un herbivore d'une autre espèce que la sienne.

Le pâturage ne fût-il que de quelques heures dans

(1) Ce sera dans une autre section du cours que les prés seront considérés sous le rapport de leur composition.

(2) Ce pâturage printanier énerverait et alourdirait les chevaux et les bœufs de travail.

une prairie temporaire, dite artificielle, de trèfles, luzerne, sainfoin, pimprenelle, spergule, doit avoir lieu au piquet, afin que les animaux ne puissent atteindre que ce qu'on veut successivement leur donner ; c'est le moyen d'éviter d'un côté beaucoup de gaspillage et de dégât, de l'autre, des indigestions compliquées de tympanite.

Des landes, friches, jachères.

Les landes ou bruyères sont de vastes terrains en plaine, dont le fond est argilleux, la surface sablonneuse, qui sont inondés l'hiver, secs l'été, sans arbres, offrant peu de graminées, couverts de joncs, de genêts, surtout de bruyères.

Les plus étendus de ces pâturages misérables sont dans la Gascogne, la Bretagne, la Sologne ; ils sont particuliers, ou communaux.

Les troupeaux qu'on y jette manquent de nourriture au printemps, la végétation étant tardive ; ils sont affamés en été, parce que le soleil y a desséché les plantes ; ils ne rencontrent en automne que des végétaux ligneux.

Les bêtes à laine qui y sont réduites à brouter des genêts, y contractent la *genestade*, phlegmasie des voies urinaires (1).

Les friches sont des terrains, qu'on laisse sans culture pendant plusieurs années, pour y obtenir ensuite en brûlant le gazon (*écobuage*) deux ou trois chétives récoltes.

Dans cet intervalle, le terrain ordinairement montueux

(1) Il est en Sologne des landes non marécageuses où des bêtes à laine très-grossière passent l'hiver en plein air, broutant les arbrisseaux couverts de neige.

et jadis couvert d'arbres, est livré en pâturage à des vaches toujours faibles et chétives, quoique jouissant de l'air vif et pur des montagnes.

Les jachères (1) sont des terrains quelquefois en bon fonds qu'on ne cultive pas, dans la persuasion que la terre, ainsi que l'animal, a besoin de repos, ou plutôt parce qu'on manque de bras et d'engrais.

En attendant la charrue qui arrive tous les deux ou trois ans, les jachères servent de mauvais pâturages; pour quelques plantes fourragères, on y voit en abondance les plantes qui souillent les blés, et beaucoup d'autres tout aussi peu nutritives.

Ce n'est que pour prendre l'air que les vaches seront jetées en de pareils pâturages; elles doivent trouver une nourriture plus substantielle à l'étable, le soir en y entrant, le matin avant d'en sortir, et au milieu du jour en venant y apporter leur lait.

Des bois.

Les bois sont des lieux plantés d'arbres, qui se nomment forêts, quand leur étendue est considérable; ils ne devraient jamais être des pâturages, et ils le sont presque partout en France, non-seulement pour le bétail du propriétaire du fonds, mais encore très-souvent pour celui de ses voisins, en vertu du déplorable droit de *parcours* (d'usage).

Il en est, néanmoins, dans lequel il n'est pas permis au bétail d'entrer; ce sont, en tout temps, des taillis (jeunes arbres) de moins de 7 à 8 ans, et ceux qui en ont moins de 30 à 40, dans les mois de mai et

(1) D'un mot latin, *jacere*, se reposer.

juin. On dit alors qu'ils sont *en défends* : ils ne le sont jamais pour les porcs.

Un bois *défensable* est celui qui, composé de grands arbres, n'est plus mis *en défends* ; mais alors, même le bétail y est nuisible en broutant le recru et le jeune bois.

La dent du bétail a dépeuplé plus de forêts que la hache ; celle-ci, en effet, coupe, mais ne s'oppose pas à la reproduction (1).

Plus la forêt est défensable, plus l'ombre y est épaisse, plus l'herbe y est insipide et dépouillée de principes nutritifs. Le demi-étiolement qu'elle y subit, faute de lumière et de chaleur, est bien différent de celui que l'art produit dans les jardins. Les pâturins et les fétuques qui y croissent ne ressemblent pas à leurs congénères qui végètent dans les bons prés ; ils sont entremêlés de mousses et de plantes vénéneuses, telles que la mercuriale vivace, l'herbe de St-Christophe, le cabaret : aussi le bétail, abandonné à lui-même dans de pareils pâturages, cherche-t-il les vides qu'on nomme *clairières* et, autant qu'il le peut, il broute au lieu de pâturer : s'exposant ainsi à prendre en tout temps dans les bois résineux, et au printemps dans ceux d'autres *essences* (2), une phlegmasie, tantôt gastrique, tantôt urinaire, nommée *mal de brou ou mal de bois.*

(1) Un savant forestier (M. de Perthuis) a dit que les 6 millions d'hectares de bois existant en France sont les restes de 40 millions qui y étaient il y a deux mille ans, et il est persuadé que la main de l'homme n'en a pas détruit la vingt-cinquième partie, et que le reste a disparu sous la dent des animaux broutans.

(2) C'est le nom que les forestiers donnent aux espèces d'arbres qui peuplent les forêts.

Des marais.

On entend par marais, des terrains étendus, ordinairement en plaine, couverts d'une couche légère d'eau stagnante, qui s'évapore en grande partie dans les temps chauds, laissant à nu une masse infecte d'où s'exhalent des émanations insalubres. Dans ces lieux qui servent très-souvent de pâturage, même communaux, croissent des plantes malfaisantes, telles que la renoncule scélérate, l'œnanthe, la phellandrie. Celles qui, d'après leur nature, devraient être fourragères y sont aqueuses, aigres, pauvres en principes nutritifs; elles se recouvrent des émanations marécageuses tombées la nuit avec la rosée, et d'insectes qui pullulent dans les marais. Ces substances funestes sont avalées avec l'herbe, et concourent avec l'air infect à la formation des maladies, tant aigues que chroniques, particulières à ces localités.

Les buffles, les canards et les porcs peuvent résister à cette influence; mais le lard de ces derniers en contractera une mauvaise qualité.

On n'engraisserait point de bœufs sur de véritables marais; on le peut sur des terrains aquatiques, presque marécageux, mais on a remarqué que la viande ainsi obtenue était de basse qualité et se gardait peu de temps.

Des communaux.

Ce sont des terrains dont jouissent en commun, sous certaines conditions, les habitans d'une commune, et dont la propriété n'est à personne; le plus souvent ils servent de pâturage; on ne les cultive jamais; ils ne sont arrosés que par les eaux du ciel ; on y jette plus de bétail qu'ils ne peuvent en nourrir : aussi, fussent-ils en bon fonds, leur état est misérable. Le riche qui y envoie son bétail lui donne dans l'étable un supplément de nourriture ; le pauvre est privé de cette ressource, car il ne récolte rien.

Ne pouvant hiverner une seule tête de bétail, il vend au plus vil prix, à l'entrée de l'hiver, une vache ou quelques brebis d'une extrême maigreur.

Partout où s'étendent de vastes communaux, l'agriculture est pauvre et le bétail chétif. C'est dans ces contrées que se propagent aisément les contagions : aussi la première mesure de police sanitaire, en ces graves circonstances, est d'interdire le pâturage commun.

Du parcours et de la vaine pâture.

La vaine pâture est la dépaissance légale de tout le bétail d'une commune sur tous les sols non clos de son territoire, aussitôt après la levée des récoltes, sans en excepter les bois à moins qu'ils ne soient en *défends.*

Ce droit absurde va jusqu'à interdire les regains.

Le parcours est une vaine pâture qui, ne se bornant pas au territoire d'une commune, s'étend sur celui de la commune voisine avec ou sans réciprocité.

La vaine pâture et surtout le parcours s'opposent au bon entretien du bétail, et par conséquent sont réprouvés par l'Hygiène et l'économie rurale pour les motifs suivans :

1.º L'impossibilité de former des prairies artificielles qui seraient exposées aux ravages du bétail toujours vagabond ;

2.° Celle d'obtenir des regains des prairies naturelles;

3.° Un obstacle permanent à la suppression des ja-chères, par la pénurie d'engrais et la difficulté des assolemens;

4.° La triste alimentation du gros bétail sur des friches, des chaumes, des jachères et autres terrains sans culture;

5.° L'impossibilité d'y former, ni même d'y main-tenir de belles et bonnes races;

6.° La facilité avec laquelle les épizooties s'y pro-pagent et s'y perpétuent.

Dans les pays de vaine pâture et de parcours, on est non-seulement pauvre, mais encore démoralisé. Le bétail vagabond y est gardé par des enfans qui contractent l'habitude du désœuvrement, du mensonge, du pil-lage, ne respectant pas les clotures, les bois *en défends*, profitant des ombres de la nuit pour affourer dans de bons prés un bétail qui ne trouverait rien à l'étable. — De là des querelles, des procès, une hostilité permanente entre le propriétaire de terres et le prolétaire qui, ne ré-coltant rien, prétend néanmoins nourrir du bétail.

Ainsi, la morale publique tout aussi bien que l'Hy-giène vétérinaire, réclament la suppression de la vaine pâture, et par-dessous tout, du parcours.

Des pâturages de montagnes.

Ce sont des terrains situés aux Alpes, aux Pyrénées, aux Vosges, sur le Cantal et le Mont-d'Or, que ne recouvrent pas les glaces éternelles, et que tapissent, pendant quatre à cinq mois de l'année, d'abondantes graminées, fines et sapides.

Quand elles sont de petite taille, elles forment une

pelouse qui ne peut convenir qu'à des moutons. Sont-elles hautes et touffues ? Elles sont capables d'engraisser des bœufs en peu de temps, et les lieux où elles croissent sont dits *montagnes de graisse*.

La pelouse, qui tient le milieu par la hauteur des plantes, nourrit les vaches dont elle rend le lait éminemment caséeux.

Elles y restent, depuis les premiers jours de mai jusqu'aux derniers de septembre, pâturant en liberté et rentrant d'elles-mêmes, le soir, dans un parc pour y passer la nuit; y venant encore, à certaines heures du jour, pour apporter leur lait, tant à leurs veaux qu'au vacher.

Ces vaches n'ont pas besoin de gardiens, étant guidées par des conductrices de leur espèce (1).

Des herbages (embouche en Charolais).

On appelle ainsi des terrains fertiles où l'on fait paître les bestiaux, non-seulement pour les nourrir, mais encore pour les engraisser; on nomme herbagers, les propriétaires de ces terrains, lesquels, souvent, ne possédant pas de bétail les louent à des engraisseurs.

Les herbages étant clos, on y laisse le bétail la nuit comme le jour, pendant la belle saison qui, seule, peut convenir à cette espèce d'engrais.

A mesure que les bœufs s'engraissent, ils deviennent difficiles ; on fauche l'herbe qu'ils dédaignent et qu'on appelle *rebut* ou *delaisse*, ailleurs *renuage*.

Le cheval, que la nature a destiné à paître l'herbe

(1) L'économie des vaches de montagnes, et ce qu'on nomme en Suisse fruiterie d'association sera traité dans l'autre partie de ce travail.

fine des coteaux et des montagnes peu élevées, n'est pas fait pour les herbages de graisse ; tout en y prenant de l'embonpoint, il y perd de ses forces, de sa vigueur, de l'élégance de ses formes.

On peut y mettre les jumens poulinières, leurs poulains, les chevaux massifs ; encore pour ceux-ci, convient-il d'attendre que la dépaissance des bêtes à l'engrais ait diminué la surabondance de l'herbe.

C'est particulièrement en ces riches pâturages que le système des clos partiels est convenable ; qu'on doit faire succéder les chevaux aux bœufs mis à l'engrais, et prévenir ainsi des pléthores et des phlegmasies ; l'obésité, résultant d'un excès de nourriture, est fâcheuse à l'égard du cheval qu'on ne nourrit jamais pour l'engraisser.

Il est de riches herbages, convenables pour les bêtes à cornes, que les chevaux dédaignent ; ce sont ceux dont la luxuriance est due à des engrais énergiques et abondans, tels gadoue, poudrette, immondices des rues, débris de boucheries, autres substances animales qui, s'assimilant difficilement dans les organes des végétaux, y conservent leur odeur et leur saveur.

Les chevaux, forcés d'user de ces fourrages, dépérissent et peuvent contracter des maladies, telles que la fluxion périodique.

Observation rapportée par plusieurs vétérinaires (1) qui n'ont pas cherché à l'expliquer.

Stabulation permanente. Avantages.

C'est l'entretien du bétail à l'étable, la nuit comme le jour, et dans toutes les saisons.

(1) MM. Chabert, Auguste Yvart, Demoussy.

L'adoption de cette méthode amènerait la suppression des friches, des jachères, des parcours ; les herbages étant fauchés deviendraient des prés.

Les produits des prés seraient plus abondans, surtout si on les ensemençait et rendait temporaires.

Ces produits seraient économisés ; tandis que par le pâturage ils sont gaspillés, particulièrement quand il est vagabond.

C'est de 6 manières que le bétail qui pâture épuise les produits d'un pré :

1.° En mangeant ;

2.° En marchant, le cheval surtout ;

3.° En se couchant, dégât particulier aux bêtes bovines ;

4.° En accumulant sur un point les excrémens ;

5.° En fatigant les plantes par la transpiration, tant cutanée, que pulmonaire ;

6.° En choisissant les bonnes, et donnant ainsi aux mauvaises toute facilité pour se propager.

Ces mauvaises plantes fanées seraient consommées à l'étable sans inconvéniens.

Indépendamment du gaspillage, et à ne considérer que la masse de produits, il est prouvé qu'elle est sur tous les terrains beaucoup plus considérable, étant récoltée et serrée, que consommée sur pied (1).

On doit ajouter :

1.° Qu'on ne perd point de fumier ;

2.° Qu'on peut ne cultiver que du bon fourrage ;

(1) On a calculé en Angleterre qu'il fallait six acres de terrain pour nourrir convenablement cinq bœufs au pâturage ; tandis que sur le même sol un acre de terre nourrissait cinq bœufs à l'étable. (L'acre légal anglais est de 404 ares).

3.º Qu'on a moins besoin de clotures, et qu'elles sont à l'abri de la dent du bétail;

4.º Que les vaches donnent plus de lait, et que les bœufs s'engraissent plus vìte; voilà pour l'économie.

Voici pour l'Hygiène:

1.º L'alimentation est plus régulière; on peut l'équilibrer, tandis qu'au pàturage elle est quelquefois excessive et, le plus souvent, insuffisante;

2.º Le bétail est sous les yeux du maìtre, et *l'œil du maître engraisse le bétail;*

3.º Il est à l'abri des intempéries et des insectes tourmentans;

4.º Il est beaucoup moins exposé aux épizooties.

Examen des inconvéniens de cette méthode.

On ne croit pas que ce régime puisse convenir aux bètes à laine; cependant il est en Saxe des bergeries toujours closes, où l'on entretient des bêtes à laine superfine; et les chèvres, animaux si pétulans, ne sortent des belles chèvreries du Mont-d'Or lyonnais que lorsqu'on les mène au bouc, et leur santé est robuste.

On dit que les animaux de travail ont besoin d'exercice; mais n'en prennent-ils pas assez dans leurs labeurs?

Les bêtes bovines ont-elles un grand besoin d'exercice? Mais abandonnées à elles-mèmes elles en font très-peu. Le bœuf, dans la prairie, fait quelques pas et il s'arrète; il lui arrive de remplir le rumen sans changer de place, et de se coucher pour ruminer.

On peut, d'ailleurs, tempérer la stabulation permanente, en menant le bétail à l'abreuvoir, au bain, à la promenade, en lui donnant la jouissance d'une cour, d'un clos.

Il faut de l'exercice, du grand air, l'impression d'une vive lumière, et j'ajoute le sentiment de la liberté pour l'éleve de bonnes races; oui sans doute. Aussi, n'est-ce pas à l'écurie ou à l'étable qu'on élèvera le cheval généreux et le bœuf travailleur? C'est le pacage des montagnes qui convient à ces deux éducations, d'autant mieux que ces terrains sont, en général, inaccessibles à la faux comme à la charrue.

La stabulation permanente exige plus de bras d'attelages, des étables plus grandes, plus de mise de fonds, plus d'intelligence, plus de soins; on s'en abstiendra partout où l'on manquera de tout cela.

Et on s'en tiendra au pâturage, quand on n'aura pas la volonté ou les moyens de cultiver avec sagesse et vigueur.

Dans tous les cas, si la bonne tenue des étables est sous le rapport de l'Hygiène un objet important, il l'est beaucoup plus dans la stabulation permanente.

CHAPITRE IX.

DES HABITATIONS DES ANIMAUX DOMESTIQUES ; INFLUENCE DE LEUR MAUVAISE TENUE SUR LA SANTÉ DU BÉTAIL.

Définitions. — Diverses sortes.

Ce sont des lieux fermés et couverts, attenans presque toujours à la maison du maître, et dans lesquels sont logés les animaux domestiques.

Sous le nom générique d'étable, *stabulum*, les anciens comprenaient les habitations de tous les animaux, les distinguant selon les espèces en *equile*, *bibule*, *ovile*, *caprile*, *suile*, etc. (1).

Nous avons donné à chaque sorte d'*étables* des noms particuliers :

1.º Écurie. *Écuirie* où est logé le cheval ; ainsi nommée, parce que la direction en était confiée aux écuyers. Avant cette époque, l'étable du roi de France était gouvernée par un grand officier qui commandait les armées, le comte de l'estable, *comes stabuli, nommé plus tard connétable*.

2.º Étable. Dérivée de *stabulum*, venant de *stare*, séjourner. C'est l'habitation des bêtes bovines ; elle est permanente ou temporaire dans le 2e cas ; c'est un hangar placé dans une cour ou un pâturage.

3.º Bergerie. Habitation des bêtes à laine, à laquelle a donné son nom le gardien de ces animaux (pâtre des bêtes *bêlantes*, appelé jadis *belger*).

4.º Chèvrerie, où sont logées les chèvres qui ont donné leur nom à leur habitation comme à leur gardien.

5.º Chenil. Les veneurs ont imposé ce nom au logement des chiens de chasse ; et il ne s'applique qu'à ceux de cette destination.

6.º Toits à porc, porcherie, bauge. Ce dernier mot synonime de logement mal-propre.

7.º Garenne. Tantôt un logement où sont renfermés des lapins, tantôt un tènement, soit gardé, soit clos,

---

(1) Ils nommaient *stabulatio* l'entretien du bétail dans ces lieux. J'en ai fait *stabulation*, et c'est le seul néologisme que je me sois permis jusqu'ici.

où ils pullulent; c'est encore un espace fermé dans un étang, contenant les poissons destinés à peupler ce réservoir.

8.° Poulailler, colombier, volière, où sont logés tantôt en liberté, tantôt captifs, les oiseaux domestiques.

9.° Magnanière, magnonerie, coconière. Bâtimens destinés à l'éducation des vers à soie, nommés en quelques pays *magnans*.

10.° Ruches. Habitations des abeilles domestiques; on nomme encore ainsi la société de ces insectes qui s'y propagent et y déposent la cire et le miel.

Motifs de la stabulation

Ils sont :

1.° Nécessité de soustraire aux intempéries, des animaux qui, dans l'état de nature, font de longs voyages pour chercher des climats favorables, et savent se réfugier sous des abris; qui vivent peu de temps et se propagent faiblement sous un ciel qui leur est contraire; parmi lesquels il en est de jeunes, de délicats, d'inaclimatés, incapables de supporter les rigueurs atmosphériques.

2.° La facilité de les nourrir avec des provisions emmagasinées pour l'hiver, tandis qu'en, en état de liberté, ils ne pourraient se procurer la nourriture qu'avec beaucoup de peine, et encore en vaguant sur des tènemens immenses.

3.° L'avantage de les avoir toujours sous la main, pour en obtenir des services ou en retirer des produits; pour veiller sur leur santé, diriger leur éducation, soigner leur reproduction.

C'est enfin par la stabulation, c'est-à-dire en logeant

des animaux près de la maison *domus*, qu'on les rend tout à fait domestiques ; ceux qui, en toutes saisons pâturent en liberté, peuvent appartenir à des maîtres, sans cesser d'être, au moins, à demi-sauvages ; et ils ne peuvent être tolérés en cet état que dans les lieux où la population est rare, l'agriculture chétive.

Ses vices. — Préjugés à cet égard.

Ce sont les vacheries ou étables proprement dites, qui sont entachées des vices les plus ordinaires et les plus funestes. Elles sont, en général, enfoncées, basses, étroites, avec peu d'ouverture, encore presque toujours fermées ; les murs en sont crevassés ; les poutres vermoulues, comme pour servir d'asile aux souris, aux insectes, et de réceptacle aux matières des contagions. Les toiles d'araignées y abondent ; on en extrait le fumier deux à trois fois par an. C'est dans la fange que se couchent les animaux, quand il leur est permis de se coucher ; on y voit des poules, des dindes, des mendians, des boucs ; l'entrée en est obstruée par de la boue, du fumier, des eaux stagnantes.

L'infection, quand on entre dans ces cloaques, se manifeste par une odeur fétide, ammoniacale, la gêne de la respiration, une chaleur humide, désagréable, débilitante.

Les corps en ignition y répandent une lumière faible et pâle.

Les meubles et les ustensiles y sont en peu de temps hors de service.

Les murs humides sont tapissés de *bissus* ; les poutres et les planchers sont vermoulus ; les ferremens rouillés.

Et comme le fenil est ordinairement au-dessus des

étables dont il n'est séparé que par des planches mal jointes, les émanations qui s'élèvent, corrompent la couche inférieure dans une épaisseur de 14 ou 18 pouces, et cette altération est plus prompte et plus grave, si le foin est nouveau et s'il a été mal desséché (1).

Des dispositions si vicieuses tiennent à des préjugés. On croit que les bêtes bovines n'ont rien à craindre de l'altération de l'air, mais seulement de sa froidure; — on regarde une couverture de fumier épaisse de deux pouces, enveloppant une grande partie du corps, comme un moyen de santé, un préservatif contre les mouches, un indice d'engraissement. Ce n'est pas seulement, parce qu'elles enlacent dans leurs filets des insectes tourmentans qu'on respecte les araignées, mais encore parce qu'elles *pompent le venin des étables.* — On place un bouc à côté des vaches pour *absorber les miasmes et se charger des causes des maladies.*

Infection par suite d'une stabulation vicieuse.

L'air renfermé ne peut pas servir à la respiration et à la combustion, sans éprouver des changemens chimiques qui le rendent impropre à cette double fonction. Dans ce cas, l'oxigène diminue; l'azote est en trop grandes proportions relatives; il se forme beaucoup d'acide carbonique. On peut évaluer à 6 pieds carrés la quantité d'air non renouvelé, qu'un cheval ou un

(1) Des bottes de paille qu'on avait laissées, dans un coin d'une écurie très-mal tenue, se trouvèrent au bout de 15 jours peser un tiers de plus qu'en sortant de la grange.

LYON. — IMPRIMERIE DE J. M. BARRET.

bœuf peuvent altérer dans sa composition, pendant
12 à 15 heures.

Une autre altération de ce fluide est, alors, l'excès de
température; tous les animaux, sans en excepter les
insectes, échauffent l'air qu'ils respirent; c'est un phénomène vital. La fermentation du fumier est, dans les
étables mal tenues, une autre cause de température
excessive; cet air chaud est devenu humide, fétide,
il s'est chargé des vapeurs qui s'échappent par les voies,
tant pulmonaires que cutanées, et qui s'élèvent du fumier
et du sol imprégné d'urine.

Mais ces vapeurs ne sont pas seulement de l'eau
raréfiée; elles contiennent encore des particules animales excrémentitielles, que la vie a repoussées tout
aussi bien que les résidus de la digestion, et qui ne
doivent pas davantage rentrer dans l'économie vivante.
L'inconvénient est plus grave, si les émanations animales sont sorties de corps malades; elles n'auraient,
dans ce cas, aucune propriété contagifère, qu'elles
pourraient en acquérir, ayant fermenté dans un air
chaud, humide, non renouvelé. Que serait-ce, si elles
étaient fournies par des animaux atteints de maladies
gangreneuses, charbonneuses, typhoïdes? Ces miasmes, bien plus délétères que ceux qui s'échappent des
marais, sont absorbés dans les corps animés, d'autant
plus sûrement, que leur quantité est plus grande, et
qu'ils ont à parcourir une moindre distance. Ils pénètrent par les poumons, par la peau; ils entrent avec
les fourrages et même les boissons dans les voies gastriques; ils imprègnent les couvertes, les jougs, les
harnais; se déposent dans les murs crevassés, les
poutres et les planchers vermoulus, et il serait difficile

d'assigner le temps pendant lequel ils peuvent conserver leur propriété funeste (1).

Effets de cette infection sur le bétail.

Ne fût-elle pas poussée à un degré extrême, elle nuit à tous les animaux domestiques, même aux poules, aux vers à soie et aux abeilles. Ceux qui y ont été exposés pendant long-temps s'y habituent, pour ainsi dire, jusqu'à un certain point ; ils se sont presque acclimatés dans un lieu infect ; mais ceux qui y sont renfermés, en quittant un air pur, résistent plus difficilement à l'infection. Les bêtes faibles, telles que les brebis, n'en souffrent pas tant que les chevaux ; les vaches en sont moins affectées que les taureaux et les bœufs de travail. Dans les bêtes vigoureuses, les maladies produites par cette cause sont suraiguës ; elles sont chroniques dans celles qui sont faibles.

Les vaches, nourries abondamment dans des étables fort humides et peu aérées, donnent beaucoup de lait, mais d'une qualité inférieure ; elles vivent peu de temps, avortent fréquemment ; on ne pourrait pas en élever les veaux ; elles sont sujettes à la variété de phtysie tuberculeuse, nommée pommelière. Celles qui se couchent dans le fumier sont affectées, tantôt d'inflammation, tantôt d'ulcères au pis ; le lait qu'elles donnent avec douleur est mêlé de jus de fumier, de sang et de pus.

Pourvu que les vices de la stabulation ne soient pas poussés trop loin, ils ne s'opposeront pas à l'engrais-

(1) On a des exemples de persistance de miasmes et virus pendant plusieurs années.

sement, ils le favoriseront même en diminuant l'énergie vitale ; mais les produits n'en seront pas si avantageux. Les bouchers de Lyon achètent plus cher, à poids égal, les bœufs du Charolais qui viennent des herbages, que les bœufs engraissés de pouture dans les étables infectes de la Bresse ; les premiers font moins de déchet et leur viande se conserve plus long-temps ; d'un autre côté, les bœufs qui s'engraissent dans le fumier sont plus que les autres sujets aux indigestions et à la cachexie.

Les bœufs de travail ne peuvent trouver dans ces cloaques qu'un repos incomplet, même fatigant ; il vaut mieux, après une journée laborieuse, les mettre au bivouac dans des cours, des clos, au pâturage.

La stabulation vicieuse est la cause principale du charbon, maladie protéiforme, si commune dans l'espèce bovine. On doit aussi lui attribuer des péripneumonies, des splénites, des cachexies, des affections rhumatismales.

C'est autant en respirant l'air des bergeries infectes qu'en pâturant dans des lieux marécageux, que les bêtes à laine contractent la pourriture ; et c'est en s'enfonçant dans le fumier, qu'elles prennent aux pieds ces ulcères carcinomateux, nommés *pesogne*, *pietin*, *crapaud*. On doit attribuer à la même cause des gales spontanées et rebelles dans les mêmes animaux.

Quoique les écuries soient en général beaucoup moins mal tenues que les étables et les bergeries, elles sont souvent mal aérées, encombrées de fumier, humides, trop exiguës, et dès lors elles recèlent des causes de gale, de farcin, d'eaux aux jambes, de crapauds.

On a observé dans des écuries surtout de casernes,

comme dans des étables, que les bêtes les plus saines étaient celles placées le plus près de la porte.

Quoiqu'on ait dit que la fange était l'élément du porc, il n'en est pas moins vrai que, logé dans un toit mal aéré et encombré d'ordure, il prend une mauvaise graisse, du lard mou, se salant difficilement, et qu'il y est sujet à la ladrerie.

Les chiens qu'on renferme dans des chenils froids, humides, mal propres, prennent fréquemment la gale, des rhumatismes, des phlegmasies du poumon, du foie, surtout au retour d'une chasse d'hiver.

Les poules n'aiment pas à pondre dans les poulaillers humides et infects. Elles disséminent alors leurs œufs à l'aventure ; en s'y retirant, la nuit, pour se mettre à couvert ou trouver de la nourriture, elles sont exposées aux rhumatismes et à des hydropisies ; elles y sont rongées par des insectes qui, partout, pullulent abondamment à la faveur d'une humidité infecte.

Les pigeons désertent les colombiers mal tenus, encombrés de colombine.

Des vers à soie renfermés avec de la feuille sous un bocal de verre hermétiquement fermé languissent, s'engourdissent, et ils meurent si le grand air ne leur est pas rendu. L'air pur de l'atelier, le renouvellement de la litière, préviennent des maladies parmi ces insectes, et assurent le succès de leur éducation.

Lorsque les ruches sont placées dans des lieux humides, les abeilles prennent la cachexie aqueuse ou la dyssenterie. La nécessité d'un air pur dans ces habitations est démontrée par la mortalité ou la désertion des mouches, quand le couvain y pourrit, et par leur sollicitude à rejeter hors des ruches tout ce qui pourrait les infecter

Désinfection.

Opération par laquelle on cherche à détruire les miasmes répandus dans l'air, et les virus ou autres substances délétères dont divers objets peuvent être imprégnés.

Ce n'est que dans un lieu circonscrit et fermé qu'il est possible d'exercer sur l'air une action désinfectante efficace ; nous n'avons que de faibles moyens pour atteindre les miasmes qui circulent dans le vague de l'atmosphère.

Les procédés de désinfection sont physiques ou chimiques.

Les premiers consistent à enlever mécaniquement les corpuscules funestes avec les excipiens qui les récèlent, à les brûler, les annihiler en les dissolvant dans l'eau, etc.

A l'aide des seconds, on se propose de décomposer, de neutraliser les substances gazeuses ou vaporeuses qui corrompent l'air. On nomme ces moyens, fumigations désinfectantes.

Les premiers moyens sont plus dignes de confiance ; ils atteignent les foyers des miasmes, tandis que les autres ne peuvent saisir ces corpuscules que sur la surface des corps solides, et les foyers peuvent être situés profondément : surtout les corpuscules délétères se dérobent, à la faveur d'une couche muqueuse, à l'action chimique des fumigations.

On peut, au reste, combiner les deux moyens.

Ainsi, en supposant une étable ou une écurie infectée par le séjour prolongé d'animaux atteints de maladies putrides contagieuses, on creusera d'abord le sol à la profondeur d'un pied, et on se procurera ainsi un excellent engrais qu'il faudra enterrer sur-le-champ, si on le soupçonne contenir des principes de contagion. Un pareil curage, rendu périodique, suivi d'un remblai de terre sèche, serait tout à la fois un procédé de salubrité et une bonne pratique d'agronomie. Les murs seront raclés, recrépis, blanchis au lait de chaux. Les auges, rateliers, planchers, seront rabotés ou raclés ; les vieux meubles en bois seront brûlés ; on sacrifiera de même les tissus de peu de valeur, comme cordes, vieux harnais, linges, vêtemens usés ; les autres objets de ce genre seront passés à une forte lessive bouillante. Ce qui est en fer sera chauffé jusqu'au rouge ; de l'eau bouillante sera versée à grands flots dans tous les coins et recoins des étables.

Tels sont les moyens physiques et mécaniques.

Les chimiques consistent à mettre en expansion par des procédés divers, des acides sulfureux, nitreux, hydrochlorique, du chlore.

On eut d'abord recours à la combustion de substances aromatiques, ensuite au dégagement de la vapeur du vinaigre ; plus tard on dégagea, par le procédé suivant, du chlore qu'on nommait acide muriatique oxigéné.

Mettre dans un plat de terre, placé sur un rechaud garni de cendres chaudes, deux parties de sel marin et une partie de manganèse : le tout en poudres fines, bien mélangées ; verser dessus une partie d'acide sulfurique étendu d'eau. On se sauvait au plus vîte, le gaz dégagé ne pouvant être respiré sans danger : aussi, n'était-ce qu'après avoir fait sortir les animaux qu'il était possible d'opérer cette fumigation (1).

(1) Tel était le procédé guittonien ; et nous devons dire que, plu-

Le procédé désinfectant actuel est celui de Labarraque, qui consiste dans le chlorure de soude ou celui de chaux, qu'on étend à l'état sec et pulvérulent sur une capsule applatie, ou qu'on suspend dans l'eau pour en arroser les lieux infects, et y plonger les objets imprégnés de virus.

C'est toujours un dégagement de chlore, qui agit sur les virus comme sur les miasmes, qui les annihile en vertu d'une loi qui nous est inconnue (1).

CHAPITRE X.

RÈGLES D'HYGIÈNE RELATIVES AUX HABITATIONS DES ANIMAUX DOMESTIQUES.

Du placement (assiette) de ces lieux.

Le placement ou assiette d'une étable ou d'une bergerie est une dépendance de la maison, à moins que toutes les dispositions des bâtimens ne soient subordonnées à l'entretien des animaux, comme elles le sont pour un haras, une grande laiterie, une bergerie à laines fines.

sieurs années avant sa publication, Bourgelat avait fait connaître la formule d'un parfum dans lequel entraient avec des substances insignifiantes, du sel de *cuisine* et de *l'huile de vitriol.* Il est possible que Guitton-Morveaux ait ignoré ce procédé.

(1) On suppose que le chlore est chassé par l'acide carbonique atmosphérique, qui s'empare de la soude ou de la chaux; le chlore alors va chercher dans l'air l'hydrogène, *l'un des élémens* des miasmes : d'où résulte, d'une part, l'acide hydrochlorique; de l'autre, l'annihilation des miasmes qui ne peuvent subsister sans *hydrogène.*

Lorsque des établissemens de ce genre sont l'objet essentiel d'une exploitation rurale, on mettra à leur placement la plus grande importance ; ils devront être assis sur la partie du tènement la plus maigre, la plus pauvre en humus végétatif : c'est la plus saine. Les circonstances atmosphériques et telluriennes qui développent vigoureusement la végétation étant, en général, défavorables à la santé des grands animaux.

D'ailleurs, par ce placement on utilisera et on améliorera un mauvais fonds.

Il serait à désirer que le terrain fût en pente douce pour l'écoulement des eaux pluviales, et dans tous les cas, il doit être exempt de suintement.

Il devrait être éloigné des marais, des usines insalubres.

Cette assiette serait aussi convenable à la santé des cultivateurs.

Mais d'impérieuses considérations étrangères à l'Hygiène, et qui, souvent, lui sont opposées, déterminent l'assiette de l'étable, comme celle de la maison : telles sont la direction des chemins environnans, la distance des hameaux et des villages, celle des sources, celle des eaux courantes, le gisement des pièces du domaine, l'économie d'un temps précieux, surtout dans une exploitation rurale.

On veut se mettre à l'abri d'un froid intense, ou d'une chaleur vive ; ce qu'on craint le moins est l'humidité : circonstance, néanmoins, beaucoup plus fâcheuse.

Elle n'est pas seulement défavorable à la santé, mais encore elle tend à pourrir les poutres et les planchers, à dégrader les murs, à gâter les meubles, à mettre en fermentation les grains et les fourrages, à faire pulluler les insectes incommodes et tourmentans, à fomenter les contagions.

Un moyen d'éviter l'humidité, si ordinaire dans les étables, sur un terrain horizontal est de l'exhausser de 5 à 6 pouces, tout en lui donnant une pente légère pour l'écoulement des urines ; et c'est une bonne pratique, sous le double rapport de l'Hygiène et de l'économie, de les recueillir à l'endroit déclive en dehors du bâtiment.

Le sol ne doit jamais être au-dessous du terrain environnant.

Lorsque cet enfoncement est considérable, et qu'un terrain presse à l'extérieur les murs de l'habitation, on dit qu'elle est terrassée ; elle est alors humide à cause du suintement, à travers les murs, de l'eau dont la terre qu'ils supportent s'imbibe par la chute de la pluie, de la rosée, par la fonte des neiges.

Il est indispensable, dans ces cas, ou d'exhausser le sol intérieur par un remblai, ou d'abaisser par un déblai le sol extérieur. La seconde opération est plus facile, à moins que les planchers ne soient très-élevés : ce qui est rare. Le déblai doit être de 10 à 12 pieds de largeur, sur une profondeur d'un pied au-dessous du sol intérieur.

Autant que possible, les écuries de la cavalerie ne seront point adossées aux remparts.

De l'orientement.

L'orientement d'une habitation, c'est son exposition ou plutôt celle de ses ouvertures vers des points de l'horizon.

Lorsque les habitations des animaux sont des dépen-
dances de la maison, elles n'ont souvent qu'une façade
sur laquelle seule sont les ouvertures extérieures. Ce
serait alors le placement qu'il faudrait changer, si l'o-
rientement était vicieux.

Mais dans les habitations libres de toutes parts, comme
devraient l'être celles des troupeaux précieux, on change
l'orientement en pratiquant ou fermant les ouvertures
dont les murs extérieurs sont percés.

Dans tous les cas, l'orientement est subordonné aux
circonstances topographiques, telles que la configuration
du sol environnant, la chaîne des montagnes qui bordent
l'horizon, les forêts voisines, qui attirent les nuages,
brisent les vents, surtout les eaux stagnantes d'où éma-
nent des effluves. Selon ces circonstances, les vents du
Nord sont moins froids, ceux du Midi moins chauds;
il en est qui, plus que dans d'autres contrées même peu
éloignées, charrient la pluie, la grêle, les orages. C'est
ce que l'expérience plus que le raisonnement a appris
aux habitans en chaque localité.

C'est quand elles arrivent par les vents du Sud ou de
l'Ouest que les émanations marécageuses sont le plus
délétères.

En général, l'orientement le plus favorable est, quand
il est d'un seul côté, au levant; mais il convient qu'il
soit sur tous les points de l'horizon, à moins qu'il
n'existe quelque foyer d'infection dans le voisinage. On
fermera, selon les occurrences atmosphériques, les ouvertures du Nord ou celles du Midi, le plus souvent
celles de l'Ouest.

De l'aération.

C'est le renouvellement de l'air dans les habitations ; on l'opère en pratiquant des portes, des fenêtres, d'autres ouvertures, en plaçant des ventouses. On ne saurait trop multiplier les fenêtres ; il convient qu'il y en ait d'opposées pour déterminer des courans dépurateurs. On peut profiter pour cela de l'absence des animaux qui travaillent, pâturent, qu'on panse ou qu'on mène à l'abreuvoir. Toutes les ouvertures des étables devraient être libres, même en hiver, quand les animaux sont dehors ; l'altération de l'air fermé, causée par le séjour des animaux, s'aggrave après qu'ils sont sortis, et si l'occlusion était hermétique, on ne pourrait calculer jusqu'où pourrait être poussée cette altération, et combien de temps elle pourrait persister.

Les fenêtres doivent, dans les écuries, avoir 5 ou 6 pieds de largeur, sur 4 à 5 de hauteur ; leur double dimension pourra être moitié moindre dans les étables et les bergeries ; elles s'ouvriront le plus près possible du plancher. En les plaçant plus bas, on s'exposerait en les ouvrant à donner passage à des flots de lumière qui, frappant brusquement les yeux des chevaux surtout, pourraient offenser la rétine avec d'autant plus de force que la pupille était plus ouverte dans l'obscurité : des mydriases, des cataractes ont été déterminées par cette cause.

On pratique quelquefois, sous les mangeoires, de petites fenêtres transversales dont l'orifice intérieur est beaucoup plus grand que l'externe. On appelle *barbancanes* ces espèces d'entonnoirs, qu'on croit propres à

donner issue à l'acide carbonique , et que je considère
comme inutiles sous ce rapport.

En d'autres étables et écuries, des ouvertures sont
pratiquées au plancher , au-dessus des rateliers , pour
faire couler le fourrage ; cette disposition a l'inconvénient
de faire tomber de la poussière , des débris de foin, dans
les yeux des animaux et sur la toison des brebis , à moins
que ce ne soit en leur absence qu'on garnit leur ratelier.

Ce n'est guère que dans les étables et les écuries de
luxe que les fenêtres sont accompagnées de vitrage. Elles
n'ont pas même des volets dans la plupart de celles de
l'agriculture ; ce sont des trous qu'on bouche avec du
fourrage , quelquefois même avec du fumier.

Nous pensons qu'un châssis doit accompagner le vitrage, ou le suppléer ; on peut ainsi ménager dans l'intérieur un demi-jour favorable à la digestion, au repos,
à la lactation, à l'engraissement, au traitement des
maladies inflammatoires : j'ajoute qu'en cette demi-obs-
curité tous les insectes sont presque inoffensifs.

Une autre manière d'aérer les habitations, qui convient
aux moutons et aux chèvres, sans qu'on ait à craindre
les vents coulis, consiste à n'élever les murs qu'à 6 ou
8 pieds, et placer par-dessus un certain nombre de
piliers, de 3 ou 4 pieds, qui supportent la toiture. On
peut diminuer ou même faire disparaître ce hangar d'une
nouvelle espèce, en glissant des planches entre les piliers, et on se ménage ainsi un grenier à fourrage (1).

En quelques lieux , on aère les étables au moyen de
plusieurs ventouses, tuyaux en entonnoir, traversant le
plancher dans chaque travée (espace entre deux poutres) ,

(1) Matthieu Bonafous a logé dans une chèvrerie de ce genre un
troupeau cachemirien.

passant par le grenier à foin et sortant par le toit. On
en ferme à volonté l'orifice inférieur au moyen d'une
coulisse.

Du sol et du plancher.

Le sol des écuries, des étables et des bergeries (1)
doit être ferme, imperméable, et pour cela on le plan-
chéie, ou on le pave, ou l'on se contente de battre la
terre.

Les planches, nommées madriers, sillonnées de rainures, rendent l'habitation moins humide et facilitent
le nettoiement. Avec Bourgelat, nous les conseillerions
pour les écuries de luxe, si les rainures nous rassuraient
suffisamment contre les chutes et écarts, surtout quand
les chevaux se campent pour uriner. Elles nous paraissent
convenables aux étables dans les pays où, comme en
Suisse, le bois n'est pas cher.

Les pavés sont plus souvent employés ; ils se dégradent
facilement, et quand on n'est pas prompt à les réparer,
il se forme des trous où l'urine croupit, où les chevaux
engagent les pinces des pieds postérieurs : d'où résulte
un tic qui les rend pinçards.

Il est difficile de battre la terre suffisamment pour la
rendre ferme, imperméable à moins qu'on ne la recouvre
de fragmens de pierre unis avec de la chaux vive ; c'est
un léger béton.

Le sol aura, pour l'écoulement des urines, une double
pente ; l'une légère de la mangeoire au milieu du chemin

______

(1) Nous renvoyons à la partie de notre travail, qui aura pour
objet le perfectionnement et l'économie des animaux domestiques, ce
qui est relatif à la bonne tenue des poulaillers, des magnanières,
des ruches, des garennes.

tracé derrière les croupes ; l'autre plus grande, d'un
bout à l'autre de l'habitation, aboutissant au dehors.

L'inclinaison transversale, si elle est trop grande,
fait porter, sur les extrémités postérieures, une trop
grande partie du poids du corps, d'où résulte la fatigue
des jarrets et les tares qui en sont la suite ; il arrive
aussi que, pour les soulager, l'animal porte les membres
antérieurs près du centre de gravité et il devient sous lui.

Cette pente, poussée trop loin dans une étable, met
les vaches dont le velage est prochain, dans une attitude
capable de les faire avorter. On pousse, dans des étables
flamandes, la précaution jusqu'à ménager sous chaque
vache une légère excavation, pour quelle s'y couche
commodément.

Il serait à désirer que les écuries, les étables et même
les bergeries fussent voûtées. On ne peut opposer que le
motif d'économie à cette disposition hygiénique ; elle a
pour avantages : 1.º de diminuer les chances d'incendie ;
2.º d'isoler l'habitation, du fenil quand il est au-dessus,
et il l'est dans presque toutes les exploitations rurales ;
3.º de faciliter l'aération, car les émanations de l'étable
sont arrêtées par la saillie des poutres ; 4.º de gêner le
travail des araignées.

Le plus grave de ces inconvéniens est la communication avec le fenil par les interstices des planches, d'où
résulte d'un côté l'altération du fourrage, de l'autre la
chute de la poussière, on le prévient au moyen d'un
carrelage au fenil, et quand on ne veut pas le rendre
complet, qu'il soit au moins de quatre à cinq pieds de
largeur au-dessus de la tête des chevaux et des bœufs.

Des dimensions.

Elles sont relatives non-seulement au nombre, mais encore au volume des animaux; on donnera plus de place dans la même espèce à ceux qui sont fringans ou malades, et aux femelles pleines ou nourrices.

Terme moyen; il faut pour un cheval afin qu'il puisse à l'écurie manger, se coucher à son aise et être soigné convenablement, environ 5 pieds de largeur et 10 de longueur, savoir : 7 pour la place qu'il occupe, 1 et demi pour le ratelier, autant pour le recul; et derrière lui il doit y avoir un espace de 6 ou 7 pieds pour qu'on soit à l'abri des ruades. Ainsi une écurie simple aura au moins 16 pieds de diamètre. La hauteur du plancher sera de 9 à 10, et de 12 à 15 si elle contient plus de 20 chevaux. A moins que la largeur ne soit plus grande, on ménagera aux extrémités, de la place pour harnais, coffre à avoine, fourrage de la distribution du jour, lit des palefreniers.

Dans les écuries doubles, tantôt les croupes, tantôt les têtes sont opposées, et dans ce second cas il y a, de plus, un couloir entre les rateliers.

D'après cette disposition qui peut s'adapter aux étables, l'espace est prodiguée et l'on peut circuler autour des animaux. — Lorsque les têtes sont vis-à-vis des murs, il doit y avoir au moins 7 pieds dans l'intervalle des croupes non compris le recul, et ces écuries auront de 28 à 30 pieds de large, et leur hauteur sera de 12 à 15 (1).

(1) Il faut à chaque bout un espace suffisant pour les selles, brides, autres harnais qu'on ne doit jamais placer au-dessus de la tête des chevaux, pour les lits des palefreniers, etc.

Quand on a plus de dix à douze grands animaux à loger, il y a convenance à rendre doubles les écuries comme les étables.

Les places dans les étables doivent être en largeur 4 pieds pour un bœuf, 3 et demi pour une vache, 2 et demi pour un veau; 6 ou 7 pieds de long.

Ces animaux ne *tirant pas au renard*, et ne ruant pas, il y a besoin de moins d'espace derrière eux et il suffira que l'étable simple ait en diamètre 11 à 14 pieds, et la double 22 à 24. Il serait à désirer que sa hauteur fut la même que celle de l'écurie. Le motif d'économie s'y oppose, mais l'Hygiène proscrit ces étables si communes dont la hauteur sous plancher n'est pas de 6 pieds.

Les moutons n'occupent pas chacun une place dans leur habitation, comme les chevaux et les vaches, il faut qu'ils puissent en changer. On a calculé ainsi l'espace d'une bergerie : 9 à 10 pieds carrés pour une mère et son agneau; 8 pour un mouton ou une brebis sans suite ; 6 pour un antenois; hauteur de la bergerie sous plancher, 12 à 15 pieds. Il faut, de plus, un espace pour une certaine provision de fourrage, et le lit du berger.

Des séparations et des compartimens.

On voit dans quelques écuries des stalles; ce sont des loges en planches, de 5 pieds et demi de largeur, ouvertes postérieurement et ne contenant qu'un cheval. Tantôt elles ont 9 pieds de longueur, tantôt seulement 4 pieds et demi, leur hauteur est de 2 à 3 pieds; elles ont l'avantage d'isoler comme dans des espèces d'écuries particulières les chevaux fougueux, querelleurs, les malades, les jumens pleines, les nourrices. Il convient que les parois en soient mobiles pour pouvoir les élargir à volonté ; ils ne doivent pas s'avancer jusques aux rateliers, ils empêcheraient les chevaux d'être en société entre eux. Les stalles doivent être disposées de manière à ce que les chevaux ne puissent pas se frotter le croupion contre les poteaux qui terminent postérieurement les cloisons.

Ce tic, fruit du désœuvrement, n'est pas rare dans les dépôts d'étalons, oisifs hors la monte.

En d'autres écuries, il y a entre les chevaux des barres mobiles, garnies de planchettes et élevées à un pied au-dessus du sol. Elles tiennent, d'un côté, à des poteaux ; de l'autre, à des cordes fixées au plancher, attachées de manière à se dénouer facilement, si un animal turbulent s'entravait dans cette séparation (s'embarrait).

Quand on n'a pas plusieurs étables, on doit pratiquer dans la même plusieurs compartimens pour ne pas laisser, pêle-mêle, les vaches laitières, les veaux, les bœufs de travail, ceux à l'engrais, les malades. Il résulte, en effet, de cette confusion :

1.º Un grand déficit dans les traites de la vache nourrice ;

2.º L'impossibilité de l'allaitement artificiel et la difficulté du sevrage ;

3.º La gêne des bœufs de travail qui ne se couchent pas à l'aise pour réparer leurs forces ;

4.º L'agitation du bœuf à l'engrais qui doit être calme, tranquille, exclusivement occupé à manger, ruminer et digérer ;

5.º La difficulté de soigner un animal malade confondu avec les sains, le danger d'une contagion à petite distance, etc.; j'ajoute, à l'égard de la vache qui vient de vêler à terme ou non, la disposition nerveuse de ses voisines à avorter par imitation.

Celui qui n'a qu'une seule bergerie doit aussi la distribuer en compartimens; des claies suffisent pour cela. On isole ainsi les béliers hors de la monte, les brebis pleines, les nourrices, les agneaux jusqu'au sevrage, les moutons avec les brebis dont on ne veut pas tirer race. Une cloison et s'il le faut plusieurs serviront d'infirmerie; on les place aux angles. En quelques pays on les nomme criquets.

Toutes les portes de ces cloisons seront dans la direction de celle d'entrée.

Toutes les portes des bergeries doivent s'ouvrir en dehors, à cause du stupide instinct des moutons qui les pousse vers une porte fermée, et l'empêche ainsi de s'ouvrir. Elles n'offriront aucun angle saillant, pour éviter que les brebis n'avortent et que les agneaux ne se blessent.

Des rateliers.

Ces meubles, prévenant le gaspillage et l'altération des fourrages, doivent garnir non-seulement les écuries, mais encore les étables et les bergeries.

Le ratelier est une grille ordinairement en bois, qui est destinée à recevoir le fourrage; elle a la forme d'une échelle renversée, est placée en face des têtes dans une direction, tantôt verticale, tantôt oblique, de haut en bas et d'avant en arrière. Quand l'inclinaison est trop forte, les chevaux engagent la tête dans un angle rentrant, et la poussière du foin leur tombe sur la tête, les yeux, le cou, la crinière. Mieux vaut un ratelier droit, faisant saillie, avec un grillage horizontal à la partie inférieure, pour livrer passage à la poussière qui tomberait sur le sol en arrière de la mangeoire.

Les fuseaux seront distans de 3 ou 4 pouces; à une plus grande distance, beaucoup de foin perdu : à une moindre, trop long repas par la difficulté de le tirer. Pour en faciliter la sortie, les fuseaux arrondis rouleront sur eux-mêmes.

Le fourrage arrive souvent dans le ratelier en tombant du fenil par une trape, ou passant du dehors par une fenêtre ouverte, derrière le ratelier. En cachant ainsi au cheval la main qui le nourrit, on le prive des moyens de le rendre doux, obéissant en excitant sa reconnaissance et son affection.

Les rateliers des étables ressemblent à ceux des écuries; seulement ils sont plus bas, et les fuseaux en sont plus espacés.

Dans les étables bien disposées, on ne les adosse pas aux murs; ils en sont séparés par une galerie de 5 à 6 pieds, qui facilite les moyens d'affourrer le bétail et de distribuer des buvées.

Il est des bergeries sans rateliers ; on y met le fourrage à terre : aussi, combien y en a-t-il de trépigné, de mêlé au fumier ? Ailleurs on le met dans des paniers; ici, on voit des rateliers fixés aux murs sans auges: là, des auges sans rateliers. Plus souvent, l'auge et le ratelier ne forment qu'un instrument mobile, le premier étant implanté dans le second ; nous approuvons cette méthode qui facilite le curage de la bergerie. Ce ratelier doit être construit de manière à ce que les cornes des béliers ne puissent pas s'engager entre les fuseaux.

Des mangeoires ou auges.

Ce sont, dans les écuries, des canaux de 15 à 16 pouces de profondeur, sur 1 pied de largeur, en pierre ou en bois, élevés au-dessus du sol de 3 pieds, 4 à 6 pouces ; légèrement inclinés des deux côtés ou d'un seul, et au lieu déclive est une petite ouverture qu'on ferme à volonté.

Les auges en pierre sont plus solides, se nettoient plus facilement, n'offrent point de fente pour l'issue de l'avoine et du son ; on n'a pas besoin d'en recouvrir les carnes de tole pour s'opposer au tic à la mangeoire. Des auges trop hautes qui supposent des rateliers trop éloignés, forcent les jeunes chevaux à prendre une attitude capable de leur donner une encolure de cerf, et de les faire porter au vent.

Lorsqu'il y a un intervalle vide au-dessous des mangeoires, il est difficile à nettoyer, il devient le réceptacle du fumier ; et les émanations qui s'en exhalent pénètrent dans les mangeoires, si elles sont en planches mal jointes.

Ces canaux doivent être lavés souvent, même à l'eau chaude. Le cheval est très-délicat sur sa nourriture: que de chevaux qu'on médicamente comme malades et qui sont seulement dégoûtés (1).

Les auges des étables n'auront qu'un pied ou 18 pouces, au-dessus du sol. Comme elles sont presque toujours en bois, il faut qu'aucune fissure ne laisse échapper les buvées dont la pratique se généralisera.

Les mangeoires des bergeries, mobiles ou non, sont

(1) Un cheval ne mangeait pas ; on voulait le purger, lorsqu'on trouva dans sa mangeoire le cadavre d'un rat.

toujours en bois, élevées de 8 à 10 pouces ; il en résulte un espace vide dans lequel les agneaux se glissent, s'enterrent dans le fumier et s'asphyxient. Quelquefois, quand elles sont ouvertes par les deux bouts, ces mêmes animaux y pénètrent et gâtent le fourrage ; le même inconvénient a lieu, quand les mangeoires reposent sur le sol.

Toits à porc.

Le toit du porc doit être le moins humide et le plus aéré possible.

Le goût de cet animal pour les immondices est un préjugé que doit repousser l'Hygiène ; il ne se vautre dans la fange que pour se procurer de la fraîcheur, et se délivrer des poux qui le tourmentent.

Il ne dépose ses excrémens dans son toit que s'il ne peut pas en sortir ; on l'y maintient en santé, on l'y engraisse mieux, en l'y tenant avec quelque propreté.

On n'économisera pas l'espace accordé aux porcs ; ils doivent être à l'aise, et pouvoir se retirer au fond de leurs loges pour évacuer les excrémens.

Mieux serait qu'ils communicassent avec une cour.

Il faut des compartimens pour séparer les sexes, les âges, les destinations.

Hauteur sous plancher, 6 ou 7 pieds, avec des créneaux et d'autres ouvertures qu'on ouvre ou qu'on ferme à volonté.

Pour un cochon à l'engrais, 6 ou 7 pieds de long, sur 3 de large. — Même longueur pour une truie nourrice, et 1 pied de plus en largeur.

Le sol bien pavé et en pente, le tout établi solidement, le porc étant destructeur.

Les auges, disposées de manière à ce que, du dehors, on puisse y verser de la nourriture. Ces vases devraient être portatifs, et chaque animal surtout à l'engrais, avoir le sien pour pouvoir manger tranquillement, sans craindre que sa portion ne fût enlevée par un plus fort, ou escamotée par un plus adroit. On placera ces vases, moitié de chaque côté, dans une ouverture du mur assez grande pour introduire le groin, pas assez pour y passer le corps. C'est une fenêtre (et on peut la griller) à travers laquelle pénètre l'air, et qui offre les moyens de voir l'intérieur du toit.

Il faut nettoyer les auges ; celles qu'on ne lave jamais (et c'est le plus grand nombre) peuvent donner lieu à la ladrerie.

Des chenils.

Ne conviennent qu'aux équipages de chasse ou à une infirmerie vétérinaire. Les chiens ordinaires sont libres, ou renfermés isolément dans une loge, ou attachés dans un coin.

Un chenil est une suite de loges bordant une cour ; le sol de chacune d'elles en planches, incliné, percillé, élevé d'environ 1 pied pour l'écoulement des urines et la facilité du nettoiement ; point de litière.

Orientement au Nord et au Midi ; — libre circulation de l'air ; — aucune partie terrassée ; — nettoiement fréquent, tant des loges que de la cour où les chiens prennent leurs ébats, où ils se vident, où ils boivent, où ils devraient manger.

Si on pouvait y diriger une eau courante, on aurait un moyen précieux de nettoiement, tout en offrant un abreuvoir à des animaux fréquemment altérés ; ils doivent

toujours avoir à leur portée des eaux pures, souvent re-
nouvelées.

On ne saurait trop multiplier les loges pour isoler les
chiennes en chaleur, les pleines, les nourrices, les animaux malades, surtout d'affections contagieuses; j'ajoute
ceux qu'on veut punir.

A l'exception de ceux qu'il convient de renfermer, ils
pourront sortir à volonté de leurs loges, pour prendre
leurs ébats dans la cour qui sera fermée.

Les fenêtres vitrées pour laisser passer la lumière et
défendre l'entrée aux mouches qui, dans les grandes
chaleurs, fatiguent les chiens; et pour les défendre des
puces, insectes à leur égard, encore plus tourmentans,
on nettoyera, on lavera, on blanchira fréquemment
les chenils.

Le plus de liberté possible est pour tous les animaux
une loi d'Hygiène.

Les chiens sont frilleux; ils résistent difficilement aux
vicissitudes atmosphériques. On en voit fréquemment
prendre des phlegmasies du poumon, du foie, la gale, des
rhumatismes, pour avoir été déposés dans des loges froides
et humides, au retour d'une chasse d'hiver.

Afin de prévenir ces accidens, on devrait établir dans
le chenil un poêle, d'où partiraient des tuyaux de chaleur qui circuleraient derrière les loges.

CHAPITRE XI.

ALIMENS EN GÉNÉRAL, DE LEURS PRINCIPES, DE LEURS
EFFETS PHYSIOLOGIQUES INDÉPENDANS DE LA NUTRITION.

Définitions et considérations.

Un aliment est une substance qui, étant introduite
dans un corps vivant, y subit, par l'action vitale, des
changemens qui la rendent propre à fournir la matière
du développement et de la réparation des organes.

Ceux-ci se développent dans des limites nécessaires ;
c'est l'accroissement par intus-susception, l'un des principaux caractères des corps organisés.

Ils se renouvellent sans cesse, toutes les parties qui
les constituent, étant successivement usées et éliminées
par les mouvemens de la vie.

La matière qui sert à ce double usage n'est pas la
masse alimentaire, mais un fort petit nombre de ses principes qu'ont élaborés la digestion, l'hématose et l'assimilation ; on les nomme alors *alibiles* (1). Le reste
n'est qu'un excipient excrémentitiel qui traverse l'économie vivante.

Ce n'est pareillement qu'un excipient de principes
salutaires ou funestes, ce qui frappe nos sens dans un
médicament ou dans un poison; de même que ce n'est
pas la semence, mais l'*aurea seminalis* qui est l'agent de
la fécondation.

Un médicament, un poison, agissent selon leur na-

(1) Du latin *alere* (nourrir).

ture ; ils déterminent des changemens sans en éprouver : un aliment, au contraire, devient successivement du chyme, du chyle, du sang, de la lymphe réparatrice, et enfin des os, des muscles, des membranes, des viscères.

Les médicamens et les poisons sont fournis par tous les règnes, tandis que les alimens, pour les animaux du moins, ne peuvent sortir que du règne organique.

Ce ne sont que les condimens ou les véhicules des principes alibiles, qu'ils peuvent puiser dans le règne minéral.

Au reste, la force qui consiste à extraire d'abord les molécules alibiles des alimens, et à changer ensuite les molécules et la substance même des corps, peut être éludée dans les premières, comme dans les secondes voies.

Certaines substances prises comme alimens traversent toutes les circonvolutions intestinales, sans perdre aucune des qualités physiques et chimiques qui leur sont propres. Des graines sont rejetées par l'évacuation fécale du cheval avec toute leur faculté végétative.

D'autres fois, c'est une partie du chyme produit de la digestion qui, au lieu d'être absorbée pour subir l'hématose, est rejetée avec les excrémens ; c'est le cas des chevaux vidars qui mangent beaucoup, digèrent bien et se nourrissent mal.

Il est des molécules alimentaires qui, étant parvenues dans les secondes voies, résistent à l'hématose ; elles roulent avec le sang, ne sont pas dénaturées dans les organes de sécrétion, et manifestent leur nature par l'odeur, quelquefois la saveur, quelquefois les couleurs, souvent par l'analyse chimique. Une odeur de foin s'exhale du lait, nouvellement trait, des vaches nourries avec ce fourrage. On retrouve dans ce fluide la saveur amère, ou âcre, ou alliacée des plantes qui sont entrées dans la nourriture de l'animal, même en petite quantité; le principe colorant de la garance circule avec le sang, teint les muqueuses gastriques et pénètre dans les os. Nous avons trouvé des substances salines, étrangères à la composition du corps, dans le sérum du sang et dans les urines d'animaux auxquels nous les avions données à grandes doses.

Des principes des alimens en général.

Ils sont dans le règne végétal, la fécule, le gluten, le muqueux, le sucre.

L'huile grasse et l'albumine appartiennent aux deux règnes organiques.

On peut considérer comme condimens végétaux les acides, les huiles essentielles, le tannin, le principe amer, celui des crucifères.

Les principes alimentaires que fournit le règne animal sont, en outre de l'albumine et de la matière grasse, la gélatine, la fibrine, l'asmazome, le caséum.

La présence de l'azote n'est pas toujours le caractère chimique qui distingue, les uns des autres, les alimens des deux règnes; le gluten végétal est azoté, la graisse et le beurre ne contiennent pas d'azote.

Il est tel principe qui a reçu le nom de végéto-animal.

Les transformations de substances sont fréquentes dans les organes des plantes; le muqueux y devient sucre, celui-ci albumine qui, à son tour, passe à l'état féculent.

De pareilles métamorphoses ne s'observent pas dans le règne animal.

A certaines époques de la végétation, des principes alimentaires sont accumulés en certaines parties des plantes ; ils étaient destinés au développement du végétal, et les animaux s'en emparent : tel est le suc de la racine de la carotte qui devait passer dans la tige : telle est la fécule amylacée qui devait nourrir la plantule, aux premiers jours de la germination.

De la fécule.

La plus abondante des substances alimentaires végétales ; existe dans toutes les parties, même dans les feuilles ; base de l'alimentation que fournit l'herbe qui est mûre ou fanée ; n'ayant rien d'analogue parmi les substances animales ; identique, quand elle est pure, quelle que soit la plante qui l'ait fournie ; répandue avec profusion dans les familles des graminées et des légumineuses ; unie au gluten dans le froment, à du sucre dans la châtaigne, à de l'huile douce, à de l'albumine dans des légumineuses ; — de toutes les substances, la seule qui puisse éprouver la fermentation panaire ; — d'une digestion facile, laissant peu de résidu excrémentitiel, fournissant beaucoup de chyle et, par suite, beaucoup de sang, d'où peut résulter la pléthore et des affections inflammatoires chez les chevaux trop nourris de grains féculens.

Du gluten.

Substance végéto-animale, analogue à la fibrine, formant, avec la fécule, la farine panifiante ; c'est parce qu'elle abonde dans celle de froment qu'on en fait le meilleur pain.

Le gluten, qui ajoute beaucoup aux facultés alimentaires de la fécule, étant, seul, un mauvais aliment, on engraisse mal, on expose à la cachexie les animaux auxquels on donne le résidu glutineux des fabriques d'amidon.

Du muqueux.

Ou mucilage, quand il est pur et concentré c'est de la gomme, substance plutôt médicamenteuse qu'alimentaire, quoique des caravanes, dit-on, hommes et chameaux, s'en nourrissent dans les déserts africains, quand les vivres leur manquent.

Les végétaux les plus mucilagineux, tels que les malvacées, sont de fort mauvais fourrages, et c'est parce que les pousses printanières ont encore ce caractère qu'elles rendent les bœufs et les chevaux mous, paresseux et sujets à la cachexie.

La plupart des plantes sont muqueuses dans leur enfance, et en cet état elles ne sont, en général, ni médicinales, ni vénéneuses (1); elles sont faiblement alimentaires. Mais à mesure qu'elles avancent en âge, d'autres principes s'unissent à leur mucus, et quelques-unes deviennent précieuses comme alimens.

Dans l'herbe des prairies, c'est une fécule verte.

Dans les racines de carotte, de betterave, de panais, de navet, dans les tubercules de topinambours, c'est du sucre. Dans les graines des légumineuses, c'est encore de la fécule et de plus de l'albumine; dans les feuilles des crucifères, une huile sapide *sui generis*.

C'est par cette association que le mucilage végétal est une matière alimentaire précieuse.

(1) Les propriétés des plantes dépendent beaucoup de leur âge; ce qui explique la divergence d'opinion sur le caractère vénéneux de beaucoup d'entre elles.

Du sucre.

Intimément uni, dans les plantes, à d'autres principes dont il est toujours difficile et quelquefois impossible de le séparer : ce qui a fait croire à plusieurs espèces de sucre, dont il en est d'incristallisables.

Abondant dans la tige de la canne indienne, dans la sève d'une espèce dérable, la racine de betterave, la châtaigne, le raisin, tous les fruits bien mûrs.

Il est associé tantôt avec du mucilage, tantôt avec de la fécule, souvent avec l'un et l'autre.

Seul et cristallisé, il n'est la nourriture d'aucun animal ; c'est sous forme de melasse, c'est-à-dire uni à des matières herbacées, qu'on s'est avisé, en Angleterre, de le faire servir à l'engrais du bétail.

Les plantes les plus sucrées contiennent en abondance d'autres substances alimentaires.

Le sucre absolu est un condiment, une friandise pour les chevaux et les chiens. A haute dose, il excite, il échauffe et nourrit mal. Tels ne sont pas les végétaux sucrés et les résidus des fabriques d'extraction et de purification du sucre. Ces substances, en effet, données pour toute nourriture, peuvent suffire aux bœufs d'engrais, aux vaches à lait, peut-être à quelques animaux de travail (1).

De l'albumine, et des huiles grasses végétales.

L'albumine, peu abondante dans le règne végétal, est

(1) M. Magendie s'est livré à des expériences dont il a cru pouvoir conclure que le sucre, étant dépourvu d'azote, ne pouvait soutenir la vie, des carnivores du moins, au-delà de 20 à 30 jours, et qu'il portait de fâcheux effets sur la cornée lucide.

unie à la fécule et au muqueux dans les graines mûres des légumineuses. C'est à elle qu'elles doivent en grande partie leurs propriétés nutritives qui sont considérables ; quelques-unes de ces graines, telles que celles de la gesse chiche, *latyrus cicera*, ont des propriétés malfaisantes dues à d'autres principes que l'albumine ; il en est de même des graines du genet d'Espagne, *spartium junceum*, auxquelles on attribue une inflammation des reins et de la vessie, nommée *genestade*.

Les huiles fixes végétales sont, dans la nature, unies au mucilage et à la fécule ; alors seulement elles peuvent nourrir.

C'est exclusivement dans les fruits que réside ce principe ; on l'extrait des olives, des amandes, des noix, des noisettes, des graines de choux, de cameline, de lin, de pavôt, de faine, de chenevis, de soleil.

Ces trois dernières sont presque les seules qui, pour nos animaux, soient usitées comme alimens, l'une pour le porc, les deux autres pour des oiseaux.

Les résidus de l'extraction de l'huile, nommés *trouilles*, *tourteaux*, nourrissent mal, ne fortifient point, disposent les chiens à la gâle, rendent molle et de mauvais goût la viande des animaux auxquels on prodigue ces résidus, pour les engraisser.

Des assaisonnemens végétaux.

1.° Les acides ne fournissent, pour ainsi dire, aucunes parties alibiles ; mais ils rendent quelquefois plus sapides et plus agréables certains principes alimentaires, et ils rafraîchissent, modèrent la diathèse pléthorique qui se développe sous l'influence du printemps. C'est en exerçant une action sédative, et non, comme on l'a dit, en fournissant de l'oxigène, que les acides mêlés à des matières, résidus des fabriques, facilitent l'engraissement. Des substances alcooliques, unies à d'autres résidus, ont les mêmes propriétés.

2.º Les huiles essentielles qui se forment dans quelques végétaux, notamment dans les labiées, excitent vivement l'organisme; et cependant aucun herbivore, pas même le mouton, qui a un si grand besoin d'être excité, n'aime les plantes riches en huiles essentielles; il pâture, sans y toucher, parmi le thim et le serpolet. On attribue à ces plantes la chair savoureuse des moutons de Causse, parce qu'elles croissent sur des coteaux arides, favorables à la santé et à la vigueur de ces animaux.

Les lapins eux-mêmes ne mangent des plantes aromatiques que lorsque la faim les presse.

Ce n'est qu'étant mêlées, sous forme de provende, avec de l'avoine, du son, du sel, que les baies de genièvre sont du goût du mouton.

Les chevaux ne mangeraient pas de l'anis pur; mais ceux de sang prennent en Angleterre, sans difficulté, des bols dont cette graine aromatique forme la base, et le miel l'excipient.

3.º Le principe amer, qui ne nourrit pas, facilite la nutrition par une vertu tonique, persistante. Les moutons ne le repoussent pas; ils pâturent en effet la pimprenelle, la chicorée amère, beaucoup d'autres corymbifères, même la tanaisie, surtout dans les temps humides dont l'influence leur est si fâcheuse. C'est aussi en cette saison, et avant de descendre dans la plaine, que les vaches d'Auvergne pâturent la gentiane.

4.º Pas plus que le principe amer, le tannin n'est nutritif; mais c'est un assaisonnement que les herbivores rebutent encore moins : ils l'appétent même et beaucoup trop pour leur santé. En effet, menés au printemps dans les bois de chêne, ils s'y jettent avec tant d'avidité sur les feuilles de cet arbre, abondantes en tannin, dans cette saison surtout, qu'ils contractent une espèce de gastrite qu'on a nommée *mal de bois* ou *de brou* (1).

En automne, le tannin des feuilles étant moins développé, la susceptibilité gastrique moindre, le besoin de tonifier plus grand, ces feuilles, données seules, ont peu d'inconvéniens, et comme assaisonnantes, elles sont utiles dans les feuillards.

5.º La résine, plus que le tannin, irrite et donne plus sûrement lieu au mal de brou, chez les animaux qui pâturent les bourgeons des conifères. Ce principe assaisonne et rend tonique l'orge, l'avoine et la carotte; elle réside dans l'écorce; de là la différente nutrition de ces alimens, selon qu'ils sont ou non dépouillés de leur tégument (2).

(1) Il résulte de nos expériences que le tannin, donné à haute dose, exerce sur les tissus et les fluides vivans une action chimique analogue à celle qui le caractérise dans les substances animales privées de vie.

(2) Un savant anglais (Davy), qui a cherché à appliquer la chimie à l'agronomie, a cru pouvoir évaluer la force nutritive des substances végétales, pour les hommes comme pour les animaux, d'après la nature des principes immédiats; et prenant le nombre 100 pour terme de comparaison, il a trouvé ce qui suit :

Orge,	910
Avoine,	743
Fèves,	870
Pois,	574
Betteraves,	136
Carottes,	98
Tourteaux de lin,	151
Choux,	73

Des substances alimentaires, puisées dans le règne animal.

Elles renferment, en un volume donné, beaucoup plus de molécules alibiles que les végétales ; elles se digèrent avec plus de promptitude et s'assimilent plus aisément. Seules, elles conviennent au naturel des animaux, nommés carnivores, mais en soumettant quelques-uns d'entre eux à la domesticité, nous leur avons imposé la nourriture végétale. D'un autre côté, les animaux que la nature a faits herbivores, ne répugnent pas absolument aux substances animales, ils peuvent s'en nourrir et les assimiler : nous en donnerons plus tard des exemples.

Les principes alimentaires du règne animal sont la fibrine, la gélatine, l'albumine, l'osmazome, la graisse, le caséum :

1.º La fibrine, substance fortement azotée, entrant en grandes proportions dans le chyle et dans le sang ; base de la chair musculaire où, selon les espèces, les âges et d'autres circonstances, elle est unie ou non, et en proportions diverses, avec la gélatine et l'osmazome ; d'une digestion facile, d'une assimilation prompte ; produisant beaucoup de force et de chaleur ;

2.º La gélatine forme la base des tissus blancs, concourt, avec la fibrine, à la composition des muscles ; avec le phosphate calcaire, à celle des os ; se séparant de ce sel dans les organes digestifs des chiens ; abondante chez les jeunes animaux ; nourrit beaucoup, quoique moins que la fibrine ; ne produit pas autant de force et de chaleur.

On ne doit pas confondre la gélatine avec le mucus gélatineux des animaux du premier âge, dont la chair est relâchante et très-peu nutritive ;

3.º L'albumine, pure dans le blanc d'œuf d'où elle tire son nom, unie avec une huile dans le jaune, dissoute dans le sérum du sang, se coagulant à une légère chaleur, renfermant sous un petit volume une grande quantité de molécules alibiles : on donne avec succès un ou deux œufs, par jour, aux veaux qu'on veut engraisser ;

4.º L'osmazome (1), peu abondante dans la nature, existe dans la chair musculaire, dans la masse encéphalique, dans les huîtres, certains champignons ; elle nourrit, échauffe, fortifie, prise en infime quantité : ou, pour mieux dire, elle donne ces qualités aux matières animales dont elle fait partie ;

5.º La graisse, substance fortement hydrogénée ; de la même nature que les huiles grasses végétales ; déposée chez les animaux dans les aréoles du tissu cellulaire ; nommée, suivant les parties qu'elle occupe et les animaux qui la fournissent, *axonge*, *lard*, *suif*, *huile de pieds de bœuf*, *huile de poisson*, *blanc de baleine*, *beurre* (2) et, dans ces divers états, différant beaucoup en couleur, en saveur, et en consistance.

La graisse unie à d'autres substances animales les rend savoureuses, et se digère avec elles ; mais étant pure, elle résiste aux organes gastriques : sa propriété nutritive est, au reste, prouvée par ce qui se passe dans la saison froide chez les hivernans ; ils s'endorment gras, se réveillent maigres, et c'est leur propre graisse qui les a nourris ;

(1) D'un mot grec qui signifie bouillon. C'est, en effet, à l'osmazome que la décoction de viande doit son odeur, sa sapidité, sa principale force nutritive.

(2) Le beurre est une substance grasse tenant le milieu entre les huiles fixes végétales et les animales.

6.º Le Caséum. C'est le principe le plus alimentaire du lait ; nous en parlerons en traitant de ce fluide.

Effets physiologiques des alimens, indépendans de la nutrition.

Il est de ces effets qui se font sentir au moment même de l'ingestion, surtout après un long jeûne ; l'estomac étant excité agit sympatiquement sur tout l'organisme ; les forces se relèvent, la vigueur renaît, le sentiment de la faim se calme ; et, cependant, non-seulement la réparation, mais la digestion n'est pas encore commencée ; c'est ainsi qu'un béchique adoucissant diminue l'irritation pulmonaire, au moment où il tombe dans l'estomac, quelquefois avant d'y arriver.

La présence des alimens dans cet organe y appelle le sang et l'influence nerveuse ; alors la caloricité, la contractilité, une sensibilité particulière se développent, la digestion s'effectue selon le rhythme de ces propriétés, encore plus que d'après la nature des alimens. C'est ainsi que des substances, indigestes pour un individu, se digèrent bien chez un autre de la même espèce, que la digestion des alimens d'une nature donnée est plus ou moins lente, plus ou moins facile, même impossible dans le même individu, selon les circonstances physiologiques où il se trouve.

Le travail de la digestion, renfermé dans de justes bornes, est nécessaire à l'excitation générale : voilà pourquoi des substances, renfermant, sous un petit volume, beaucoup de matière nutritive d'une extraction prompte et facile, ne conviennent pas à des animaux robustes soumis à de rudes travaux. Huit livres de pain de froment renferment plus de principes alibiles que cinquante livres du meilleur foin ; et, cependant, le premier de ces ali‑ mens sustenterait, bien moins que le second, un gros cheval de trait. Ce ne serait pas, non plus, après avoir pris pour toute nourriture quelques bouillons bien chargés d'osmazome, que des chiens courans soutiendraient les fatigues de la chasse.

D'un autre côté, la présence d'une certaine masse alimentaire est nécessaire, chez les herbivores surtout, pour équilibrer mécaniquement les viscères abdominaux. La vacuité des gros intestins du cheval laisserait sans soutiens le foie et la rate ; et, dès lors, le diaphragme serait tiraillé, et la respiration embarrassée : si la panse ne renfermait pas une quantité suffisante d'alimens, la rumination cesserait, et avec plusieurs kilogrammes de fourrage dans cette poche, un bœuf mourrait de faim. C'est pour se procurer du lest, et en même temps pour empêcher le frottement douloureux des membranes d'un estomac vide, que les chiens et les loups privés d'alimens avalent de la terre glaise. Plus les cavités digestives sont dilatées, et les muscles abdominaux relâchés par l'effet d'une nourriture habituelle volumineuse, plus il y a né‑ cessité de lester, pour l'équilibration organique.

CHAPITRE XII.

DE L'ALIMENTATION SELON LES ESPÈCES, LES AGES, LES LIEUX, LES SAISONS, LES GENRES DE SERVICES ET DE PRODUITS, LES CONDITIONS PHYSIOLOGIQUES.

Rapports entre le genre de l'alimentation et la forme de l'appareil digestif.

C'est d'après la forme, la structure et le nombre de leurs organes digestifs que les animaux sont appelés à vivre de substances animales ou végétales, ou des unes et des autres (1).

Ce sont, de tous les organes, ceux qui offrent les plus grandes différences, non-seulement entre des animaux de classes éloignées, comme les mammifères et les oiseaux, mais encore entre les diverses familles de mammifères, comme les solipèdes, les bisulques, les fisipèdes.

Il existe encore des différences entre la capacité de ces organes chez les animaux de la même espèce, selon qu'ils vivent à l'état sauvage ou à celui de domesticité. Chez le verrat, le canal intestinal excède de beaucoup la longueur proportionnelle qu'il offre chez le sanglier. Le chat domestique a des intestins plus longs et d'un moindre diamètre que son congénère sauvage. Le tube intestinal du buffle est beaucoup plus court que celui du taureau. Cette différence est inverse entre le lapin sauvage et le lapin domestique.

(1) De là les noms qu'ils ont reçus de *carnivores*, *herbivores*, *omnivores*.

Dans toutes les espèces, la capacité intestinale est proportionnée à la masse alimentaire qui doit y entrer et au temps qu'elle doit y rester.

Le chat sauvage, exclusivement nourri de chair, a des intestins trois fois seulement plus longs que le corps ; et c'est parce que le chat domestique est forcé de s'alimenter en partie de végétaux, que la proportion est quintuple.

Elle est la même chez le chien domestique, tandis qu'elle est seulement quadruple chez le loup.

Elle est de 8 à 10 fois dans le cheval et l'âne, de 23 dans le bœuf, de 27 dans le bélier : c'est la plus grande proportion connue.

Dans l'homme, comme dans le porc, animaux omnivores, elle est de 6 à 7.

A ces différences se joignent beaucoup d'autres, offertes par tout l'appareil ; l'anatomiste les décrit, le physiologiste cherche à les expliquer. Elles sont en harmonie avec la masse alimentaire que' doit prendre l'animal, le temps nécessaire pour en extraire les parties alibiles, sa tendance à la putridité.

Il y a une admirable corrélation entre l'appareil intestinal et les autres organes de digestion et de mouvement. Les animaux qui vivent de chair doivent avoir des sens capables d'apercevoir de loin une proie, des organes locomoteurs assez énergiques pour la poursuivre et l'atteindre, des griffes pour la saisir et la déchirer, tels sont les chats ; ou des dents assez fortes pour la couper et la diviser, tels sont les chiens.

Les herbivores n'avaient pas besoin de ces armes meurtrières ; ils ont bien moins de force dans les muscles maxillaires, leurs dents sont disposées pour broyer, pour moudre, non pour déchirer et réduire en lambeaux.

Quelques-uns d'entre eux, les ruminans, dépourvus d'incisives à l'une des mâchoires, avalent avant de mâcher.

Ses rapports avec le naturel.

D'après leur mode d'alimentation, les herbivores sont doux et paisibles et les carnivores féroces ; ces derniers, à volume égal, sont doués d'une force musculaire plus grande et d'une puissance digestive beaucoup moindre. D'un côté, ils sont forcés de combattre pour se nourrir ; de l'autre, leurs alimens, déjà animalisés, se digèrent et s'assimilent aisément.

Les premiers, abandonnés à la nature, passent à manger une grande partie de leur vie ; ils digèrent en mangeant, et ils ne sauraient supporter une longue abstinence. Les seconds absorbent leur nourriture avec une grande rapidité, et presque toujours furtivement ; ils peuvent mettre entre leurs repas de longs intervalles.

On a vu des chats et des chiens vivre un mois entier sans nourriture, dans un lieu renfermé, et en sortir encore vigoureux.

Il n'est point de cheval ni de bœuf sain qui puisse résister plus de cinq à six jours à une abstinence absolue.

Des observations analogues ont été faites dans la classe des oiseaux et dans celle des insectes.

Cela devait être ainsi : l'animal, obligé d'épier, de poursuivre sa proie, souvent de la combattre, devait avoir, pour le maintien de son espèce, reçu la faculté d'attendre long-temps sa nourriture sans périr.

L'herbivore et le carnivore affamés se présentent sous un aspect bien différent : le premier est triste, abattu, sans forces ; le second est furieux, et son énergie musculaire s'est accrue. En cet état, le chien ne connaît plus son maître, et manifeste souvent des symptômes de rage. Que de chiens on a sacrifiés comme hydrophobes et qui seulement étaient affamés !

On a mis à la diète des chevaux fougueux pour les rendre dociles, des taureaux difficiles à dompter pour les soumettre au joug ; on s'exposerait aux plus graves accidens si l'on voulait user envers des chiens ou des chats de moyens de ce genre.

Le carnivore qui, forcé de manger rapidement et pour plusieurs jours, a rempli son estomac de manière à rendre la digestion difficile ou même impossible, a le privilége de rejeter, par le vomissement, les alimens qui le fatiguent. Cette faculté a été refusée aux herbivores, auxquels elle est inutile quand, suivant leur nature, ils vivent d'herbe fraîche.

Le carnivore qui, à la suite d'une longue abstinence, est tombé dans la faiblesse et la maigreur, répare ses forces et recouvre son embonpoint en peu de temps par un bon régime, tandis que l'herbivore, réduit au même état, reste souvent et pour toujours maigre, faible et valétudinaire.

Nous imposons aux carnivores, en grande partie du moins, une alimentation végétale ; c'est bien malgré eux que nous les rendons ainsi omnivores, et en quelques régions polaires, on nourrit les vaches avec du poisson.

D'un autre côté, nous prouverons plus tard que les nourritures animales ne sont pas aussi contraires au naturel des herbivores qu'on le croit communément.

Sa nature selon les âges.

Le lait est la nourriture du premier âge dans toutes

les espèces mammifères ; et comme ce fluide n'a pas besoin d'être élaboré par la rumination, les organes servant
à cette fonction sont rudimentaires chez les ruminans à
la mamelle, et la caillette offre alors une capacité relative
énorme, qui cessera avec l'allaitement.

Un allaitement artificiel, un sevrage prématuré, remplacé par une alimentation substantielle, conviennent
aux jeunes animaux destinés à la boucherie, nullement à
ceux qu'on veut élever, encore moins à ceux dont on
veut tirer race.

Ce n'est pas dans les gras pâturages, résultat des engrais et des arrosemens artificiels, qu'on jettera les poulains et les veaux, encore moins les agneaux ; ils ne
doivent pas même y être allaités, car le lait de leurs
nourrices y contracte une propriété trop nourrissante
pour de jeunes organes, d'où résultent des entérites, des
pléthores, d'autres accidens mortels.

Les veaux sevrés dont on veut faire des bœufs travailleurs doivent pâturer l'herbe tonique et peu succulente
des pacages de montagne. Les poulains y seraient bien
placés, et s'ils ne peuvent l'être, on devrait les nourrir
au sec, en les faisant sortir tous les jours pour leur procurer de l'air et de l'exercice.

De fort bonne heure on leur donnera du grain pour
les fortifier en les nourrissant, et n'avoir pas à leur livrer une quantité de foin capable de dilater outre mesure
les organes de la digestion. Si l'on craint, avec quelques
éleveurs, que la mastication de l'avoine n'attire le sang
vers la tête, qu'on la fasse macérer dans l'eau, qu'on la
concasse légèrement ; et il serait toujours avantageux de
la donner sous cette forme, pour l'utiliser toute entière.

Tandis que c'est avec la plus grande parcimonie qu'on

donne de l'avoine aux poulains, on la prodigue aux jeunes chevaux qui commencent à travailler ; on leur donne aussi beaucoup trop de foin et pas assez de paille ; on leur cause ainsi des maladies inflammatoires auxquelles ils sont disposés par leur âge ; on les charge d'embonpoint, on les rend lourds, paresseux, gros mangeurs ; on les dispose à la pousse.

Dans l'âge adulte la constitution physiologique est formée, et ce n'est pas sans inconvéniens que l'animal serait soustrait à ses habitudes alimentaires. Ses digestions sont alors plus énergiques, et, habitué qu'il est à beaucoup de nourriture, il faut le nourrir abondamment si l'on veut en obtenir de bons services. On ne peut expliquer différemment que par l'habitude l'énorme consommation des chevaux de hallage (1).

A mesure que les animaux avancent en âge, leurs organes digestifs s'affaiblissent, et de plus leur denture, celle du cheval surtout, s'use, se déforme ; les molaires, dans ce quadrupède, changeant de direction et se couvrant d'aspérité, excorient la langue et les joues, et broyent mal les alimens ; ils s'échappent de la bouche, ou se nichent et se putréfient dans l'intervalle des joues et des dents ; c'est pour exprimer cette infirmité, que les hippiatres disent que le cheval *fait grenier ou magasin*. S'il était encore précieux, si c'était un étalon noble, encore propre à la monte, on le nourrirait d'alimens farineux, concassés, pulpeux, cuits, qu'on salerait pour les rendre sapides, stimulans : mode d'alimentation, qui ne convient pas seulement aux vieux animaux, et dont nous développerons plus tard les grands avantages.

(1) Elle est douze à quinze fois plus grande que celle d'un cheval arabe.

Selon les lieux, les climats.

La qualité de la nourriture est l'un des élémens les plus puissans de l'influence des climats sur les animaux. Les végétaux du Midi, riches en fécule, en sucre, en arome, sont sapides, toniques; ils nourrissent beaucoup sous un petit volume. Ceux du Nord, en général plus volumineux, sont aqueux, mucilagineux; il en faut de grandes masses pour produire un effet nutritif; et, sous tous les climats, les plantes, qui végètent dans les lieux gras et humides, sont gorgées d'eau et de mucilage, et perdent, par la dessication, jusqu'à deux fois plus que celles qui croissent en des lieux secs, sous l'influence d'un soleil ardent.

La paille qui, dans le Nord est une chétive nourriture, est féculente et sucrée dans le Midi. On a vu dépérir, dans les garnisons du Nord de la France, des chevaux qui, habitués à la paille du Languedoc, recevaient celle du Brabant.

L'épéautre (triticum spelta) qui, en Italie, supplée avantageusement l'avoine, nourrit fort mal les chevaux, en France.

L'orge qui, dès la plus haute antiquité, a été et est encore la base de la nourriture du cheval, en Orient, patrie originaire de ce quadrupède, lui convient peu dans le Nord, et même sous les climats tempérés; elle y nourrit moins et échauffe davantage, contenant, sans doute, moins de fécule amylacée et plus d'ordeine (1).

(1) Bourgelat rapporte qu'une personne, s'étant obstinée à nourrir en France, un beau cheval espagnol avec de l'orge, donnant pour motif que l'animal était habitué à ce grain, lui occasiona une fourbure violente. Cette observation n'est pas unique.

D'un autre côté, les animaux du Nord ont une plus grande force digestive que ceux du Midi. Ils ont besoin de lester davantage des organes gastriques, proportionnellement plus volumineux, et de les exercer plus vivement : cet exercice produisant de la chaleur intérieure, et stimulant tout l'organisme, par voie de sympathie, chez des animaux qui, exposés à un froid intense, ont besoin de ce double effet. C'est avec de grandes masses d'alimens, médiocrement nutritifs et d'une digestion peu facile, qu'il faut nourrir les animaux du Nord ; c'est un régime alimentaire opposé qui convient à ceux du Midi.

Sous le rapport des saisons.

La nature, en variant la qualité nutritive de l'herbe pendant le cours de la végétation, semble indiquer le mode d'alimentation qui, dans chaque saison, convient aux herbivores.

Les plantes sont, au printemps, acidules et peu substantielles ; sucrées et féculentes, en été ; toniques et amères, en automne.

En la 1e de ces saisons, les organes digestifs ont peu de force ; l'hématose est énergique ; les pléthores, imminentes ; il faudrait moins nourrir, ménager les grains, et, si on le peut, donner du vert dedans ou dehors. Les animaux l'appètent alors plus qu'en toute autre saison ; si on ne le peut pas, on diminuera la quantité de foin pour augmenter celle de paille ; faire boire blanc ; aciduler la boisson des jeunes animaux, de ceux qui ont des dispositions à la pléthore ; nullement de ceux qui sont vieux, lymphatiques, affectés de maladies chroniques.

Il convient de ménager la transition du régime sec de l'étable, au régime vert de la prairie. Le meilleur moyen, pour cela, est l'approvisionnement de racines et de tubercules cuits ou crus, dont la combinaison avec le foin et les grains convient non-seulement aux rumi-nans, mais encore aux solipèdes.

En été, les herbes sont riches en sucre et en fécule, principes fort nutritifs ; les animaux ayant, en effet, be-soin de réparer des pertes qui, en cette saison, sont considérables ; c'est le moment des grands travaux de la campagne. On donnera des alimens toniques stimulans, tels que l'avoine, le maïs, le froment, l'orge ; mais à la condition que les animaux y seront soumis à des travaux soutenus: car s'ils étaient oisifs, ils deviendraient plétho-riques et seraient exposés à des maladies inflammatoires.

La soif est vive dans les grandes chaleurs ; les eaux sont souvent de mauvaise qualité ; on les corrige avec du sel qui les rend sapides et toniques, de l'acide qui les rend tempérantes ; et on évite de les donner froides, de crainte que la peau et les muqueuses perspiratoires ne cessent tout-à-coup leurs fonctions.

C'est en automne, saison dont la température est hu-mide, variable, affaiblissante, que l'alimentation doit être tonique, plus qu'en tout autre saison ; on a d'ailleurs, alors, beaucoup moins à craindre de la pléthore, et les durs travaux de la campagne continuent. On donnera, plus qu'en tout autre temps, des grains au cheval, de bons foins aux bœufs, du sel aux moutons.

En hiver, les animaux qui ne travaillent pas, et c'est le plus grand nombre, sont ce qu'on appelle *mis à l'étroit*, on leur donne d'une main avare une nourriture qu'ils ne gagnent pas. C'est souvent une nécessité, les provisions d'hivernage étant insuffisantes ; et cependant, en cette saison, les fonctions digestives ont beaucoup plus d'activité qu'en toute autre. C'est la plus convenable pour l'engraissement de pouture, c'est celle où les chevaux de diligence et les bœufs de charrues consomment le plus , à égalité de travaux , quand ils ne sont pas, contrairement à l'Hygiène, rigoureusement rationnés.

En cette saison, moyennant une nourriture plus copieuse, les vaches laitières donnent un lait plus crêmeux.

Pour celles de montagnes, le régime à l'étroit est contraire à l'économie tout comme à l'Hygiène : elles sont, dans ce cas, maigres et faibles à l'issue de l'hivernage, peu capables de supporter le passage de la stabulation à la dépaissance en plein air. Avant de fournir du lait, elles ont besoin de réparer leur perte hivernale (1). Et qu'attendre des animaux reproducteurs qu'on traite ainsi pendant l'hiver, sous le prétexte que la monte ne doit avoir lieu qu'au printemps? c'est méconnaître l'influence du passé sur le présent.

Selon les genres de services et de produits.

Les services des animaux domestiques sont leurs travaux pour l'agriculture , le commerce, la guerre, les commodités de la vie, le luxe. Leurs produits sont du lait, de la chair, de la laine, du fumier, etc. Dans le premier cas, ils sont des instrumens, des agens, des moteurs dont nous employons les forces pour vaincre les résistances de la nature. Dans le second cas, ils sont des ateliers où se forment, pour notre intérêt, du lait, de la chair , de la laine, du fumier, des produits utiles ou agréables.

Dans l'un et dans l'autre cas, ce n'est pas pour main-

---

(1) De là ce proverbe auvergnat : « Le fromage se presse au pacage sur la montagne, et il s'était fait à la plaine dans l'étable. »

tenir la machine dans son intégrité que nous l'entretenons, mais pour lui donner les moyens de fonctionner avec vigueur et solidité. A quoi nous servirait de donner au bœuf de travail ou d'engrais, à la vache laitière, au cheval de roulage, à la machine à engrais, car il est des animaux réduits à cette simple destination ; à quoi nous servirait-il de leur donner rigoureusement ce qui leur est nécessaire pour l'entretien de leur vie. Ce n'est pas pour eux, mais pour nous, que nous les entretenons ; et c'est l'excédent de ce qui est nécessaire à leur existence individuelle qui tourne pour nous avec abondance en lait et laitage, en chair et suif, en fumier, en aptitude à des labeurs rudes et soutenus. La laine seule, sous le rapport de la finesse, est plutôt le résultat de la pénurie que de l'abondance de l'alimentation ; encore faut-il savoir choisir cette parcimonieuse nourriture.

C'est à l'économe à rechercher s'il lui convient de diriger cet excédent de la nourriture sur l'entretien de la vie vers la production du lait, ou vers celle de la viande, ou vers celle de l'aptitude au travail, ou simplement vers la production du fumier.

Il pourra combiner plusieurs économies, car les vaches laitières, surtout les bêtes à l'engrais, les unes et les autres nourries à l'étable, sont d'excellentes machines à fumier.

L'économe balancera ce que coûte l'excédent de nourriture avec ce que rapporte le surcroît de produit (1).

(1) Un habile agronome (Mathieu de Dombasles) suppose « qu'un
» bœuf, avec 12 livres de foin par jour peut, en restant en repos à
» l'étable, conserver le même embonpoint ; d'où il suit que sa nour-
» riture, évaluée à 100 f. par an, est entièrement perdue pour le
» maître (sauf, néanmoins, le fumier). Si on ajoute 6 livres de foin
» par jour, on pourra en obtenir 100 journées de travail, évalué à

Mais il doit faire entrer en ligne de compte l'usure de la machine. Les chevaux de hallage, qui mangent et travaillent énormément sur le Rhône, ne durent guère que deux ans et demi. En obligeant, par la surabondance du fourrage, une vache à donner beaucoup de lait, on peut affecter sa poitrine.

Le plus souvent alors on la pousse à l'engrais, et le lait tarit.

Nous verrons plus tard quel genre d'alimentation convient le mieux soit à la production du lait, soit à celle de la viande, soit à l'aptitude au travail, tout en prévenant les accidens auxquels sont exposés les animaux dont on attend ces services ou ces produits.

Selon les conditions physiologiques.

1.º Il est des animaux gros mangeurs qui, ne recevant qu'une ration proportionnée à leur taille, sont mal nourris et dépérissent ; d'autres, ainsi traités, meurent d'indigestion pour s'être trouvés à portée d'une masse insolite de fourrage.

2.º Le besoin d'une plus grande quantité de boisson

» 1 f. 50 c., ce qui porte la valeur de son travail et de celle de sa
» nourriture à 150 f., le maître se trouve indemnisé. Si on augmente
» encore la nourriture du bœuf de 6 livres par jour, elle vaudra 200 f.
» par an ; mais on pourra obtenir 200 journées de travail (c'est-à-dire
» un boni considérable sur les frais de nourriture).

Le même agronome fait observer, ailleurs, que ceux qui emploient des chevaux aux services des messageries et du roulage, leur donnent des rations d'avoine énormes ; mais le travail qu'ils en retirent, qui est double de celui que l'agriculteur retire de chevaux de même taille, leur laisse de grands bénéfices.

Le même calcul s'applique plus avantageusement encore aux vaches laitières.

qu'on n'en donne à l'écurie ou à l'étable, tourmente certains animaux, et plus particulièrement des bêtes bovines dont les alimens se durcissent, souvent, dans le bonnet ou le feuillet.

3.º Un régime alimentaire, rigoureusement réglé, imprime à l'idiosyncrasie une modification telle, qu'il est dangereux de le troubler : c'est la cause de la perte d'un grand nombre de chevaux de troupes qui, après un long séjour dans une garnison, entrent en campagne.

4.º L'uniformité du régime lasse quelquefois les vaches laitières, au point de diminuer ou même de tarir leur lait. Alors, souvent, au lieu de chercher la cause de leur état, on les médicamente ou on les réforme.

5.º C'est par la même cause que des animaux à l'engrais tombent dans le dégoût, et ne s'engraissent point.

6.º D'un autre côté, le brusque changement de régime alimentaire affecte certains animaux, au point de les jeter dans l'inappétence et la maigreur ; et parce qu'on méconnaît cet état, on donne, à tout hasard, des médicamens quelconques.

7.º Le même évènement survient, lorsque habitués à des alimens choisis, certains animaux, principalement de l'espèce chevaline, sont mis à l'usage d'une nourriture grossière.

8.º En d'autres circonstances, les animaux s'habituent à des alimens qu'ils avaient d'abord dédaignés : tels sont le pastel, le marron d'Inde, la fane du sarrasin, la pomme de terre, le topinambour, le marc de raisin.

9.º Il est des animaux qui affectionnent certains alimens, de leur nature peu convenables à leur espèce. On a vu une vache qui aimait la berle (sium sisarum), plante parasite des prés humides, avec tant d'ardeur qu'elle fesait plusieurs lieues pour en trouver.

10.° Des moutons d'une race allemande, élevés dans les marais, préféraient à l'herbe sèche du bois de Vincennes des plantes aquatiques croissant dans la Marne.

11.° C'est encore, d'après l'idiosyncrasie, que les mêmes alimens, donnés à la même dose à des vaches, engraissent les unes et favorisent, chez d'autres, la sécrétion laiteuse. (1).

12.° C'est, enfin, par suite de dispositions physiologiques particulières, que certaines substances prises avec les alimens, tantôt cèdent à la digestion, tantôt se trouvent avec toutes leurs propriétés dans le sang et les liqueurs sécrétées.

13.° N'est-ce pas à la même cause qu'il faut attribuer la création vitale de certains principes, qui n'ont pas été introduits par l'alimentation, ni par aucune autre voie? tel la carbonate de chaux qu'un chimiste célèbre (Vauquelin) a trouvé dans les coquilles d'œuf et les excrémens de plusieurs poules, en proportion beaucoup plus grande que n'était le sel dans les alimens de ces volatiles.

Phénomène vital dont la végétation offre de nombreux exemples.

(1) La quantité d'aliment nécessaire au soutien de la vie dans une race donnée d'animaux n'est point exactement proportionnelle au poids de leur corps; elle est subordonnée, à la saison, au climat, à l'idiosyncrasie et à l'habitude. Elle est, par jour, terme moyen, comme ration de pur entretien en bon foin entre un 40e et un 45e du poids du corps.

CHAPITRE XIII.

ALIMENTATION DIÉTÉTIQUE EN GÉNÉRAL ; ET PARTICULIÈ-
REMENT RÉGIME DU VERT POUR LES SOLIPÈDES.

De la diète dans les mammifères domestiques.

On a donné le nom de diète : 1.º à l'abstinence plus
ou moins absolue d'alimens ; 2.º à leur distribution méthodique aux malades et aux convalescens ; 3.º à la dis-
pensation, dans des vues thérapeutiques, de tous les
moyens hygiéniques, appelés par les anciens, *choses non
naturelles* ; et c'était, en prenant ce mot en cette dernière
acception, que des médecins qu'on a nommés *diététistes*,
ont eu la prétention de traiter toutes les maladies, au
moyen de la diète.

L'abstinence totale d'alimens ne peut être soutenue que
très-peu de temps par les herbivores malades ; ils tombent aisément, faute de nourriture, dans l'adynamie ; on
les voit chercher à manger, quoique affectés d'indigestion, et mourir en mangeant : le cheval surtout. Il faut
accorder des alimens à ces animaux, même dans des cas
d'affections gastriques (1) ; si on les leur refusait au
moment où ils les demandent, ils seraient plus tard hors
d'état de les digérer.

Quant aux carnivores, on peut les soumettre, sans
inconvéniens, à des jeûnes prolongés ; et c'est le régime

(1) Mon honorable confrère M. Rainard, professeur de clinique à
l'école de Lyon, fesait donner cinq à six livres de foin, par jour,
à des chevaux atteints d'une gastrite épizootique.

auquel on assujettit les chiens qui, par excès de nourriture, sont tombés dans l'obésité, la faiblesse, la cachexie: un jeûne qui, peut être poussé fort loin, leur
rend la santé, la vigueur, l'agilité.

Ce ne sont pas des tisanes pures, telles que des infu-
sions qu'on peut donner, comme boissons ordinaires, aux
bœufs et aux chevaux malades, mais de l'eau tenant en
suspension de la farine (ce qu'on nomme de l'eau blanche),
ou de fortes décoctions d'orge ou de rave.

Quand on administre du miel dans les maladies pulmonaires du cheval, on peut pousser la dose de cet
aliment médicamenteux jusqu'à cinq livres par jour.

On assure, chez le cheval et le bœuf, l'effet d'un
purgatif, en donnant quelques alimens après l'administration du remède: pratique inadmissible dans le traitement des carnivores.

Cette différence tient autant à l'idiosyncrasie qu'à la
conformation des organes digestifs.

La diète alimentaire tonique convient dans les maladies où des médicamens de même genre sont indiqués:
nourritures et substances pharmaceutiques concourent, dès
lors, au même effet; surtout si l'affection est chronique.

Si elle est aiguë, inflammatoire, tout doit être émol-
lient, les remèdes comme les alimens; et faute de vert,
ce sont des végétaux cuits qu'il faudrait donner.

Ce n'est pas pour les ruminans seuls, mais encore pour
les solipèdes, que la cuisson des alimens offre les plus
grands avantages.

L'addition d'un acide ou du nitre convient dans la
boisson diététique alimentaire des animaux atteints d'affections inflammatoires.

On met des amers, du fer, du sel, dans celles qu'on destine aux animaux affectés de maladies atoniques.

L'herbe verte est favorable aux premiers; elle serait dangereuse pour les seconds.

Du régime du vert.

On appelle ainsi l'usage de l'herbe fraîche qu'on accorde temporairement à des solipèdes, dans la vue de maintenir la santé, de prévenir ou de guérir des maladies.

C'est l'objet d'un traitement diététique, comparable aux eaux minérales, si souvent prescrites dans l'autre médecine, et, en général, beaucoup plus rationnel.

Ce traitement est un correctif du régime artificiel, auquel nous avons réduit les herbivores domestiques. La nature, en effet, ne produit ni foin, ni paille; elle ne laisse, à la fin de la végétation, qu'un squelette fibreux, dépouillé de principes nutritifs; c'est la prévoyance de l'homme qui, avant cette époque, récolte des fourrages pour l'alimentation, à l'étable, des herbivores qu'il a assujettis.

Ces animaux témoignent, en général, qu'ils préfèrent les végétaux frais à ceux qui sont fanés. On voit avec quelle avidité ils se jettent sur l'herbe en quittant le foin, et avec quelle répugnance ils reviennent au fourrage sec.

Nous les rendons, dans des vues hygiéniques, au régime que la nature leur avait destiné; nous les mettons au vert: expression dont on ne se sert pas à l'égard des ruminans, qui pâturent bien plus que les chevaux, et auxquels on accorde, à l'étable, bien plus de nourriture fraîche.

Saison du vert, sa durée.

La saison la plus fovorable pour ce régime est le milieu du printemps : époque qui, dans les pays tempérés, embrasse les derniers jours de mai et les premiers de juin. C'est le moment où le plus grand nombre des plantes sont en fleurs, et où la végétation, se disposant à la formation des graines, commence à préparer dans les tiges et les feuilles la plus grande abondance de sucs nutritifs : époque, qui précède de peu de jours celle où il conviendrait de porter la faux dans le pré. Elle varie en France, du Midi au Nord, de 20 à 30 jours; elle varie plus encore selon l'élévation des lieux. Nous avons vu à la fin d'août, sur le sommet du Pilat, les chevaux d'un escadron de dragons, prenant le vert en liberté (1).

Avant ce moment, le foin déjà vieux est peu du goût des chevaux, ils désirent l'herbe verte. Ils ont besoin de se rafraîchir pour modérer la surexcitation vitale, déterminée par l'influence du printemps. C'est alors que la nature est le plus disposée aux crises qui mettent fin aux maladies chroniques.

Quant à la durée du vert, on la règle à 30 jours dans les régimens, et cette fixation absolue n'est point hygiénique; quinze jours de vert suffisent à certains chevaux, d'autres en ont besoin pendant deux mois. Il vaudrait mieux observer les effets de ce régime, pour en retirer les animaux qui ne le supportent pas, ou auxquels il a cessé d'être utile : ce qui est subordonné au tempérament, à l'habitude, à l'âge, aux genres de services, à ceux des maladies.

On peut dire, en général, que d'après l'usage, 15 à 20 jours est la plus courte durée du vert, 30 à 45 la plus longue.

(1) Le colonel de ce régiment nous dit que jamais cette opération ne lui avait si bien réussi.

Ce régime, trop prolongé, a l'inconvénient d'habituer à l'herbe fraîche les chevaux, au point qu'ils répugnent au fourrage sec, et alors dépérissent, faute d'une nourriture suffisante.

Diverses manières de donner le vert.

On le donne à la prairie ou à l'étable et, dans le premier cas, de trois manières :

1.º On jette les chevaux dans la prairie pour y pâturer en toute liberté ;

2.º On la divise en plusieurs enclos, afin que les animaux puissent les pâturer successivement ;

3.º On place dans ces enclos un ou plusieurs hangars, garnis de crèches et de rateliers ; les chevaux entrent dans ces demi-étables, et en sortent à volonté.

Quand les animaux sont en petit nombre, il arrive quelquefois qu'on les attache au piquet.

Dans le second cas, les chevaux sont à l'étable, où on leur apporte de l'herbe verte, et d'où ils ne sortent, encore rarement, que pour prendre de l'air. Ce n'est que de cette manière qu'on donne le vert d'orge, nommé *vert d'escourgeon*.

Le pré qui fournit le vert doit être de première qualité ; d'abord, parce qu'il est destiné à des animaux fatigués, convalescens, quelquefois malades ; ensuite, parce que l'herbe fraîche agit selon ses qualités naturelles, tandis que le fanage les atténue et souvent les détruit.

Nous ferons connaître dans le chapitre suivant les qualités d'un bon pré.

Avantages du vert en liberté.

Les chevaux auxquels il est donné font un exercice

modéré; ils respirent un air pur, reçoivent l'influence de la lumière; ils éprouvent ce sentiment de la liberté si doux pour tous les êtres animés; ils paissent en société; et l'on sait combien est vif dans ces animaux l'instinct de la sociabilité: aussi remarque-t-on qu'ils mangent plus, qu'ils digèrent mieux, qu'ils se refont plus vite.

Il convient particulièrement aux chevaux qui, ayant été élevés dans des pacages, ont eu beaucoup de peine à s'habituer au foin.

Déferrer, avant de mettre au vert, au pré et même à l'étable, est une pratique hygiénique; les chevaux sans fers, les jeunes surtout, sont plus à leur aise; ils éprouvent un sentiment de bien-être favorable au rétablissement des forces et de l'embonpoint.

Malgré ces avantages, on donne rarement aux chevaux le vert en liberté, à cause des inconvéniens de cette méthode, tant sous le rapport de l'économie, que sous celui de l'Hygiène.

Ses inconvéniens, sous le rapport de l'économie.

Comme nous l'avons dit ailleurs, les chevaux qui pâturent font de grands dégâts dans les prairies, surtout dans celles de qualité supérieure. C'est au point qu'une étendue donnée de terrain fournira les moyens de nourrir au vert, deux fois plus de chevaux à l'écurie qu'au pâturage. Le fumier n'est pas, alors, seulement perdu, mais encore il nuit au pré, étant répandu en masse et à une époque de la végétation où il ne convient pas. Ce ne serait qu'à un prix fort élevé, qu'un herbager consentirait à livrer son pré pour être pâturé par plusieurs centaines de chevaux, tels que ceux d'un régiment de cavalerie; et les fournisseurs ne prétendent payer le

vert que le prix auxquels ils livrent les rations ordinaires.

On peut ajouter que, si la prairie n'est pas bien
close, et c'est en France le plus grand nombre, les
chevaux s'échappent, et font des dégâts dans les cultures
voisines: ce qui donne lieu à des querelles et nécessite
des indemnités.

Sous celui de l'Hygiène.

1.° Des chevaux faibles, fatigués, convalescens, quelquefois malades, ont plus besoin de repos que d'exercice. Étant abandonnés au pâturage, ils pourraient
souffrir beaucoup des vicissitudes de l'air, surtout s'ils
étaient, depuis long-temps, habitués à coucher à l'écurie;

2.° Des chevaux à courte queue, et à peau fine, sont
au pâturage, vivement tourmentés par les insectes ailés;

3.° Les chevaux de haute taille qui, élevés au sec, ont
été forcés, dans leur jeune âge, à lever la tête pour atteindre le ratelier; ceux qui, naturellement portent haut,
sont fort embarrassés dans la prairie: on les voit, traînant
une jambe de devant, et atteindre seulement et avec effort
la pointe de l'herbe;

4.° Il survient des coups de pieds, des coups de cornes,
des blessures contre les barrières que des chevaux, pour
peu qu'ils soient fringans, cherchent à franchir;

5.° Les chevaux abandonnés à eux-mêmes, ne peuvent
être surveillés; on ne peut pas régler et modifier leur
régime, s'assurer des bons ou des mauvais effets du vert.
On ne peut pas saisir les indications de la saignée qui se
présentent assez souvent, quand les chevaux sont sanguins
et la température chaude. D'un autre côté, il y aurait,
alors, danger de suivre cette indication à cause des trombus

qui pourraient survenir, par l'effet de l'attitude de l'animal pâturant.

Hangars disposés dans la prairie.

Un hangar est un toit soutenu, tout autour, par des poteaux ; on peut y adapter une ou deux cloisons mobiles qu'on dresse vers les points de l'horizon dont on veut intercepter les vents. Quand le hangar est adossé contre un mur, c'est un appentis. Le hangar est quelquefois garni de crèches et de rateliers qu'on adosse contre les piliers ; toutes les pièces sont mobiles pour être démontées et rétablies à volonté.

Le hangar est placé dans une enceinte close, assez vaste pour que les chevaux puissent y paître et s'y promener, et pas assez pour qu'ils y gaspillent beaucoup d'herbe ; les animaux se retirent sous cet abri, pour se soustraire aux intempéries et y recevoir des fourrages supplémentaires.

Au moyen du hangar, on obvient à une grande partie des inconvéniens du pâturage libre, sous le double rapport de l'économie et de l'Hygiène.

Du vert donné à l'écurie.

On peut, à l'écurie, encore plus que sous un hangar, mettre les animaux à l'abri des intempéries, les surveiller, ménager entre le régime sec et le vert une transition utile, ajouter une ration d'avoine ou de son gras. L'écurie étant nettoyée tous les jours, bien aérée, renfermant un tiers de chevaux de moins qu'elle ne pourrait en contenir, ceux-ci étant bien pansés, promenés tous les jours, pendant deux heures, à moins d'intempéries, menés aux bains, si une rivière est à portée, soumis même à un travail léger, obtiendra presque tous les avantages hygiéniques du vert en liberté, et on en évitera les inconvéniens.

L'avantage, sous le rapport économique, sera proportionné à la richesse de l'agriculture; car ce n'est que lorsqu'elle est pauvre, qu'on peut, sans inconvéniens, jeter dans les prés même des chevaux. Si la prairie était éloignée des écuries, il faudrait mettre en ligne de compte les frais de transport; et fût-elle rapprochée, on n'éviterait pas ceux de fauchage, de distribution et de soins qu'exigent les animaux prenant le vert à l'écurie : soins qui peuvent, seuls, assurer les succès hygiéniques de ce régime.

Transition du régime sec au vert.

Tout brusque changement répugne à l'économie vivante, dans le régime alimentaire surtout, au moins pour les herbivores. Quoique l'herbe verte soit l'aliment que la nature leur avait destiné, ce n'est pas tout-à-coup qu'il faut les mettre à ce régime. Ceux d'entre eux qui, pendant l'hivernage, reçoivent des alimens frais unis au foin, tels que choux, racines, tubercules, sont préparés à la nourriture verte; mais par suite d'une routine enracinée, cette nourriture est presque exclusive pour les ruminans.

C'est afin de pouvoir, pour les solipèdes, ménager cette transition qu'il est avantageux de leur donner le vert à l'écurie ou sous des hangars. On leur distribue, en commençant, du foin ou de la paille avec de l'herbe verte, en proportions à peu près égales; on diminue graduellement la quantité de fourrage sec, de façon qu'au bout de cinq à six jours, il ait complètement disparu. Les hacher ensemble serait un bon moyen de les mélanger; l'animal ne pourrait pas choisir, dédaignant le foin dont le mélange lui est, néanmoins, utile. Ce foin sera de la meilleure qualité; mêlé avec l'herbe verte, il en prendra l'odeur et la saveur; cette mêlée se conserve plus long-temps que l'herbe seule.

Si l'on pouvait aussi disposer de différentes qualités de vert, ce serait celui de la meilleure qu'il faudrait réserver pour la fin du régime; une méthode contraire pourrait amener le dégoût.

Lorsque le temps sera venu de remettre les chevaux au sec, les mêmes précautions seront observées.

C'est pour les avoir négligés que, tantôt on s'est privé des bons effets du vert, et tantôt on les a détruits.

Bonne distribution du vert à l'écurie.

1.º On ne doit jamais faire provision d'herbe verte, mais en faucher seulement pour le besoin quatre à cinq fois par jour, quand il est composé de graminées; et deux ou trois, quand il a pour base des légumineuses qui ne se dessèchent pas si facilement.

2.º Éviter de l'amonceler; l'étendre, au contraire, le plus possible pour déterminer un commencement de fanage; s'il pleuvait, ce serait à couvert et sur des claies que l'herbe serait déposée.

3.º Le remuer le plus souvent possible, afin d'offrir à l'air toutes les surfaces de l'herbe.

4.º Le donner cinq à six heures après la fauchaison; et si, pendant ce temps, on l'avait exposé au soleil par un temps chaud, on l'arroserait légèrement.

5.º Distribuer à très-petites doses, au point que chaque cheval n'ait jamais devant lui plus de six à huit
livres d'herbe ; cet animal poussant la délicatesse jusqu'à
rejeter l'herbe que son haleine a humectée.

6.º Entre les repas qui doivent être au nombre de
douze à quinze dans les vingt-quatre heures, les chevaux
sont promenés, étrillés, baignés.

7.º La consommation individuelle est, par jour, de
80 à 100 livres.

8.º Quoique les chevaux au vert soient peu altérés ,
c'est une bonne pratique de leur présenter de l'eau blanche
légèrement salée ou nitrée, selon les circonstances.

Du vert d'escourgeon.

On nomme ainsi l'herbe non épiée d'une espèce d'orge
nommée *escourgeon* ou *sucrion* (hordeum hexasticum) ;
on la cultive pour la donner en vert, et si, avant de la
faucher, on attendait la formation de l'épi, les arêtes qui
l'accompagnent excorieraient le palais des jeunes animaux
auxquels cette espèce de vert est principalement destiné ;
il serait, d'ailleurs, pour eux trop échauffant.

Il est plus sucré, plus succulent que le vert ordinaire ;
il produit le même effet à une dose moindre d'un cinquième ; on le donne, tantôt seul, tantôt mêlé au vert
ordinaire.

Le vert d'escourgeon convient particulièrement aux
poulains qui ont été mis prématurément à la nourriture
sèche ; il favorise la protusion des dents qu'a retardée
un régime peu naturel ; il accélère et facilite l'éruption
de la gourme.

Ses effets sont, d'ailleurs, peu différens de ceux du
vert ordinaire.

Effets immédiats du vert.

Ils varient, selon que ce régime convient ou non. Dans le premier cas :

1.º L'animal est plus gai , plus vif qu'auparavant ; et s'il est dans la prairie, il marche avec plus d'assurance, et s'il est jeune, on le voit bondir.

2.º Les urines augmentent ; elles sont épaisses et sé-dimenteuses.

3.º La peau s'assouplit, elle se recouvre d'une poussière grasse, et bientôt le poil change et devient luisant.

4.º Un effet purgatif se manifeste au bout de cinq à six jours ; il ne doit pas durer plus de six ou sept.

5.º Le pouls acquiert de la force, et assez fréquemment il se développe un état pléthorique qui indique la saignée, sans qu'on puisse dire, pour cela, que le vert ait cessé de convenir.

Dans le second cas, celui où le vert ne convient pas :

1.º L'animal reste faible, triste ; il mange peu, avec lenteur, et fait entendre en mâchant un bruit aigre.

2.º La peau est sèche, tendue, le ventre presque ballonné, le poil hérissé, les membranes buccales sont flasques et pâles.

3.º Les jambes et le fourreau s'engorgent et s'infiltrent.

4.º La diarrhée se prolonge, elle augmente ; les matières qui varient en couleur sont souvent fétides ; on y distingue des brins d'herbe qui ont échappé à la digestion.

Les bons ou les mauvais effets du vert se manifestent au bout de sept à huit jours, souvent plus tôt ; et il n'est pas nécessaire d'attendre la réunion de ces derniers, pour retirer les chevaux du vert et les mettre à l'usage d'une nourriture choisie, à laquelle il faut le plus souvent associer des toniques.

C'est principalement sur les vieux chevaux que se manifestent les mauvais effets du vert, surtout si, dès leur jeune âge, ils ont été nourris exclusivement au sec.

Tout changement de régime, même en bien, répugne à la vieillesse.

Il n'est pas facile d'arrêter dans les vieux chevaux les diarrhées causées par l'usage du vert.

Ce régime ne convient pas, en général, contre les maladies chroniques, surtout si elles ont leur siége à la poitrine ; il aggrave souvent la morve, le farcin, les vieux ulcères, toujours les hydropisies.

Effets consécutifs et favorables du vert.

1.° Il *refait*, surtout les jeunes chevaux, c'est-à-dire qu'il leur rend de la vigueur, de l'embonpoint, de la force digestive, quand ils ont eu à souffrir par suite d'une nourriture malsaine ou insuffisante, qu'ils ont supporté des travaux excessifs, particulièrement ceux de la guerre.

2.° On voit souvent disparaître, sous ce régime, les engorgemens articulaires, tendineux, d'autres tares, les défauts d'aplomp, qu'un travail prématuré, une ferrure anticipée, peu méthodique, l'usage absurde des entraves ont causé aux poulains.

3.° Il assure les effets du cautère actuel appliqué sur les extrémités, et, pour en obtenir ces divers effets, il faut le donner en liberté, et délivrer les jeunes chevaux des fers que, par suite d'une mode barbare, on leur a cloués sous les pieds.

4.° On donne avec succès, à tous les âges, du vert aux chevaux auxquels on a fait subir un traitement contre les gales chroniques et autres affections cutanées, à ceux qui sont sujets aux maladies vermineuses ou pédiculaires.

5.º Il en est de même de ceux qui sont ce qu'on nomme échauffés, c'est-à-dire dont les organes et plus particulièrement les gastriques ont été surexcités, irrités par une cause quelconque, plus souvent par une alimentation vicieuse : état caractérisé par la sécheresse de la peau et son adhérence aux parties osseuses ; — le peu d'amplitude de ventre qui est ce qu'on appelle retroussé ; — la chaleur et la sécheresse de la bouche ; — la déjection de crottins durs, secs et comme brûlés ; — le faciès qui est triste et presque abattu ; — l'appétence manifeste pour la nourriture verte.

6.º Les chevaux poussifs prennent souvent, sous l'influence du vert et après de copieuses évacuations, une respiration plus libre, une haleine plus étendue, le mouvement du flanc plus régulier ; d'où peut résulter un effet curatif, quand la maladie est faible et récente et, dans le cas contraire, un effet seulement palliatif pouvant donner lieu à des contestations judiciaires.

7.º Enfin, le vert est, en général, utile dans le cas où les chevaux sont dégoûtés, où ils digèrent mal, où ils sont maigres et faibles sans causes apparentes, où ils relèvent de maladies aiguës, inflammatoires. On le donne encore pour rafraîchir et maintenir en santé des animaux qui ne manifestent aucun signe de maladies, et surtout à ceux qui, soit malades, soit convalescens, ou non, l'ayant pris plusieurs années consécutives, en ont contracté l'habitude.

LYON. — IMPRIMERIE DE J. M. BARRET.

CHAPITRE XIV.

PRAIRIES PERMANENTES, LEUR COMPOSITION.

Définitions, considérations.

Les prairies sont des terrains qui produisent de l'herbe, assez haute et assez abondante pour être fauchée et convertie en foin ; si elle est pâturée sur pied, les prairies sont des herbages.

C'est seulement sous le premier rapport, et comme fournissant des alimens à consommer à l'étable, que nous devons les considérer ici.

Elles sont permanentes ou temporaires (1).

Dans le premier cas, elles peuvent, sans qu'on ait besoin de les ensemencer, durer plusieurs siècles ; dans le second, elles sont maintenues peu de temps, et alternent avec d'autres cultures.

Les prairies permanentes ne peuvent se distinguer des prés qu'en ce qu'ils sont moins étendus, et ils peuvent n'en être qu'une partie ; ainsi l'on dit qu'on possède un pré dans une prairie (2).

(1) Les premières sont dites vulgairement *naturelles*, les autres *artificielles* ; nous n'avons pas cru devoir adopter ces dénominations, attendu que, dans les unes comme dans les autres, la nature fait croître les plantes, et l'art la seconde par des arrosemens et des engrais. D'un autre côté, les cultures qui exigent le plus d'art, telles que les céréales, les vignes, le jardinage, ne sont pas pour cela dites *cultures artificielles.*

(2) Cependant il est des personnes aux yeux desquelles la prairie est le terrain qui donne le trèfle, la luzerne, le sainfoin, et le pré celui qui fournit l'herbe ordinaire. Allant plus loin, elles prétendent que le fourrage c'est le produit des prairies *artificielles* et le foin exclusivement celui des prés *naturels.*

Ces terrains, quand ils sont abandonnés à la nature, produisent peu; et si l'on ne veut ou ne peut pas y diriger l'eau ou y répandre l'engrais, il conviendrait, en général, de les livrer à la charrue, au pâturage ou à la plantation des bois.

C'est dans les contrées où il y a le moins de prés permanens (naturels) et le plus de prairies temporaires (artificielles) que le bétail est le plus nombreux et le plus beau. C'est celui où toutes les cultures sont les plus riches, même celles des céréales; car les champs de blé produisent d'autant plus qu'ils reçoivent plus d'engrais, et la masse de ce moyen fécondateur est proportionnée au nombre comme à la beauté du bétail : ce qui suppose toujours abondance de fourrage.

Ainsi tout, en économie rurale, commence par la prairie, et l'on ne récolte jamais tant de blé que lorsque l'on consacre la moitié de son terrain à la culture du fourrage.

Variété dans la qualité des plantes dans les prairies permanentes.

Quel que soit leur gisement, et ne fussent-elles pas entièrement abandonnées à la nature, la quantité des plantes qui y pullulent, dont un grand nombre sont inutiles ou nuisibles, les rend sous le rapport alimentaire très inférieures aux prairies temporaires ensemencées.

Il résulte d'observations faites avec soin ce qui suit :

1.° Dans les prairies situées à mi-coteaux, qu'on nomme moyennes et qui sont les meilleures; il y a sur 42 espèces, 17 utiles.

2.° Dans les hauts prés sur 38 — 8.

3.° Dans les prairies basses sur 29 — 4.

Il est vrai, néanmoins, que les espèces utiles sont, en général, les plus abondantes en individus, et s'il n'en était ainsi, il y aurait cinq septièmes de perte dans le fourrage des meilleures prairies.

Quelle que soit la nature de la prairie permanente, elle offre presque toujours en nombre plus ou moins grand trois sortes de plantes, savoir : alimentaires à un degré satisfaisant, — inutiles ou parasites, — malfaisantes.

Les premières appartiennent presque toutes à la famille des graminées et à celle des légumineuses; il n'y a guère que les pimprenelles qui fassent exception.

Plantes nutritives, à un degré satisfaisant parmi les graminées.

Nous citerons :

1.º Le dactyle pelotonné (dactylis glomerata), seul, de son genre, précoce, rustique, productif, se renouvelant aisément après avoir été pâturé; de toutes les graminées et peut-être de toutes les espèces végétales, la plus répandue dans l'univers.

2.º L'avoine élevée (avena elatior), fromental, ray-grass des Français, fourrage abondant dans les terrains gras, cultivée en prairies temporaires.

Celle des prés (pratensis), la jaunâtre (flavescens), de bonne qualité, mais petite.

3.º L'ivraie vivace, ray-grass des Anglais, vigoureuse, abondante, même dans les terrains secs, éminemment nutritive, cultivée en prairies temporaires.

4.º La fétuque élevée (festuca elatior), bon fourrage, fort abondant, grossissant et devenant dur sur les terrains humides.

Celle des brebis (ovina), celle des prés (pratensis), excellens pâturages, mais bien petites pour être fauchées.

Celle, dite poil de bouc, en Auvergne (diuruscula), rendant plus caséux le lait des vaches.

5.° Le vulpin des prés (alopecurus pratensis), précoce, abondant, de bonne qualité, donnant lieu à beaucoup de regain.

Les autres espèces, genouillé (geniculatus), bulbeux (bulbosus), agreste (agrestis), meilleurs en pâturage que pour être fauchés et fanés.

6.° Le paturin des prés (poa pratensis), l'une des graminées les plus communes et les meilleures.

Ses congénères également très-bonnes, le trivial (trivialis), celui à feuilles étroites (tenuifolia), le comprimé (compressa), base des bons prés.

7.° Le fléau des prés, thimoty des Anglais (phleum pratense), fourrage très-abondant, mais seulement dans les prairies grasses où il devient grossier.

Le noueux (nodosum), le bulbeux (bulbosum), aussi nutritifs, mais moins abondans.

8.° L'agrostide stolonifère fiorin (agrostis stolonifera), donnant dans les prés humides un fourrage très-abondant.

La blanche (alba), la canine (canina), même station, moins bonnes.

9.° Le froment, chien-dent (triticum repens), à racines traçantes, à tiges élevées, précoce, plus sucré que ses congénères, lactifère.

Le glauque (glaucum), mêmes qualités.

10.° La flouve odorante (anthoxanthum odoratum), fourrage peu abondant, mais de bonne qualité, communiquant son parfum aux autres graminées, trop précoce pour attendre la fauchaison, à moins qu'on ne la cultivât à part: ce qui serait très-avantageux.

Les bromes seraient compris dans les bons fourrages sans leurs barbes longues et rudes qui excorient le palais , les gencives, s'engagent entre les machelières. — On y placerait la canche (aira), l'amourette (briza), si elles n'étaient pas si grèles.

Plantes de mèmes qualités parmi les légumineuses.

1.º Le trèfle des prés, triolet (trifolium pratense) , indigène, spontané, dont la culture est plus étendue que celle d'aucun autre fourragère; donnant un foin très-nutritif, mais difficile à faner.

Le rampant (repens), le fraisier (fragiferum), l'agraire (agraria), sont plus propres à être pàturés que fauchés.

2.º La luzerne commune (medicago sativa), improprement nommée, dans le midi de la France, sainfoin, esparcette, exotique, mais depuis long-temps acclimatée, végète spontanément dans les prés ordinaires, maintenue plus que les autres légumineuses dans les prairies temporaires ; nutritive, échauffante.

Les autres espèces de ce genre fourrageux sont le falcata, le polymorpha, le hupullina, etc.

3.º Le sainfoin, esparcette, tête de coq (edizarum onobrychis), spontané dans les prés secs élevés, propre à être cultivé avec succès sur des terrains de ce genre.

Les autres espèces de sainfoin ne viennent pas dans les prés de nos pays.

4.º La gesse des prés (latyrus pratensis) , commune dans les prés un peu humides où elle est précieuse ; il en est de même des suivantes :

La tubéreuse (tuberosa), celle à larges feuilles (latifolia), qu'on a nommée pois de vache, etc.

5.º La coronille changeante (coronilla varia), seule, de

son genre, dans les prés ; pouvant végéter vigoureusement à l'ombre : excellent fourrage.

6.° Le mélitot, nommé trèfle des mouches, parce que ses fleurs plaisent beaucoup aux mouches à miel (melitotus officinalis), se trouve dans les prés secs et arides; quoiqu'il soit nutritif à un degré satisfaisant ne mérite pas, comme on l'a proposé, d'être cultivé en prairies temporaires.

Celui de Sibérie (alba), qui s'est acclimaté, est inférieur au précédent ; il devient trop liqueux.

D'autres légumineuses, qui contiennent aussi des sucs sains et nutritifs, entrent pour peu dans les foins étant trop précoces, de trop petite taille : tels sont le lotier corniculé (lotus corniculatus), la vulnéraire (anthyllis vulneraria), la vesce latyroïde (vicia latyroïdes), l'orobe du printemps (orobus vernus), la petite coronille (coronilla minima).

Plantes parasites.

Dans l'acception botanique de ce mot, ce sont celles qui vivent aux dépens d'autres plantes, en en suçant la sève ; et l'on ne peut guère comprendre dans cette classe que la cuscute, le guy, l'orobanche et quelques champignons. On ne pourrait y ranger les mousses et les lichens qui vivent aux dépens de l'air, et ne soutirent rien aux végétaux sur lesquels ils se sont établis.

Aux yeux de l'agronome, les plantes parasites, dans toutes cultures, sont ce qu'on nomme vulgairement *mauvaises herbes* ; elles occupent une place destinée à d'autres réellement utiles ; elles leur enlèvent les engrais, soit de la terre, soit de l'air, les affament, et souvent leur nuisent par leurs excrétions.

Parmi ces plantes, il en est qui, dans un terrain destiné au pâturage, ne sont pas sans utilité, n'étant pas dépourvues de sucs nutritifs, et pouvant agir comme assaisonnantes à cause des principes acidules, amers ou astringens qu'elles renferment. Elles corrigent la fadeur de l'herbe printanière; mais, au moment de la fauchaison, quelques-unes d'entre elles ont disparu; d'autres sont devenues ligneuses, et celles qui ont conservé de l'acidité, de l'amertume, de l'astriction, influent moins sur la sapidité et la qualité tonique du foin, que ne le ferait une faible dose de sel et elles rendent le fourrage grossier par le volume et la dureté de leurs tiges.

Des plantes parasites auxquelles le bétail ne répugne pas.

Nous mettons dans cette classe:

1.º L'oseille des prés (rumex acetosa), qui, étant fraiche, est du goût de tous les herbivores, mais qui se fane difficilement.

2.º Le cresson des prés (cardamus pratensis), qui disparaît avant la fauchaison.

3.º Plusieurs espèces de patience, notamment celle des marais (rumex aquaticus), qui, dans sa jeunesse, est plus du goût des chevaux que des vaches; sa présence dans une masse de foin en décèle l'origine.

4.º La jacée (centaurea jacea), bonne plante quand elle est jeune, mais dure, ligneuse au moment de la fauchaison.

5.º La scabieuse des prés (scabiosa arvensis), occupant beaucoup de place dans la prairie, et se réduisant à peu de choses par le fanage.

6.º La bistorte (polygonum bistorta), végétant dans les prés élevés, se réduisant en un squelette fibreux.

7.º La carotte (daucus carrota), abondant dans les prairies grasses qu'elle épuise en pure perte, tandis que par la culture sa racine est très-précieuse.

8.º Le panais (pastinaca sativa) nuit au pré par son volume et sa voracité et, comme la précédente, mérite d'être cultivée pour sa racine.

9.º Le plantain lanceolé (plantago lanceolata) auquel les animaux ne répugnent pas, mais échappant à la faux, se multipliant dans une prairie, au point de paraître avoir été ensemencé, et tout en s'emparant du terrain, en chassant des plantes utiles; c'est au point qu'on a été réduit de défoncer des prairies qu'avait envahies ce parasite fâcheux.

10.º Le pied d'oiseau (ornythopus perpusillus), excellente plante de pâturage qui, par sa petitesse, se dérobe à la faux.

On peut ajouter à cette liste des caille-lait et des mille-feuilles, l'aigremoine, la sauge des prés, bien improprement nommée *toute-bonne*, la grande marguerite, les crépides, d'autres synatherées qui, dans leur jeunesse, ne sont pas dédaignées par l'animal qui pâture et qui, après avoir diminué la récolte de la prairie, déprécient la qualité du produit.

Plantes parasites qu'il dédaigne dans les pâturages.

Sans être de leur nature malfaisantes, elles déplaisent au bétail, parce qu'elles sont dures, pauvres en principes alimentaires; quelques-unes ou visqueuses, ou aromatiques, ou armées de piquans qui blessent le palais.

1.º Parmi les premières sont les joncs et les laîches qui envahissent les bas prés où l'eau est stagnante.

Les joncs les plus communs sont le piquant (acutus), le congloméré (conglomeratus), l'articulé (articulatus).

Sous le nom de laîches, on comprend des cypéracées, telles que la laîche dioïque (carex dioica), le choin noirâtre, (schœnus nigricans), le scirpe des marais (scirpus palustris), etc.

Toutes plantes qui avilissent le foin, au point que dans le Lyonnais on stipule, en achetant de cette denrée, qu'elle ne contiendra ni *joncs*, ni *laîches*.

2.º Les plantes visqueuses, restées presque toujours intactes au pâturage, et qui déprécient le foin sont, en général, des malvacées ou des borraginées.

Telles sont, parmi les premières, la grande mauve (malva sylvestris), l'alcée, (malva alcea), la guimauve (althea officinalis).

Parmi les secondes, la grande consoude (symphytum majus), la buglose (anchusa italica), la vipérine (echium vulgare), la cynoglosse (cynoglossum officinale), celle ci contenant, en outre, un principe repoussant que la chimie n'a pas fait connaître.

3.º Les plantes aromatiques qui se trouvent dans les prés sont, en outre de la *toute-bonne* qui contient peu d'arome, la brunelle ordinaire (prunella vulgaris), la bétoine (betonica officinalis), le lamier blanc (lamium album), le lycope d'Europe (lycopus europeus), le pouliot (mentha pulegium), la menthe sauvage (mentha sylvestris), etc.

Les ombellifères qui croissent dans les prés sont trèspeu aromatiques; mais, en outre qu'elles sont peu du goût du bétail, du moins à leur maturité qui est précoce, elles renferment sous un gros volume une petite quantité de principes nutritifs: tels sont l'angélique des prés (œgopodium podagraria), la berce (hæracleum sphondylium), le cerfeuil sauvage (chærophilum sylvestre), sans compter la carotte et le panais dont les vrais principes nourrissans sont dans les racines cultivées.

4.º Parmi les végétaux croissant dans les prés, qui blessent le palais, sont encore les joncs et les laîches, et de plus, les cynarocéphales qui se jettent dans les prés négligés, tels que le chardon penché (carduus nutans), celui des marais (palustris), l'onoporde (onopordum acanthium), la sarrette des champs (serratula arvensis).

Beaucoup d'autres plantes, de classes diverses, qui, sans avoir rien de vénéneux, ont nui à la prairie qui les a nourries, déprécient le foin qui les contient.

Il en est une qui se trouve rarement dans le foin, attendu qu'elle fleurit, mûrit et se ressème avant la fauchaison ; partout où elle est établie, disparaissent les bonnes plantes, et elle est regardée avec raison comme le fléau des prés : c'est la crête de coq (rhinanthus crista galli).

La cuscute (cuscuta europea) n'est pas seulement nuisible en s'emparant du sol, mais encore en pompant le suc de ses voisines ; ni l'une ni l'autre ne sont faciles à extirper.

Plantes vénéneuses.

Rares dans les prés moyens, peu communes dans les hauts prés, elles abondent dans les prairies aquatiques, même marécageuses, moins qu'on ne croit.

Presque toutes les ombellifères qui végètent dans ces localités sont narcotiques, tandis que les plantes de cette famille sont aromatiques sur les montagnes.

Parmi les ombellifères des marais nous citerons :

1.º La grande ciguë (conium maculatum), plus commune dans les fossés, dans les lieux incultes, ombragés, humides, que dans les prés.

2.º La ciguë vireuse (cicuta virosa), plus vénéneuse que la précédente, du moins par sa racine ; ne se trouve dans les prés qu'autant qu'ils sont inondés.

3.º L'œnanthe globuleuse (œnanthe globosa) croît dans les étangs, plus souvent que dans les prairies.

4.º La safranée (crocata), plus vénéneuse que les précédentes, et se trouvant plus souvent qu'elles dans les prés.

5.º La phélandrie aquatique (phelandrium aquaticum), de toutes les ombellifères, la plus narcotique, pour le cheval du moins.

Parmi les renonculacées, les plantes les plus âcres vivent dans les lieux marécageux, telles sont :

1.º La renoncule aquatique (ranunculus aquatilis).

2.º La renoncule langue (lingua).

3.º La scélérate (sceleratus); cette dernière la plus âcre des trois.

Les euphorbiacées qui habitent les prés aquatiques ne sont pas les moins acrimonieuses de cette famille, telles sont :

1.º L'euphorbe des marais (euphorbia palustris).

2.º Celle des bois (sylvatica).

On pourrait ajouter à cette liste des pédiculaires, des scrophulaires, la gratiole, etc.

On rencontre dans les prés montagneux :

1.º L'ellébore blanc (veratrum album); on le nomme *baraire* dans la haute Auvergne ; il y donne au bétail, étant mêlé au foin, des indigestions, des resserremens de gosier auxquels on oppose du lait ou du bouillon gras.

2.º Trois espèces d'aconith (aconythum , napellus — lycoctonum — anthora), dont les jeunes pousses sont assez âcres pour empoisonner les moutons ; et c'est pour remédier à ces accidens que les bergers trans humans se munissent de vases remplis de lait.

La mercuriale vivace (mercurialis perennis), plus commune dans les bois que dans les prés.

4.° Trois espèces de renoncules, savoir, à feuilles d'aconith (aconytifolius), à feuilles de platane (platanifolius), moins âcres que leurs congénères marécageuses.

5.° Plusieurs anémones, telles que l'alpina — l'apennina. Cette dernière nommée, en italie, *storta*, est plus vénéneuse que la renoncule la plus caustique.

On pourrait ajouter à cette liste des lauréoles, des lysimachies, des genets, l'actea d'Europe, toutes plus communes dans les bois que dans les prés.

On rencontre fort peu de plantes vénéneuses dans les prés moyens, bien exposés, secs ou peu humides, où l'eau n'est jamais stagnante.

La plus dangereuse qu'on y trouve est la colchique (colchicum autumnale), dont les propriétés malfaisantes, comme le démontrent un grand nombre d'observations, ne résident pas seulement dans la racine : sa véritable station est dans les prés.

Considérations sur les plantes vénéneuses des prairies.

Les seules vénéneuses qui puissent abonder dans les prés sont des renoncules ; elles perdent beaucoup de leur acrimonie par le fanage.

Les euphorbes, au contraire, deviennent plus âcres en se desséchant ; elles sont rares dans les prés, communes en certains pâturages où le bétail ne les broute presque jamais.

Les grandes ombellifères narcotiques habitent le plus

souvent dans des marais qu'on ne fauche point ; c'est ailleurs que dans des prés qu'on rencontre les morelles, la
belladone, la jusquiame.

Les plantes les plus vénéneuses sont inoffensives, quand
elles sont mêlées au foin en petites quantités ; les accidens
qu'on leur attribue sont souvent dus à d'autres causes : elles
en déterminent beaucoup moins que les meilleures plantes
constituant un fourrage ou nouveau, ou trop vieux, mal
récolté, mal conservé, ou altéré de diverses manières.

Les plantes âcres à petites doses rendent le foin plus
sapide ; on les a regardées comme assaisonnantes (1),
mais le sel est, certainement, préférable à ce condiment.

De mauvaises plantes peuvent être consommées à l'é-
table, sans inconvéniens, pendant plusieurs jours, et
déterminer de graves maladies par un long usage.

D'un autre côté, les propriétés de certaines plantes
diffèrent beaucoup, selon leur âge, le terrain qui les a
nourries, d'autres circonstances ; on peut expliquer, par
cette considération, la divergence des opinions sur les
qualités vénéneuses ou simplement assaisonnantes des végétaux cités.

On peut dire que, quoique l'instinct des animaux soit
faible dans l'état de domesticité, ils distinguent, en général, les plantes qui peuvent leur nuire, à moins, toutefois, qu'ils ne soient pressés par la faim. Les mêmes
substances sont loin d'agir de la même manière dans les
diverses espèces d'animaux ; le porc seul mange impu-
nément la jusquiame, le cabaret et le pain de pourceau

---

(1) Daubenton ne voulait-il pas qu'on semât quelques renoncules dans
les pâturages à moutons ? N'y a-t-il pas des paysans qui respectent
la colchique qui infeste leurs prés, ayant remarqué que le bétail
mangeait mieux le foin assaisonné par cette plante ?

(cyclamen europeus); la chèvre ne repousse pas même la ciguë ; le millepertuis est un poison spécial pour le mouton. Il en est de même de l'équisetum pour le bœuf, et la phellandrie aquatique agit avec beaucoup plus d'énergie sur le cheval que sur les autres herbivores.

CHAPITRE XV.

DES PRAIRIES TEMPORAIRES , DITES *ARTIFICIELLES*; DE LEUR INFLUENCE SUR LES ASSOLEMENS DE L'AGRICULTURE , LA MULTIPLICATION ET L'AMÉLIORATION DU BÉTAIL.

Définitions , considérations.

La prairie temporaire, vulgairement nommée *artificielle*, est un terrain arable sur lequel on a établi, sinon une seule, du moins très-peu d'espèces de plantes fourrageuses, pouvant se faucher et qui , au bout de cinq ou six années au plus tard , doivent céder la place à d'autres cultures.

On appelle encore prairie temporaire , ou pour mieux dire momentanée, le terrain arable où l'on sème des plantes fourrageuses , pour être pâturées pendant quelques mois , ou coupées une fois seulement. Cette herbe se fanant rarement, le terrain qui l'a produite est plutôt un pâturage qu'une prairie.

Il en est de même de ce qu'on nomme *pré-gazon* qui résulte de l'ensemencement de la graine de foin sur un terrain ordinairement emblavé. Ces sortes de *prés* du-

rent peu, et ne sont jamais fauchés : ce sont des pâturages trop peu usités.

Toutes les plantes éminemment fourrageuses, susceptibles de se faner, pourraient former des prairies temporaires.

Les Anglais cultivent ainsi plusieurs graminées, deux
à deux ou quatre à quatre.

Il existe en ce pays dont l'agriculture est si riche très-
peu de prairies permanentes.

Ces sortes de terrains sont beaucoup trop étendus en
France, et nous ne cultivons en prairies temporaires
que la luzerne (medicago saliva), le trèfle (trifolium pratense) et le sainfoin (hedizarum anobrychis). Nos assolemens admettent rarement des vesces, des gesses, d'autres
légumineuses qui, néanmoins, fourniraient à notre bétail une bonne et abondante nourriture.

La même observation s'applique à la pimprenelle, à
la chicorée, et j'ajoute à l'ortie.

Il est des pays où l'on cultive ensemble du trèfle, des
pois et des vesces, et on les donne aux bêtes à cornes, à
l'état frais ou sec: ce mélange est nommé *drave* ou
dragée.

Ailleurs, un mélange plus compliqué dans lequel entrent des céréales, s'appelle *honoras.*

Quelquefois on attend la maturité des graines avant de
faucher, et on se procure ainsi une nourriture pour les
pigeons bisets: delà le nom de *bisaille* donné à ce mélange
dont la fane sert surtout à nourrir les vaches laitières.

Les prairies de ce genre, durant en général peu de
mois, doivent être rangées parmi les momentanées.

De la luzerne commune, et de son usage alimentaire.

Originaire de la Médie, — connue des Romains, — surnommée par Olivier de Serres *la merveille du mesnage*, — appelée fort improprement en Dauphiné et même dans les environs de Lyon *esparcet.*

Exigeant un sol meuble, profond, substantiel, bien égouté, sa racine pivotante qui s'enfonce à trois ou quatre pieds, quelquefois plus, craint l'humidité.

On la maintient 5 ou 6 ans, elle pourrait durer beaucoup plus, n'est en plein rapport que la 3e année ; alors on en obtient autour de Lyon 4 à 5 coupes par an, 6 à 8 dans le Midi, et seulement 2 ou 3 dans le Nord (1) ; le plâtre en augmente de beaucoup la fécondité par une influence peu connue.

Verte ou sèche, elle nourrit beaucoup et donne aux vaches, en grande abondance, du lait riche en beurre et en caséum ; elle pousse les bœufs et les moutons à l'engrais ; elle rétablit les chevaux tombés dans la maigreur ; mais son usage peut avoir des inconvéniens graves :

1.º Les ruminans, plus que les solipèdes, fort avides de luzerne, en prennent outre mesure quand ils ne sont pas rationnés ; il en résulte des indigestions qui se compliquent presque toujours de tympanite, surtout si l'herbe est verte et mouillée par la rosée. Cet accident peut survenir, à l'étable ; on le prévient en ne donnant cette herbe fraîche que 24 heures après l'avoir coupée, pour lui laisser

(1) M. de Laborde rapporte que, dans les environs de Malaga, on obtint dans une année sans hiver, 14 coupes d'une luzernière arrosée. M. Téssier s'est assuré que, sur une étendue donnée, une luzernière rapportait quatre fois plus que le meilleur *pré naturel.* M. Duharmel a tiré d'une luzernière, assise sur un sol médiocre près de Paris, 20,000 livres de fourrage sec par arpent.

le temps de perdre une grande partie de son eau de végétation.

2.º Les vaches auxquelles on en donne, avec excès,
à l'état vert, sont exposées à une sorte d'érysipèle accompagnée d'un suintement âcre et d'un prurit fatigant : maladie qui, sans être fort grave, diminue et souvent tarit
le lait ; on l'a nommée *jet de la luzerne*, *poussée d'herbe*,
rafle. On la prévient en mitigeant l'action échauffante de
la luzerne par d'autres alimens, tels que des soupes : c'est
ce qu'on fait dans les environs de Lyon.

3.º Les bœufs travailleurs, nourris de luzerne verte,
sont moins forts que ceux à qui l'on donne de l'herbe des
prés ordinaires. On a même remarqué que cette légumineuse les relàchait et les purgeait quelquefois, n'exerçant
peut-être pas assez leurs facultés digestives.

4.º Quand on la leur donne sèche en trop grande
quantité, on les rend pléthoriques, on les expose au pissement de sang : accidens qu'on fait cesser par des mucilagineux, surtout par un changement de régime.

5.º Le cheval, qui travaille beaucoup, est fort bien
nourri avec de grandes quantités de luzerne et d'avoine :
tel est celui de hallage sur le rhône ; mais un pareil régime
déterminerait sur un cheval de selle, soumis à peu de travail, un état pléthorique, et, par suite, des fièvres inflammatoires, des phlegmasies, la fourbure (1).

Quand on veut donner de la luzerne au cheval, il est
bon de la mélanger avec du foin ordinaire ; et, ce qui
vaudrait mieux, ce serait de la stratifier avec de la paille
au moment du fauchage.

Il n'y a pas, à proprement parler, de regain de lu-

(1) Bourgelat regardait la luzerne comme fort dangereuse pour le
cheval ; il en renvoyait l'usage au régime des bêtes à cornes.

zerne ; cependant les dernières coupes en sont plus fines , plus tendres , moins nourrissantes que les premières.

Du trèfle des prés.

Indigène ; occupant, en France, sous forme de prairies temporaires, plus d'espace que la luzerne et le sainfoin réunis ; n'exigeant pas un aussi bon terrain que la luzerne ; pouvant être fauché dès la première année ; étant en rapport dès la deuxième ; ne durant jamais plus de trois ans ; à cause de cela, se prêtant bien à l'alternation des assolemens ; semé avec une céréale qui protège son enfance sans lui permettre de croître beaucoup ; mais après la récolte du blé, s'il survient une pluie, il pousse vigoureusement et l'on a une belle prairie là où l'on vient de moissonner. Quoique le produit puisse en être doublé par le plâtrage, il est moins abondant que celui de la luzerne ; on l'enterre à la fin de l'assolement, se procurant ainsi une fumure excellente.

Veut-on le faire consommer en vert ? On le mitige par une graminée semée avec lui, l'ivraie vivace, par exemple, c'est une pratique usitée en Lombardie.

Encore plus facilement que la luzerne, il météorise étant pâturé en vert. On prévient cet inconvénient, à l'étable, en le mêlant avec de la paille, du foin, le salant, faisant boire avant de le donner, l'ayant desséché en partie.

Moins échauffant que la luzerne ; il nourrit tout aussi bien ; les chevaux le préfèrent, et il leur convient mieux ; il donne aux vaches tout autant de lait ; ni l'un ni l'autre ne doivent être pour elles une nourriture exclusive. On le combinera aussi avec d'autres alimens pour engraisser le bœuf et le mouton : comme il est précoce, il peut servir, au printemps, à terminer l'engrais hivernal de pouture.

Du sainfoin.

Esparcette, originaire des montagnes calcaires de l'Europe; moins productif que le trèfle et la luzerne, mais s'accommodant d'un terrain sec, sablonneux, rocailleux; ne craignant que les sols marécageux; pivote assez vigoureusement pour empêcher l'éboulement des terrains en pente; capable de résister à des degrés de froid et de sécheresse qui feraient disparaître les autres légumineuses fourragères; mais il ne donne le plus souvent qu'une coupe, rarement deux, presque jamais trois même sur les meilleurs sols, et chaque récolte est moindre.

Mais s'il produit beaucoup moins que les deux autres légumineuses, il l'emporte sur elles en ce qu'il peut, sans inconvénient, être pâturé sur pied. Encore moins que l'herbe ordinaire, il météorise, fût-il mouillé par la rosée; il n'échauffe pas non plus; il se dessèche bien, même par un temps couvert; tous les herbivores, y compris les chevaux, en sont avides à l'état sec. Plus que le trèfle et le sainfoin, il rend le lait de vache butireux et caséux; il donne aux porcs qu'il engraisse un lard plus ferme.

Ses graines, qui sont grosses, pourraient être données aux chevaux en guise d'avoine, ainsi qu'à la volaille pour la faire pondre.

Mais la plante n'a pu mûrir qu'aux dépens des tiges et du sol.

Autres légumineuses.

1.° La luzerne faucille (falcata), moins productive que l'ordinaire, mais résistant mieux au froid ; plus usitée dans le Nord.

2.° Le trèfle incarnat (incarnatum), farouche, précoce, abondant, ne météorisant pas, destiné peut-être à remplacer partout le T. *pratense*. — On pourrait aussi cultiver les T. *alpinum*, *rubens*, *stellatum*, *montanum*.

3.° En outre du sainfoin ordinaire (hedizarum onobrychis), on pourrait cultiver en France les *coronarium*, *saxatile*, *alhagi*, ce dernier servant de nourriture aux chevaux et aux chameaux en Orient.

4.° La vesce commune (vicia sativa), plusieurs variétés ; fauchée en fleurs ou en grain, ou donnée en vert et, alors, elle peut météoriser tout aussi bien que le trèfle et la luzerne. Il vaut mieux la faner ; mûrie, elle fournit des graines excellentes pour les pigeons, et qui, pour les chevaux, pourraient être substituées à l'avoine. La paille en est plus ou moins nutritive, selon qu'on a fauché avant ou après la maturité.

5.° La gesse ordinaire (latyrus sativus), jarosse, souvent confondue avec la gesse, plutôt cultivée pour sa graine que pour sa fane.

6.° La gesse chiche (latyrus cicera), cultivée dans le Midi, où elle sert à la nourriture d'étable des brebis.

7.° Le mélilot (melitotus officinalis), spontané sur les plus mauvais terrains ; excellent pâturage, mais difficile à faucher ; les abeilles aiment à butiner sur ses fleurs ; employé en Suisse pour colorer et aromatiser le fromage.

De la chicorée sauvage.

Indigène, cultivée dans les jardins où on la blanchit (étiole) pour la rendre douce et succulente; naturellement amère et tonique.

Vivace; s'élevant à 3 ou 4 pieds; croissant partout; ne craignant ni le froid, ni le chaud, ni la sécheresse; productive, au point de donner en une seule coupe 56 milliers, sur un arpent de terre médiocre; pouvant fournir du fourrage vert, pendant huit mois de l'année, et être coupée trois ou quatre fois dans le courant de la belle saison. Comme on la fane difficilement, il convient, au moment du fauchage, de la stratifier avec de la paille. On ne la donnera pas seule; mais étant mélangée à d'autres végétaux, elle constitue un fourrage excellent qui, par ses propriétés toniques, convient principalement aux bêtes à cornes.

De la pimprenelle commune.

C'est le *poterium sanguisorba*; indigène; habitant les terrains secs; végétant sous la neige; fleurissant au milieu du printemps.

Prospère sur des sols trop maigres, même pour le sainfoin, et brave toutes les intempéries; peu cultivée en France, et, néanmoins, on pourrait en couvrir des friches, des bruyères, des landes abandonnées à la plus chétive dépaissance; moins que tout autre fourrage, elle exige des engrais et des arrosemens. Il est vrai qu'il lui faut des labours et qu'elle n'enrichit pas beaucoup le sol.

Son grand avantage est de fournir un pâturage hivernal; elle a un goût salé qui annonce des propriétés excitantes : aussi, convient-elle aux vaches et aux brebis qui l'aiment beaucoup; elle leur procure, en abondance, un lait riche en beurre. Les chevaux ont besoin de s'y habituer comme à la luzerne et à la pomme de terre.

Il vaut mieux faire consommer sur pied que de faucher la pimprenelle; on peut, néanmoins, en obtenir deux coupes pendant la belle saison, après l'avoir fait pâturer, l'hiver. Sa taille peut s'élever à deux pieds et demi; elle contient en parties nutritives, d'après Springel, 24 parties pour % quand elle est verte, et 80 quand elle est sèche.

De la spergule.

Spergoule ou spargoule (spergula arvensis), spontanée dans toute la France, particulièrement sur les coteaux siliceux; de même que la pimprenelle, pourrait être cultivée avec avantage sur les terrains arides; peu usitée en France où, cependant, ne manquent pas des sols de ce genre. Elle l'est beaucoup en plusieurs contrées de l'Allemagne et sur les montagnes du nord de l'Espagne.

Quoique convenant, d'une manière particulière, aux mauvais fonds qui, par son moyen, cesseraient d'être improductifs, on pourrait en obtenir sur les meilleurs des récoltes dites dérobées, c'est-à-dire intermédiaires entre deux assolemens et occupant la terre en cette intervalle pour ne pas la laisser oisive.

C'est le plus souvent sur pied que la spergule est consommée; et pour prévenir le gaspillage, on attache au piquet les vaches auxquelles on la livre.

On la coupe encore pour la leur donner en vert; malheureusement que, dans le premier cas, la dent en arrache beaucoup de pieds et que, dans le second, un plus grand nombre échappent à la faux.

On peut en faire 3 ou 4 coupes par an ; le fanage en est difficile et peu productif ; en la laissant grainer, on se ménage un moyen de nourrir les poules, les pigeons, et d'accélérer la ponte.

Le plus grand avantage de la spergule est son influence sur la lactation des vaches ; aucune espèce de fourrage ne donne au lait une qualité plus recherchée, ne produit un meilleur beurre et d'une plus longue conservation ; il porte dans le Brabant le nom de beurre de spergule, et il se vend plus cher que le beurre ordinaire.

De l'ortie commune.

Grande ortie (urtica dioïca), spontanée, très-commune le long des haies, au milieu des décombres et en d'autres lieux incultes. C'est l'une des premières plantes qui apparaissent dès les premiers jours du printemps ; il en est peu dont la végétation soit si rapide et qui, étant coupées, repoussent plus vigoureusement.

On la ramasse exactement avec les mains garnies de gants dans les environs de Lyon ; on la laisse faner pendant quelques heures pour lui enlever sa causticité, et, ce qui vaut mieux, on la fait entrer dans la composition de soupes nommées *bachassées*.

En Suède, on la cultive en grand pour la nourriture des vaches ; c'est, dans ce pays, l'un des fourrages les plus usités. Là, verte ou sèche, crue ou cuite, on leur en donne toute l'année ; on la hache avec l'orge, l'avoine, etc. On en donne des décoctions salées : pratique excellente qui, tôt ou tard, se généralisera en France dans l'intérêt de l'Hygiène vétérinaire et de l'économie rurale.

Que de places occupent sous notre beau ciel et des friches et des landes, et de mauvais prés et de tristes pâturages, où l'on pourrait cultiver et la chicorée, et la pimprenelle, et la spergule, et l'ortie !

Influence des prairies temporaires (dites artificielles) sur la prospérité de l'agriculture.

1.° Inconnues aux anciens ; partout où elles se sont propagées, les produits de la terre, même en céréales, ont augmenté.

2.° Elles ne tendent pas, en effet, à rétrécir la surface emblavée, mais à occuper une place qui, sans elles, resterait vide, c'est-à-dire en jachères, soit qu'elle fût ou non travaillée ; car on n'eût pas ensemencé : celle surtout qui, plus tard, doit être rendue aux céréales.

3.° On nomme culture alterne cette rotation à des intervalles plus ou moins longs, des herbages et des guérets : la plus féconde de toutes, et au moyen de laquelle on triple, au moins, le produit d'une surface donnée (1).

4.° On retire de la terre des récoltes d'autant plus abondantes, que les végétaux qu'on lui a confiés successivement sont plus différens entre eux, telles sont les graminées et les légumineuses. Les premières, dont les racines sont pourvues de filets capillaires nombreux, puisent leur nourriture dans le sein de la terre ; les secondes, dont les larges feuilles sont couvertes de pores absorbans, pompent dans l'atmosphère leurs alimens ; les unes sont épuisantes par le besoin de mûrir leurs graines ; les autres qu'on coupe avant l'épanouissement complet de leurs fleurs sont améliorantes en laissant à la terre, avec des détritus, une partie de l'engrais qu'elles ont tiré de l'air.

(1) Comme il résulte d'une enquête ordonnée ; au commencement du siècle, par le parlement britannique.

5.º Il est prouvé en agronomie, comme en physiologie végétale, qu'avant la floraison, les plantes vivent aux dépens de l'air, et que, plus tard, la terre seule leur fournit les moyens de mûrir leurs semences.

6.º Voici d'autres avantages : En ensémençant les prairies, on approprie chaque plante fourragère à la nature du sol qui doit la nourrir.

7.º On fait croître quelques-unes de ces plantes là où elles ne fussent pas venues naturellement, du moins, en une certaine quantité, et où peut-être rien d'utile n'aurait végété.

8.º On multiplie exclusivement celles d'entre elles qui sont les plus précoces, les plus abondantes, les plus nutritives.

9.º On leur donne ou on augmente en elles ces qualités par la culture, espèce d'éducation qui modifie les individus comme les espèces (1).

10.º Elles se trouvent toutes également mûres à l'époque de la fauchaison.

11.º Les coupes en sont, toutes choses égales, d'ailleurs beaucoup plus nombreuses que celles des prairies permanentes ; on en retire, par conséquent, une plus grande abondance de produits.

12.º Enfin, les dernières coupes des prairies ensemencées diffèrent, en général, fort peu des premières, tandis que le regain est de beaucoup inférieur aux premiers foins des prés permanens.

Parmi les terrains de ce genre devraient seulement se

(1) La culture s'est emparée d'un fort petit nombre de plantes fourragères ; elle pourrait y joindre beaucoup de celles que nous avons rangées parmi les parasites des prés permanens, telle la berce (heracleum sphondylium).

dérober à l'alternat : 1.º Ceux qu'on arrose à volonté ; 2.º les prés salés ; 3.º ceux qui sont sujets aux inondations ; 4.º ceux qui, voisins des grandes villes, en reçoivent les immondices ; 5.º ceux qui, situés dans les vallées, reçoivent la manne des montagnes ; 6.º ceux qu'il est impossible d'égoutter.

Influence de cette culture sur la multiplication du bétail.

Il résulte des renseignemens statistiques les plus positifs que, dans quelques contrées de la France, le nombre des bestiaux a doublé, et que ce sont celles où les prés ensemencés ont eu le plus d'extension.

C'est là, en effet, où l'on voit le moins de friches, le moins de jachères, le moins de chétifs pâturages, le plus de bonnes et abondantes nourritures à l'étable.

Ce n'est pas seulement un bétail plus nombreux qu'on obtient par ce moyen, mais encore plus beau, plus volumineux, plus robuste : d'où résultent beaucoup plus de labeurs et de fumier et une quantité toujours croissante de lait, de laitage, de viande.

Presque partout où ces méthodes ont été adoptées, on devrait leur donner plus d'extension, et elles sont inconnues dans la plus grande partie de la France. On voit dans ce pays si favorisé du ciel beaucoup trop de terrain consacré aux céréales et pas assez aux fourrages : c'est bien différent en Angleterre.

Aussi, ce pays nourrit-il sur une surface donnée trois fois plus de bétail que la France ; et comme ce bétail est en même temps plus beau et plus robuste, on peut croire que, sur un point si important de la richesse nationale, la différence entre les deux pays est proportionnellement à l'étendue du territoire, comme un est à cinq ou six.

La consommation individuelle de la viande est, en Angleterre, trois ou quatre fois plus considérable qu'en France, et on n'y importe pas du bétail ; tandis que nos boucheries sont tributaires de l'étranger, et que nous lui achetons encore, pour des sommes énormes, du suif, des cuirs, des fromages, de la laine, des chevaux.

Que faut-il faire pour changer cet état de choses ? Étendre autant que possible la culture alterne, ensemencer des prés temporaires, et multiplier les racines fourrages (1).

CHAPITRE XVI.

DU FOIN, ET DES ALTÉRATIONS DONT IL EST SUSCEPTIBLE.

Définition.

C'est l'herbe des prairies, fauchée et desséchée pour nourrir le bétail.

En quelques cantons, on n'appelle ainsi que le produit des prés *naturels*, et on nomme fourrage celui des prairies *artificielles*.

Cette distinction est dépourvue de fondemens et donne lieu à une confusion de mots.

Celui de fourrage, en effet, exprime d'après l'acception reçue non-seulement l'herbe, soit sèche, soit verte, dis-

______

(1) En rétrécissant le terrain emblavé, on ne récoltera pas moins de blé ; car on fumera mieux. Mon honorable confrère d'Alfort, Gilbert, a dit qu'il faut récolter assez de fourrage pour nourrir autant de têtes de gros bétail qu'on veut cultiver d'hectares en céréales : cette tête ou l'équivalent en veaux, moutons, etc., étant nécessaire pour fumer convenablement cette étendue de terrain.

tribuée à l'étable, mais encore des racines, des tubercules crus ou cuits, des feuilles d'arbre servant au même usage.

On devrait nommer fourrage tout ce qui sert à nourrir les animaux à l'étable, même la paille, l'avoine et le son.

De tous les fourrages, le foin des prairies permanentes est le plus abondant en France ; ses bonnes et ses mauvaises qualités dépendent moins de la nature des plantes qui entrent dans sa composition, que de la fauchaison, du fanage, de la conservation soit en meules, soit au fénil ; plusieurs causes peuvent l'altérer soit au pré, soit dans le magasin, et il est quelques moyens d'en corriger les vices.

Du fauchage.

Nommé encore fauchaison, est une opération par laquelle on coupe non-seulement l'herbe fourragère, mais encore les céréales avec un instrument nommé faux.

L'époque favorable pour faucher un pré permanent est celle où le plus grand nombre de plantes qui le composent sont en fleurs et prêtes à former les graines. Les feuilles et les tiges ont généralement, alors, un goût sucré ; plus tôt elles eussent été plus aqueuses, moins nutritives, plus difficiles à faner, à conserver ; elles eussent éprouvé par la dessication un plus grand déchet ; plus tard, elles s'épuiseront pour fournir à la maturation des graines ; elles seront dures et moins nutritives ; ne prenant plus rien dans l'air, le sol s'appauvrira pour leur fournir les élémens nutritifs, et les regains seront retardés ou nuls.

On fauche les prés temporaires dès le commencement de la floraison, qui est précoce et à peu près simultanée dans la prairie ; on ne l'attend pas pour les regains, de crainte qu'elle n'arrivât trop tard pour le fanage.

C'est pour en assurer le succès qu'on doit, autant que possible, choisir pour faucher, un jour sec et serein, et ne pas se mettre à l'ouvrage avant que le soleil n'ait pompé la rosée.

On doit couper l'herbe le plus près possible de la terre ; d'abord, pour ne pas perdre celle qu'on y laisserait, ensuite pour éviter un obstacle à la fauchaison du regain ; ensuite pour empêcher que la sève ne se porte sur des tiges avortées.

Du fanage

Nommé encore fenaison ; c'est le premier degré de la dessication de l'herbe : l'autre aura lieu dans la meule ou au fenil. Dans ces deux circonstances, les élémens des végétaux réagissent ; le sucre et la gomme diminuent ; il se forme de la fécule d'autres principes : ainsi du foin est autre chose que de l'herbe, moins de l'eau de végétation.

Le fanage ne peut réussir qu'autant qu'il est rapide et non interrompu ; si l'herbe coupée, même par le plus beau temps, éprouve la chaleur du jour et la fraîcheur humide de la nuit, elle perd, en partie, sa couleur et son parfum : c'est surtout la rosée qui produit cet effet.

Lorsque, malgré des circonstances défavorables, on est obligé de faucher, on coupe peu à la fois et on laisse le foin en ondains, c'est-à-dire en lignes parallèles, telles que la faux les a faites. En cet état, il résiste mieux aux intempéries, pourvu qu'elles ne se prolongent pas trop ; car, dans ce cas, la surface blanchit, et l'intérieur noircit ou jaunit.

On saisit les intervalles de beau temps pour *désondainer* et agiter le foin, afin de lui enlever avec son eau de végétation celle dont sa surface est humectée ; on a inventé pour cela des machines, nommées *faneuses*.

Ce n'est pas seulement l'humidité, mais encore un excès de sécheresse et de chaleur qui nuisent au fanage ; le foin, alors, se décolore, devient cassant et perd de ses vertus nutritives. On doit, dans ce cas, le rentrer le plus tôt possible.

Les légumineuses, et plus particulièrement le trèfle se fanent difficilement ; pour les plantes surtout, le temps doit être favorable et l'opération rapide ; pour peu qu'elle se prolonge, les feuilles noircissent et se détachent, et si la chaleur est vive elles se réduisent en poussière. Il convient pour conserver ce fourrage de le stratifier avec de la paille en le fauchant.

Par ce mélange qu'on nomme *mêlée*, non-seulement on prévient l'altération des légumineuses, mais encore on imprime à la paille une odeur et une saveur qui plaisent aux animaux.

Mélangées ou non, les légumineuses perdent plus d'eau de végétation par le fanage que les graminées ; et cette différence est de 10 à 15 pour °/o; elles en perdent moins par la 2e dessication.

De la seconde dessication.

Beaucoup plus lente que le fanage proprement dit, elle a lieu au fenil ou dans les meules; elle a pour effet une soustraction d'eau de végétation qu'on peut évaluer de 35 à 40 pour °/o.

La perte totale est de 3/4, c'est-à-dire que 25 livres de foin bien desséché représentent un quintal d'herbe verte des prés ordinaires; la proportion est un peu moindre pour les prairies de trèfle et de luzerne.

Cette seconde dessication est difficile, lorsque la première a été incomplète. Le foin qu'on porte au fenil ou à la meule avec trop d'eau de végétation et de plus de l'eau étrangère est disposé à fermenter, et la température de la masse peut s'élever au point de causer des incendies (1) ; et, ce qui est plus ordinaire, ce foin pourrit au point de ne pouvoir servir que de fumier.

Jusqu'à ce qu'il ait subi cette seconde dessication qui dure six semaines ou deux mois, on dit que le foin n'a pas *ressué* ; il est chaud, et il exhale une odeur forte, peu agréable : c'est ce qu'on nomme du *foin nouveau* qui est indigeste et irritant, surtout pour le cheval.

La seconde dessication du foin a lieu en France plus souvent au fenil que dans la meule, quoique ce dernier procédé soit plus avantageux.

Du fenil.

C'est un lieu où l'on serre le foin non-seulement pour l'entreposer, mais encore pour lui faire subir la seconde dessication.

Il est presque toujours placé au-dessus des habitations des animaux ; et comme, assez souvent, on veut y monter par une pente douce pour y verser le fourrage, on a creusé le sol de l'étable et on en a abaissé le plancher.

Cette contiguité a d'autres inconvéniens que nous avons signalés ailleurs.

Fussent-ils isolés des étables et des bergeries, les fenils seraient encore peu convenables :

1.º Ils sont d'un établissement et d'un entretien dispendieux ;

2.º Ils servent d'asile aux fouines, aux rats, aux souris ; les araignées s'y multiplient ;

(1) Columelle parle de ces incendies spontanés qu'on a souvent attribués à la malveillance.

3.º On les nettoye fort rarement; on ne gratte pas les murs, les planchers, les toitures; on jette quelquefois du foin nouveau sur la poussière du foin ancien;

4.º On ne visite pas la toiture avec assez de soin pour s'assurer qu'aucune gouttière ne laisse pénétrer dans le grenier les eaux pluviales;

5.º L'air n'y circule jamais assez librement pour entraîner les exhalaisons du foin qui ressue;

6.º Le foin qui paraît sec transpire encore et a besoin d'être aéré;

7.º On peut manquer de place, quand les récoltes sont surabondantes. N'a-t-on pas objecté l'exiguité des fenils à la multiplication des fourrages, à la nourriture à l'étable?

Aussi dans les pays, comme l'Angleterre et la Hollande, où l'économie rurale est avancée, on voit, au lieu de fenils et de greniers à fourrage, des hangars, surtout des meules.

Des meules.

On entend par là des tas de foin qu'on peut établir pour quelque temps dans des prairies, mais que, le plus souvent, on élève près des habitations.

De quelle manière qu'on construise une meule, on doit se proposer:

1.º De garantir le foin des intempéries, au moyen d'un chapiteau en forme de parapluie qu'on fait avec de la paille longue, et qu'on doit pouvoir élever et abaisser à volonté;

2.º De le soustraire à l'humidité de la terre en établissant la meule sur des pièces de bois, des fagots, des pierres, le tout disposé de manière à ce que l'air puisse pénétrer par-dessous la masse de foin ;

4.º De ménager des courans d'air dans cette masse, en pratiquant à l'intérieur des vides qui communiquent entre eux et avec l'extérieur ;

5.º De faciliter l'issue des exhalaisons du foin, au moyen d'un cylindre d'osier, régnant dans l'intérieur en guise de gaîne de cheminée.

On ne doit boucher cette cheminée et placer à demeure le chapiteau de paille que lorsqu'on juge que le foin a suffisamment *ressué* (1).

Cette fermentation dure deux ou trois mois à la meule comme au fenil.

Jusqu'à la mi-septembre on appelle *nouveau*, aux environs de Lyon, le foin de l'année ; on dit qu'il n'a pas *jeté son feu*.

Caractères d'un bon foin.

1.º Tiges fines, flexibles, garnies de feuilles, appartenant, en très-grande partie du moins, aux familles des graminées et des légumineuses ;

2.º Couleur légèrement verte, tirant sur celle nommée de feuilles mortes ;

3.º Odeur agréable, légèrement aromatique, analogue à celle de l'*antoxanthum odoratum*, soit que cette graminée existe ou non dans le foin ;

4.º Saveur douce, légèrement sucrée, n'ayant aucun arrière goût âcre, acerbe ou piquant.

---

(1) Un moyen de s'en assurer, c'est d'y plonger un fil de laine blanche attaché à une longue aiguille ; on l'en retire jaune, si la fermentation n'est pas achevée.

Du foin nouveau et du foin vieux.

Le foin nouveau est d'un vert plus prononcé, d'une saveur légèrement âcre, surtout d'une odeur forte, aromatique, un peu nauséuse; c'est par cette odeur qu'en entrant dans un fenil ou s'approchant d'une meule, on juge que le foin est nouveau.

Ces signes sont plus sensibles, quand le foin est de trèfle ou de luzerne; il est, dans cet état, d'un usage plus dangereux que celui des prés ordinaires, surtout pour le cheval dont il irrite les organes digestifs, et auquel il cause des éruptions cutanées (ébullition) et même le farcin; les bêtes à cornes le supportent beaucoup mieux.

Le foin, en vieillissant, jaunit; il perd son odeur et sa saveur naturelles sans en contracter de mauvaises; il devient sec, cassant; se brise, tombe en poussière; c'est en vain qu'on le mouille pour lui donner de la consistance, il prend plutôt, alors, une odeur de moisi. Le foin commence à vieillir au bout de 18 mois; il n'est jamais meilleur qu'à l'âge d'un an. Vieux, il dégoûte le cheval surtout; il nourrit mal et agissant comme s'il était poudreux, il peut s'introduire dans les voies respiratoires et agiter le flanc.

Du foin cassant, délavé.

De même que le foin vieux, il est sans odeur, et il se brise facilement; il en diffère par une teinte plus pâle et une saveur légèrement acrimonieuse; il est plus commun dans les marchés.

Les causes de cette altération sont:

1.º Une fauchaison tardive, les tiges et les feuilles s'étant déjà appauvries de leurs sucs;

2.º La prolongation de la fenaison par un soleil brûlant;

3.º Ce qui est plus ordinaire et plus difficile à éviter, des pluies, surtout des rosées abondantes pendant cette opération.

Le foin de ce genre, sans être malsain, est peu du goût des animaux; il les nourrit mal; il participe du caractère du vieux foin avec lequel on peut le confondre. Les foins dont l'altération est la plus fâcheuse sont les rouillés, les vasés, les moisis.

Du foin rouillé.

On remarque sur les tiges des taches pulvérulentes, jaunes, brunâtres, ayant l'aspect de l'oxidule de fer : delà le nom de rouille donnée à cette altération, plus commune sur les pailles des céréales que sur les tiges des graminées fourragères.

On l'attribue à la même cause, c'est-à-dire à la présence d'un champignon du genre *uredo*; dans les uns comme dans les autres, le parasite qui s'est développé sous l'épiderme pénètre dans l'intérieur de la tige, et prend la place du parenchyme.

Les causes éloignées de la rouille sont peu connues; on les attribue généralement à des brouillards, à des rosées abondantes, à de longues pluies, au voisinage de l'épine-vinette (berberis vulgaris).

Le foin rouillé n'est pas seulement pauvre en principes nutritifs, il est encore irritant, donnant lieu à des indigestions et, par un usage prolongé, à des fièvres inflammatoires ou putrides.

Du foin vasé ou terré.

Il est pâle, sec, cassant, d'une odeur marécageuse, d'une saveur souvent acrimonieuse, encroûté de terre, de

détritus organiques; laissant échapper, quand on le remue, des nuages d'une poussière âcre, pouvant encore
être mêlé de sable granitique.

C'est sur pied, et peu de temps avant la fauchaison, que
l'herbe des prairies voisines des rivières et des torrens, est
exposée à être vasée par des débordemens : accident commun dans celles que baigne la Saône.

S'il survient en automne, ou au commencement du
printemps, alors un limon fertilisant, nommé *manne*, se
dépose sur la prairie; il y croît de l'herbe plus abondante,
nullement altérée.

L'herbe fût-elle haute, si elle n'avait été vasée
que par une inondation rapide, elle recouvrerait ses qualités, dans le cas où une pluie précédant la fauchaison
entraînerait la vase.

Lorsque l'eau reste long-temps dans la prairie, et
y stagne, un grand nombre de plantes disparaissent, de
mauvaises pullulent et, en se retirant, l'eau les couvre
non pas seulement de terre, mais encore de détritus organique putréfié.

Le foin ainsi altéré offre les inconvéniens qui suivent :

1.º Il est pauvre en principes nutritifs, d'une digestion
difficile, nourrissant mal, tout en donnant de l'amplitude
à l'abdomen.

2.º La poussière qui le souille, s'introduisant dans les
poumons avec l'air inspiré, peut causer des toux opiniâtres et même la phtysie.

3.º Du sable dont il est quelquefois mélangé use les
dents comme une lime, et quelquefois tombant du ratelier
s'insinue dans les yeux et détermine des ophtalmies.

4.º La terre dont il est chargé peut être assez abondante pour former dans l'estomac des corps étrangers,

capables de donner lieu à de graves indigestions mécaniques.

5.º Des substances délétères, introduites dans l'économie par l'alimentation, peuvent causer des maladies putrides ou cutanées, le charbon, comme le farcin.

La plupart des grandes épizooties ont éclaté à la suite des grandes inondations.

Du foin moisi.

Teinte blanchâtre, quand l'altération est peu avancée, ensuite obscure et noirâtre; odeur désagréable, comme celle du pain moisi; saveur âcre; disposition à se réduire en poussière.

C'est le résultat d'une fermentation lente, peu sensible, putride, qui a décomposé les principes mucilagineux, sucrés et féculens, mis à nu le ligneux devenu cassant, et fait naître des champignons du genre bissus.

Les causes éloignées de cet état tiennent aux vices de la première ou de la deuxième dessication; elles ont lieu plus souvent au fenil qu'à la meule par l'effet de l'humidité et du défaut d'aération.

De même que le foin vasé, le moisi qui est en même temps poudreux affecte les organes gastriques et les pulmonaires; il est plus commun que le premier, les débordemens dans les prairies étant rares, tandis que le fanage incomplet et la mauvaise conservation du foin dans les fenils sont ordinaires.

De quelques altérations particulières du foin.

Du foin formé de bonnes plantes peut n'être ni nouveau, ni vieux, ni délavé, ni rouillé, ni moisi; et, cependant, constituer un mauvais fourrage, c'est lorsqu'il présente quelques-uns des caractères suivans :

1.º Pâle, grêle, effilé, provenant d'une herbe étiolée, ayant végété à l'ombre ;

2.º Gros, velu, ligneux, ayant été récolté dans des lieux humides, ne fussent-ils pas marécageux ;

3.º Ayant une forte odeur d'engrais, parce que le pré qui l'a fourni a été surabondamment fumé, particulièrement avec les produits de l'exploitation des fosses d'aisance ;

4.º Exhalant une odeur de souris, d'excrément de volatiles, étant souillé par des plumes, par des toiles d'araignées, etc. ;

5.º Ayant été frappé par la grêle, d'où résulte un genre d'altération de nature peu connue, qui rend le fourrage impropre à l'alimentation ;

6.º Ayant subi une préparation mal conçue, qui en a fait ce qu'on nomme du *foin brun*, et qui consiste à en presser fortement une masse pour en extraire de l'eau de végétation. Cette masse prend la forme et la couleur de la tourbe ; on ne peut la couper qu'au moyen d'une hache : c'est une méthode allemande qui s'était introduite en France, parce qu'on la croyait utile, et qu'on a abandonnée quand on l'a mieux connue.

Falsification du fourrage.

Ruses de marchands de fourrage, et plus particulièrement de fournisseurs d'armée, qui consistent à mettre en évidence le bon foin et à cacher dans l'intérieur des tas ou des bottes, et pour faire poids et volume des matières qu'on n'oserait montrer : tels sont du vieux foin, du foin rouillé, vasé, poudreux, des joncs, des roseaux, du fumier, des platras, quelquefois simplement de la paille ou de la luzerne: sophistication qui laisse toujours aux marchands un coupable bénéfice.

Ce dol donne souvent lieu à des expertises, surtout à l'égard des fournitures militaires. Il faut, pour le démasquer, sonder profondément l'intérieur des meules, des bateaux, des voitures à foin, faire délier un certain nombre de bottes, prises au hasard, et de tous les côtés.

S'assurer si elles n'ont pas été faites tout nouvellement pour y introduire les substances étrangères; les liens de paille sont alors frais, ronds; ils laissent, quand on les délie, peu de traces de compression; une seule botte reconnue falsifiée rend suspecte la masse entière de la fourniture.

Correctifs du foin altéré.

1.º On le secoue, on le bat avec un fléau, et cela, à plusieurs reprises, pour le nettoyer de la terre, de la poussière, du sable fin, quand ses principes ne sont pas décomposés; car, dès lors, ce procédé serait au moins inutile;

2.º On le lave, et puis on le fait sécher pour secouer et battre de nouveau, pourvu, toutefois, que l'altération ne soit pas trop considérable; le lavage aura lieu dans une eau courante qui ne serve pas d'abreuvoir, et on battra, en plein air, sous le vent et avec précaution;

3.º On mêle avec de bons fourrages: ces derniers dans la plus grande proportion possible;

4.º Enfin, et c'est le moyen le meilleur, on sale le foin avarié.

La dose est d'une livre de sel dans cinq seaux d'eau pour un quintal de foin gâté, mais seulement au point de n'être pas altéré profondément dans sa substance, auquel cas on doit en faire du fumier. Il serait dangereux non-seulement de l'employer à la consommation, mais encore de le faire servir de litière.

Non content d'asperger d'eau salée le fourrage, dont l'altération est susceptible d'être corrigée, on fait boire de cette eau aux animaux auxquels on est forcé de le donner.

Dans l'intérêt de l'économie rurale, comme de l'Hygiène vétérinaire, on devrait répandre du sel non-seulement comme correctif du fourrage altéré, mais encore comme préservatif d'altérations.

La plupart des meules anglaises sont salées.

Du regain.

C'est, dans les prairies permanentes, le produit des coupes postérieures à la première. On peut en obtenir deux et même trois de celles arrosées, non pâturées. Cette herbe est fauchée avant la floraison; elle se fane plus difficilement, parce qu'elle est plus aqueuse et que la saison est plus avancée lors du fauchage; elle fermente et s'altère plus facilement encore que les premiers foins.

C'est une pratique excellente, trop peu répandue, de stratifier avec de la paille le regain sur le pré même. Celle-ci, déjà squelette fibreux, absorbe une grande partie de l'eau de végétation de l'herbe encore vivante; elle contracte de l'odeur et de la saveur, et la *mêlée* qui se forme se conserve facilement et pendant long-temps même au fenil.

Le regain ainsi préparé convient très-bien aux vaches laitières, aux moutons, aux jeunes animaux; il n'est pas assez tonique pour les chevaux et les bœufs travailleurs.

Une mêlée plus substantielle et qu'on peut faire quand

on manque de paille résulte de la stratification du regain avec du foin sec.

Une mêlée plus usitée et toujours avantageuse se fait avec de la paille et des légumineuses (1).

CHAPITRE XVII.

PAILLE, FEUILLES D'ARBRES.

Définitions de la paille; espèces de ce fourrage.

On entend ordinairement par ce mot les tiges et les feuilles des graminées céréales, battues et desséchées, et qu'on destine tant à servir de nourriture que de litière au bétail; et, par extension, on comprend depuis peu, sous ce terme, la fane également sèche et battue de plusieurs autres plantes de diverses familles.

Ainsi on peut distinguer, au moins, treize espèces de paille, savoir: 1.° De froment; 2.° de seigle; 3.° d'orge ; 4.° d'avoine; 5.° de maïs; 6.° de millet; 7.° de fèves ; 8.° de vesces; 9.° de lentilles; 10.° de pois; 11.° de sarrasin; 12.° de colza; 13.° de lin.

Des bottes de paille battues, dans lesquelles on a laissé du grain, se nomment gerbées; lorsqu'elles résultent d'un mélange de froment et de seigle, on les appelle *conseau.*

(1) Celles-ci, au reste, éprouvent beaucoup moins que les foins ordinaires, les altérations que nous avons signalées ; et le trèfle noirci est bien moins malsain que les graminées qui ont éprouvé la même altération.

La *dragée* est un mélange sec de paille d'avoine avec la fane de quelques légumineuses, pois, vesces, etc.

De celle de froment.

Réputée la plus alimentaire, et beaucoup plus usitée que les autres, sous ce rapport ; de couleur tirant sur le jaune pâle ou doré, luisante, d'une odeur légère et suave, d'une saveur douce, sucrée, qui réside principalement dans les nœuds.

Différant de celle de seigle, avec laquelle seule on pourrait la confondre, en ce qu'elle est plus déliée, moins longue, moins jaune, moins flexible et moins tenace.

Tige, fistuleuse dans le Nord, pleine dans le Midi, cette dernière plus substantielle, surtout quand l'année a été sèche et peu abondante en grains; celle de mars, de qualité inférieure.

Souvent fourragère, c'est-à-dire mêlée à des plantes nutritives qui lui étaient associées dans le champ, qu'on a négligé de sarcler, et avec lesquelles on l'a coupée et desséchée: telles sont l'agrostide tenue (agrostis capillaris), la folle avoine (avena fatua), le chiendent (triticum repens), le trèfle des champs (trifolium arvense), la gesse tubéreuse (latyrus tuberosus), le mélilot (melilotus officinalis), etc.

Il est d'autres plantes dont la présence déprécie la paille : telles sont la nielle (agrostema gitago), le bluet (centaurea cyanus), la sarrette (serratula arvensis), le sarrasin grimpant (polygonum convolvulus), surtout l'hièble (sambucus ebulus) qui répugne au bétail, et le chardon penché (carduus nutans) qui peut en excorier le palais.

De sa récolte et de sa conservation.

Cette récolte, étant secondaire, n'a pas lieu au moment où son produit serait le plus avantageux, c'est-à-dire avant la maturité des semences ; et même, dans ce cas, faudrait-il battre la paille sans délai, car les semences mûriraient en gerbier à ses dépens, et l'épuiseraient peut-être plus que si elle était sur pied.

Les graines étant mûres, la végétation est accomplie dans les végétaux annuels, telles que les graminées céréales ; le fluide, comparable au sang qui circulait dans leurs organes, s'évapore ; elles meurent, se dessèchent spontanément, soit qu'on les ait coupées ou non.

La conservation de la paille est, par la même raison, plus facile que celle du foin ; elle n'a pas besoin de *ressuer*, *de jeter son feu* ; elle s'imprègne moins des émanations des écuries et des latrines ; cependant, soit en grange, soit en gerbier, elle doit être mise à l'abri des intempéries qui la feraient moisir et pourrir, et des animaux qui la souilleraient de leurs ordures, de leurs plumes, de leurs cadavres.

On conseille de la changer de place une ou deux fois, chaque année.

Quand on a battu immédiatement après la moisson, ce qui est rare, on peut, sans inconvéniens, donner de la paille nouvelle ; c'est même celle que le bétail préfère. Elle vieillit, sans doute, mais beaucoup plus tard que le foin ; et si on ne la froisse, ni brise, si elle est à l'abri de l'humidité, sa durée sera presque indéfinie.

De ses altérations.

Elles ont lieu bien plus souvent au champ qu'au magasin :

1.º La paille est terrée, quand le blé trop dru, et poussé par le vent, a versé, et que, dans cet état, il est frappé par la pluie: cet accident, au reste, est partiel.

2.º Elle est rarement vasée, parce que les champs de blé sont, par leur gisement, beaucoup moins exposés que les prés aux débordemens des rivières et à l'irruption des torrens; parce que ces accidens sont plus rares à l'époque des moissons qu'à celle du fauchage; parce qu'enfin les chaumes durs et lisses s'imprègnent bien moins que l'herbe tendre des principes infects de la vase, et on les en débarrasserait beaucoup plus aisément.

3.º Elle participe de certaines maladies des grains, telles que la carie et le charbon; son développement est alors arrêté, ses qualités nutritives moindres, l'axe ou rachis qui supportait les grains est détruit, il y a notable déchet.

4.º Elle peut être rouillée, c'est-à-dire affectée de la maladie signalée dans le chapitre précédent; maladie qui survient plus fréquemment, et qui est plus grave sur les tiges des céréales que sur celles des graminées des prés : on l'attribue à la même cause (un champignon vénéneux du genre *uredo*) (1).

5.º Après avoir été coupée, si la paille est exposée à la pluie, elle verdit d'abord; ensuite elle brunit. Après avoir perdu son odeur particulière, elle en contracte de désagréable; elle est sans saveur, ou acrimonieuse; elle se brise facilement.

6.º Comme le foin, quoique plus rarement, elle moisit et pourrit par l'effet de l'humidité; c'est ce qui peut arriver

(1) Les effets funestes des pailles rouillées sur les chevaux ont été constatés par M. Verrier, professeur d'Alfort, aux infirmeries de cette école, et par M. Gohier, à Metz, sur les chevaux du 21ᵉ régiment de dragons où il était vétérinaire avant d'être professeur à l'école de Lyon.

quand on l'entasse, étant mouillée, dans des meules, des greniers; surtout si les unes sont malfaites, les autres non aérées, et lorsque des gouttières y introduisent dans les tas les eaux pluviales.

7.º Celle qui, étant trop vieille, c'est-à-dire altérée par une influence lente de l'humidité, ou qui a été froissée, a pris une teinte rougeâtre; elle est, alors, sans saveur, sans odeur, sans consistance, sans qualités nutritives.

Quand les altérations de la paille n'ont pas été poussées loin (j'en excepte la rouille), on peut absolument l'employer, en la mêlant avec de la bonne ou avec du foin, en l'aspergeant avec de l'eau salée ou acidulée, en la triant, car c'est bien rarement que le tas entier est altéré (1).

La paille, reconnue comme tout-à-fait impropre à servir de nourriture, ne doit pas être employée, même comme litière.

De la paille hachée.

Elle est donnée ainsi en Angleterre, en Allemagne, dans les états de l'Union, en plusieurs contrées de la France; elle le sera bientôt partout. On appliquera le même procédé au foin et aux racines; on concassera les grains; tout ce qui ne sera pas cuit sera divisé mécaniquement pour faciliter l'acte digestif, en allégeant le travail de la mastication.

La prétendue nécessité de ce travail pour la sécrétion de la salive est fondée sur une théorie grossière; c'est la présence ou même le besoin, le désir, la vue des alimens;

(1) Le triage doit être prescrit avec précaution dans les expertises de fourrages militaires; car le fourrage rejeté qui sort, le jour, des magasins par la porte y rentre ordinairement, la nuit, par les fenêtres.

c'est l'influence nerveuse qui détermine la salivation ; les animaux qui avalent sans mâcher ne sont pas ceux qui salivent le moins.

En donnant la paille hachée, on en trouve beaucoup moins avec sa texture dans les crottins : preuve qu'elle a fourni plus de parties alibiles. On devrait

1.º La couper à la longueur de 3 à 6 lignes : les instrumens peu dispendieux qui servent à cet usage expédient trois ou quatre cents livres de paille par heure ;

2.º La donner avec d'autres fourrages qu'on pourrait hacher ensemble ou séparément ;

3.º La mêler à l'avoine, au son ; on la mouille pour qu'elle ne soit pas dispersée par le souffle de l'animal.

On peut en réserver d'intacte pour litière, ou mieux , faire servir à cet usage des pailles moins précieuses , celle d'avoine, de sarrasin, ou même de la terre (1).

En quelques lieux, on se propose de rendre la paille d'une mastication plus facile, surtout pour les jeunes animaux en la froissant entre deux cylindres ; c'est encore le moyen d'empêcher que la paille hachée ne blesse le palais des jeunes animaux.

Propriétés alimentaires de la paille de froment.

Il ne faut pas s'en rapporter, à cet égard, aux analyses étonnemment contradictoires des chimistes (2). Celles

(1) Un battoir uni au hache fourrage a le grand avantage de secouer la poussière pendant l'opération ; point essentiel, si la paille ou le foin sont poudreux, vasés.

(2) Deux pour cent de principes alimentaires , d'après Davy , 328 grains sur 6 onces, d'après Zenneell ; près de la moitié pour cent , d'après Springel ; ce dernier regardant la proportion de *substances salines* dans les végétaux, comme la mesure de leur puissance nutritive.

qui ont été faites dans le Nord ne peuvent point s'appliquer au Midi.

D'un autre côté, il en est des alimens comme des médicamens ; c'est moins d'après leur décomposition dans des alambics et des cornues que par l'observation de leurs effets qu'il faut les apprécier.

Dans la plus haute antiquité, on donnait au bétail la paille seule ou avec de l'orge ; dans plusieurs contrées méridionales de l'Europe, on la fait manger seule, non-seulement aux chevaux, mais encore aux ânes, aux mulets et aux bœufs qui ne travaillent pas.

On voit en Angleterre, dans le Norfolk et autres comtés, des chevaux nourris avec de la paille hachée, mélangée seulement avec des balles de grains. — On voit, en Pologne, des bœufs qui, pendant tout l'hiver, ne reçoivent pas d'autres alimens.

Sont-elles autres choses que de la paille les herbes sèches dont se nourrissent, pendant l'hiver, les herbivores sauvages, à défauts de lichens ?

Et sans sortir de nos contrées, ne voyons-nous pas des bœufs et même des chevaux, nourris de paille, et, sans autre aliment, supporter des travaux légers ?

Contenant plus de principes alibiles qu'on ne pourrait le croire, d'après les analyses chimiques, la paille s'associe encore heureusement à d'autres alimens, tels que l'orge ou l'avoine pour le cheval, le turneps et les raves pour les bêtes à cornes.

Agissant comme lest pour distendre convenablement les organes gastriques, elle tient la place d'une plus grande quantité de foin qui rend les chevaux lourds et paresseux, qui les dispose à la pousse (1).

(1) La paille comme lest, légèrement nutritive, associée au grain,

La paille est trop peu nutritive pour les vaches laitières, elle pourrait seulement fournir avec quelque économie à l'entretien vital. On aurait, en augmentant les
rations, un excédent trop faible pour être converti en
produit utile (1) ; et jamais avec la meilleure paille, si
elle est donnée seule, on ne pourra déterminer un engraissement complet.

De quelques autres pailles alimentaires.

1.° Celle de seigle, usitée en Allemagne, n'est plus
pauvre que celle de froment en principes nutritifs que
parce qu'elle croît sur des terrains plus arides ; elle est
plus siliceuse, convient, dit-on, pour les ruminans, mais
beaucoup mieux pour couvrir les chaumes et fabriquer des
chapeaux et des meubles.

2.° D'avoine ; on la coupe ordinairement et avant la
maturité pour faire, par le javelage, grossir et noircir
les grains. Cette opération l'altère ; et fût-elle bien conservée, elle convient moins aux chevaux qu'aux bêtes à
cornes ; encore donne-t-elle de l'amertume au lait des
vaches.

3.° D'orge ; fort dure, contenant beaucoup de substances salines, des principes alibiles peu faciles à extraire, etc. (2).

tonique et éminemment alimentaire ; voilà la vraie nourriture du cheval généreux du Midi, de celui dont on a dit *cheval de paille, cheval
de bataille.*

(1) On a dit avec raison que le lait *de paille* revenait au cultivateur
quatre à cinq fois plus cher qu'il ne pouvait le vendre.

(2) Quant aux pailles de gesse, de maïs, de sarrasin, on les nomme
plutôt *fane*, et nous en dirons un mot ailleurs.

Usage alimentaire des feuilles d'arbres.

Ces feuilles, vertes ou sèches, ont été employées de tous les temps pour la nourriture des herbivores, surtout des ruminans.

Les géoponiques anciens parlent d'un arbrisseau, nommé cytise, que nous ne connaissons pas, et dont le feuillage vert était réputé nutritif à l'égal du meilleur foin. On le donnait frais pendant huit mois, et, l'hiver, on le mouillait pour le faire consommer.

Les Romains fesaient encore, pour l'hivernage, de grandes provisions de feuilles d'orme, de frêne, de peuplier.

Cet usage s'est perpétué en Italie ; c'est le pays où l'on emploie, le plus, les feuilles d'arbres comme fourrages. Les prairies y sont rares partout, et cependant, en plusieurs cantons, le bétail est nombreux et bien nourri ; on mène aux boucheries de Rome des bœufs que des feuilles de frêne ont engraissés.

C'est avec la même nourriture qu'on entretient des vaches laitières dans plusieurs vallées de Savoie.

Les prairies *aériennes* ne sont pas rares en Dauphiné.

On en voit dans quelques autres parties de la France ; il est des pays où l'on utilise pour le bétail la feuille d'olivier, d'autres où l'on ne laisse pas perdre celle de vigne.

On doit s'étonner qu'une pratique si utile, si vivement recommandée par Olivier de Serres ne soit pas plus générale en France (1).

Les prairies aériennes craignent moins que les autres la sécheresse ; on peut en établir sur les plus mauvais sols ; elles ne coûtent pas de frais d'entretien.

(1) Il voulait qu'on *leur en baillât* (au bestail), *l'hiver, non tant pour allongement de fourrage que pour friandise de pasture.*

Leurs produits perdent peu en se desséchant.

On s'est assuré, en Allemagne, que 100 liv. de feuilles d'orme ne perdaient que 47 liv.; tandis que les herbes, tant légumineuses que graminées, perdaient de 72 à 76 l.

A s'en rapporter aux analyses chimiques, les feuilles de certains arbres renfermeraient plus de principes nutritifs, je ne dis pas que la paille, mais que le meilleur foin, presqu'autant que le grain (1).

Espèces d'arbres dont on les retire principalement.

1.° L'orme (ulmus campestris); c'est l'arbre qui, en Italie, fournit le plus de fourrages. Dans les Cevennes, on en fait cuire la feuille pour engraisser les porcs. Les fagots, dits *feuillards*, qu'on en retire, sont d'une facile conservation; c'est le meilleur des arbres à fourrages.

2.° Le frêne (fraxinus excelsior); les bœufs surtout en aiment beaucoup les feuilles qui sont légèrement amères; et cette amertume passerait au lait des vaches qui en seraient exclusivement nourries : ces feuilles sont assez tendres pour être données aux veaux et aux moutons.

Le frêne à bouquet (F. ornus), arbre de montagne, fournit beaucoup de fourrage au bétail des Apennins.

3.° L'érable (acer campestre) qu'on peut élever nain, dont on peut faire des haies, des taillis, *des prairies aériennes*, qui souffrent si facilement la tonte. Tous les bes-

(1) C'est ce qui semble résulter des travaux de Springel, chimiste de Gœttingue; mais comme nous l'avons dit: Les choses ne se passent pas dans l'économie vivante comme dans un matras; telle substance, justement signalée par la chimie comme fort riche en principes nutritifs, peut nourrir fort peu, ces principes étant combinés de manière à résister à la digestion, à éluder l'assimilation; c'est à l'expérience à prononcer : elle l'a fait à l'égard des feuilles d'arbres, quoique moins avantageusement que l'annoncent les théories chimiques de Springel.

tiaux, plus particulièrement les moutons et les chèvres, en aiment les feuilles.

4.º L'acacia (robinia spseudo-acacia) ; si ses feuilles ne sont pas de toutes les plus nutritives, on peut, du moins, en faire d'abondantes récoltes; la croissance de l'arbre est rapide, même sur des sols arides. On en plante, et pas assez pour l'hivernage des moutons.

5.º Le charme (carpinus betulus) ; l'avantage de cet arbre est de pouvoir perdre les feuilles, à toutes les époques de la végétation, sans en souffrir ; et ces feuilles conviennent à tous les ruminans, particulièrement aux moutons

6.º Le bouleau (betula alba), arbre du Nord et des sommités du Midi, où il accompagne les conifères ; s'élevant sur des sols arides ; fournissant des feuilles au bétail dans des localités où ne croît aucun autre arbre à fourrage.

7.º L'aune (betula alnus), *vergne* ou *verne* ; les feuilles fraîches sont peu du goût du bétail qui les mange avec avidité, quand elles sont sèches ; il croît dans les lieux humides où il offre des ressources précieuses pour l'hivernage, des moutons surtout.

Indépendamment de ces arbres on dépouille, pour en faire des *feuillées*, le hêtre (fagus sylvatica), les saules et les peupliers (populi, salices), le noisetier (corylus avellana).

On donne, à l'état frais, ou l'on réserve, pour l'hiver, les produits de l'émondage des vergers ; celui de l'olivier fournit, dans le Midi où les vaches sont rares, des feuilles recherchées par les moutons.

Si les feuilles de mûriers n'étaient pas exclusivement réservées à la nourriture des vers à soie, on pourrait les faire servir utilement à celle des vaches laitières : j'en ai vues qui mangeaient avec avidité la litière de ces vers, toute souillée de cadavres et d'excrémens.

Quant aux feuilles de chène, elles ne répugnent et ne peuvent nuire au bétail que lorsqu'elles sont fournies par de gros arbres ; on récolte, en Lyonnais, celle des taillis ; on la mêle à d'autres pour constituer des feuillards excellens (1).

Arbustes qui en fournissent.

Nous nous bornerons à l'ajonc et à la vigne :

1.º L'ajonc, genêt épineux (ulex europeus), légumineuse spontanée aux environs de Lyon où l'on ne la cultive pas ; cependant tous les bestiaux en broutent les jeunes pousses avec avidité : plus tard, ils respectent l'arbuste à cause des piquans dont il est armé. On pourrait en couper les branches, les hacher et les battre (2).

Il croît avec une telle rapidité qu'on pourrait en faire deux coupes dans l'année.

La culture et de fréquens fauchages en atténueraient et finiraient par en faire disparaître les épines.

On aurait un fourrage nutritif et tonique ; on en donne beaucoup, dit M. Girard fils, aux chevaux bretons dont la vigueur et l'énergie sont remarquables. Les vaches qui s'en nourrissent (dit un agronome anglais, M. Twanley) donnent, en abondance, un beurre excellent.

(1) L'année dernière 1832 ayant été pauvre en fourrage, on a ramassé dans les bois de chêne du Lyonnais une prodigieuse quantité de feuilles de chêne, pour l'hivernage des vaches et des moutons qui les ont consommées sans aucun inconvénient.

(2) Querbrat Calloet, qui a publié en 1666 un ouvrage sur la multiplication des chevaux, et qui donne cet arbuste comme éminemment propre à nourrir les poulains, offre la description d'une machine propre à piler les rameaux de l'arbuste épineux.

2.ᵉ La vigne (vitis vinifera), cultivée pour son fruit ; on en laisse, presque partout, perdre les feuilles ; cependant elles peuvent être surabondantes au commencement de la végétation, et elles sont fort inutiles, même comme engrais, quand celle-ci est accomplie.

C'est, néanmoins, dans les vignobles où les prairies sont si rares, qu'il conviendrait de recueillir avec soin tout ce qui peut servir de fourrage.

En quelques lieux, on livre aux vaches qui en sont très-friandes les produits de l'épamprement de la vigne ; ailleurs, on mène les moutons dans les vignes, immédiatement après les vendanges ; en d'autres contrées, on cueille ces feuilles avec soin, on les fait sécher et on les serre dans un lieu sec pour l'hiver (1).

Récolte et conservation.

On donne fraîches pendant la belle saison, non-seulement celles qui proviennent de l'épamprement et de l'émondage, mais encore celles que l'on coupe avec les rameaux qui les supportent, et on peut pour cela cultiver exprès des arbres et des arbustes qui souffrent peu de cette mutilation, si on y procède avec modération et mesure.

Mais quand on veut se borner à une récolte annuelle pour se procurer une ressource fort utile pour l'hivernage, on ne peut nuire nullement au cours de la végétation, puisqu'on n'agit qu'au moment où elle va être suspendue, et que les feuilles qu'on prend sont sur le point de tomber d'elles-mêmes.

(1) J'ai fait connaître, il y a plusieurs années, ce qui se passe à cet égard dans le Mont-d'Or lyonnais ; je crois devoir renvoyer ces détail à la partie de mon travail qui aura pour objet l'amélioration des animaux, et l'économie vétérinaire.

Dix à quinze jours avant ce temps, elles ont encore des sucs abondans, mais elles tendent, avant de tomber, à devenir sèches et arides.

On n'enlève pas toutes les feuilles, et on a des arbres de rechange.

L'époque de cette récolte aux environs de Lyon, point intermédiaire entre le Nord et le Midi de la France, est vers le milieu de septembre.

Tantôt on fait tomber les feuilles avec une perche, tantôt, et c'est le plus souvent, on les cueille avec les rameaux et les branches, et cette opération bien faite tourne au profit de l'arbre.

On choisit un jour chaud et sec; on étend les branches et les feuilles sur la terre, et il suffit de quelques heures pour flétrir et sécher les feuilles; on les rentre avant la nuit, de crainte de la rosée fort commune en automne.

Si l'on a coupé des rameaux, il faudra les laisser étendus sous le hangar deux ou trois jours avant de les lier en fagots, nommés *feuillards*.

Ceux-ci seront tenus dans un lieu sec et aéré; ils s'altèrent néanmoins plus difficilement, je ne dis pas que le foin, mais même que la paille.

On les donne tels qu'on les a coupés; les animaux broutent avec les feuilles les rameaux, les branches minces, écorcent les autres : ce qui reste est pour le chauffage.

Pour conserver les feuilles détachées, on les met dans des tonneaux, ou mieux dans des fosses où on les presse le plus possible. On couvre avec des planches, des branchages, de la paille, de la terre glaise, pour mettre à l'abri des ardeurs du soleil qui dessècheraient trop, et des intempéries qui exciteraient dans le tas une fermentation nuisible.

Ce n'est pas seulement de feuilles d'arbres qu'on peut conserver ainsi avec leur verdeur, mais encore des choux, des spergules, etc.; on jette dans la fosse de prévoyance, de l'eau chaude ou froide ; on y met un peu de sel.

Et l'on se ménage ainsi un excellent fourrage hivernal, pour tempérer les effets de l'alimentation sèche, et donner lieu à cette variété de nourriture si favorable au bon entretien du bétail.

CHAPITRE XVIII.

GRAINS ET SON.

Définition, origine, espèces de grains.

On appelle ainsi les semences, développées par la culture, des graminées céréales, en y comprenant celle d'une polygonée, le sarrasin (polygonum fagopyrum), blé noir.

On nomme graines les semences nutritives, dépouillées de leur péricarpe, des légumineuses, telles que les fèves, les vesces et les pois.

D'autres semences alimentaires, nues ou enveloppées, ont conservé le nom de fruit : telles sont, d'un côté, les châtaignes et les glands, de l'autre les courges et les poires.

Partout où la civilisation a rendu les sociétés humaines sédentaires, des céréales ont été cultivées ; partout où on a abandonné ces plantes à la nature, elles ont disparu en peu d'années ; encore, dans cet intervalle, leurs semences rapetissées ont-elles perdu leurs facultés nutritives; elles ont cessé d'être des grains.

Nulle part on n'en a trouvées de sauvages en grand nombre, mais seulement, çà et là, quelques individus, sans doute échappés à d'anciens terrains cultivés.

Ce sont les matériaux principaux de l'alimentation du genre humain; et on peut, sous ce rapport, les ranger ainsi: 1.º Le riz; 2.º le froment; 3.º le maïs; 4.º le seigle; 5.º l'orge; 6.º l'avoine; 7.º le sarrasin.

Ce n'est pas dans le même ordre que sont placées les céréales destinées au bétail; la providence n'ayant pas voulu qu'il y eût, pour notre nourriture principale, concurrence entre notre espèce et les animaux que nous avons assujettis; pour eux, en effet, les principales céréales sont : l'avoine et l'orge.

De l'avoine, et de ses variétés.

C'est la semence de l'avoine commune, cultivée (avena sativa). Le savant Olivier, qui fut professeur à l'école d'Alfort, en a découvert, à l'état sauvage, quelques pieds dans des déserts de la Perse.

La culture en a multiplié les variétés. Dans quelques-unes, les grains sont blancs; dans d'autres, noirs ou rouges; on en voit qui les présentent, recouverts d'une poussiére blanche, comparable à ce qu'on appelle *fleurs* sur les prunes et les raisins.

Il en est une aux environs de Lyon, dite de Hongrie, unilatérale, mutique, fort productive, à grains gros, à paille dure, exigeant un bon terrain.

Il en est une autre, nommée patate, encore plus grosse, réputée plus nourrissante.

On en cultive sur les montagnes arides de cette province.

à deux barbes, à grains petits, mais fort abondans ; à paille courte et grêle ; on la nomme *pied de mouche.*

Une autre distinction entre les avoines se tire de l'époque de leur ensemencement ; delà celle d'hiver et celle d'été.

Caractères d'une bonne avoine.

Qu'elle soit d'hiver ou d'été, grosse ou mince, blanche, grise, noire ou d'autre couleur, elle sera bonne si elle a les caractères suivans :

1.º Écorce mince, lisse, lustrée, sans rides, d'où résulte un grain coulant, s'échappant facilement de la main.

2.º Odeur presque insensible, saveur féculente, agréable, approchant de celle de la noisette.

3.º Fécule blanche, quelle que soit, d'ailleurs, la couleur de l'écorce.

4.º Le moins possible d'écailles glumacées, qui augmentent le poids et le volume sans utilité nutritive, gènent la mastication, excorient le palais des jeunes animaux, et embarrassent la digestion des grains.

5.º Point de corps étrangers, tels que terre, sable, gravier, platras, poussière dont les grains auraient été souillés, soit au champ, soit au grenier, et qui auraient pour effet d'user les dents et de fatiguer l'estomac, les organes respiratoires.

6.º Absence de graines au moins inutiles qui, assez souvent, sont récoltées avec l'avoine, surtout dans les champs négligés, et c'est le plus grand nombre : telles sont celles de coquelicot (papaver rheas), de senevé (sinpis arvensis), de nielle (agrostema gitago), de perce-pierre (aphanes arvensis), d'herbe aux puces (plantago psyllium), d'ivraie (lolium temulentum), etc.

7.º Enfin, pesanteur relative la plus grande possible

en supposant le grain, mondé de matières plus lourdes que la fécule ; car on doit en conclure l'abondance de ce principe, seul nutritif dans l'avoine.

La différence de poids entre deux qualités de ce grain peut être telle, selon l'observation de Thaër, qu'à mesure égale, l'une pèsera 36 liv., l'autre 54.

Delà la convenance d'acheter l'avoine au poids et non à la mesure.

On peut regarder comme bonne celle dont 80 liv. (40 kilog.) font un hectolitre (1).

De l'avoine nouvelle, et de celle qui est trop javelée.

On reconnaît que l'avoine est nouvelle à la légèreté spécifique, — à la couleur terne de l'écorce, — à la saveur douceâtre et sucrée, — à l'existence de quelques petits grains verdâtres, dont la couleur disparaît au bout de quelque temps.

Elle cesse d'être nouvelle deux mois ou environ après la récolte, en la supposant bien conservée.

Avant ce moment, elle cause des indigestions, des gastrites, des vertiges abdominaux (2).

L'avoine trop javelée est celle qu'on a laissée trop long-temps dans le champ en javelles, c'est-à-dire en petites gerbes.

Quand l'opération est renfermée dans de justes bornes elle est utile même à d'autres céréales ; elle donne au grain

_____

(1) C'est d'après cette évaluation que l'administration de la guere a fixé les rations d'avoines ; d'où est résultée une grande amélioratn dans la nourriture des chevaux de troupe.

(2) L'armée française perdit en l'an 2 un grand nombre de chevux par l'effet de cette cause.

Quand on n'en a pas d'autres, on en attènue les mauvais effetsen le salant (une demi-once de sel par ration).

et à la paille la facilité de mûrir, peut-être plus vite que si elle n'avait pas été coupée.

Mais si le javelage est trop prolongé par un temps de pluie ou de rosée abondante, une fermentation est excitée ; le grain noircit et augmente en volume ; changement avantageux aux marchands dans les lieux où l'on donne la préférence à l'avoine noire, et où on la vend à la mesure, et c'est presque partout : aussi la mouillent-ils, et à plusieurs reprises, quand le javelage a lieu par un temps serein.

Alors l'avoine a grossi, sans acquérir ou même en perdant des principes nutritifs ; elle s'est altérée et se conservera difficilement.

On reconnaît l'avoine trop javelée 1.º à la légèreté spécifique ; 2.º à la forme du grain qui est court et renflé ; 3.º à l'écorce qui est terne et ridée ; 4.º au goût qui est douceâtre et comme sucré ; 5.º surtout à des germons d'un noir foncé.

Des marchands se livrent à une pratique dont les effets ont des rapports avec le javelage ; elle a pour but de renfler l'avoine ; elle consiste à l'humecter dans le grenier avec peu d'eau chauffée, et à plusieurs reprises ; il y a imprégnation d'humidité, boursouflement ; et comme le grain pourrait fermenter et moisir, on le remue et quelquefois on le jette contre les murs pour détacher les bissus qui se sont formés, mais on détache en même temps la barbe, et on refoule la pointe supérieure : ce qui décèle la fraude. Elle n'est pas si facile à découvrir, lorsque c'est par le lavage que la moisissure a été enlevée. L'adhérence de la poussière annonce l'état hygrométrique du grain.

Usage alimentaire de l'avoine.

Sa propriété nutritive est présumée par la proportion de la fécule qui est de 59 pour % selon Vogel, le reste étant de l'albumine, de la gomme, du sucre ; et de plus, selon Davy, 6 pour % de gluten. D'autres chimistes ont trouvé de la vanille dans l'écorce, ce qui pourrait expliquer la propriété cordiale du grain entier.

Plus qu'à tout autre animal domestique, il convient au cheval, auquel on le réserve presque exclusivement en France et dans le nord de l'Europe ; aucun autre aliment ne lui donne tant de force et de vigueur. On doit en livrer en grande quantité, avec peu de foin et de paille, aux chevaux soumis à de rudes travaux.

On en donnera peu ou même point à ceux qui ne travaillent pas, surtout s'ils sont d'un tempérament sanguin ; on les disposerait aux maladies inflammatoires, particulièrement à la fourbure.

Ce grain convient même aux poulains, immédiatement après le sevrage, mais seulement en petite quantité, et quand il est concassé, macéré, mitigé avec de l'orge en gruau, du son, etc. ; alors il n'est plus échauffant ; il nourrit tout aussi bien ; n'exige pas un travail de mastication, fatigant pour les poulains qui font leurs dents, et pour les vieux chevaux dont la denture est usée ; on n'en perd pas une grande partie qui traverse le tube intestinal avec ses vertus germinatives (1).

On donne bien peu d'avoine aux bœufs, même à ceux à l'engrais ; on en fait des provendes en la mêlant au son,

(1) On trouve souvent des grains d'avoine, formant les noyaux des bézoards.

au sel pour les moutons qu'on engraisse à la bergerie,
pour les brebis qui allaitent, qu'on trait, les agneaux d'élève.

On en jette à la volaille pour la faire pondre et l'engraisser rapidement.

Pour conserver ce grain, on le met à l'abri de l'humidité; on le remue de temps en temps, et avant de le donner, on le vanne et on le crible (1).

Les fanes fraîches sont un bon fourrage pour les laitières surtout; la paille sèche, comme il a été dit, est dure et pauvre, à moins qu'on ne l'ait pas battue; c'est sous cette forme de gerbier qu'en quelques contrées on la donne aux moutons

Les balles d'avoine, menues pailles, sont données à des moutons, à des vaches qui en sont fort peu nourries.

De l'orge; description et analyse.

Semence de l'*hordeum vulgare*; de toutes les céréales, la plus robuste, végétant vigoureusement dans les plaines, comme sur les montagnes, sous l'Équateur, comme dans le voisinage des pôles, et pouvant parcourir en 72 jours tous les degrés de sa végétation.

Admettant plusieurs variétés, jusqu'ici mal déterminées.

La forme du grain est allongée, sillonnée dans le sens de la longueur anguleuse sur le dos et les côtés; sa couleur, de jaune paille; les meilleurs sont les plus gros, les plus luisans, les plus pesans.

On rejètera celui qui est terne, ridé, petit, arrondi, à sillons insensibles.

Plus rarement altéré que l'avoine; ainsi qu'elle, ne

(1) On verra dans un autre chapitre la manière de distribuer cette nourriture et les autres.

doit être donné que deux ou trois mois après la récolte.

On l'appelle orge :

1.º Mondée quand, par le vanage et le criblage, il a été imparfaitement dépouillé de ses enveloppes glumacées.

2.º Gruée quand, dans cet état, il a été grossièrement concassé.

3.º Perlée, lorsque écorcé dans un moulin il a pris une forme sphérique.

4.º Malt, touraille, après avoir été macérée, germée, avoir subi la torréfaction.

5.º Drèche, malt réduit en poudre, dont on fait des décoctions.

6.º Masche, concassée et mélangée avec de l'avoine dans le même état et en moindre proportion, sur laquelle on verse de l'eau bouillante (1).

L'orge contient (selon Proust) dans la proportion de 55 pour $^o/_o$ de l'hordeïne, poudre jaunâtre, rude au toucher, insoluble dans l'eau, qui existe, quoiqu'en quantité infiniment moindre, en quelques autres grains ; amidon, 32 parties ; fort peu de sucre, de gomme, de gluten ; par la germination dans les brasseries, l'hordeïne se réduit à 12 parties, et il se forme à ses dépens du sucre et de l'amidon.

Usage alimentaire.

C'est beaucoup moins pour en nourrir les animaux, que pour en faire de la bière, qu'on cultive l'orge en France et dans le Nord ; on en obtient un pain grossier ; partout on l'emploie en médecine, en tisane rafraîchissante.

Si pour l'alimentation du bétail, on pouvait le subs-

(1) Nourriture anglaise, fortement recommandée par M. Huzard fils pour les jumens poulinières et les poulains.

tituer à l'avoine, ce serait un avantage immense ; car la plante est plus robuste, plus précoce, plus rapide dans sa végétation , plus productive, et le grain moins sujet à altération.

Cependant les chevaux des Arabes, des Persans, des Turcs, de presque tous les peuples de l'Asie, de l'Afrique, du midi de l'Europe, sont nourris d'orge, et connaissent à peine l'avoine. C'était de l'orge et non de l'avoine que les anciens donnaient à leurs chevaux ; l'*hordealio* était chez les Romains une maladie inflammatoire du cheval, attribuée à l'excès de cette nourriture.

Il est des contrées, en Angleterre, où l'on donne beaucoup d'orge à des chevaux massifs, employés au trait ; on le regarde en France comme peu nutritif et d'une digestion difficile pour le cheval.

Est-ce un préjugé ? Est-ce une influence du climat , tant sur la nature du végétal que sur l'idiosyncrasie des animaux ?

On a vu des chevaux espagnols fort bien nourris avec de l'orge chez eux, ne pas pouvoir le supporter chez nous.

D'un autre côté, des chevaux de troupes français, à qui l'on donnait de l'orge en Espagne lors de l'invasion de ce pays , supportaient difficilement cette nourriture.

On ne peut méconnaître en cela la grande influence de l'habitude , qui agit sur l'espèce comme sur l'invidualité.

Pour rompre cette habitude fâcheuse, on pourrait donner l'orge en petite quantité d'abord, le mélanger avec d'autres grains , avec de la paille hachée, le concasser, le faire macérer, le réduire en drèche, en masche, etc.

L'orge en grain engraisse la volaille, et en farine les cochons.

Nous parlerons, ailleurs, des résidus des brasseries.

Du froment; de l'épéautre; du seigle.

Le premier de ces grains appartient au *triticum sativum*, dont on peut distinguer 3o variétés ou sous-variétés ; son poids, à égalité de volume, à peu près égal à celui de l'orge, mais plus riche en principes nutritifs, tels que fécule et gluten dont les proportions, au reste, varient beaucoup dans les nombreuses races de froment.

On regarde ce grain comme trop cher, et on le croit trop nourrissant pour le faire entrer dans le régime alimentaire du bétail ; c'est plutôt pour lui un analeptique dont on donnera, selon la prescription de Bourgelat, une jointée aux chevaux étroits de boyaux, avant de les faire boire ; on le mêlera avec l'avoine pour relever, dans les vieux chevaux, les organes digestifs ; on en donnera aux étalons pour les exciter.

La farine, délayée dans l'eau, est donnée pour terminer l'engrais des bœufs et des porcs.

Ce qu'on appelle l'eau blanche qu'on fait avec du son n'est pas autre chose que de la farine de froment, suspendue dans le liquide.

On a voulu donner du froment en guise d'avoine, et aux mêmes doses, à des chevaux, et il en est résulté des irritations gastriques, des pléthores, des inflammations, la fourbure.

L'épéautre (triticum spelta) vient sur les terrains à seigle, moins nutritif, moins stimulant que le froment.

Il en est une variété, nommée *Ingrain* qui, dans l'Indre, est substituée à l'avoine, et qui, dans le Gers, sert à engraisser les porcs.

On cultive beaucoup l'épéautre, en Italie, pour l'alimentation de notre espèce, plutôt que pour la nourriture

LYON. — IMPRIMERIE DE J. M. BARRET.

des chevaux. Ceux de l'armée française qui avait envahi ce pays, en reçurent, en 1809, en guise d'avoine dont on manquait; la substitution fut malheureuse: l'école vétérinaire fut consultée: elle conseilla d'en donner le moins possible et de la mêler avec de la paille hachée de la même plante, qui est plus tendre que celle de froment, et ce conseil fut heureusement suivi.

Le seigle, grain du *secale cercale*, plante des sols arides, résistant au froid, devançant le froment, excellent pour prairies momentanées et pour fumure, étant enterré jeune; peu usité en France pour nourrir le bétail: il n'en est pas de même en Italie, en Allemagne, surtout en Danemark. Il est des contrées où, pour cet usage, on ne le bat pas, mais on le hache paille et grain pour le donner seul; on mêle à un peu d'avoine.

Par cette alimentation, dit M. le professeur vétérinaire, Viborg, on détermine l'embonpoint aux dépens de la force et de la vigueur.

Quand les grains sont à vil prix, on emploie beaucoup la farine de seigle pour achever l'engrais des bœufs et des porcs: on en fait entrer dans la provende des moutons.

Du maïs.

Appartient au zéa maïs, *blé de Turquie*, blé d'Inde, seule espèce de son genre: il offre une multitude de variétés, à grains blancs, jaunes, violets, bleuâtres, panachés; originaire de l'Amérique du Sud, qui s'est propagé dans toutes les régions méridionales et tempérées; produisant 7 à 8 cents pour un, à la condition toutefois d'un bon fonds, de beaucoup d'engrais, de labours multipliés, d'une manutention dispendieuse.

On le cultive pour son grain et pour sa fane; celle-ci

est tellement riche en sucre qu'on a proposé de l'en extraire comme de la canne et de la betterave ; ce fourrage convient mieux aux bêtes d'engrais qu'aux vaches laitières.

Le grain, presque aussi pesant que le blé, est riche en fécule, en sucre, sans gluten, ayant peu de son (1); il est trop dur pour être donné entier ; il userait les dents des chevaux.

En Amérique où l'avoine est presque inconnue, elle est remplacée par le maïs concassé, et cet usage commence à se répandre dans le midi de l'Europe.

Il est des pays où, avant de le donner, on le ramollit en le faisant macérer dans l'eau pendant 24 heures.

En cet état, il convient pour engraisser les porcs et la volaille ; et encore mieux, si on en délaye la farine dans de l'eau chaude : c'est le procédé qu'on suit généralement en Bresse pour engraisser ces poulardes si renommées.

C'est avec cette farine qu'on termine, avec économie, l'engrais de pouture des bœufs bressans qui approvisionnent les boucheries lyonnaises.

Du sarrasin.

Nommé vulgairement blé noir, semence noire anguleuse du *polygonum fagopyrum*, d'origine inconnue, cultivée de temps immémorial en Afrique; introduit par les Maures en Esgagne, d'où il s'est répandu dans l'Europe sans s'y acclimater pas plus que les graminées céréales. Grande ressource des pays montueux, peu fertiles, où il prospère et produit beaucoup avec peu d'engrais; mais sa récolte est tardive, conséquemment chanceuse à cause des gelées précoces.

Une autre espèce, celui de Tartarie (P. tartaricum), ré-

(1) 170 livres de maïs ont donné 16 livres de son, tandis que 180 livres de blé en donnent 34 livres.

siste mieux au froid ; mais il s'égrène facilement et sa farine est amère.

On a trouvé dans le blé sarrasin plus de 50 pour % d'amidon, 10 de gluten ; proportions plus que suffisantes pour qu'il soit rangé parmi les grains nutritifs.

Sans assurer qu'il puisse remplacer l'avoine, nous dirons qu'en Auvergne on donne, souvent avec succès, les deux grains mêlés à parties égales.

En ce pays, la farine de sarrasin délayée dans l'eau et salée est un grand moyen d'engrais pour les bœufs, les cochons, les moutons.

Dans les environs de Lyon, ce n'est que pour la volaille que l'on cultive cette polygonée.

Ailleurs, on le sème exprès pour les abeilles qui aiment à butiner sur ses fleurs ; elles y puisent les élémens d'un excellent miel très-coloré : témoin celui du Gâtinais fort estimé à Paris.

Elles les enivrent quelquefois ; le même effet a été observé sur des moutons.

La paille de sarrasin est un mauvais fourrage, dont l'usage n'est pas sans inconvéniens pour la santé du bétail, surtout des moutons.

Du son.

C'est l'écorce, avec un peu de farine, des grains qui ont subi la mouture et le blutage.

L'usage pour la nourriture des chevaux en est ancien ; les romains qui le nommaient *furfur* (1) le regardaient comme rafraîchissant.

Non-seulement toutes les céréales, mais encore le sar-

(1) Delà le nom de *furfuracées*, imposé à certaines dartres d'où se détachent de petites écailles, semblables à celles du son.

rasin donnent du son ; celui de froment est le meilleur, et presque le seul usité : sa qualité dépend de la quantité de farine qui l'accompagne.

Le plus farineux, qui résulte d'une première mouture, se nomme *recoupe*.

Étant broyé de nouveau, il s'appauvrit et on le nomme *recoupette*.

La *recoupette* soumise à une troisième mouture, devient ce qu'on appelle *remoulage* ou *tressiot* et en quelques pays *reprins*.

On appelle *fraisé*, le son qu'on mouille avant de le donner : bonne pratique, car l'animal qui souffle sur du son sec le dépouille, en en faisant voler la farine.

On connaît dans les environs de Paris un *gros noir* ; c'est la partie du son qui surnage, quand il a été plongé dans un baquet rempli d'eau.

Depuis que la mouture et le blutage ont été perfectionnés, il reste fort peu de son dans la farine, et encore moins de farine dans le son. Le blé qui, par les anciens procédés, donnait en son près de la moitié de son poids, n'en donne pas un quart au moment actuel.

On reconnaît un son farineux 1.° à sa pesanteur spécifique, la fécule étant plus lourde que le *cortex* ; 2.° à la propriété de blanchir les mains quand on le manie ; 3.° à celle de troubler l'eau où on le jette, même en petite quantité.

On reconnaît un son altéré 1.° à sa couleur, tantôt noire ou noirâtre, tantôt pâle, moisie ; 2.° à son odeur, tantôt acéteuse, tantôt putrescente ; 3.° à la sensation de chaleur, d'humidité qu'éprouve la main plongée dans le tas.

Le plus souvent, cette altération est due à un commencement de fermentation, d'abord acide, ensuite putride, qui a eu lieu dans un endroit humide, non aéré: surtout si cette substance était amoncelée en tas considérable. En fermentant elle se boursoufle, se prend en masses compactes, et devient le réceptacle de myriades d'accares.

Il n'est pas nécessaire, pour qu'il soit rejeté, d'être arrivé à ce degré d'altération.

Il s'altère au bout de quatre à cinq mois, même dans des lieux secs et aérés.

Usage alimentaire du son.

L'opinion générale parmi les vétérinaires est que le son n'est alimentaire qu'à raison de la quantité variable, mais toujours peu considérable de farine dont il est accompagné (18 à 20 pour $^o/_o$). Ils regardent l'écorce comme du ligneux pur, de la *sciure de bois*.

Ce jugement ne s'accorde pas avec la chimie qui a trouvé dans ce *cortex*, en assez grande proportion, de l'albumine végétale principe alibile.

En mêlant artificiellement à de la sciure de bois, de la fleur de farine, dans la même proportion où elle est dans du son gras, on n'obtiendrait pas de ce mélange les mêmes effets; les animaux ne l'appéteraient pas également; il ne serait pas si fermentescible, si prompt à s'altérer; il ne déterminerait pas si souvent de graves indigestions.

Ainsi le son absolu n'est pas uniquement un lest, comme on l'a dit; il renferme des particules alibiles dont on ne doit pas regarder la quantité comme étant la mesure exacte de la propriété nutritive: les données de la chimie ne pouvant à cet égard que fournir des présomptions.

L'expérience a démontré que le son nourrissait les animaux, et à double ration presque autant que l'avoine; mais il ne fortifie pas. Les chevaux nourris au son sont

mous, paresseux, suent facilement, éprouvent de fréquentes purgations par relâchement. Un pareil régime ne
saurait convenir aux chevaux de poste, de messagerie, et
il convient peu à ceux de troupe ; il vaut beaucoup mieux
donner un peu d'avoine que beaucoup de son aux poulains
et aux autres animaux d'élève.

Le son ne paraît rafraîchissant que parce que suspendu
dans l'eau il invite les animaux à prendre de grandes
quantités de ce liquide.

Ses inconvéniens sont graves : d'abord, parce qu'il s'altère avec la plus grande facilité, et qu'en cet état il est
d'un usage pernicieux ; ensuite, parce que plus que tout
autre aliment, il cause des indigestions aux chevaux. Sur
dix de ces animaux qui succombent à cet accident, il est,
dans huit, déterminé par le son. L'autopsie le rencontre
souvent dans l'estomac en masse dure, agglutinée par le
mucus gastrique, recouvert d'une pseudo-membrane, et
comme on dit *coiffé* ; d'autres fois, l'indigestion se complique de tympanite intestinale.

On reproche encore, et avec justice, à l'usage du son
des diarrhées opiniâtres, l'évolution des vers, une tendance aux maladies putrides, l'aggravation des maladies
chroniques, etc.

Faut-il renoncer au son ? Faut-il laisser perdre ou
jeter dans le fumier le produit secondaire de la culture
de froment ? C'est l'avis de quelques vétérinaires. Je pense
qu'il faut donner du son modérément, le bien choisir,
rejeter celui qui est altéré, le mêler avec de l'avoine, de
la paille hachée, continuer à en faire de l'eau blanche.

Il ne faut pas se priver de le faire entrer dans la provende des moutons ; mais on s'en abstiendra à l'égard des
animaux malades ou convalescens.

En ces cas, si on s'en sert pour faire de l'eau blanche, on le rejettera après l'opération, et ce qui vaut mieux, on emploiera de la farine.

CHAPITRE XIX.

GRAINES DES LÉGUMINEUSES ; FRUITS TANT SECS QUE MOUS ; MARCS.

Avantages de cultiver, pour leurs graines, des légumineuses.

On cultive presque partout trop de graminées, pas assez de légumineuses.

Cependant celles-ci demandent moins à la terre, et produisent plus abondamment.

Coupées avant la maturité des graines, elles donnent, en plus grandes masses que les céréales, un fourrage substantiel.

Fauchées après cet acte qui est le but et le complément de la végétation, elles conservent dans leurs tiges et leurs feuilles beaucoup plus de sucs.

Tandis que la paille de froment ne contient que 10 pour %, de matières nutritives (1), celle des pois et des lentilles en offrent 35.

(1) Celle de l'orge et de l'avoine en contiennent plus, mais d'une extraction plus difficile et mêlée à des substances qui rendent ces pailles peu propres à l'alimentation du bétail.

On n'est pas d'accord sur la force alimentaire des graines de ces plantes, comparées au froment. Selon quelques-uns, elles lui sont inférieures de moitié; selon d'autres, elles le surpassent. Le sage Thaër déclare, d'après son expérience, *qu'elles sont les choses les plus nourrissantes que le règne végétal fournisse dans notre climat.*

Elles contiennent un principe végéto-animal, tout aussi nourrissant que le gluten, et en plus grande quantité que celui-ci ne l'est dans le froment; leurs autres principes sont de l'amidon et une substance muqueuse soluble; plus azotées, elles doivent dès lois mieux nourrir.

Il est des contrées dans le Nord, où l'on donne aux chevaux beaucoup plus de graines de légumineuses que d'avoine ou d'orge; cette nourriture qui est peu usitée en France est tout à la fois économique et favorable au bon entretien du bétail.

La meilleure graine, sous ce double rapport, est la fèverolle ou fève de cheval. ·

De la fèverolle.

Graine du *vicia faba* (varietas equina) qui devrait entrer dans les grands assolemens.

Elle occupe la terre peu de temps, et la prépare pour d'autres cultures; ce qu'on exprime en disant qu'elle est *améliorante.*

On peut la couper avant la maturité des graines et la donner ainsi en vert; car on ne la fane pas facilement.

Le fanage offre peu de difficultés après la maturité; on en fait, alors, des bottes qu'on ne bat pas; c'est une ex—cellente gerbée qu'on garde pour l'hiver, et qu'il convient de hacher avant de la donner.

Cette pratique est suivie en Flandre; sous son influence

(dit M. Cordier), les chevaux prennent une chair ferme, un poil brillant, et sont capables d'un travail soutenu; les vaches donnent plus de lait, les veaux et les moutons s'engraissent.

En Angleterre, on donne les fèverolles en guise d'avoine ou d'orge aux chevaux de course comme à ceux de trait. On les détrempe, on les fait gonfler quand on les destine à l'engrais des porcs.

On devrait employer le même procédé pour les jeunes chevaux et pour ceux dont les dents sont usées par l'âge; les fèverolles, en effet, sont plus dures que les grains.

Plus que le froment, cette graine excite dans les haras l'ardeur des étalons et des jumens.

On la concasse, on la moud pour la mêler à la boisson des vaches laitières; on la réduit en pâte pour pousser les bœufs à l'engrais. Bientôt, il faut l'espérer, on la soumettra à la cuisson, du moins pour les ruminans: on a proposé d'en faire du pain.

Comme elle est échauffante, il faut en donner modérément aux poulains.

Du fenugrec.

Semence du *trigonella fenum græcum*, petite, jaune, irrégulière; odeur légèrement aromatique; saveur muqueuse un peu âpre; la plante spontanée dans le Midi; cultivée par les anciens pour leur nourriture et celle de leurs chevaux; admise dans la pharmacologie comme mucilagineuse, légèrement astringente.

Les maquignons la mêlent à l'avoine, et la réduisent en farine pour les chevaux qui se vident.

On la regarde comme très-propre à faciliter l'engraissement; on la cultive pour cet usage près de Paris et dans la Haute-Saône ; mais comme ce n'est pas en grande quantité qu'on la fait entrer dans ce régime, on peut croire qu'on la donne alors plutôt comme condiment que comme nourriture essentielle.

Autres graines de légumineuses.

1.º La vesce cultivée (vicia sativa), très-recherchée par les pigeons qu'il nourrit et échauffe beaucoup. On pourrait pour les chevaux la substituer à l'avoine et la faire entrer dans l'engrais des bœufs et des porcs ; mais cette graine est si petite, et il en faudrait une si grande quantité pour l'alimentation des grands animaux qu'on préfère de la laisser avec la fane qu'on donne le plus souvent en vert, étant coupée avant ou après la maturité : le fanage est difficile.

2.º La gesse cultivée (latyrus sativus) ; on l'a employée à l'engrais des porcs. — La gesse chiche (latyrus cicera) ; on l'avait recommandée pour la nourriture des bœufs et des brebis ; et on a cru reconnaître qu'en quelque circonstance elle avait des propriétés nuisibles.

3.º Le pois ordinaire (pisum sativum) ; le chiche ou gris (arietinum). La plante fauchée avant la maturité forme des gerbées qui, pour les chevaux, peut tenir lieu d'avoine ; la graine qu'aucune autre ne surpasse en substances végéto-animales, ayant été macérée dans l'eau, engraisse rapidement les bœufs et les moutons, surtout les porcs ; mais avec peu d'économie, chez nous du moins (1).

4.º La lentille (ervum lens) également riche en substances végéto-animales nourrirait fort bien, mais dispendieu-

(1) Selon Vibore et Young, les pois sont, en Angleterre, préférés à tous autres légumes pour l'engrais des porcs dont ils rendent le lard ferme et succulent.

sement le bétail : la fane qui est grêle pourrait être réservée pour les veaux et les agneaux.

5.º Le caroubier (cerratonia siliqua) ; longue gousse très-sucrée d'un arbre des pays chauds : on en fait un grand usage en Espagne et en Italie pour la nourriture du bétail.

Il serait utile de l'introduire dans le Midi de la France pour le cultiver en prairies *aériennes*.

Du chènevis et autres graines pour les oiseaux.

Graine du chanvre (canabis sativa), contient avec une huile grasse un principe particulier dont la nature est peu déterminée, qui excite singulièrement la volaille à pondre abondamment et de bonne heure : on en donne aussi aux oiseaux de volière.

C'est, à l'égard des chevaux étalons, un arphrosidiaque assez énergique pour déterminer le pissement de sang.

Le grain du sorgho (holcus sorgho) qu'on cultive en Espagne, en Italie, dans l'Amérique du Sud pour la nourriture de l'homme, et qu'on jette à la volaille pour l'engraisser rapidement.

Celui du panic cultivé (panicum italicum) semé dans les environs de Paris pour la nourriture des serins et autres animaux granivores chanteurs.

Celui du panic millet (panicum milliaceum) dont la culture pour l'usage des petits oiseaux est, au rapport de Bosc, tellement avantageuse aux environs de Paris qu'à égalité de terrain elle rapporte trois ou quatre fois plus que celle du blé.

On peut ajouter la graine de tournesol (heliantus annuus), dont la graine émulsive est spécialement réservée pour les perroquets.

Du gland.

C'est le fruit du chêne : tout le monde en connaît la forme. Il ne varie que par le volume dans les nombreuses espèces de cet arbre ; contenant, avec de la fécule et une huile particulière, du tanin en grande proportion qui le rend d'un goût âpre et désagréable pour l'homme. Il faut en excepter celui à gland doux (quercus esculentus), dont la saveur est analogue à celle de la châtaigne.

Dans les lieux où les chênes sont abondans, les glands sont, de tous les moyens d'engrais des porcs, le plus économique ; aucun ne donne une chair plus ferme, un meilleur lard, ne préserve mieux de la ladrerie, surtout s'ils sont consommés à la forêt même : régime nommé *glandée* ou *panage* que repoussent les forestiers. Ils ignorent que le porc cultive la terre avec son boutoir, et que tout en dévorant un grand nombre de glands il en plante quelques-uns qui, sans lui, se seraient desséchés, putréfiés, auraient été la proie des rats, des mulots, des campagnols.

On conserve les glands d'une année à l'autre, en les tenant dans un lieu sec, et beaucoup mieux après les avoir fait sécher au four.

Viborg conseille de les faire *drécher*, c'est-à-dire germer en les arrosant dans une fosse et les torréfiant ensuite, on les écraserait et délayerait dans l'eau avant de les donner.

On jette ces fruits, coupés et concassés, cuits ou crus, aux oiseaux de basse-cour.

Les chevaux, les bœufs et les moutons qui y répugnent d'abord finissent par s'y habituer (1).

(1) Un grand troupeau de mérinos a été nourri à St-George, près Ville-Franche (Rhône), avec des glands ; on les écrasait seulement pour les agneaux.

De la châtaigne.

Fruit du châtaignier (fagus castanea), contenant avec de la fécule une matière sucrée qui se développe par la cuisson, qu'on peut obtenir à l'état solide, mais non en cristaux réguliers. Pour conserver ce fruit, on le fait sécher et même torréfier légèrement; on le réduit en farine; on peut en faire du pain, mais d'une qualité inférieure.

Dans les contrées où les châtaigniers sont plus communs que les chênes, on engraisse les porcs avec la châtaigne; c'est ce qui se pratique dans le canton de Maurs (Cantal), dont les jambons sont si renommés. On leur donne, d'abord, la châtaigne crue, ensuite cuite à moitié, et à la fin cuite entièrement et salée; on joint à ce régime alimentaire des bains fréquens et une extrême propreté.

Le même fruit succède aux raves dans le même pays pour l'engraissement des bœufs.

Dans le département de la Haute-Marne, on le donne en guise d'avoine aux bœufs travailleurs.

Il est plusieurs cantons dans la Calabre où l'on distribue des châtaignes aux chevaux des voyageurs à la place des fourrages et des grains qui y sont rares.

Des marrons d'Inde.

Fruit de l'*esculus hippocastanum*, châtaigne de cheval; dénomination qui annonce l'idée qu'on s'en était formée. La fécule qu'il contient en grande quantité est unie à un principe résineux qui lui donne un goût désagréable, et dont il est difficile de la séparer; cependant les vaches, les moutons, les cochons ne refusent pas ce fruit quand on le leur présente mêlé à d'autres nourritures, et bientôt ils le prennent seul, surtout s'il est cuit, et ils n'en éprouvent aucune incommodité.

Tandisque, presque partout, on ne fait aucun cas de ce fruit, il est des économes qui le ramassent soigneusement pour le donner à des vaches, à des brebis dont le lait n'en devient que plus caséux, pour en engraisser des bœufs dont la graisse s'est montrée ferme et consistante.

On s'est assuré que 10 livres de marrons d'Inde par jour suffisaient pour nourrir une vache, et 15 à 20 pour l'engraisser. A défaut de cuisson, il convient de les écraser; mais il faut y habituer l'animal, et on n'y réussit pas toujours.

Du moment que la chimie économique aura fait connaître des moyens faciles et peu dispendieux d'extraire l'amidon des marrons d'Inde, une grande ressource sera acquise pour la nourriture du bétail ; et un arbre peu difficile sur la nature du sol, qui croît avec une étonnante rapidité, qui étale un beau feuillage et une inflorescence élégante, ne sera pas seulement un arbre d'agrément, il prendra place parmi les plus utiles.

De la faîne

C'est le fruit du hêtre (fagus sylvatica) ; il est noirâtre, triangulaire et renfermé dans des coques hérissées de piquants ; ses principes immédiats sont une huile douce, mêlée à du mucilage, à de la fécule et à une substance particulière végéto-animale : composition qui annonce des propriétés nutritives. Un indice plus sûr est l'avidité avec laquelle les vaches, les porcs, les dindes se jettent sur ce fruit ; le cheval plus délicat le dédaigne, et cependant on a proposé de lui en donner en guise d'avoine.

Il suffit à un troupeau de dindons d'une quinzaine de jours de dépaissance dans un bois de hêtres, après la chute des fruits, pour engraisser ces oiseaux. Ce régime produit le même effet sur le porc, quoique moins rapidement, mais le lard et la graisse qu'il prend alors ont peu de fermeté.

Mais si la faîne ne doit pas être la base de l'engrais du porc, elle pourrait, au moins, y entrer comme utile accessoire ; de même que dans celui des bêtes à cornes on l'associerait heureusement au gland et au marron d'Inde.

Le produit le plus important de la faîne en France a été jusqu'ici une huile grasse peu inférieure en qualité à celle d'olive, et qui se conserve plus long-temps. On pourrait en extraire jusqu'à un sixième du poids total.

Des courges.

Fruits (nommés encore citrouilles), du *cucurbita pepo* qui admet une multitude de variétés ; on en a vus de trois pieds et demi de diamètre : volume dont n'approche pas le fruit d'aucune autre espèce végétale indigène ou étrangère.

Ils contiennent du mucilage aqueux et des principes sucrés, en assez grande quantité pour les faire entrer parmi les alimens même de notre espèce : aussi y ont-ils figuré de tous les temps. Il est plusieurs contrées où l'on cultive les cucurbitacées qui les produisent, pour la nourriture du bétail.

On voit dans le département de l'Ain beaucoup de courges entre les lignes de maïs ; on les écrase et on les fait cuire avec la farine de cette céréale et on la donne ainsi aux vaches laitières et aux bœufs à l'engrais.

Dans les départemens de la Sarthe et de la Mayenne ;

on cultive abondamment une variété de courge nommée *citrouille à vache* qu'on donne non-seulement aux vaches, mais encore aux jeunes bœufs, aux moutons, aux porcs; on en fait pour l'hiver de grandes provisions : il en est de même dans les environs d'Angers où l'on préfère *la variété* allongée, rayée de vert et de blanc, nommée *palourde*.

On ne néglige pas la fane qui est un bon fourrage d'été; on utilise les graines qui contiennent de l'huile.

Dans la plus grande partie de la France, on ne trouve des courges que dans quelques petits coins de jardins; et partout on se plaint de manquer de moyens de nourrir le bétail. Les courges grossissent sur des terrains arides; on en voit, en effet, dans les vignes entre les lignes de hautains.

Des poires et des pommes.

Fruits, les uns du *malus communis*, les autres du *pyrus communis*, dont les variétés résultats d'une culture générale et ancienne sont innombrables; ces arbres qui sont indigènes offrent dans les forêts leurs fruits tels que la nature les fait; ils sont petits, âpres, surtout ceux du pommier, et en cet état, ils servent à la nourriture des bêtes fauves, et ne sont pas rejetés par les cochons ni même par les vaches.

Ces fruits mûris dans les vergers contiennent en proportion diverse du mucilage, du sucre, de l'acide malique.

D'après cette composition, on doit les considérer comme un léger aliment, quoique souvent agréable tant pour notre espèce que pour le bétail.

On ne donnerait pas du lait aux vaches, on n'engraisserait pas des bœufs, on ne soutiendrait pas les forces des animaux travailleurs avec des pommes et des poires, fussent-elles cuites; tous ces animaux les aiment néanmoins, et quand ils passent sous un pommier ou un poirier dont les branches sont rabattues vers la terre, ils s'exposent à la strangulation, en avalant sans le mâcher un fruit d'un gros volume.

Les pâtres d'Auvergne ne vont pas, dans ces cas, chercher un vétérinaire pour pratiquer l'œsophagotomie, opération, au reste, facile et sans danger; mais à grands coups de sabots sur la gorge, ils écrasent le corps étranger engagé dans l'œsophage, et préviennent ainsi les suites de l'accident : il serait mortel, s'il avait son siége dans la partie thorachique de l'œsophage.

Des tourteaux.

On nomme ainsi le résidu ou marc solide, qui reste après l'expression des graines oléifères; celui des noix s'appelle nougat (1) et *trouille* dans le Lyonnais. On les trouve dans le commerce sous forme de galettes plates, noirâtres, du poids de cinq à six livres.

On doit les conserver dans un lieu sec et aéré, pour éviter qu'ils ne moisissent.

On les donne, après les avoir délayés dans de l'eau froide ou chaude, seuls ou mêlés à d'autres alimens, tels que choux, pommes de terre, raves, etc.; c'est sous forme de soupes qu'ils conviennent le mieux.

En Flandre, on les présente aux vaches sous forme de boissons épaissies, *buvées*, en les délayant dans l'eau avec de la drèche; comme ce mélange est prompt à s'altérer, on le prépare quelques heures avant de le donner. On le fait prendre froid ou tiède.

(1) On a donné le même nom dans l'Ouest à celui de lin, et il en est dont les pains ont 20 à 25 livres.

On distribue cette nourriture aux vaches laitières et aux bêtes d'engrais ; elle convient aux premières, en petite quantité, et pour varier l'alimentation. Les buvées et les soupes dont nous parlerons plus tard sont bien préférables ; les bêtes engraissées aux tourteaux ont une mauvaise viande, une graisse huileuse, à moins qu'avant la fin de l'opération on n'eût changé le régime.

Les excrémens des animaux soumis à l'usage des tourteaux de colza, de navette, de cameline, de moutarde, sont imprégnés du principe âcre des crucifères qui est resté avec le résidu, et que n'ont pas atteint les forces digestives ; il en résulte une maladie légère aux pieds des bêtes enfoncées dans le fumier : maladie qu'on fait disparaître en changeant le régime, curant l'étable sans qu'il soit besoin de traitement médical.

Le tourteau de noix est le plus riche de tous, et celui de chènevis le plus pauvre.

On a cru pouvoir donner des tourteaux aux chiens. Ils maigrissent, s'affaiblissent et prennent assez souvent la gale, sous l'influence d'une alimentation si peu conforme à leur nature.

Du marc des raisins.

Ce marc, dont on a extrait plusieurs vins secondaires (piquette, vinade), n'est pas dépouillé de tout principe alimentaire ; il contient du mucoso sucré qui a échappé à la fermentation, de la fécule, des graines émulsives, de l'alcool, etc. ; et cependant, que de cantons vignicoles où l'on méprise cette substance ! on la voit, après les vendanges, éparse dans les rues des villages ; on la jette dans les rivières ; on en mêle au fumier qu'elle gâte.

En Lyonnais, on met ce marc dans des cuves où on le

presse fortement; on le recouvre de feuilles de vignes ; on le conserve pour l'hiver à l'abri du contact de l'air qui le ferait moisir. Il est donné, étant délayé dans de l'eau froide ou chaude, avec ou sans mélange de feuilles de choux, de racines coupées ; les vaches et les chèvres l'aiment beaucoup, même seul. Ce n'est pour aucune la base de la nourriture, mais un auxiliaire très-précieux, dont une livre en économise trois de foin, de luzerne, avec avantage pour la qualité et la quantité de lait (1).

Ailleurs, des brebis ont été mises à l'usage seul de ce marc qu'on avait soupoudré de son et de sel, et elles ont pu attendre, pendant deux ou trois mois sans inconvéniens, les herbes nouvelles.

Le cheval lui-même ne refuse pas cette nourriture, quand il y est habitué.

Combien la France récolte-t-elle de vin ! quelle est en chaque cuvée la proportion entre la quantité de ce liquide et celle du marc ! et si cette dernière substance entrait toute entière dans l'alimentation du bétail, combien de têtes pourrions-nous en nourrir de plus, en évaluant chaque livre de marc à trois livres de foin !

Le marc qui résulte du pressurage des pommes et des poires, après la fabrication du cidre et du poiré, est d'une qualité inférieure et se conserve moins long-temps.

D'autres marcs ou résidus.

1.º De la bière : on le nomme *son de bière* en Lyonnais, ailleurs *malt* ; généralement on le rejette comme sub-

---

(1) Si l'on donnait ce marc frais, c'est-à-dire sortant du pressoir, les vaches le mangeraient sans doute ; mais elles en seraient enivrées et leur lait tournerait ; c'est une observation qui a été faite par M. Huzard père.

stance inutile, ne pouvant pas même devenir fumier; il n'.
a pas bien long-temps qu'on l'utilise dans le Lyonnais, où
il entre comme précieux accessoire dans l'alimentation des
vaches laitières et des chèvres du Mont-d'Or qui, les unes
et les autres, l'aiment beaucoup. On en fait des buvées
en l'étendant dans l'eau; il se conserve à peine, en été,
deux ou trois jours; ne doit pas dépasser le tiers de la
nourriture journalière.

Le malt, en Angleterre, se conserve bien plus long-
temps; on en fait des provisions immenses dans des fosses
de 20 pieds de profondeur sur 16 de large et de longueur
indéterminée. On le presse avec force; on couvre la fosse
qu'on a remplie exactement, et qu'on ne découvre que
l'année suivante; on peut le garder deux ou trois ans : il
est des exemples de conservation de ce malt pendant douze.

C'est dans quelques grandes laiteries des environs de
Londres, et il en est de 4 à 500 vaches, la base de l'alimentation.

2.º Celui de la fabrication de l'eau-de-vie, tant de
pommes de terre que de grains, est plus nutritif que le
son de bière; on l'emploie beaucoup dans le Nord à l'engraissement des bœufs, auquel le rend propre par une
propriété stupéfiante l'alcool qu'il contient : on a vu des
cochons qui en avaient pris en quantité manifester des
symptômes d'ivresse.

Ce n'est pas aux vaches laitières, ni aux bœufs de travail, que convient cette nourriture.

3.º Celui de l'amidon, quoique fort nutritif; car c'est
du gluten qu'on a séparé de l'autre principe de la farine
de froment, et qui a éprouvé un commencement de
putréfaction; hors les cas de nécessité, ce n'est qu'aux
porcs qu'on jettera ce résidu.

On s'est avisé en Allemagne de le faire évaporer, de le réduire eu gâteaux pour le faire cuire au four.

4.º Celui du sucre de betterave, le meilleur de tous ; contenant, avec du muqueux et de la fécule, une certaine quantité de sucre qui a échappé à l'extraction de cette substance. On peut dire qu'à l'exception de l'eau de végétation qu'on a fait évaporer, à celle de 3 ou 4 pour $^o/_o$ de sucre et d'une petite quantité de muqueux, ce marc contient tous les principes alimentaires de la betterave (dont nous parlerons au chapitre suivant).

Cette nourriture qui ne serait pas assez tonique pour le cheval, ni pour le bœuf travailleur, convient parfaitement à la vache laitière ainsi qu'au mouton, à la bête d'engrais, et même à la volaille ; elle rend le lait excellent et la viande de qualité supérieure.

Auprès d'une fabrique de sucre de betterave assez considérable pour pouvoir se soutenir, on doit engraisser, au moins, 50 à 60 bœufs, ou 4 à 500 moutons.

CHAPITRE XX.

RACINES , TUBERCULES , CHOUX.

Définitions, généralités.

Les racines sont des organes ordinairement souterrains qui, tout en fixant les plantes sur le sol, pompent des sucs pour les nourrir.

Les tubercules sont des excroissances qui se forment sur diverses parties, le plus souvent sur les racines ; et alors elles sont quelquefois bourgeonifères, c'est-à-dire qu'elles renferment dans des cavités, nommées *yeux*, des germes de nouvelles plantes.

La plupart de ces tubercules ainsi que les racines, nommées *charnues*, contiennent des principes muqueux, sucrés, féculens, que la nature y a entreposés, ici, pour développer des germes végétaux nombreux, là, pour nourrir un seul végétal.

Les plantes à tubercules bourgeonifères, telles que la pomme de terre, n'ont pas besoin d'être semées pour se propager. C'est sous terre que, dans ces espèces, des graines croissent, mûrissent, se détachent, germent et lèvent. Un seul pied peut, de cette manière, en engendrer un nombre indéterminé, tous également féconds, sans qu'on puisse assigner de limites à une propagation dont le point de départ serait un tubercule unique.

C'est, depuis peu de temps, que les racines et les tubercules sont cultivées en grand ; avant cette innovation, on était réduit, en hiver, au fourrage sec pour l'entretien du bétail : aussi, dans cette saison, ne pouvait-on en nourrir qu'un fort petit nombre et en engraisser encore moins.

Ces fourrages sont frais tout l'hiver ; leur conservation est facile ; leurs altérations sont peu fréquentes ; et comme ils se forment sous terre, leur récolte est moins chanceuse que celle des autres substances alimentaires.

Les racines les plus usitées comme fourrages sont la carotte, le panais, la betterave, la rave, le navet, ces deux dernières offrant de nombreuses variétés. Parmi les tubercules, les uns sont bourgeonifères comme la pomme de terre et le topinambour, d'autres sont nus, tels que celui du chou-rave et celui du chou-navet.

De la carotte.

Racine du *daucus carotta* (ombellifère), indigène, parasite des prés, cultivée de temps immémorial, comme potagère; vulgairement *pastonade, racine jaune*; pyramidale; terminée par un filet mince, à moins que l'extrémité ne se soit arrondie, ayant rencontré un terrain dur.

Trois variétés: la jaune qui est préférée en France; la blanche qui est la meilleure aux yeux des Italiens; la rouge que les Anglais mettent au-dessus des deux autres: toutes excellentes.

De toutes les racines indigènes, celle qui, après la betterave, fournit le plus de matière sucrée (14 pour %), avec du mucilage et une résine tonique.

On s'est assuré que 266 livres de carottes crues étaient l'équivalent de 100 livres de foin.

Ce fourrage, pas plus que tout autre, ne doit être donné seul; un cheval de travail sera bien nourri avec 70 ou 80 livres de carottes et 7 à 8 livres de foin ou le double de paille sans avoine; car le principe résineux de la racine suffit pour tonifier.

Quant aux propriétés engraissantes de cette racine, elles surpassent celles des autres, et sont telles qu'au rapport de M. Bosc, un porc qu'on en avait nourri à discrétion fut engraissé en dix jours, et donna un lard blanc, ferme, qui ne fit aucun déchet à la cuisson.

Les carottes crues et encore mieux les cuites donnent, en grande abondance, du bon lait aux vaches et aux brebis; la volaille les aime beaucoup, surtout cuites.

Sa fane est également un fort bon fourrage, quoique exigeant un fonds profond, sa culture est peu dispendieuse, ayant besoin de peu de labeurs et d'engrais. Ses produits sont abondans; il est constaté que, sur un espace donné, on retire plus de substance alimentaire d'un champ de carottes que d'une prairie de luzerne.

Si, après avoir bien nourri le bétail, on avait une surabondance de carottes, on pourrait sinon en extraire du sucre, du moins en obtenir de l'eau-de-vie meilleure et d'une fabrication plus économique que celle des grains.

On peut ajouter que, dans la série des assolemens, les carottes succèdent heureusement aux céréales.

Du panais.

Racine du *pastinaca sativa* (ombellifère), fusiforme, charnue, jaunâtre; saveur douce, sucrée, légèrement aromatique.

Autant de mucilage que dans la carotte, un peu moins de sucre, et au lieu de résine une huile essentielle *sui generis* : ces derniers principes en plus grande proportion dans le Midi.

La plante, indigène, gâtant les prairies, est peu cultivée, même comme potagère, en France où l'on sait si peu varier les cultures : il n'en est pas de même en Angleterre et en Allemagne.

On voit en Angleterre et en Belgique des carottes et des panais se partager un champ; on les a semées ensemble, et comme elles sont loin de croître avec la même rapidité, on arrachera les unes au milieu de l'été, les autres à l'entrée de l'hiver.

La fane en est aussi abondante que celle de la carotte et plus substantielle.

Il y a presque parité entre les deux racines sous le rap-

port de leurs vertus nutritives, engraissantes et lactifères;
mais comme tonique pour les animaux travailleurs, la
carotte est préférable.

De la betterave.

Racine du *beta vulgaris*, *varietas cicla* (chenopodée);
plusieurs sous-variétés, rouge, jaune, blanche, grosse
blanche, souvent marbrée ou veinée de rouge; c'est celle
qu'on cultive le plus souvent comme fourrage, sous le
nom de racine d'abondance, de disette; l'un de ces noms
exprimant sa richesse, l'autre les ressources qu'on en
obtient dans la disette d'autres fourrages. Ce n'est pas
elle qui est la plus sucrée et dont on extrait le sucre
indigène, mais la plus dure, la plus forte par sa végétation; on en a vues de 20 livres. Elle vit, en partie,
hors de terre; on pourrait la faire consommer sur pied :
son produit peut être de 600 quintaux par arpent.

Sa fane est abondante, mais à poids égal, beaucoup
moins nourrissante que la racine.

Comme dans celle-ci un principe tonique n'est pas
oint au sucre et au mucilage, elle convient bien mieux
à l'engrais des porcs et à l'entretien des vaches laitières
qu'à l'alimentation du cheval et du bœuf travailleur.

Pour le premier de ces usages, on en emploie de
grandes masses dans les états de l'Union, et on en cultive beaucoup pour le second en Angleterre et aux environs de Paris. Seul, ce fourrage a suffi non-seulement
pour donner à des vaches d'excellent lait en grande
quantité, mais encore pour les engraisser; et c'est uniquement pour éviter cet effet qu'on a été forcé d'ajouter
de la paille.

Si on ne veut pas donner les racines cuites, il faut, au moins, les hacher.

En attendant leur récolte, on peut les effeuiller ; on a vu des vaches fournir beaucoup de bon lait sans autre nourriture que cette fane pendant 15 à 20 jours.

D'un autre côté, des chevaux mis à l'usage de la racine s'engraissaient, mais devenaient mous et paresseux ; et crainte de l'obésité cachectique, on en donnera peu au mouton.

Sa force nutritive est à celle de bon foin naturel, à poids égal comme 260 à 100.

De la rave et du turneps.

Racine du *brassica rapa* (crucifère), dont quelques botanistes font une variété du *B. asperifolia* qu'on trouve sauvage sur les rives des mers du Nord.

Plus large que longue ; — blanche à l'extérieur, intérieurement blanchâtre ou rougeâtre ; — légèrement amère et acrimonieuse à l'état cru, surtout dans le Nord ; — goût muqueux et sucré après la cuisson ; d'autant plus sensible qu'elle a végété sur un sol plus sec et plus exposé au soleil ; pouvant sur un fonds gras acquérir un poids de 25 à 30 livres.

L'une de ses variétés, nommée *turneps*, acquiert avec facilité ce grand développement.

Celle-ci est l'une des plus grandes richesses de l'agriculture anglaise ; elle en récolte, dit-on, de 50 à 60 millions de quintaux (1) : on en voit des échantillons de 50 livres.

(1) La valeur de cette récolte a été estimée 14 millions sterling ; ce n'est pas seulement comme fourrage, mais encore comme préparant à

Quelles que soient les propriétés engraissantes et lactifères de cette racine muqueuse et sucrée, on ne doit
pas la donner seule à moins de lui avoir fait subir la
cuisson, pour la dépouiller du principe âcre des crucifères, qui, quoique peu abondant, finirait par se
communiquer au lait et à la viande.

D'un autre côté, on ne doit pas perdre de vue que
dans toute alimentation la variété est une convenance,
pour ne pas dire une nécessité.

Cette nourriture ne serait pas assez tonique pour les
bêtes soumises à de rudes travaux; il en est de même
des autres variétés de raves.

On en cultive une, en Auvergne, nommée rabiole
ou rabioule, arrondie et déprimée, d'une consistance
ferme, dont on fait des soupes pour les vaches laitières
et pour les bœufs d'engrais.

Le même procédé est usité aux environs de Lyon où
une variété petite et fort sucrée succède au froment et
même au seigle en cultures dérobées : c'est une grande
ressource pour l'hivernage ; elle entre pour un tiers
dans l'entretien des vaches laitiéres (proportion plus
grande en Angleterre) : on en donne fort peu aux bêtes
d'engrais et point aux chevaux.

La décoction de rave est la meilleure des tisanes adou-
cissantes pour les grands ruminans.

Du navet et du rutabaga.

Le navet diffère de la rave en ce qu'il est allongé,
fusiforme, à écorce plus brune, quelquefois jaunâtre,

---

d'autres cultures également riches que le turneps produit des avantages immenses en Angleterre ; il fut introduit au commencement du
dernier siècle par lord Townshend.

à chair plus ferme, plus savoureuse ; d'autres différences dans les feuilles qui ne permettent pas aux botanistes de confondre ces deux choux : le plus ordinaire, cultivé en France comme plante culinaire plutôt que fourragère.

Le plus important est celui de Suède, rutabaga ; fusiforme ou orbiculaire ; volume médiocre ; chair plus ferme ; d'une pesanteur spécifique plus grande que les précédentes ; presque aussi productif que le turneps et résistant mieux que lui aux rigueurs de l'hiver ; peu cultivé en France.

De la pomme de terre.

Truffe, parmentière, etc. ; tubercule du *solanum tuberosum* (solanée) ; originaire du Pérou ; introduite en Europe vers le milieu du 15e siècle ; regardée, d'abord, comme suspecte, ensuite méprisée comme bonne tout au plus à être jetée aux cochons qui ne refusent rien : ce n'est que depuis 60 ans qu'elle s'est propagée en France et en Europe par les soins d'un philantrope éminent (Parmentier).

A mesure que sa culture s'est étendue sur tous les sols, à toutes les expositions, par tous les procédés ; ses variétés sont devenues innombrables.

Il en est de jaunes, de rouges, de blanches, de grises, de noires, de bigarrées, de marbrées ; on en voit de rondes, d'ovales, de fusiformes, de mamelonnées ; leur volume varie depuis celui d'une petite noix jusqu'à celui d'une grosse orange.

Les plus grosses sont, en général, les moins nutritives.

L'analyse de ce tubercule a montré tantôt les 2/3, tantôt les 4/5 d'eau de végétation ; et les proportions d'amidon ont varié depuis 1/8 jusqu'à 1/4.

On n'est parvenu par aucun procédé à extraire du parenchyme la totalité de ce principe.

Les autres élémens de la pomme de terre sont, en petite quantité, de l'albumine, de l'asparagine, de la résine, différens sels.

Privée de gluten, ce tubercule ne saurait subir une véritable fermentation panaire.

Mais dans les temps de disette, sa farine mêlée à celle des céréales contribue à former du pain.

C'est, en général, sous d'autres formes qu'elle entre dans l'alimentation de notre espèce, et cela, en France dans la proportion d'un sixème. Auxiliaire des céréales, ses produits ne sont jamais s abondans que dans la disette de ces grains; elle réussit dans tous les climats et sur presque tous les sols; brave presque toutes les intempéries; demande peu d'engrais; produit beaucoup; nettoye des mauvaises plantes le terrain, et le prépare à d'autres cultures.

Son emploi pour a nourriture du bétail.

Le cheval s'y habitue avec peine; on ne doit pas la lui donner seule; il convient de la lui présenter cuite, mêlée à de la paille hachée s'il ne travaille pas, et à de l'avoine s'il est soumis à un travail soutenu: ce qui ne dispense pas de donner du foin.

La quantité du tubercule cuit, suffisante pour balancer celle du foin nécesaire à l'alimentation d'un cheval ou même d'un bœuf travailleur, pousserait ces animaux à l'engrais aux dépens de la force et de la vigeur, mais seulement à la longue; car elle les soutiendrait fort bien quelque temps sans addition.

Ce tubercule est actifère, surtout à l'état de crudité; mais alors, il provoque la diarrhée, et rend les excrémens fétides ; même effet sur les bêtes à laine : pour prévenir cet accident il suffit de presser le tubercule au point d'en extraire l'eau de végétation qui contient un principe âcre.

Cuit, il est beaucoup moins lactifère et pousse à l'engrais. Le motif de l'économie s'oppose encore à ce régime pour les vaches laitières, aux environs de Lyon (1).

L'emploi le plus utile des pommes de terre est pour l'engraissement de pouture ; c'est l'usage presque exclusif auquel on les fait servir dans l'alimentation du bétail, en Lyonnais. On les donne ordinairement cuites, et malgré les frais de combustible, l'opération est économique.

Ce n'est pas seulement le bœuf, mais encore le porc, le mouton et même la volaille dont l'engrais a pour base la pomme de terre.

Du topinambour.

Tubercule de l'*heliantus tuberosus* (radiée) ; originaire du Chili ; arrivé en Europe peu de temps après la pomme de terre ; fut nommée, par opposition, *poire de terre* ; couleur blanche ou grise ; forme ronde ou ovale ; fusiforme ou applatie ; volume, depuis celui d'une petite noix jusqu'à celui d'une grosse orange ; saveur muqueuse, légèrement sucrée.

L'analyse y découvre 74 partie sur 500 d'une matière sucrée incristallisable ; peu de muqueux, au lieu de fécule, de l'inuline, et une matière *sui generis* susceptible d'une fermentation particulière qu'on a nommée *visqueuse*.

Regardé comme le supplément de la pomme de terre,

(1) Un quintal de foin , de luzerne , y vat 3 f. , et un quintal de pommes de terre 1 f. 60 ou 70 , et deux quintaux de pommes de terre n'en représentent qu'un de bon foin pour l'effet nutritif.

cependant les deux tubercules bien différens par leur principe chimique prédominant ; l'un étant de la fécule, l'autre du sucre.

D'après des autorités respectables, d'une grande utilité pour l'hivernage des moutons (1).

Ses facultés nutritives, les mêmes que celles de la parmentière (100 livres équivalent à 50 de bon foin.) On lui attribue sur elle les avantages suivans : — végétation vigoureuse sur les sols les plus arides ; — faculté de passer l'hiver en terre ; — résistance des feuilles à la gelée ; — presque aucun besoin d'engrais ni de façons ; — aucun inconvénient à être mangé à l'état cru.

Malgré ces avantages, ce ne serait que comme auxiliaire, nullement comme base de l'alimentation qu'il conviendrait de donner des topinambours, même aux moutons ; la proportion ne doit jamais dépasser un tiers.

Cet aliment n'est pas assez substantiel pour contribuer beaucoup à l'engraissement, ni assez tonique pour soutenir les forces des animaux travailleurs. On peut en donner aux vaches laitières, aux moutons et à la volaille.

Donné en trop grande quantité, il cause la diarrhée et des accidens plus graves, s'il a éprouvé la fermentation visqueuse dont il est susceptible.

Choux-raves et choux-navets.

Deux variétés du chou potager (*brassica oleracea*), cultivées à cause d'un tubercule alimentaire qui, dans la première est applati en forme de rave et situé à la tige dont il constitue un renflement.

(1) Duhamel, Daubenton, Victor Yvart, de Père, Bagot, Poiféré de Cère.

L'autre qui est situé au collet même de la plante est allongé et arrondi en forme de navet; l'un et l'autre à peau dure et à chair ferme.

Le chou-rave (c'est le nom que l'on donne aussi au tubercule, en prenant la partie pour le tout) offre 5 à 6 pouces de diamètre, et est formé d'une substance analogue à celle de la rave; il en est une sous-variété blanche, jaunâtre, dite *de Siam*, qui est cultivée avec soin dans les environs de Lyon, pour la nourriture de l'homme et celle du bétail; elle exige un bon sol, mais produit beaucoup. On arrache la plante à la fin de l'automne, et on conserve le tubercule dans du sable, pour l'hivernage des vaches laitières, concurremment avec les raves, qu'il surpasse en vertus nutritives, comme en frais de culture.

Le chou-navet, moins volumineux que le précédent, un peu plus dur, à chair plus ferme, plus riche en principes nutritifs, admettant plusieurs variétés, dont la principale est celle de Laponie, d'où elle nous est venue. Confondu avec le rutabaga, ou navet de Suède, il n'exige pas un si bon fonds que le précédent; il s'accompagne d'une plus grande abondance de feuilles que l'autre, et quoiqu'il soit moins volumineux, sa culture serait peut-être plus avantageuse.

Autres choux-fourrages.

Il n'est pas une seule des nombreuses variétés du chou potager (brassica oleracea) dont les feuilles succulentes ne soient un fourrage précieux, pour les ruminans surtout, qui ont un si grand besoin de substances fraîches pour tempérer les effets d'une nourriture sèche.

Les principes de ces feuilles sont un mucilage sucré,

délayé dans une grande quantité d'eau, de la fécule verte, et une petite quantité de l'élément âcre et volatil, particulier aux crucifères.

C'est le fourrage le moins nutritif proportionnellement au volume : 600 livres de choux représentent à peine un quintal de foin.

Un bœuf, en un jour, peut en manger deux quintaux. D'où résulterait un grand encombrement pour des provisions d'hiver en ce fourrage ; mais comme les plantes qui le produisent ne craignent pas les rigueurs du froid, on les laisse sur pied et on les arrache ou on les effeuille toute l'année, à fur et à mesure de besoin.

Parmi les variétés du choux potager, dont les feuilles servent à la nourriture du bétail, on ne cultive guère pour eux que le *chou vert*, qui admet plusieurs sous-variétés.

1.º Le vert commun, à feuilles larges, ondulées, à côtes saillantes, ne pommant pas, à tige grosse, s'élevant à 2 ou 3 pieds, produisant beaucoup ; celui dont la culture est la plus étendue, surtout en Angleterre, où on le regarde comme le plus économique de tous les fourrages pour les vaches laitières.

On lui a reproché de donner au lait et au beurre une odeur et un goût désagréables ; mais on évite cet inconvénient en le mondant des feuilles gâtées, en le mêlant à d'autres nourritures, surtout en le soumettant à la cuisson.

2.º Le chou cavalier, géant, en arbre, grand chou vert, chou chèvre ; j'en ai vu au Mont-d'Or lyonnais de 10 pieds de haut, dont la tige était aussi ligneuse, aussi dure que celle d'un aubepin ; les feuilles sont larges, peu épaisses, portées sur de longs pétioles. On les récolte l'hiver, chaque fois pour un jour, ou même pour un repas, en suivant les lignes et y revenant trois ou quatre fois pendant le cours de la saison rigoureuse. La masse de fourrage qu'on peut tirer ainsi d'un terrain peu étendu est incroyable.

3.º Le chou cavalier branchu ou à mille têtes s'élève moins haut que le précédent, désavantage compensé par la multiplicité de ses branches latérales. On le cultive principalement dans la Bretagne et le Poitou, où l'on estime qu'un hectare, composé de 20,000 pieds, produit 200,000 livres de feuilles vertes.

Les terrains les plus favorables aux choux-fourrages sont ceux qui, sans ce produit, fourniraient le moins de nourriture au bétail pendant l'hiver et au commencement du printemps, et ceux-ci ne sont jamais plus succulens que dans la saison rigoureuse.

On les emploie fréquemment, en Angleterre, à l'engrais des bœufs, et l'opération est économique et rapide. On en donne beaucoup aux vaches laitières avec de la paille et du foin, et le lait ainsi que le beurre qu'on obtient est abondant et de bonne qualité; on en distribue avantageusement, avec mélange de quelques alimens secs, aux moutons, aux agneaux, aux cochonnets.

Les facultés nutritives des choux augmentent par la cuisson; c'est sous forme de soupes salées qu'ils seraient le plus utiles.

Mais, en cet état même, ils ne fortifieraient pas assez pour entrer dans l'alimentation du cheval; ils ne conviendraient guère mieux au bœuf travailleur, et il faudrait être réservé sur leur emploi pour les bêtes à laine qui, tout en prenant de l'embonpoint, seraient exposées à la cachexie.

CHAPITRE XXI.

CUISSON ; AUTRES PRÉPARATIONS ALIMENTAIRES VÉGÉTALES ; SEL ; AUTRES CONDIMENS.

Effets de la cuisson sur les alimens végétaux.

Cette action peut avoir lieu, avec ou sans addition d'un liquide ; elle est plus ordinaire et plus complète dans le 2ᵉ cas. Presque toutes les substances alimentaires se ramollissent en cuisant ; quelques-unes augmentent de volume. Il en est qui, de plus, prennent du poids ; c'est ainsi que, d'après des expériences de Mathieu de Dombasles, des pommes de terre dont le poids, à l'état cru, est de 14 livres, en pèsent 15 après la cuisson dans un peu d'eau, et le refroidissement complet, quoique ayant alors perdu de l'eau de végétation ; elles ont dû, par conséquent, solidifier et s'incorporer du liquide de la même manière que le fait la fécule glutineuse dans la panification.

Comme les pommes de terre cuites nourrissent mieux que les crues, à poids égal, la cuisson offre double bénéfice.

Des auteurs qui ont comparé les effets nutritifs de plusieurs fourrages, à l'état cru et à l'état cuit, ont signalé des différences plus considérables.

La cuisson ne se borne pas à changer la texture des substances organiques, des végétales surtout.

Sous l'influence du calorique et de l'eau, leurs trois élémens essentiels, l'oxigène, l'hydrogène et le carbone

éprouvent des changemens dans leurs proportions respec-
tives : delà des transmutations de principes immédiats, la
formation du sucre dans un grand nombre de fruits et
de racines.

Par cette action, ce qui contenait peu de principes
capables d'assimilation peut en acquérir beaucoup ; ce qui
résistait aux forces digestives peut devenir d'une digestion
facile ; ce qui était rejeté par les animaux peut devenir de
leur goût. Nous voyons, en effet, aux environs de Lyon,
des vaches qui donnent en abondance de bon lait, manger
avec avidité, sous forme de soupes, des végétaux résultant du sarclage des vignes, qu'elles refusent à l'état
cru, et qui, sous cet état, les nourrissent mal.

Un jour viendra où les plantes âcres et grossières des
marécages, les fougères des forêts, les bruyères et les
genêts des sols arides se changeront, par la cuisson, en
fourrages sains et substantiels.

De l'insalivation dans les animaux nourris de végétaux cuits.

Les végétaux ramollis par la cuisson exigent peu ou
point de mastication, et les vétérinaires qui regardent
ce mouvement mécanique comme provoquant la sécrétion
salivaire réputée indispensable à la digestion, rejettent du
régime des animaux les végétaux cuits.

A cette théorie grossière nous opposons ce qui suit :

1.º Les glandes salivaires ne se vident pas, comme une
éponge, par l'effet d'une pression osseuse ou musculaire ;
elles sont, par leur situation, à l'abri du mouvement des
mâchoires, de la contraction de tous les muscles, et même
du resserrement de la peau.

2.º La sécrétion et l'évacuation de la salive, de même

que la nature de ce fluide, sont subordonnées à un grand nombre de causes étrangères à tous les actes de la digestion, sans qu'ils en soient troublés : telles sont la pénurie ou la surabondance des autres sécrétions, -- la saison, -- le climat, -- l'idiosyncrasie, -- l'habitude, -- l'influence de certaines substances alimentaires.

3.º Dans l'état habituel, l'afflux de la salive dans la bouche est déterminé par l'appétit, la vue des alimens, ou seulement leur image et leur souvenir : c'est un acte purement nerveux.

4.º L'insalivation a lieu dans l'estomac, tout aussi bien que dans la bouche ; elle se prolonge après le repas. D'un autre côté, cette sécrétion a lieu pendant la boisson qui la favorise, et elle se continue après la déglutition des liquides.

5.º Si la mastication était nécessaire à la sécrétion de la salive, celle-ci n'aurait pas lieu chez les animaux à la mamelle, car ils ne mâchent pas ; elle a lieu, néanmoins, car leurs glandes salivaires sont, proportionnellement au volume du corps, plus développées que dans l'adulte (1). Ces organes sont moins volumineux chez les herbivores que chez les carnaciers ; et, cependant, ces derniers déchirent leur proie en avalent les lambeaux sans les mâcher, et s'ils les rejettent par le vomissement, c'est avec des flots de salive. On nourrit et même on engraisse, sur les montagnes d'Auvergne, des porcs exclusivement avec du petit lait, résidu de la fabrication du fromage ; et si, pour digérer ce liquide, la salive est nécessaire, on ne peut pas dire que la sécrétion en soit provoquée par le mouvement des mâchoires : remarque qui s'applique aux

______

(1) Tout organe dont l'exercice ne doit commencer qu'à l'état adulte est rudimentaire dans l'enfance.

vaches laitières et aux bêtes d'engrais nourries de soupes , de buvées , de résidus pulpeux de fabriques , etc.

Pratique de la cuisson des fourrages.

Elle est usitée avec succès en divers lieux.

1.° Dans les états de l'Union , on fait cuire à la vapeur non-seulement les pommes de terre et le turneps, mais encore le foin et la paille ; les vaches alimentées ainsi, presque exclusivement , fournissent en abondance un lait excellent.

Des cultivateurs anglais ont adopté , avec succès , cette méthode américaine.

2.° On fait , en Allemagne , des soupes dans lesquelles entrent du son , de l'avoine moulue, des pommes de terre , du turneps cuit et écrasé, de la farine de seigle , d'orge fortement salée ; on fait prendre ces soupes tantôt chaudes, tantôt épaisses , tantôt presque fluides ; et , dans ce dernier cas , on les nomme *buvées* ou *lavailles*. Il est de grandes fermes où l'on a construit tout exprès des fourneaux pour ces préparations , et les avantages qu'elles offrent compensent largement les frais de combustible et de main-d'œuvre.

3.° Ce n'est pas seulement les bêtes bovines , mais encore les bêtes à laine et même les chevaux que, dans la Flandre, on alimente avec avantage, en leur donnant pour toute nourriture des soupes de fourrage dont la pomme de terre est la base. Ce tubercule est râpé, jeté dans une cuve avec de la paille et du foin hachés ; on y dirige de la vapeur. Quand tout est cuit, on laisse refroidir et on apporte au bétail : pas d'autre nourriture, l'hiver comme l'été, que ces soupes dont seulement on varie la composition. Il en est dans lesquelles il n'entre pas un brin de foin, et cela par la raison qu'en quelques fermes de ce pays on n'en récolte pas du tout, pas plus de *naturel* que de *l'artificiel.*

4.º Dans le canton de Vaud, on soumet à la cuisson non-seulement du bon foin, mais encore des joncs et des laiches, et même des fanes de pommes de terre, repoussées par le bétail, quand elles sont crues. On se sert, pour cette cuisson, de caisses de bois où l'on met le fourrage, et au fond desquelles sont des trous pour l'introduction de la vapeur qui s'exhale d'une chaudière placée au-dessous. J'ai vu, en Bresse, des vaches laitières qui donnaient beaucoup de lait, et des bœufs qui avaient été engraissés en peu de temps, la nourriture presque exclusive des uns et des autres ayant été des pommes de terre, cuites à la vapeur dans un tonneau percillé inférieurement et surmontant verticalement une chaudière placée sur un fourneau; et, malgré les frais de combustible et de main-d'œuvre, il m'a été prouvé que, par ce procédé, on obtenait avec grande économie du lait et de la viande (1).

(1) Voici ce procédé qui appartient à M. de la Chapelle-de-la-Rouge, un des meilleurs cultivateurs du département de l'Ain : Une chaudière de lessive est placée sur un fourneau ordinaire et surmonté d'une futaille de la contenance de 5 hectolitres, cerclée en fer et posée debout, le fond étant percillé. Au sommet est un couvercle mobile, percé d'un trou par lequel s'échappe une partie de la vapeur, et qui sert à introduire une tige de fer pour s'assurer de l'état de cuisson des tubercules. Le tonneau étant rempli, on lute les pièces mobiles avec de la terre glaise, et on allume le feu. L'eau de la chaudière ne tarde pas à bouillir; la vapeur pénètre par les trous du fond de la futaille, et cuit les tubercules; alors on ouvre une porte ou clapet pratiqué à peu de distance du fond du tonneau, et celles-ci tombent par un couloir de bois dans un baquet où une femme les broie et les réduit en pâte qui, après avoir été délayée dans un peu d'eau, est donnée aux bestiaux. Chaque cuite qui est de 28 myria-grammes (560 liv.) s'effectue en 4 à 5 heures, et ne coûte que 6 fagots de pays et valant 12 à 15 f. le cent.

5.° Dans le Lyonnais, les vaches laitières reçoivent, pendant l'hiver, 8 à 10 fois par jour ce qu'on appelle une bachassée, c'est-à-dire un mélange d'herbes de toute espèce ramassées dans les vignes, les jardins, le long des haies avant que la neige ait couvert la terre, et après ce moment on a la ressource des choux qu'on cultive en abondance auprès de chaque laiterie bien administrée; on jette le tout dans un vase de bois, nommé *bachat* (qui a donné son nom à cette espèce de soupe); on y verse de l'eau bouillante.

Les bachassées économisent une grande quantité de fourrage; elles plaisent beaucoup aux vaches dont elles augmentent le lait.

Des provendes.

Au lieu de soupes, de bachassées, de lavailles, de buvées, on distribue aux moutons des provendes : ce sont des mélanges presque toujours salés de substances alimentaires.

1.° On donne aux béliers pour les exciter à la monte une provende composée d'avoine, de son et de sel pilé, cette dernière substance à la dose d'un sixième.

2.° Un mois avant le part, il convient de donner aux brebis un peu d'avoine, ou de pois chiches, ou de fèverolles concassées; on y ajoute, avec du sel, un peu de son gras (recoupe), et lorsque les agneaux commencent de manger, cette provende leur convient.

3.° S'agit-il d'engraisser les moutons à la bergerie? On leur fait des provendes avec des pois, des fèves, des grains grossièrement moulus et légèrement salés; on leur en donne à discrétion.

4.° C'est fréquemment sous forme de provende qu'on administre les médicamens aux moutons.

Autres préparations alimentaires.

On a proposé de panifier l'avoine et même l'orge pour l'alimentation du cheval ; c'est une pratique suédoise (1) dont les avantages sont d'augmenter par l'incorporation de l'eau la masse nutritive ; de prévenir la perte des grains qui, échappant à la mastication, sont rendus tels qu'ils ont été pris ; d'être d'un transport moins dispendieux ; de se dérober plus facilement à l'infidélité des palefreniers. On a opposé à ces avantages le besoin de la mastication des grains pour saliver et digérer : théorie grossière dont justice a été faite.

Un jour viendra, sans doute, où ce ne sera que sous forme panaire que les grains seront distribués aux chevaux de troupe.

Un cheval exténué de fatigue recouvre plus vîte ses forces avec du pain qu'avec le grain qui l'a fourni ; et, dans ce cas, le meilleur des cordiaux alimentaires consiste en du pain, en tranches minces, salées et imbibées de vin : moyen usité en Suisse où les postes sont fort éloignées les unes des autres.

Deux ou trois livres de pain dans autant de litres de vin stimulent les vaches qui manquent de forces pour vêler ou pour expulser le délivre.

On donne quelquefois, en Angleterre, aux chevaux de course et à ceux de chasse une pâte consistante, arrondie, de la grosseur d'un œuf et qui se compose de miel, d'huile, de vin blanc, de farine, de plantes aromatiques ; c'est ce qu'on nomme *boules anglaises.* Ce cordial alimentaire est incapable de lester ; mais il peut soutenir pendant quelque

(1) On la trouve en Hollande, en Belgique, etc.

temps les chevaux, quand on manque de moyens et de temps pour leur faire prendre de véritables repas.

Nos races équestres auraient beaucoup moins besoin de lest alimentaire, si dans le jeune âge on n'avait pas dilaté outre mesure, par une nourriture trop volumineuse, les organes intestinaux, et si les dispositions à cette difformité n'avaient pas été transmises par voie de génération. Les races d'Orient soutiennent des courses prodigieuses avec une nourriture substantielle condensée sous un petit volume (1).

Du sel.

Chlorure de sodium, très-répandu dans la nature, en dissolution dans l'eau de toutes les mers, dans celles d'un grand nombre de lacs, de marais, de fontaines, et de plus en couches immenses dans les entrailles de la terre, appelé alors *sel gemme*. Quelle que soit son origine, blanc, semi-transparent, inodore, d'une saveur piquante, agréable; en cubes, inaltérable à l'air, décrépitant au feu, soluble dans deux fois et demi son poids d'eau, chaude ou froide : tel est le sel commun pur; celui qui est gris, amer, déliquescent, etc., est souillé d'autres sels.

Quoiqu'il ne renferme rien d'alibile, il entre dans l'alimentation de tous les hommes; les peuplades sauvages ramassent du sel dans des creux de rocher où pénètre la mer, dans les excavations où suintent d'autres eaux salées.

Le sel s'unit aux alimens; il les modifie, les rend savoureux, d'une digestion plus facile; il stimule agréablement les organes chargés de cette fonction.

(1) J'ai parlé, ailleurs, des avantages de concasser les grains et de hacher non-seulement la paille, mais encore le foin. On a proposé de les réduire en farine.

Appétence des herbivores pour le sel.

Sauvages on domestiques, ils aiment tous le sel ; les uns et les autres accourent de très-loin vers les lieux où ils espèrent d'en trouver. C'est par l'appat du sel que, dans les solitudes du nouveau monde, on attire aux habitations, à jour et heures fixes, d'immenses troupeaux épars sur des surfaces de 3o à 4o lieues de diamètre. Les bergers transumans sont toujours munis de sel pour se faire suivre des moutons et les rallier. Lorsque le pasteur du Cantal veut réunir ses bêtes bovines errantes dans de vastes pacages, il crie de toutes ses forces : *Al saou !* et il voit accourir vaches, genisses et bourrets.

Cette appétence constante et générale des herbivores, et plus particulièrement des ruminans pour le sel est une indication de la nature, et l'on conçoit qu'un condiment qui stimule légèrement avec une sensation agréable doit convenir à des animaux dont la constitution est phlegmatique et les organes digestifs peu irritables.

C'est le besoin de *stimulus* qui porte ces animaux, quand ils sont privés de sel, à lécher les murs salpétrés ou humectés d'urine, à mâcher les cuirs, à boire des eaux chargées de jus de fumier, d'autres substances sapides, à préférer les eaux des mares à celles qui sont pures et limpides.

Effets hygiéniques du sel sur le bétail.

Non-seulement il aiguise l'appétit, provoque la sécrétion salivaire, excite les organes digestifs, mais encore il fortifie tout l'organisme par voie de sympathie comme par voie d'absorption ; car il pénètre dans les canaux circulatoires, s'insinue dans le système absorbant, active la circulation capillaire. De cette influence physiologique il résulte, sous le rapport de l'Hygiène, ce qui suit, et l'expérience le démontre :

1.º Les vaches laitières donnent, en plus grande abondance, un lait plus riche en beurre et en fromage;

2.º Elles sont moins sujettes aux maladies atoniques, et chez elles c'est le plus grand nombre;

3.º Elles donnent des veaux plus vigoureux.

4.º Les taureaux sont plus ardens et plus féconds.

5.º A égalité et même à quelque infériorité de nourriture, les forces des bœufs de travail sont augmentées.

6.º L'engraissement de pouture est plus sûr et plus rapide; la graisse prend plus de consistance, et la chair plus de sapidité.

7.º Tout en s'engraissant plus vîte et plus complètement, le porc est préservé de la ladrerie : maladie dont la cause ou l'effet est un entozoaire (le cisticerque ladrique).

8.º Chez toutes les espèces, les maladies vermineuses qui se lient à la faiblesse cachectique sont prévenues.

9.º Le mouton, en particulier, est préservé de l'une de ses maladies les plus fréquentes, la cachexie aqueuse (pourriture); on ne l'a jamais vue dans les troupeaux de bêtes ovines qui, sur les bords de la mer, paissent de l'herbe salée.

10.º Ce régime lui convient plus qu'aux autres animaux, quand il est exposé aux brouillards, aux autres intempéries, aux effluves marécageuses, aux effets d'une alimentation peu salubre, d'une stabulation vicieuse.

11.º La force et la vigueur du cheval sont augmentées; l'élève du poulain plus sûr : observations faites en Angleterre et dans les états de l'Union (1).

(1) Mon confrère M. Demoussi a cru voir dans l'usage du sel un préservatif de la fluxion périodique.

12.º Jusqu'aux oiseaux de basse-cour, à ceux de colombier, à ceux de volières, sont mieux portans, plus féconds, plus faciles à engraisser.

Effets du sel sur les fourrages.

1.º Il tend à prévenir la fermentation et l'échauffement du foin entassé en meule ; l'eût-on ramassé par un temps pluvieux (15 livres pour 40 quintaux).

2.º Cet effet est plus certain sur de la paille humide, et ce fourrage arrosé de saumure peut se conserver long-temps lié en bottes ; il peut alors être donné aux bœufs en guise de foin (usage pratiqué dans l'antiquité).

3.º Les feuilles d'arbres, mises en réserve dans des fosses avec un peu de sel, sont pendant long-temps à l'abri de la fermentation putride, et acquièrent des qualités favorables au bétail. C'est ainsi que les bons économes du Mont-d'Or lyonnais conservent les feuilles de vigne pour l'alimentation des chèvres sédentaires.

4.º En salant des fourrages de qualité très-inférieure, tels que de la menue paille, même des fourrages décolorés par la pluie ou par le soleil, récoltés trop tard, devenus ligneux ; on les rend sapides, d'une digestion et d'une assimilation faciles (une livre de sel dans 5 ou 6 seaux d'eau par quintal de mauvais foin).

5.º En mettant du sel dans les soupes de raves, de turneps, de choux, on prévient le goût acrimonieux que l'usage prolongé de ces crucifères imprimerait au lait des vaches.

6.º Un procédé flamand consiste à ajouter du sel, réduit en poudre, à l'avoine nouvelle encore humide qu'on donne aux chevaux, et dès lors ce grain est sans inconvéniens. On peut, par ce moyen, prévenir les mauvais effets de l'usage quelquefois obligé des foins nouveaux (qui n'ont pas jeté leur feu).

7.° En aspergeant d'eau salée des fourrages poudreux, vasés, moisis, qu'on a préalablement lavés, battus, on n'en corrige pas, sans doute, entièrement les altérations ; mais on les atténue : avantage précieux, quand on éprouve la disette absolue de meilleur fourrage.

On rend potables, au moyen du sel, des eaux qui, sans cette substance seraient impropres à la boisson des animaux.

J'ajoute, sous le rapport économique, que le fumier des herbivores salés est de qualité supérieure, que le sel employé comme amendement dans les prés détruit les mousses, les pédiculaires et autres parasites fâcheux (1).

Diverses manières de donner le sel.

La distribution peut être journalière ou à certains intervalles ; elle est, pour l'ordinaire, de trois en trois jours et à une heure bien fixe, en Amérique, et au moment indiqué, on voit accourir, de tous les points de l'horizon, des bêtes bovines venant de plusieurs lieues, et la distribution faite, elles retournent à leurs pâturages lointains.

En ce même pays, on donne aux chevaux, et trois fois par semaine, 4 onces de sel mêlé à de la paille en plusieurs fractions dans la même journée.

La distribution du sel aux moutons doit être journalière, selon quelques-uns ; avoir lieu, selon d'autres,

(1) La pénurie et la chétiveté du bétail français est une honte et une calamité ; il ne reçoit presque point de sel.

Le bétail est nombreux et superbe en Angleterre, en quelques cantons de l'Allemagne, aux états de l'Union ; on lui donne beaucoup de sel ! ! !

tous les 8 ou les 15 jours ; quelques-uns veulent qu'on attende le besoin.

Nous pensons qu'il serait avantageux de donner le sel aux bêtes bovines, pendant l'hiver, dans les proportions suivantes, sauf à diminuer d'un tiers dans l'été :

Vaches et génisses pleines, 4 onces ; bœufs à l'engrais, 3 ; bœufs de travail, 4 ; jeunes bêtes, 2 ; veaux, 1.

Les pasteurs d'Auvergne sont convaincus que, sauf le motif puissant de l'économie, on pourrait donner journellement à chaque vache une demi-livre de sel, et qu'il en faudrait une dose beaucoup plus forte ponr gâter le lait ou donner la diarrhée.

On administre le sel de diverses manières :

1.º En le donnant avec la main, et c'est un bon moyen pour rendre les animaux dociles et obéissans ;

2.º En en soupoudrant les fourrages ;

3.º En le mélant, sous forme de provende, à d'autres substances sapides et stimulantes ;

4.º En le faisant dissoudre dans l'eau pour en asperger les alimens ;

5.º On suspend un fragment de sel gemme à une corde dans une bergerie, et les animaux vont lécher : pratique vicieuse ; car il y a concurrence, et les plus faibles qui auraient le plus de besoin de sel ne peuvent atteindre ce minéral ;

6.º On place à portée des moutons plusieurs gâteaux salés dans lesquels entrent du plâtre, de l'argile pétrie , quelquefois de la farine, des baies de genièvre, de la pulpe de pommes de terre, le tout cuit au four ; à cet égard vingt formules ;

7.º On compose en Allemagne des *salières*, en versant dans des écuelles de bois une forte dissolution de sel contenant des plantes aromatiques et amères concassées ; une livre de ce mélange par mouton pour une année entière.

Succédanés du sel pour l'Hygiène du bétail.

1.º On a donné à des vaches en guise de sel commun du sulfate de soude, du sulfate de potasse (cendres gravelées) sans le moindre inconvénient ;

2.º Des expériences prouvent qu'on peut, sans danger, asperger d'eau-de-chaux le fourrage des bêtes à laine ;

3.º On fortifie les animaux dont la constitution est si débile, en mêlant à leur boisson ou aspergeant leurs alimens d'eau ferrugineuse : facile à faire partout, en mettant dans l'eau du fer rouillé, du mâchefer ou du sulfate de fer (3 à 4 onces par seau d'eau, de 6 litres);

4.º On observe que les herbivores sont avides de fourrages imprégnés d'urine d'animaux d'autres familles. Les vaches préfèrent à la meilleure paille celle qui a servi de litière aux chevaux, pourvu qu'elle soit mondée de crottins ; les moutons la mangent aussi avec avidité. Les muletiers espagnols aiguisent de leur propre urine le fourrage de leurs bêtes ; quelques bouviers auvergnats excitent d'une manière plus directe l'ardeur des bœufs à la charrue ;

5.º On voit le bétail accourir aux fontaines minérales, de préférence aux eaux les plus pures; c'est fréquemment qu'est obstruée par les vaches une rue du village des bains au Mont-d'Or d'Auvergne, dans laquelle coule un ruisseau échappé de la source minérale, et ces vaches donnent beaucoup de lait excellent.

CHAPITRE XXII.

EAU CONSIDÉRÉE COMME BOISSON DES BESTIAUX ; ABREUVOIRS

Effets de l'eau sur l'économie animale.

Protoxide d'hydrogène, tout aussi nécessaire à la vie des animaux que l'air atmosphérique, lequel serait même irrespirable, s'il était complètement sec.

A moins de contenir des molécules alibiles étrangères à sa composition, elle ne nourrit pas ; mais elle facilite la digestion en ramolissant, délayant, dissolvant les alimens, favorisant la sécrétion salivaire, humectant les surfaces intérieures, charriant les matériaux alibiles et les excrémentitiels, étendant les molécules âcres qui, concentrées, seraient capables d'irriter les premières comme les secondes voies, entraînant ces molécules vers les émonctoires, réparant enfin les pertes qu'éprouvent les fluides vivans, qui s'échappent sans cesse par toutes les sécrétions et toutes les exhalations.

La vie cesserait, si le besoin de nouveaux fluides n'était annoncé par la soif, et ce sentiment, s'il est intense, est plus cruel que celui de la faim ; son siége principal est l'arrière-bouche et le pharynx qu'affectent alors une ardeur brûlante et une insupportable sécheresse.

La soif étant satisfaite, ses effets cessent plutôt que ceux de la faim appaisée ; à peine l'eau a-t-elle humecté l'arrière-bouche et le pharynx, que déjà se dissipe le sentiment douloureux pour faire place au bien-être : un charbon incandescent n'est pas plutôt éteint que l'ardeur de la soif.

Il est arrivé d'étancher la soif sans substance liquide, mais en excitant par des corps solides les muqueuses buccales et les glandes salivaires.

Si l'on donne à un animal pressé par la soif, en très-petite quantité, de l'eau glacée ou au *maximum* de la chaleur supportable, on étanche la soif en agissant sur la sensibilité des organes.

En certaines circonstances pathologiques, on se garde bien d'accorder toute l'eau qu'appète le malade ; on étanche sa soif en imprimant des qualités particulières à une boisson qu'on doit ménager.

L'eau parvenue en grande quantité dans l'estomac n'y reste pas long-temps. J'ai fait prendre de force, à titre d'expérience, à un ânon dans l'espace de huit minutes, 24 litres d'eau, et l'animal ayant été tué, il me fut impossible de faire entrer dans son estomac le quart de cette quantité.

On a vu à l'école d'Alfort, dit Bourgelat, un cheval qui buvait six seaux d'eau (72 litres) par jour ; il mangeait beaucoup et avec avidité ; il était gras et se portait bien ; il éprouvait, presque tous les quinze jours, de fortes évacuations alvines, et, à leur place, de violentes tranchées ; les urines coulaient, comme dans l'état ordinaire, et habituellement moiteur cutanée, très-sensible (1).

Caractères de l'eau potable.

Elle doit être limpide, incolore, inodore, fraîche, légère, aérée ; bien cuire les légumes, et dissoudre le savon sans former de grumeaux.

(1) La manière d'abreuver le bétail selon les espèces et les circonstances sera traitée plus tard.

Des sels calcaires, en petite quantité, ne diminuent pas la potabilité de l'eau, elle l'aiguise peut-être.

On connaît facilement la présence de l'air dans l'eau en la faisant bouillir; il se forme des bulles à la surface.

On décèle les sels par l'addition de quelques gouttes d'oxalate d'ammoniaque ou de nitrate d'argent : le nuage qui se forme doit être léger.

Si les molécules calcaires étaient en trop grand nombre, elles se déposeraient dans les légumes en cuisson, en empêcheraient le ramollissement, la décomposition élémentaire, la combinaison avec l'eau.

Elles s'opposeraient à la dissolution du savon, en le décomposant; il se formerait des carbonates, des sulfates, de soude et un savon calcaire, se présentant sous forme de caillots.

Des abreuvoirs en général.

Ce sont des réservoirs d'eau où l'on mène boire le bétail; c'est, à la campagne surtout, plus souvent en dehors que dans l'intérieur des habitations, qu'il est abreuvé. On puise quelquefois à l'abreuvoir l'eau qu'on apporte à l'étable ou à l'écurie; il faut, pour cela, qu'il soit à proximité. Quand il est éloigné, on procure aux animaux qu'on y conduit un exercice salutaire, et si la masse d'eau est considérable, on peut, tout en les abreuvant, les faire baigner.

Nous diviserons les abreuvoirs en naturels et en artificiels.

Les premiers sont des sources, des ruisseaux, des rivières, des lacs, des marais, des flaques.

Les seconds sont des fontaines, des puits, des citernes, des réservoirs à découvert, des étangs, des mares.

Des sources.

Une source est l'origine naturelle d'un ruisseau ou d'une rivière ; c'est encore l'eau qui en sourd. Selon les terrains qu'elle a traversés, cette eau est argilleuse, calcaire ou granitique ; cette dernière est la plus pure, le granit étant à peu près insoluble ; elle est très-vive et peu propre à la végétation ; on n'y voit guère que quelques mousses, telles que des mnies, des fontinales, le cresson des fontaines ; sa température est celle des lieux qu'elle a traversés, non de celui où elle se montre ; aussi paraît-elle chaude en hiver, froide en été. Il est dangereux d'y abreuver les animaux, dans les grandes chaleurs, surtout s'ils étaient échauffés par l'exercice. Plusieurs eaux étant dépourvues d'air atmosphérique sont *crues* ; elles pèsent, en quelque sorte, sur l'estomac.

Il convient d'élargir la source, de la prolonger, d'en faire une fontaine ou un réservoir ; l'eau alors s'échauffera, elle absorbera de l'air, peut-être d'autres fluides élastiques.

Une source basaltique, ouverte dans un pacage du Cantal, était insalubre ; on voulait la combler, et dès lors il eût fallu envoyer les vaches boire à une grande distance du buron (chalet). On conseilla de creuser à 20 pieds de la source un réservoir ; le conseil fut suivi, et on eut un abreuvoir excellent.

Des ruisseaux ; des rivières ; des lacs.

Les ruisseaux sont des cours d'eau qui viennent des sources, sortent des rivières o u s'échappent d'amas d'eau stagnante ; dans ce dernier cas, c'est de l'eau croupie qui

s'est mise en mouvement, et qui n'est guère moins insalubre que lorsqu'elle stagnait.

Les ruisseaux coulant dans les plaines sont souvent paresseux ; on les barre pour en ralentir ou même en arrêter
le cours, en obtenir des dérivations d'arrosage, les forcer
à mouvoir des usines ; ils stagnent surtout dans les sécheresses ; quelquefois ils tarissent, laissant immobiles et à
nu les immondices qu'ils charriaient. Ce n'est que lorsqu'ils roulent un certain volume d'eau et près de leur
source, qu'ils offrent, en général, un bon abreuvoir.

Les plus grandes rivières étaient, en général, près de
leur source de faibles ruisseaux ; on les appelle fleuves ,
quand elles jettent dans la mer un grand volume d'eau.

En général, l'eau des rivières est excellente ; elle est
aérée ; sa température est celle de l'atmosphère ; les matières impures qu'elle peut contenir sont trop délayées
pour être nuisibles ; elles se déposent au fond ou sur les
bords. Une rivière, à proximité des étables, offre de grands
avantages non-seulement pour abreuver le bétail , mais
encore pour le baigner.

Quand une rivière traverse une grande ville ou coule
le long de ses murs, elle est chargée d'immondices.

L'eau des lacs a de grands rapports avec celle des rivières ; ce sont de vastes amas d'eau dont on ne connaît
pas toujours la source ; ils offrent des abreuvoirs excellens, toutes les fois que leurs abords ne sont pas trop escarpés. Leurs eaux ne sont pas stagnantes ; elles se renouvellent par des conduits souterrains, et les vents en agitent
la surface.

Des marais.

Terrains plus ou moins vastes, fangeux, ou recouverts
d'une couche peu épaisse d'eau stagnante, sans écoule-

ment, résultant des pluies et des neiges, s'évaporant en grande partie, l'été, pour mettre à découvert une boue fétide, dont la base est une argile pétric de détritus organiques infects.

Quelques excavations formées sur le terrain marécageux constituent ce qu'on nomme *flaques*; on appelle encore de ce nom les creux où s'accumulent les eaux que laissent les rivières, en rentrant dans leur lit, après un débordement ; celles qui résultent, souvent à distances considérables, de l'infiltration des étangs, des marais, des tourbières; celles qu'abandonnent les ruisseaux, les canaux, les autres filets d'eau déviés, engorgés, obstrués, etc.

Tout est insalubre dans les lieux marécageux, semés de flaques, l'air que les animaux y respirent, les plantes qu'ils y pâturent, les eaux dont ils s'y abreuvent.

Si l'on était réduit à l'eau des marais et des flaques, on la rendrait potable en la faisant bouillir; l'ébullition cuirait les matières organiques, et dégagerait les gaz insalubres ; le liquide refroidi, on l'agiterait pour lui rendre de l'air atmosphérique.

Des abreuvoirs artificiels, fontaines.

La fontaine est une construction destinée à faire couler et recevoir l'eau d'une source. On appelle encore de ce nom cette eau elle-même.

On voit, dans les villages, des fontaines publiques où l'on puise de l'eau pour la boisson des habitans, où l'on mène boire le bétail, où l'on va laver le linge ; et ces fontaines banales n'ont souvent qu'un seul bassin, dont le fond est recouvert d'une boue fétide.

Trois vases sont nécessaires pour ce triple usage ; le premier plus près de la source, pour recevoir et tenir

en reserve la boisson des hommes, et construit de manière à pouvoir être bien nettoyé, après avoir été vidé ;
le second situé inférieurement au premier, destiné à abreuver le bétail ; le troisième encore plus bas pour le lavage
du linge : les abords de ces bassins doivent être secs et en
bon état.

C'est pour avoir négligé des précautions si faciles,
pour avoir répugné à des dépenses municipales si légères,
que des épizooties charbonneuses ont éclaté en quelques
communes.

Des puits.

On appelle ainsi des trous souvent très-profonds, revêtus de pierres ou de briques, qui pénètrent jusqu'à une
source souterraine dont on retire l'eau par divers mécanis-
mes ; on les appelle pompes, quand on se sert pour cet
effet de machines aspirantes.

Il est des puits qu'on nomme *artésiens*, parce que c'est
en Artois, pays où les eaux fluantes sont rares, qu'on les
a inventés ; ce sont des trous qui pénètrent jusques à des
nappes d'eau, coulant à peine, et fortement comprimées
entre des terrains inclinés, le plus souvent schisteux.
Cette eau prisonnière, s'échappant par l'ouverture qu'on
lui présente, s'élève à la surface, et quelquefois jaillit
de plusieurs pieds au-dessus.

Les meilleurs puits sont ceux dont l'eau a, dans tous les
temps, la même température, le même volume, la même
limpidité, et qui offre à l'analyse peu de sels calcaires.

Il en est qui ne sont pas creusés assez profondément,
qui sont mal construits, laissent pénétrer par infiltration
des immondices ; et s'ils ne sont pas couverts, ils en reçoivent du dehors : on y puise, soit pour notre espèce,

soit pour le bétail, de l'eau plus insalubre qu'on ne le croit communément.

Chaque puits d'abreuvoir doit être accompagné d'une auge, tenue avec la plus grande propreté, où l'eau soit reçue avant de servir de boisson, particulièrement pour les chevaux.

Ces animaux, par suite de leur idiosyncrasie, sont très-sujets à prendre des coliques, de vives tranchées, des fluxions de poitrine, des catharres, la fourbure, lorsqu'ayant chaud, on les fait boire froid (1).

Il convient, dans les grandes chaleurs, de tirer d'un puits la boisson du cheval plusieurs heures avant de la lui donner, pour la mettre à la température atmosphérique; si on est pressé par le temps, on l'agite, on la remue avec une poignée de foin; on y plonge la main, ou on y verse de l'eau chaude.

Les eaux de puits sont souvent chargées de sélénite (sulfate de chaux); alors elles nuisent, surtout au cheval qui est difficile sur sa boisson. Elles rendent ses digestions pénibles, et déterminent à la longue de graves maladies, suites d'un trouble habituel dans les fonctions gastriques; c'est ce qui fut observé en l'an 4 près de Paris:

Un corps de cavalerie placé à la caserne du petit musc perdit sans cause connue beaucoup de chevaux. L'école d'Alfort fut consultée; elle examina l'eau que fournissait le puits d'abreuvoir, la trouva très-séléniteuse, conseilla d'autres abreuvoirs, et la maladie cessa.

On pourrait purifier les eaux de ce genre, au moyen

(1) La même cause peut agir sur le chien. Morgagni dit avoir trouvé le mésentère d'un animal de cette espèce, gangréné, pour avoir bu d'une eau très-froide après avoir vivement couru.

du sous-carbonate de potasse ou de soude, selon le procédé de mon confrère d'Alfort, Lassaigne (1).

Des citernes.

On appelle ainsi des réservoirs souterrains, imperméables, dans lesquels on dirige les eaux de pluie qui sont tombées sur les toitures. Il suffit de connaître la surface des faîtages pour savoir approximativement quelle est la masse d'eau qu'on peut recueillir annuellement (la pluie moyenne en France étant de 20 pouces) ; si la citerne est profonde et voûtée, l'évaporation sera insensible, l'eau s'échauffera peu en été, ne gèlera jamais ; elle se conservera pure, étant à l'abri du contact de l'atmosphère, qui y laisserait tomber des germes de plantes et d'animaux qui se développent, meurent et se putréfient par myriades dans toute eau stagnante.

On ne doit pas recueillir dans les citernes la première eau qui tombe du ciel, surtout après une longue sécheresse : elle a balayé l'atmosphère et les toitures.

C'est une petite citerne portative qu'un tonneau défoncé par un bout, qu'on place sous une gouttière ; on se procure, par ce moyen si simple, de l'eau plus pure que celle du meilleur puits.

Dans des plaines argileuses où sont rares les ruisseaux, les fontaines et les puits, où, dans des villages couverts de chaume, on ne saurait établir des citernes particu-

(1) Ce chimiste s'est assuré que les eaux de Paris les plus chargées de sélénite en contenaient 31 grains par litre, et les moins chargées 28, et que, pour en purifier 100 litres, il fallait 9 onces 7 gros de sous-carbonate, valant 47 centimes ; or comme, terme moyen, un cheval boit par jour 20 litres d'eau, on dépenserait journellement pour purifier sa boisson séléniteuse 2 sols : debours qui, quoique modique, est un obstacle à l'adoption du procédé dont il s'agit.

lières, on peut construire des espèces de citernes banales , en creusant des excavations dont on affermit le sol par un pavage ou un conroie ; on y dirige les eaux pluviales par des rigoles garnies de sable, de fascines servant de filtres , espacées par des excavations nommées *citernaux*, où l'eau se dépure avant de tomber dans le grand réservoir, dont les dimensions peuvent être suffisantes pour fournir à toute une commune l'eau de ménage, celle de la boisson du bétail, celle de l'arrosement des jardins.

On voit fréquemment de ces citernes banales dans les plaines de la Flandre et dans celles du Brabant.

Des réservoirs.

Ce sont des excavations artificielles , découvertes , où l'on ramasse beaucoup moins les eaux du ciel que celles qui sourdent de la terre. Partout où il y a des sources dont les eaux s'égarent, on peut construire des réservoirs pour abreuver le bétail, arroser la terre et entretenir du poisson.

Un étang limpide, alimenté par des sources , est un grand réservoir.

Le poisson maintient la potabilité des eaux d'un ré-servoir, en la purifiant des œufs et des larves d'une multitude d'insectes qui tendent à y pulluler. En quelques contrées de l'Allemagne, on confie ce soin à des carrassins.

A moins que les réservoirs n'aient pour unique objet l'arrosage des terres , on se gardera d'y laisser pénétrer les eaux des écuries , de la cuisine, des égouts ; on en ferait des mares. On en éloignera les oies et les canards qui en troubleraient la transparence et y laisseraient des plumes.

Ils ne seront point entourés de frênes ni d'autres arbres habités par les cantharides , depuis juin jusqu'en septembre. Ces insectes caustiques tomberaient dans l'eau et seraient avalés avec la boisson.

Les réservoirs seront vidés et curés de temps en temps; l'eau en sera, dès lors, plus pure, et on aura obtenu un bon engrais : les abords des réservoirs doivent être faciles.

Des étangs.

Ce sont de vastes réservoirs, formés par la main de l'homme, moins en excavant le sol qu'en entourant une surface presque horizontale d'éminences nommées *chaussées*, pour y maintenir l'eau qu'on y a fait entrer, ou qui y a été amenée par des ruisseaux, ou qui a suinté de diverses manières. Les neiges et les pluies concourent peu à ces amas liquides; on les déplace à volonté pour livrer pour quelque temps à la culture le sol qu'ils occupaient; c'est ainsi que dans le régime des étangs, l'un d'eux se remplit, tandis que l'autre se vide; on cueille successivement sur le même espace des poissons et des céréales, et ces deux récoltes ne sont pas toujours faites par le même propriétaire.

Les étangs profonds, alimentés par des eaux vives qui se renouvellent de temps en temps, sont comme de petits lacs où le bétail puise une boisson salubre.

Ceux qui résultent de la stagnation des eaux pluviales, de la fonte des neiges, dont le fond vaseux presque superficiel est mis à nu, pendant les sécheresses, diffèrent peu des marais.

C'est pour n'avoir pas suffisamment distingué cette différence que, tantôt on a demandé la suppression, tantôt la conservation totale des étangs.

Des mares.

On nomme ainsi des excavations, creusées dans un

grand nombre de villages, pour recevoir les eaux tombées du ciel ; elles n'y arrivent, pour l'ordinaire, qu'après avoir coulé sur la terre, avoir traversé les cours, délavé les fumiers, s'être infiltrées dans les égouts. Ces eaux stagnantes ne diffèrent guère de celles des flaques ; des plantes aquatiques y foisonnent ; des insectes marécageux y pullulent ; il s'en exhale souvent une vapeur vapide ; il en est qui, en se desséchant dans l'été, mettent à nu une vase infecte.

Les mares les moins insalubres sont les plus étroites, les plus profondes, celles qui nourrissent du poisson.

Tandis que les vétérinaires s'élèvent contre les mares, qu'ils les signalent comme la cause la plus féconde des enzooties charbonneuses, si communes parmi les bêtes bovines ; on voit ces animaux accourir aux mares, en préférer les eaux croupies à celles des fontaines les plus limpides ; est-ce une aberration de l'instinct ? ou plutôt n'est-ce pas l'attrait d'une boisson salée ou seulement sapide ? Les corps étrangers suspendus dans l'eau des mares lui donnent cette qualité.

Fesons aussi une grande part à la puissance de l'habitude.

Nous avons vu du bétail bien portant qui, de tout temps, n'avait d'autre abreuvoir que des mares. Il eût été souvent difficile d'y renoncer ; les sources, en ces localités, suffisant à peine aux besoins des ménages, et les eaux fluantes en étant fort éloignées.

D'un autre côté, nous nous sommes assurés que des enzooties avaient disparu avec des mares : ne pouvons-nous pas en conclure que ces abreuvoirs ne sont pas tous de même nature, et qu'on peut en tolérer quelques-uns, ceux d'où ne s'exhalent point des vapeurs infectes ? Mais dès-lors nous conseillerons de les curer de temps en temps, et pour cela d'en avoir plusieurs disposées de manière à ce que les eaux pussent en être transvasées, en filtrant à travers du sable et des branchages.

Voici un procédé conseillé par Bosc, et qui n'est pas hors de la portée des simples cultivateurs.

On creusera du côté de la mare une autre excavation : elles communiqueront par un canal dans lequel on placera un tonneau défoncé d'un côté, percillé de l'autre et rempli de charbon grossièrement pulvérisé. Ce tonneau sera disposé de manière à ce que toute l'eau de la mare le traverse pour couler dans le nouveau réservoir ; le charbon agira en décomposant et absorbant dans ses pores les élémens organiques délétères, suspendus dans l'eau. Un quintal (5o kil.) de charbon peut servir à purifier mille hectolitres d'eau corrompue, et en sortant du tonneau il pourra encore servir à la combustion, et plus utilement encore, on l'emploiera comme engrais. On trouvera, de plus, au fond de la mare desséchée une grande quantité de terreau fertilisant.

Des eaux qu'on ne doit pas chercher à purifier.

Ce sont celles qui, tenant en dissolution de grandes quantités de substances salines, exigeraient la distillation pour devenir potables, telles sont celles de la mer ; telles sont surtout celles beaucoup plus malfaisantes, qui renferment des sels mercuriels, cuivreux ou saturnins. Les ruisseaux qui, comme la Brevenne dans le Lyonnais, s'échappent des mines de ce genre, charrient de l'eau vénéneuse : aussi a-t-on le soin de n'y abreuver aucun bétail. En Saxe où les mines sont communes, des poteaux placés sur les bords de certains ruisseaux avertissent le voyageur de ne pas y laisser boire les animaux.

Il suffit, au reste, d'une lame de couteau pour en démasquer la nature malfaisante ; cette lame rougira, si l'eau contient du cuivre : elle blanchira, si l'eau renferme du mercure, du plomb ou de l'arsenic.

CHAPITRE XXIII.

DISTRIBUTION DES ALIMENS ; HIVERNAGE.

De divers fourrages, comparés au foin pour leurs facultés nutritives.

Le foin ordinaire étant, de tous les fourrages, le plus usité pour toutes les espèces herbivores domestiques, on a cru devoir établir sur ses facultés nutritives le terme de comparaison entre celles de tous les alimens donnés à ces animaux.

D'après cette évaluation qui ne peut être qu'approximative, quoique fondée sur un grand nombre d'observations, on peut tracer le tableau qui suit :

Foin de bonne qualité, provenant d'une prairie permanente . . . . liv. 100

Équivaut à

Foin de trèfle, luzerne, sainfoin 95

Fanes de légumineuses dont les graines ont mûri, telles que pois et gesses . . . 130

Paille d'orge 150

Paille d'avoine (1) 190

(1) Les principes alimentaires de la paille d'orge et de celle d'avoine sont d'une digestion et d'une assimilation difficiles.

Paille de froment 500
Paille de seigle 660
Pommes de terre crues 200
Pommes de terre cuites 170
Carottes 260
Navets, rutabaga, turneps - 450
Betteraves 460
Choux 600
Raves communes (1) 525

En comparant la force nutritive des grains et des graines avec le froment, on peut établir la proportion suivante:

Froment . . . . liv. 1
    Équivaut à
Orge 1   9/10
Avoine 1   4/5
Seigle. 1   13/20
Haricots 2
Pois. 2   1/2

(On présume qu'une livre de grain de froment est aussi nourrissante que 2 liv. 1/2 du meilleur foin).

D'après une évaluation faite en Allemagne,

100 liv. de foin de bonne qualité contiennent en matière nutritive. . . . . liv. 50
   100 de pommes de terre. 25
   De carottes 19 1/2
   De navets. 9
   De betteraves. 10
   De choux 6

(1) Le reste étant du ligneux ou autres substances, pouvant tout au plus servir de lest.

De trèfle, de vesce, de luzerne, de sainfoin, de
spergule 55 1/2
De paille de froment 10
De paille de seigle . . . . . . · . . . 8
De paille d'orge 32
De paille d'avoine 37
De paille (fanes) de pois et de lentilles 35

Ces données sont utiles pour régler les provisions
d'hivernage.

De l'hivernage.

C'est le séjour et le régime à l'étable, pendant la saison
rigoureuse, du bétail qui pâture l'été.

Comme, dans l'espèce chevaline, il n'y a que quelques
poulinières qui, avec leur suite, soient abandonnées dans
la prairie, l'hivernage ne s'applique qu'aux bêtes bovines et aux moutons.

Il est plus court pour ces derniers, parce que partout,
ils sortent plus tôt de l'étable, et y rentrent plus tard
(différence de six semaines à deux mois).

En Allemagne, il est, pour les bêtes à cornes, de sept
mois.

Sur les bords du lac de Genève, de six mois (depuis
le 10 novembre jusqu'au 10 mai).

En Auvergne, où les vaches pâturent un mois avant
de monter aux pacages, et le même espace de temps après
en être descendues, l'hivernage n'est pas tout-à-fait de
cinq mois.

Il est, dans le Lyonnais, de six mois.

On fait des provisions en conséquence, et si, à la date
fixée par l'almanach pour la sortie des troupeaux, il n'y
a point encore d'herbe, il faut vendre le bétail ou acheter

LION. — IMPRIMERIE DE J. M. BARRET.

du foin ; c'est le premier parti qu'on prend le plus souvent, et ce bétail, alors fort maigre, est livré au prix le plus vil. On voit, néanmoins, de pauvres paysans qui, pour garder leur vache unique, découvrent leur chaumière.

Il est des pays, tels que la haute Auvergne, où le foin et la paille constituent toutes les provisions d'hivernage ; on n'y connaît ni légumineuses fourragères, ni racines *récoltes.*

Un pareil régime n'est conforme ni à l'Hygiène ni à l'économie. La variété d'alimens plaît aux animaux, comme la variété de cultures convient à la terre. Les uns sont, alors, mieux nourris avec la même quantité de substance alimentaire, l'autre produit beaucoup plus sans recevoir plus de façons et d'engrais.

De ce régime pour les vaches en Auvergne.

Dans la partie de l'Auvergne où le bétail est le mieux entretenu, on met en réserve pour l'hivernage de chaque vache, qui dure cinq mois, cinquante quintaux de foin : c'est le produit d'un hectare d'un pré médiocre. La ration journalière n'est pas la même dans tout le cours de la saison rigoureuse ; elle est un peu plus forte depuis le moment de la rentrée à l'étable, jusqu'au commencement de janvier ; parce que c'est dans ce temps qu'on retire des vaches un produit, nommé *fromage de graisse.* Dans le cours de janvier et de février, on diminue le foin et on donne de la paille. On supprime celle-ci en mars ; la ration est, alors, plus forte et mieux choisie, attendu que c'est à la fin de ce mois et au commencement du suivant que le vêlage a lieu.

En d'autres contrées de cette province, où les fourrages sont moins abondans, surtout où l'on sent mieux la nécessité d'un bon hivernage, on ne met en réserve pour chaque vache que 25 à 30 quintaux de foin; aussi arrive-t-il que sur la fin de l'hiver, et au moment même du vêlage, la pénurie du fourrage se fait sentir au point qu'on est obligé de rationner les vaches à six à huit livres de foin par jour, ou à l'équivalent en paille : aussi rien de triste comme l'aspect des vaches à l'issue d'un pareil hivernage; elles ont de la peine à se soutenir; souvent elles se laissent tomber dans les prés. On y voit des valets de ferme munis de barres pour les relever.

Dans les cantons d'Auvergne où elles sont moins mal nourries, ne recevant, l'hiver, que du foin et de la paille, elles donnent peu de lait, et elles attendent avec une vive impatience le retour du printemps.

L'hivernage des vaches n'est pas plus abondant dans le Jura; il se borne à 16 à 18 quintaux par tête, avec autant de paille et un hectolitre de farine d'orge ou d'avoine pour les suites du vêlage.

En Lyonnais, dans quelques cantons de cette pro-vince, on met en réserve, pour l'hivernage, du foin, du regain stratifiés avec de la paille et en assez grande abondance, pour qu'il y ait de cette mêlée 60 quintaux pour chaque tête de vache.

La ration journalière est de 20 à 25 livres; on donne de plus 6 à 8 soupes, nommées *bachassées*, représentant ensemble 10 livr. de foin, en tout 30 à 35 liv.

Ailleurs, les bachassées sont remplacées par des soupes froides, nommées *lavailles*, ou des raves ou des choux, et toujours ces substances entrent pour un tiers dans la masse alimentaire, sans déduction de 20 à 25 liv. de foin.

Aux portes de Lyon, le foin de luzerne remplace le

foin ordinaire ; les rations et les supplémens sont les mêmes ; on y ajoute des choux, du son de bière ; on a soin de varier ces alimens auxiliaires. La luzerne ainsi mitigée n'échauffe pas ; nourries avec cette abondance, ces vaches donnent, tout l'hiver, 8 à 10 litres d'excellent lait, à 20 ou 25 c., ce qui est l'un des plus beaux produits de l'industrie agricole.

Sur les montagnes du Lyonnais, les choses se passent différemment : on y hiverne des vaches avec de la paille de seigle, d'avoine, rarement de froment ; on ajoute avec parcimonie quelques raves d'un petit volume. Ces vaches, quoique d'origine bressane, donnent rarement jusqu'à deux litres de lait qui se consomme sur les lieux et ne vaut pas 8 centimes (1).

D'après une méthode allemande, on donne aux vaches, le matin de bonne heure, paille ou foin haché.

A 8 ou 9 heures, on abreuve.

A 11 heures, récoltes racines sans addition, ensuite de la paille non hachée.

A 3 heures, nouvelle boisson, ensuite du foin non haché.

Le soir, du fourrage haché comme le matin, en moindre quantité, ensuite racines.

De la paille dans le ratelier pour la nuit, et ce qui en restait, destiné à servir de litière pour le lendemain.

Thaër qui nous a fait connaître cette méthode, comme étant usitée dans ses étables, n'a pas dit quelle est la ration de ces divers fourrages ; il est probable que leur masse totale équivaut, en effet nutritif, à celui de 25 ou 30 livres de bon foin.

(1) J'ai vu dans le Lyonnais, en quelque sorte, les deux extrêmes d'un bon et d'un mauvais hivernage pour les vaches laitières,

On doit être convaincu que les vaches peuvent très-
bien passer l'hiver, en recevant par jour et par tête 5 l. de
foin, avec racines ou tubercules équivalant en facultés
nutritives à 18 ou 20 liv. de foin. On suppose des vaches
de corpulence moyenne du poids, de 6 à 800 liv., dont
on attend 6 à 8 litres de lait : il faudrait beaucoup moins
de nourriture pour entretenir la santé.

Hivernage des bêtes ovines.

Ces animaux supporteraient plus difficilement encore
que les bêtes à cornes une nourriture sèche, je ne dis
pas toute l'année, mais seulement pendant l'hiver. Ce régime les nourrirait mal, les échaufferait fortement, les
exciterait à boire beaucoup trop, surtout si on ajoutait
du sel ; et il pourrait en résulter des phlegmasies intestinales, des pissemens de sang, la gale, même la pourriture : car de la même cause peuvent dériver des maladies
différentes par leurs caractères.

Dans les heureuses contrées où les hivers se font à peine
sentir, les moutons trouvent à paître pendant presque
toute l'année ; et, dans le peu de temps qu'ils restent à
la bergerie, on peut les affourer avec des végétaux frais
auxquels on joint, en petites quantités, du foin, des
feuilles sèches, du gland, des grains.

L'hivernage des moutons étant dans la plus grande
partie de la France, comme aux environs de Lyon, de
quatre mois, il ne serait pas plus économique que conforme à l'Hygiène de nourrir ces animaux, dans cet espace
de temps, exclusivement de foin et d'avoine ; il serait,
surtout, dangereux de les livrer brusquement à ce régime
échauffant.

Provisions pour cet hivernage.

Du moment qu'on a évalué, à 8 livres, la quantité d'herbe qu'un mouton pâture dans un jour, on en a conclu que 2 livres de foin pouvaient lui suffire à la bergerie. Seule, cette ration serait insuffisante; aussi conseille-t-on d'y ajouter un boisseau d'avoine (13 lit.) pour les quatre mois d'hivernage: ce qui n'est pas beaucoup pour chaque jour.

D'après cette évaluation, les provisions d'hivernage pour un troupeau de moutons seront 240 livres de foin pour chaque tête et, de plus, 13 litres d'avoine; celle-ci pourra être, à quantités égales, remplacée par des pois, des vesces, de l'orge, de froment.

Il serait bien préférable de choisir pour supplément de nourriture des pommes de terre, des carottes, des betteraves, des topinambours, d'après les facultés nutritives que, selon la théorie et l'expérience, nous leur avons attribuées.

Les racines fourrages suffiraient seules à l'hivernage des bêtes à laine sans la moindre addition de fourrage sec, et ce régime conviendrait particulièrement aux nourrices et aux agneaux.

On regarde, en Angleterre, le turneps comme le moyen le plus salutaire et le plus économique d'hiverner ces jeunes animaux.

On a observé, en Allemagne, que des bêtes à laine auxquelles on donnait, par jour, une livre et un tiers de foin et une livre de pomme de terre, ou une livre de foin et deux livres de pommes de terre et, outre cela, de la paille en suffisance (sans la rationner), étaient bien nourries et abondantes en laine et en lait.

On doit savoir que la brebis pleine ou nourrice mange

plus que le mouton, même que le bélier hors du temps de la monte.

Dans ce temps, on ajoute à la pittance de celui-ci un peu d'avoine.

On en donne pareillement à la brebis dans le mois qui précède le part.

L'agneau sevré a, pendant tout l'hiver, à peu près la moitié de ce qu'on donne à la mère.

(Les chèvres, toutes choses égales d'ailleurs, consomment en fourrage sec comme en fourrage vert deux fois plus que les brebis, et elles fournissent plus que le double en lait excellent).

Distribution de la nourriture au bœuf de travail.

Lorsque le bœuf de travail ne fait pas, dans l'hiver, des labours ou des charrois, il est presque partout soumis à l'hivernage le plus misérable. Comme il ne paye pas la nourriture, on lui en accorde le moins possible ; on l'affoure, en quelques pays, avec de la paille seule de seigle ou d'avoine, rarement de froment. Il maigrit, perd de ses forces, est plus sujet aux maladies ; on aura beau lui rendre, dans la saison des travaux, une nourriture plus substantielle, il ne retrouvera ni sa vigueur, ni son embonpoint ; et, plus tard, son engraissement sera plus lent et moins facile : mieux vaudrait le nourrir convenablement et le faire travailler ; et si on ne le peut, le vendre à la fin de l'automne pour le remplacer au commencement du printemps.

La plus triste des économies sera toujours celle qui portera sur la subsistance du bétail.

L'hiver, comme l'été, le bœuf peut soutenir les plus rudes travaux sans autre nourriture que des végétaux frais : ce qui est impossible au cheval. Le bœuf peut, sans inconvéniens, absorber dans un jour 120 l. d'herbe ou l'équivalent en racines.

L'alimentation au sec lui est contraire ; elle l'excite à boire au-delà du besoin, sans prévenir toujours l'endurcissement des alimens dans le bonnet et le feuillet ; d'un autre côté, la nourriture doit être chez cet animal•en grand volume pour favoriser la rumination.

Cependant, comme le bœuf travailleur ne peut pas être nourri de végétaux frais quand il est employé aux charrois, parce qu'on n'en trouve pas dans les auberges, voici la ration journalière qu'on peut alors lui accorder :

Foin, 15 à 18 livres ; -- paille, 25 à 30 l. ; -- avoine, 10 litres ; sel, 3 onces.

Mathieu de Dombasles donne, à Rovile, à chacun de ses bœufs pendant l'hiver, foin 20 livres, avec résidus de distilleries à discretion, et à défaut de cette substance, pommes de terre 20 liv. ou l'équivalent en autres fourrages : ces bœufs travaillent.

De la nourriture du cheval.

C'est des herbivores domestiques celui dont la nourriture est la moins variée ; elle se borne, pour ainsi dire, en France, au foin ordinaire, à la paille, à l'avoine et au son : c'est bien rarement qu'on y ajoute du froment, du maïs, des fèverolles, plus rarement encore des racines, des fruits, des feuilles d'arbres, substances alimentaires réservées aux ruminans.

Les produits des prairies temporaires (la luzerne surtout) sont réputés échauffans pour le cheval.

L'orge qui fut dans l'antiquité, et qui est encore, en Orient, sa nourriture principale, lui convient peu sous notre ciel. L'avoine a été substituée à ce grain ; elle unit à des propriétés alimentaires, inférieures à celles du froment et de l'orge, un principe excitant résidant dans l'écorce et qu'on a comparé à la vanille.

Quoique la paille d'avoine et celle d'orge offrent à l'analyse chimique beaucoup plus de matières muqueuses et sucrées que la paille de froment, on ne donne guère au cheval que cette dernière, parce qu'il la préfère, que l'expérience a prouvé qu'elle lui convenait mieux, et que ses principes alibiles sont d'une extraction plus facile.

Quant au foin ordinaire, il est probable que les anciens n'en donnaient pas du tout au cheval, et que ce fut uniquement pour affourer des bœufs et des moutons qu'on s'avisa de dessécher l'herbe des pâturages (1).

Le cheval, alors, ne labourait pas la terre ; il ne traînait pas de pesantes voitures. Il était partout svelte, élastique, analogue par les formes et le naturel au cheval arabe, type de son espèce. En l'associant aux fonctions du bœuf, on lui a imposé un régime alimentaire analogue à celui de ce dernier : cette circonstance, jointe à l'influence des climats et à la transmission par hérédité, a donné lieu à des races équestres lourdes et massives, qui le deviennent d'autant plus que le foin entre en plus grandes proportions dans leur alimentation.

Cette nourriture, prodiguée surtout dans le jeune âge, dilate ignominieusement l'abdomen ; elle rend le ventre avalé, altère le flanc, dispose à la pousse ; elle rend l'animal lent, mou, paresseux. Dans aucun pays, on ne donne tant de foin aux chevaux qu'en France : nulle part l'espèce n'est si dégradée.

(1) Une botte de foin à la pointe d'un bâton était l'oriflamme des premiers Romains qui fesaient la guerre à pied.

Les anciens donnaient beaucoup de son (furfur) au porc et à la volaille ; ils en distribuaient aux bœufs et aux moutons ; ils ne le fesaient pas entrer dans l'alimentation du cheval, et cependant il était bien plus farineux qu'il ne l'est de nos jours : car l'effet de la mouture perfectionnée est de laisser dans le son le moins de farine possible. On finira, sans doute, par l'enlever entièrement.

Au reste, le cortex absolu n'est pas, comme on l'a dit, dépourvu de principes alibiles, mais il s'altère en peu de temps, se digère avec difficulté et détermine fréquemment de graves indigestions.

Un jour viendra où le son sera banni de l'alimentation du cheval, et le foin y sera considérablement réduit.

Distribution de cette nourriture.

La ration du cheval doit être subordonnée à la taille, à l'âge, à la saison, au climat, à l'habitude, au genre de service, à l'idyosincrasie. Il est dans cette espèce, comme dans les autres, des individus auxquels peu de nourriture suffit pour réparer leurs pertes, soutenir leurs forces ; d'autres qui dépérissent et perdent leur vigueur, quand on ne les nourrit pas largement : c'est à ceux qui les soignent à les observer sous ce rapport.

Ce n'est jamais, au reste, pour engraisser le cheval qu'on le nourrit ; on veut seulement le maintenir *en chair*, c'ést-à-dire dans un état médiocre d'embonpoint.

Mais on veut aussi le mettre en état de travailler, et à ce sujet, quelle immense différence entre les rations nécessaires pour les diverses races, dans les divers climats, et par suite des habitudes différentes.

Le cheval arabe court, sans boire ni manger, tout un jour dans le désert, content de recevoir, le soir, avec

4 à 5 litres d'eau, 5 ou 6 litres d'orge ou l'équivalent en figues sèches.

Ce qui est bien plus étonnant : Des voyageurs dignes de foi rapportent que des chevaux tartares supportent, dès l'âge de six à sept ans, des courses de deux ou trois jours, sans s'arrêter, même sans manger ni boire ou en ne mangeant *qu'une poignée d'herbe*.

Ce n'est, au reste, que par un apprentissage sévère, que tous les poulains ne supportent pas, qu'on amène l'aptitude à de pareils travaux et à une pareille abstinence.

On donne, en Perse, une éducation de ce genre à des chevaux coureurs, et avec les mêmes succès.

D'un autre côté, les chevaux flamands qui font sur le Rhône le service du halage, absorbent par jour 45 à 50 livres de luzerne sèche, 20 à 25 litres d'avoine, sans compter le son donné à discrétion.

Il n'est pas rare de voir ces chevaux mourir d'indigestion ; et c'est moins à cause de l'énorme quantité d'alimens qu'ils prennent, que de l'habitude d'entrer dans l'eau à toutes les températures, immédiatement après le repas, et de se livrer à des travaux excessifs (1).

Quelques exemples de ration pour le cheval.

Un cheval de selle, qui est en bon état, n'a besoin ordinairement par jour que de 7 à 8 livres de foin, d'une botte de paille de 10 liv. et de 3 picotins d'avoine qui font les 3/4 d'un boisseau, mesure de Paris (ce boisseau de 13 litres). LAFOSSE.

(1) Les chevaux de hallage du Rhône qui ne meurent pas d'indigestion finissent presque tous par la morve ou le farcin, et quoique ils coûtent 1000 à 1200 fr., ceux qui travaillent deux ans ont amplement soldé le prix d'achat et les frais de nourriture.

Si on accorde, chaque jour, à un cheval de carrosse de la taille de 5 pieds, et qui est assujetti à un exercice continu ni trop ni trop peu violent, une botte de foin du poids de 9, 10, 11 ou 12 livres, deux bottes de paille du poids de 9, 9 3/4 ou 10 livres, et 3/4 de boisseau (1 décalitre) d'avoine, on doit en donner moins au bidet et au cheval de selle. Bourgelat.

On donnera, par jour, à un attelage qui fatigue, trois bottes de foin pesant chacune 10 livres, autant de paille et deux boisseaux d'avoine. Le parfait cocher.

Ration d'un cheval, 10 livres de foin, -- 8 livres de paille, -- 5 litres d'avoine ; bien entendu qu'il est des chevaux auxquels on accorde ration et demi, d'autres, double ration, et que les malades sont mis à la moitié ou au quart. Ainsi la fixation des alimens est ici ce qu'elle devrait être partout, plutôt individuelle que collective. École vétérinaire de lyon.

Ration ordinaire d'un cheval en Espagne: Orge en grains, 12 litres ; paille hachée, 20 à 24 livres. Godine jeune.

Ordre des repas.

Le cheval fait, pour l'ordinaire, trois repas à l'écurie, un le matin, l'autre au milieu du jour, le troisième le soir, chacun d'environ deux heures. On donne l'avoine après la boisson ; on craindrait, en la donnant avant, que l'eau ne fit gonfler le grain dans l'estomac, d'où résulteraient des indigestions.

Tantôt on donne du foin, le matin et au milieu du jour, et le soir, de la paille pour la nuit, tantôt on place celle-ci entre les deux repas de foin.

Bourgelat attribue la longévité des chevaux de manége à la régularité du régime alimentaire ; il offre, néan-

moins, un grave inconvénient pour les chevaux de troupe
surtout : ils souffrent et dépérissent, quand on les en fait
sortir.

CHAPITRE XXIV.

MANIÈRE D'ABREUVER LES ANIMAUX DOMESTIQUES ; BOISSONS NUTRITITIVES ; BOISSONS ANIMALES POUR LES HERBIVORES.

Quantité de boissons à donner selon les circonstances.

Elle doit varier non-seulement dans la même espèce,
mais encore pour le même individu selon le climat, la
saison, le genre de travail, l'abondance de la transpiration, tant pulmonaire que cutanée, surtout la nature
de l'alimentation.

Parmi les animaux pâturans, il en est qui ne boivent
jamais ; mais, en absorbant jusqu'à un quintal d'herbe
verte, ils prennent réellement 75 livres d'eau : car ce
quintal, en séchant, se fût réduit à 25 livres, et cependant ce n'est que 20 à 30 livres d'eau que l'on donne au
cheval ou au bœuf, nourri au sec.

Les animaux qui paissent, sur les montagnes et les coteaux, de l'herbe fine, aromatique, ou sur les bords de
la mer, de l'herbe salée ; ceux à qui on distribue du sel
ont, quoique nourris au vert, grand besoin d'être
abreuvés.

Dans tous les cas, s'il est peu hygiénique de rationner
rigoureusement le fourrage, il l'est bien moins de mesurer
l'eau dont on abreuve les animaux.

Ceux-ci boivent bien rarement de l'eau pure au-delà

de leurs besoins, et souvent ils n'ont pas toute celle qui leur est nécessaire ; c'est, parce qu'ils manquent d'eau, qu'ils n'achèvent pas leur fourrage : d'où résulte, aux yeux de quelques personnes, un signe de maladie (l'inappétence).

Manière d'abreuver le cheval.

C'est, pour l'ordinaire, deux fois par jour qu'on le fait boire ; la 1re, entre 8 et 9 heures du matin ; la 2e, entre 7 et 8 du soir. Il est bon de l'observer trois fois dans les grandes chaleurs, c'est-à-dire à 6 du matin, 1 heure après midi, et 8 du soir.

La boisson à l'écurie est d'un seau (12 à 13 litres chaque fois).

Le palefrenier soigneux s'aperçoit-il que ses chevaux boivent avidement et jusqu'à la dernière goutte l'eau qu'il leur présente, il la croira insuffisante et il en apportera de nouvelle ; s'ils en laissent beaucoup il les excitera à boire, en la blanchissant avec du son, y jetant un peu de sel, donnant quelques poignées d'avoine ou de bon foin.

Dans les infirmeries de notre école, chaque cheval a devant lui un baquet placé dans la mangeoire ; il contient tantôt les médicamens liquides que l'animal prend de lui-même, tantôt de l'eau claire souvent renouvelée ; il y mouille son fourrage ; il boit en mangeant, et boit quand il le veut. La boisson journalière varie beaucoup en quantité ; il boit toujours assez, jamais trop. Soit que le cheval boive à l'écurie, ou qu'il soit mené à l'abreuvoir, il faut éviter par dessus tout de lui donner de l'eau froide ; et cette précaution est bien plus impérieuse, s'il est échauffé, essouflé, couvert de sueur. Aucun animal, on ne saurait trop le répéter, ne souffre plus de l'impres-

sion subite du froid dans l'estomac ; il en résulte des indigestions, des tranchées, des coliques, et par retentis-
sement, des catarrhes, des apoplexies pulmonaires, des
morts subites.

L'eau que le cheval boit en grande quantité, tout d'un
trait après le repas, traverse rapidement l'estomac ; cet
organe étant fort exigu dans cette espèce, et le pylore
béant en forme d'entonnoir, ce courant d'eau doit entraîner les alimens non digérés, des grains entiers : motifs
de plus pour abreuver peu et souvent, pour donner l'a-
voine après la boisson.

Qu'on se garde bien de faire courir les chevaux au sortir
de l'abreuvoir ; M. Huzard père a vu, à la suite de cette
manœuvre, des ruptures d'estomac ou du diaphragme.

Manière d'abreuver le bœuf.

On mène boire les bêtes à cornes deux ou trois fois
par jour, et moins souvent dans les grandes sécheresses,
lorsque l'abreuvoir est éloigné de plus d'une lieue. Le
bœuf, s'il faut s'en rapporter à Bourgelat, boit, à proportion du volume du corps, moins que le cheval ; c'est
à 20 ou 24 litres que Godine jeune en fixe la ration journalière. Tessier dit avoir acquis la preuve qu'une vache
de forte taille buvait pendant l'hiver, étant nourrie de
foin et de son, jusqu'à 100 livres (50 litres) d'eau par
jour (1).

Les vaches les meilleures laitières sont celles qui boivent
le plus, et, parmi les avantages du sel et de ses succé-

(1) Un fermier anglais (Dudzon) ayant, par l'observation, acquis
la certitude que les bœufs nourris au sec, l'hiver, buvaient quand ils
avaient l'eau à portée, jusqu'à 8 fois par jour, cessa de rationner ce
liquide et de le donner à heures fixes, et il trouva qu'ils se nourris-
saient mieux et profitaient davantage.

danés, on peut compter celui d'exciter la soif chez les laitières.

On fait entrer des boissons abondantes dans la diète prophyllactique de la plupart des épizooties bovines ; on veut prévenir le durcissement des alimens contenus dans le bonnet et le feuillet qu'on regarde comme la cause, et qui est plutôt l'effet d'un grand nombre de maladies de ces animaux.

Quoiqu'ils soient moins délicats que les chevaux, on ne doit pas les abreuver sans précautions ; pour eux aussi, il y a danger à boire froid quand ils ont chaud, et cette circonstance, autant que la température de l'air, cause ces phlegmasies qui surviennent si fréquemment, quand, au milieu de l'hiver, on extrait d'une étable fermée du bétail pour le faire boire dehors. C'est pour prévenir ces accidens qu'en des pays où la stabulation permanente est usitée, on a des pompes ou des fontaines dans l'intérieur même de l'étable.

Manière d'abreuver le mouton et la chèvre.

Le mouton boit fort peu ; il est des pays où, paissant le jour sur des coteaux arides, on ne le mène pas à l'abreuvoir, et il ne trouve pas d'eau en rentrant à la bergerie. Il peut même supporter, sans perdre l'appétit, une longue abstinence de boisson, étant nourri au sec pendant l'hiver (1).

Ce régime nous paraît peu conforme à l'Hygiène, surtout à l'égard des brebis nourrices ou laitières ; il peut

(1) Daubenton a privé de boisson à titre d'expérience, pendant un mois entier, un certain nombre de moutons nourris de paille et de foin, et ils n'éprouvèrent d'autre incommodité que celle de la soif, dont ils donnaient un signe évident en accourant pour lécher les lèvres de ceux à qui il était permis d'aller boire dehors.

diminuer ou même tarir le lait, l'altérer et dans tous les cas échauffer, disposer à la gale.

D'un autre côté, le mouton qui peut boire, après avoir long-temps supporté la soif, ingère en un trait une grande quantité d'eau, d'où résulte un affaiblissement gastrique qui, dans cette espèce débile, amène facilement la pourriture.

Ainsi, sans assurer que le mouton ait besoin de boire tous les jours, je pense que, tous les jours, il faut le mener à l'abreuvoir; on lui présente à la bergerie des baquets pleins d'eau bien pure et fréquemment renouvelée.

Ce n'est que lorsqu'ils ont éprouvé ou qu'ils prévoient une longue abstinence que les animaux boivent de l'eau pure ou mangent des alimens peu savoureux au-delà du besoin.

Au reste, si l'on craint que le mouton ne boive trop dans les grandes chaleurs, et quand il reçoit du sel, que le berger le laisse peu de temps à l'abreuvoir, et soit prompt à retirer le baquet placé devant lui.

La chèvre dont la nourriture est le cinquième de celle de la vache, et qui fournit du lait en plus grande proportion, boit par jour deux ou trois litres d'eau (comme je m'en suis assuré dans une chèvrerie d'expérience à l'école de Lyon); c'est plus que le mouton et moins que la vache eu égard au volume.

Boissons nutritives; eau blanche.

Ce qu'on nomme eau blanche dans l'Hygiène vétérinaire est de l'eau blanchie par la farine ou le son de froment. C'est pour le cheval la plus usitée des boissons alimentaires; tous la préfèrent à l'eau pure; elle les abreuve mieux et les alimente légèrement; on la leur présente lorsqu'ils sont pressés par une soif pathologique, ou qu'étant menacés d'affections inflammatoires ou bilieuses, il convient de les abreuver plus qu'ils n'y seraient portés par la soif; et, dans ce cas, on l'acidule avec du vinaigre ou de l'acide sulfurique, et on diminue la ration du fourrage. Elle est encore la tisane adoucissante et délayante la plus usitée dans la diète prophylactique.

Dans ce régime pas plus que dans celui où des maladies sont déclarées, il ne convient de donner de l'eau pure aux animaux, qu'ils soient ou non tourmentés par la soif. Elle peserait sur l'estomac, affaiblirait l'organisme, s'échappant trop vîte par les émonctoires; elle doit être chargée de quelques principes alimentaires pour le cheval qu'il ne convient presque jamais de réduire à une diète absolue.

Pour faire cette eau, on prend du son le plus gras, le plus chargé de farine possible, une jointée; on le trempe, en le tenant dans les mains, dans un seau plein d'eau; on le laisse s'imbiber, on retire de l'eau, et on exprime, en laissant couler dans le seau l'eau farineuse; on réitère jusqu'à ce que le liquide coule clair : alors on laisse tomber le son dans l'eau.

Ce son dépouillé de farine n'est pas, comme on l'a dit si souvent, un véritable *caput mortuum*. Il contient, d'après l'analyse qu'en a faite mon confrère Lassaigne, un assez grande proportion d'albumine et de matière mucoso-sucrée, pour mériter le titre d'aliment; mais comme ces substances ont une grande tendance à la fermentation, acide d'abord, ensuite putride, il faut avoir la plus grande attention à nettoyer les seaux et les baquets où l'on a fait de l'eau blanche.

De la Drèche.

C'est tantôt le résidu de la fabrication de la bière,

tantôt le malt échappé à la fermentation, tantôt cette substance qui n'y a pas été livrée. Dans tous les cas, on la délaye dans une grande quantité d'eau, pour la donner sous forme de liquide au bétail. Cette boisson est en Angleterre encore plus usitée que ne l'est l'eau blanche en France. On en abreuve largement les chevaux qu'on ne peut pas mettre au vert, et qui sont exposés à des constipations opiniâtres. On la fait entrer comme auxiliaire dans l'engraissement des bœufs et des porcs.

Thaër lui a reconnu une influence très-favorable sur la production du lait; il conseille de s'en approvisionner pendant l'été, saison où elle est à bas prix, de la déposer dans des fosses bien fermées, pour l'y puiser pendant l'hiver. Ce conseil de l'habile agronome a été suivi en Angleterre; on voit près de Londres des fosses immenses, où l'on conserve pendant plusieurs années de la drèche pour la nourriture des vaches qui fournissent du lait à cette grande capitale.

Telle est la multiplicité des brasseries dans la Grande-Bretagne, et par conséquent l'abondance et le bas prix de la drèche, qu'on l'emploie pour la fumure des terres, et elle agit comme un des engrais les plus puissans.

Des buvées pour les bêtes bovines.

On donne ce nom à de l'eau dans laquelle on a fait bouillir, ou seulement on a délayé de la farine d'orge, ou du sarrasin, ou de fèves.

C'est aussi une buvée de l'eau, où l'on a étendu des gâteaux d'huile (tourteaux, nougats), des marcs de raisin, des résidus de fabriques sucrées.

Toute boisson nutritive donnée aux bêtes bovines, froide ou tiède, ne diffère des soupes, des lavailles, des bachassées, qu'en ce qu'elle est sous forme liquide et de la consistance du lait ou du bouillon.

Une décoction de rave qu'on donne en guise d'eau blanche dans les environs de Lyon, aux vaches malades, ou seulement à la diète, est une buvée lactifère trop peu employée.

Une excellente pratique des Flamands est de ne jamais donner de l'eau à leurs bêtes à cornes, sans la convertir en buvée par une addition de farine d'orge, de seigle, d'avoine ou de fèves, à laquelle on joint souvent du marc de graines huileuses en poudre. On adoucit un peu la température de ce breuvage, en le tenant dans l'étable ou dans des citernes, douze heures, au moins, avant de le donner.

Ces buvées deviennent des soupes froides quand on y ajoute du foin haché.

Les alimens, donnés sous cette forme, ont augmenté en propriétés nutritives; leur digestion et leur assimilation sont devenues très-faciles, et on a pu introduire heureusement une grande quantité de liquide dans les premières comme dans les secondes voies. Ceci s'applique particulièrement aux vaches laitières.

Il en est beaucoup qui sont peu disposées à prendre la quantité de boisson nécessaire à une lactation abondante, c'est-à-dire, à une fonction contre nature que nous leur avons imposée. Il faut donc les exciter à boire en mêlant à leur boisson quelques principes légers de leur goût.

Cette buvée sera rendue diététique par l'addition du sel qui fortifie, ou par celle d'un acide qui tempère, par celle enfin de quelque laxatif très-léger, selon le précepte de M. Huzard, père.

Dans les grandes chaleurs, dit-il, les vaches nourries

au sec sont assez souvent constipées ; leurs matières sont dures et noires ; cette circonstance exige qu'on ajoute à leur boisson de l'eau, dans laquelle on aura fait bouillir du son et de la graine de lin.

Boissons animales pour les herbivores.

Ce sont bien aussi des boissons nutritives, le lait, le petit lait, les bouillons, etc. , dont l'usage ne se borne pas aux adultes carnivores ; car les substances animales peuvent entrer dans l'alimentation des animaux qui, par leur structure et leur naturel, semblent appelés à vivre exclusivement de végétaux.

Les espèces essentiellement carnassières, telles que les chats, ont plus de peine à s'habituer au régime végétal que les espèces herbivores, tels que les solipèdes et les ruminans, aux nourritures animales.

Les jumens et les vaches dévorent l'arrière-foin ; elles le digèrent sans peine, et peut-être ont-elles besoin de cette nourriture substantielle pour relever leurs forces, après les fatigues de la parturition.

Ce n'est pas seulement dans le premier âge que les herbivores aiment le lait ; ils prennent d'eux-mêmes celui qu'on leur donne à titre de remède, et on voit des vaches se teter elles-mêmes, jusqu'à la dernière goutte : tic tellement onéreux qu'il est justement rangé parmi les cas rédhibitoires.

On a rencontré depuis quelques années, dans les montagnes du Thibet, une race de mouton domestique, nommée *purick*, qui, de même que le porc, est omnivore ; elle vit d'herbe et de fruits, de viande crue comme de viande cuite. Elle se distingue de toutes les autres races par l'intelligence et la force de constitution.

Combien de fois n'a-t-on pas vu des chevaux qui, par instinct ou par habitude, étaient devenus carnivores!

Un vétérinaire digne de foi, M. Thuilier-Maugis, dit avoir été témoin d'un fait de ce genre, à Loches en Suisse: un cheval de boucher, s'étant détaché, entra dans l'étal, et il dévora en peu d'instans 20 livres de viande.

Cet exemple, et il n'est pas seul, suffira pour prouver que la force digestive du cheval n'est pas sans action sur les substances animales.

Dans quelques régions polaires, pauvres en fourrage, on nourrit les vaches avec du poisson sec. Habituées à ce régime, elles se portent fort bien; seulement leur lait a un goût désagréable, et leur graisse est huileuse.

Ce n'est pas seulement les vaches, mais encore les chevaux qui sont devenus ictyophages en Islande, au rapport d'Anderson.

Pallas nous apprend que les maquignons russes emploient la chair du hamster (animal hivernant), desséchée, réduite en poudre et mêlée avec de l'avoine pour donner aux chevaux, en peu de temps, des forces et de l'embonpoint.

En plusieurs contrées de l'Amérique septentrionale on donne aux bestiaux des soupes grasses, pendant la saison rigoureuse. Le professeur vétérinaire anglais Péall rapporte que cette pratique est usitée en Angleterre avec beaucoup de succès; et, sans sortir de notre France, je puis attester qu'en Auvergne on donne des soupes grasses aux vaches faibles, à celles qui ont de la peine à vêler et à jeter le délivre, à celles qui paraissent souffrir, et qu'on suppose avoir été empoisonnées par de mauvaises herbes ou des insectes vénéneux. Ces vaches prennent d'elles-mêmes ces nourritures animales, et les digèrent fort bien.

On a donné dans les montagnes du Lyonnais, de l'eau de morue en grande quantité à des vaches qui en broutant dans une forêt de sapins, avaient pris le mal de brou; les vaches buvaient d'elles-mêmes et furent guéries.

Les anciens livres de maréchallerie fourmillent de formules médicamenteuses pour les chevaux et les bœufs, dans lesquelles entrent des substances animales. Les modernes se persuadant trop aisément que toute nourriture animale répugne aux herbivores, se sont hâtés de ranger ces recettes parmi les *absurdités* des temps barbares. Cependant quelques vétérinaires des nos jours, notamment M. Collaine, ont prouvé par expérience que les nourritures animales pouvaient être utiles contre le typhus des bêtes à cornes et la cachexie des moutons (1).

CHAPITRE XXV.

Des choses appliquées sur la surface cutanée.

Ce qui est appliqué à la surface cutanée, chez les animaux domestiques, leur est utile quelquefois, nuisible souvent.

Dans la première cathégorie, sont le pansage, les bains, les frictions, les couvertures, les émouchoirs.

(1) Ce sera en traitant des races des chiens et des chats que nous parlerons du régime alimentaire de ces animaux.

Dans la seconde, sont les divers harnais, quand ils sont mal construits et mal disposés ; la ferrure non convenable ; l'action de plusieurs instrumens inventés, soit pour châtier, soit pour maîtriser les animaux. L'action de ceux qui, hors des cas déterminés par l'Hygiène ou la thérapeutique, défigurent ou retranchent des organes, tels que la queue, les oreilles, les cornes, etc.

Nous rangeons dans la même cathégorie les piqûres des insectes parasites et les mauvais traitemens que l'ignorance, la brutalité et l'avarice exercent sur les animaux domestiques.

Définition du pansage.

C'est l'action d'étriller, brosser, bouchonner, peigner, éponger, etc., les animaux domestiques. Elle a lieu sur le cheval et le mulet, jamais sur l'âne, rarement sur le bœuf. On panse ce dernier, en quelques pays, notamment en Lyonnais, avec un instrument semblable à celui dont on se sert pour carder la laine.

Cette opération est vulgairement nommée *pansement de la main*, expression qui nous a paru bizarre : nous avons adopté celle du pansage, usitée pour les chevaux de troupe.

Il nous a semblé que le terme *pansement* devait être restreint à l'application sur la surface du corps, des appareils et des médicamens indiqués.

Dans quelques contrées du centre et de l'ouest de la France, on appelle *panser* les bœufs leur donner à manger sans mesure, et s'il en résulte des indigestions, ce sont des *empansemens*.

Ses effets sur le cheval.

Par cette opération, on nettoye la peau du cheval

d'une matière pulvérulente ou écailleuse, furfuracée, qui est un mélange impur de substances excrémentitielles et de corpuscules venus du dehors; les unes sont particulièrement de l'albumine desséché, détritus de l'épiderme, du phosphate de chaux, d'autres sels déposés par l'humeur perspiratoire; les autres sont de la poussière de foin, des débris de toile d'araignée, du fumier, des émanations concrétées qui, sous forme de vapeurs, étaient émanées de divers foyers; des insectes visibles ou non, tantôt engendrés, tantôt disposés sur la peau, et qui pullulent à la faveur de la mal-propreté.

Ces matières irritent sourdement l'organe cutané, le rendent rude; elles font que le poil est terne, désuni, hérissé; elles peuvent causer des dartres, la gale, le roux-vieux, ou du moins un prurit fatigant qui porte l'animal à se frotter contre les corps durs : delà quelquefois le taupe et le mal de garrot.

D'un autre côté, ces matières obstruant les pores de la peau, interceptent la transpiration, d'où peuvent résulter des maladies chroniques, telles que la morve et le farcin, et des affections aiguës, telles que des phlegmasies pulmonaires : le poumon étant pathologiquement surexcité pour suppléer aux fonctions perspiratoires de l'organe cutané.

Ce n'est pas tout : on délasse, en l'étrillant, un animal fatigué; il manifeste, en général, le plaisir que lui fait éprouver cette manœuvre.

La stimulation de la peau retentit sur les organes profonds, particulièrement sur ceux de la digestion (1). La circulation capillaire est facilitée, ainsi que l'assimilation nutritive; l'énergie musculaire est augmentée; l'animal

____

(1) Delà ce *dicton* que le jeu de l'étrille équivaut à un picotin d'avoine.

est gai, dispos, plus propre aux divers services, tandis qu'étant couvert de crasse, il est triste et en quelque sorte honteux de son état.

Hors de la stabulation, le pansage est suppléé par les bains, la pluie, le grand air, l'action de se rouler sur le sable, la terre durcie; de se frotter contre les arbres, les rochers, pour faciliter une action qui jusqu'à un certain point supplée au pansage : les Hollandais plantent des côtes de balaine dans les prairies closes et sans arbres, où en quelques contrées paissent nuit et jour leurs bestiaux.

Brugnone rapporte que des jumens qui passent l'hiver à l'étable sans y être pansées, s'y couvrent de crasse et de poux dont elles se débarassent au printemps dans des pâturages (semés de quelques arbres); leur peau s'assouplit, elles prennent de l'embonpoint.

Sur les autres animaux.

C'est parce qu'on n'étrille jamais l'âne que sa peau est si rude, son poil si grossier, qu'il est tourmenté par les insectes aptères; c'est pour se délivrer d'un prurit incommode qu'on le voit se rouler sur le sable aussi souvent qu'il le peut. L'âne que la nature avait fait peu inférieur au cheval, n'est devenu si chétif, si misérable qu'à cause de la manière dont nous le traitons; c'est un traitement à peu près semblable à celui du cheval qui lui conviendrait (1).

Moins délicat que le cheval, le bœuf n'a pas besoin d'être pansé avec tant d'exactitude; il n'est pas moins absurde de croire qu'il doit, pour bien se porter, être recouvert sur le ventre et les cuisses d'une couche épaisse

---

(1) Van-Helmont recommandait de bien étriller les ânesses dont il fesait boire le lait aux malades atteints d'affection de poitrine.

de fumier; d'autres disent qu'en cet état les vaches donnent plus de lait.

Ce n'est pas ainsi que pense Fellemberg : les bêtes à
cornes de son établissement à Holwit sont étrillées vigoureusement, deux ou trois fois par jour. Ses bœufs font
beaucoup de travail, et ses vaches donnent beaucoup
de lait.

Autour de Lyon où les vaches sont *cardées*, elles fournissent de 8 à 12 litres d'un excellent lait : j'en ai vues
ailleurs toujours couvertes d'ordures, dont on en retirait
à peu près autant; mais d'une qualité inférieure.

On peigne quelquefois le chien et la chèvre; cette
pratique hygiénique devrait être plus générale.

Il serait utile de brosser le porc.

Instrumens qui servent au pansage.

Ce sont l'étrille, l'époussette, la brosse, l'éponge, le
bouchon, le cure-pied, le peigne, les ciseaux, le couteau
de chaleur.

1.° L'étrille, où l'on distingue le coffre, les rangs, les
couteaux de chaleur, le manche. Le premier est une plaque
de fer en carré long, traversée par les rangs et les couteaux
de chaleur qui sont des bandes de fer applaties, dont les
premières plus élevées sont dentées ainsi que les bords du
coffre. Ces bandes alternent : elles sont disposées de manière à ce que les poils se glissant entre les dents, la
crasse est enlevée, et la peau n'est pas offensée. La poussière a une issue par les deux côtés du coffre, où l'on
a disposé des morceaux de fer, nommés marteaux, pour
la faire tomber en frappant sur le pavé. Le manche est
en bois.

2.° L'époussette, tantôt une queue de cheval fixée a

un manche, tantôt un lambeau de drap pour faire tomber la crasse détachée par l'étrille, et non enlevée, la suppléant sur les parties délicates qu'il ne faut point étriller.

3.º Le bouchon, faisceau de paille cylindrique, tortillée, hérissonnée ; on l'humecte légèrement et on le fait servir à frotter toutes les parties, surtout celle ou l'étrille a passé légèrement.

4.º La brosse, planchette dont une face hérissée de crins durs, l'autre munie d'une courroie à anse pour introduire la main ; on appelle *passe-partout* une brosse longue et étroite, garnie d'un long manche et servant à frotter les paturons.

La brosse et le bouchon se suppléent.

5.º Le peigne de fer, d'os ou de bois, servant à démêler les crins.

6.º L'éponge, polypier, en masses flexibles et poreuses, ramassé sur les rochers baignés par la mer, qu'on imbibe d'eau pour laver le tour des yeux, les naseaux, le fourreau, etc.

7.º Les ciseaux, instrument de fer en deux branches tranchantes jointes par un clou ; l'une d'elles sera pointue, l'autre arrondie. On s'en sert pour faire la *queue*, la *crinière*, c'est-à-dire pour raccourcir les crins supposés trop longs, et pour couper ceux du menton et de l'intérieur des oreilles : pratique peu rationnelle.

8.º Le cure-pied, espèce de crochet de fer applati, mince, emmanché à un anneau ; on l'introduit entre la corne et le fer pour enlever des corps étrangers et prévenir ainsi des oignons et des cerises.

9.º Le couteau de chaleur comme un fragment de lame de sabre, peu tranchant, emmanché en bois aux deux bouts ; on s'en sert pour racler la peau et faire tomber la sueur.

Ces deux derniers instrumens sont usités en Angleterre, et hors des heures des pansages, quand le besoin l'exige.

Mode du pansage des chevaux.

On doit panser deux fois par jour ; le matin, entre 6 et 8 heures, selon les saisons ; le soir, entre 3 et 5.

Ce n'est pas, au reste, la première occupation du palefrenier.

Son premier soin, en se levant (il est bon qu'il couche à l'écurie), est de *faire net*, c'est-à-dire de nettoyer exactement la mangeoire ; il garnit le ratelier, donne un peu d'avoine, car il est bon que le déjeuner précède le pansage.

Il n'aura pas lieu à la place qu'occupent les chevaux ; la poussière dont l'un d'eux serait nettoyé volerait sur l'autre, tomberait dans l'auge, souillerait le fourrage. Si la saison ou d'autres circonstances s'opposent à ce qu'on panse dehors, on retourne les animaux et on les attache, soit aux piliers dans les écuries doubles, soit à des boucles fixées dans les écuries simples, aux murs opposés aux mangeoires.

Pour remuer la litière, il est prudent de se servir d'une fourche de bois plutôt que de fer.

En quelques écuries où il y a un enfoncement sous l'auge, on en profite pour y pousser la paille qu'on veut conserver ; l'autre est enlevée avec les crottins : mieux vaut ne rien laisser et que l'écurie soit exactement balayée.

Les chevaux sont attachés par un bridon, ou un filet d'écurie, ou une cavecine (1).

(1) Les anciens profitaient du moment pour donner un mastigadoux ; peut-être abusaient-ils de ce moyen, et, par un excès contraire, peut-être avons-nous tort de le négliger.

Le palefrenier, dont la main droite est armée de l'é-
trille, se place derrière l'animal; il en saisit la queue de
la main gauche ; il porte l'instrument sur le milieu, ensuite sur les côtés de la croupe, le fait agir à poil et à
contre-poil avec vîtesse et célérité ; delà aux jambes de
derrière droites, ensuite au corps du même côté, puis au
ventre, au dos, à l'encolure, aux extrémités antérieures
du même côté, glissant sur les parties dont la peau est
mince, respectant la tête, le tranchant de l'encolure,
l'épine dorsale, le fourreau.

Le palefrenier revient ensuite à la croupe, pour agir
de la même manière sur le côté droit, et il serait à désirer
qu'il fût ambidextre.

Il a soin de frapper de temps en temps les marteaux
sur le pavé.

A l'action de l'étrille succède celle de l'époussette qu'on
promène partout, en insistant sur les parties où l'étrille
a glissé, surtout où elle n'a pas passé; on prend ensuite la
brosse que l'on fait agir sur tout le corps, d'abord à contre-
poil, ensuite dans le sens direct; on la frotte, à chaque
coup, sur les dents de l'étrille pour en faire sortir la crasse.

On se sert de l'éponge pour laver les extrémités, la
queue, les yeux, les naseaux, la vulve, ayant soin de
changer l'eau fréquemment.

On prend le peigne pour démêler les crins du toupet,
de la crinière, de la queue, qu'on humecte, et s'ils sont
trop feutrés, on les oint d'huile.

L'animal étant pansé, on le couvre et on le remet à sa
place.

Pour s'assurer qu'un cheval est exactement pansé, on
le frotte durement à contre-poil, et on observe s'il ne
se détache point de poussière.

Au reste, si le cheval et les autres animaux domestiques pouvaient se baigner fréquemment, le pansage pour eux serait superflu.

Des bains et de leurs différentes espèces.

Un bain est l'immersion et le séjour, plus ou moins long, d'un animal ou d'une de ses parties dans un milieu qui n'est pas son atmosphère naturelle. On appelle encore bain le milieu dont il s'agit : ce milieu peut être liquide ou vaporeux, ou gazeux, ou même solide, comme du sable ou du fumier. Il est le plus souvent de l'eau pure, ou de l'eau chargée abondamment de divers principes : telle est celle de la mer et celle des sources minérales.

Sa température peut varier depuis o jusqu'au degré le plus haut que le corps vivant puisse supporter.

Il est froid, depuis o jusqu'à 15 R. ; frais ou tiède, entre 15 et 28 ; chaud, depuis ce degré ; température ordinaire du sang, jusqu'à 40.

Comme moyens hygiéniques, les bains frais sont presque les seuls que nous fassions prendre en entier : température de 15 à 22 d. Ce sont, en général, ceux des eaux courantes, pendant l'été, sous les climats moyens, tels que celui de Lyon.

Parmi les bains partiels, sont les pédiluves, les lotions, les injections, les douches.

Des bains frais pour le cheval.

Il faut les donner, autant que possible, dans une eau courante ; et, alors, ils ne se bornent pas à nettoyer la surface du corps, mieux qu'un pansage exact, ils stimulent encore cet organe et le système vasculaire par l'effet de la percussion de l'eau : à cette heureuse influence se joint celle de l'air libre, celle des rayons solaires, celle de l'exercice de la natation.

Si l'animal, plongé dans une eau dormante, n'exécutait aucun mouvement, la circulation se ralentirait, la calorification diminuerait; tandis que secondé par l'exercice, il y a effet tonique marqué, surtout sur l'appareil digestif : aussi conviennent-ils aux chevaux qui digèrent mal; comme ils fortifient aussi l'organe cutané, ils sont utiles aux chevaux sujets à suer au moindre exercice; ils délassent, en remontant le tonus musculaire, ceux qui ont subi des travaux trop violens.

Pour en assurer les bons effets, on ne le leur donnera, sous notre climat, que durant l'été et dans les jours les plus chauds de l'automne, depuis 2 heures après midi jusqu'à 6 ou 8 du soir. On en éloignera l'animal qui est échauffé ou en sueur; on l'exposerait à des apoplexies foudroyantes, ou à des phlegmasies chroniques du poumon; il ne devrait être ni tout-à-fait à jeun, ni à l'issue d'un copieux repas. Dans le premier cas, il est faible et le bain pourrait le débiliter encore; dans le second, il serait exposé à l'indigestion, même à l'apoplexie.

Lorsqu'il sortira du bain, il ne faut pas le laisser immobile sur le rivage; un exercice modéré, au soleil, lui convient. Ne voit-on pas, en général, les animaux qui viennent de se baigner, se rouler sur l'herbe ou dans la poussière, se secouer avec force, se mettre sur-le-champ en marche avec une allure rapide? ce sont des mouvemens instinctifs.

Pour les autres animaux domestiques.

Le bœuf a moins besoin de bains que le cheval ; il transpire moins ; c'est du dehors que vient l'ordure dont son corps est si souvent couvert ; mais, pour le nettoyer, un bain serait plus efficace que l'étrille ou la carde ; il n'y répugne pas. Certaines îles du Rhône et de la Loire servent de pâturage, et, tous les soirs, des bœufs de travail s'y rendent à la nage pour revenir à la ferme chaque matin ; ils passent, dans l'île, les jours de repos : ces bains quotidiens leur sont favorables.

2.º Les moutons doivent être baignés avec les plus grandes précautions ; ces animaux craignent tant l'humidité, et leur laine touffue, une fois imbibée d'eau, a tant de peine à sécher. Cependant la méthode de laver la laine à dos est usitée en Allemangne, surtout en Saxe. On choisit un jour sec et chaud ; on tient, après l'opération, les bêtes au soleil, et quelquefois même on les essuie l'une après l'autre ; on leur donne des provendes d'avoine, de genièvre, de sel.

Sans ces précautions la cachexie est imminente ; on a vu des troupeaux entiers périr pour avoir été mis au parcage en sortant du bain.

Les moutons à laine longue craignent moins l'humidité, et par conséquent supportent mieux les bains que ceux à laine courte.

3.º Les chiens, animaux dont la peau est serrée, qui transpirent difficilement, que les insectes aptères tourmentent beaucoup, pendant l'été, qui sont si sujets aux maladies cutanées, ces animaux ont un grand besoin de bains, d'autant mieux qu'on ne les étrille jamais, et qu'on les peigne rarement. Ils aiment à se jeter dans l'eau des

rivières, et on peut leur faire prendre des bains domestiques, à titre d'Hygiène comme de thérapeutique: avantage dont nous sommes privés à l'égard des grands animaux (1).

4.º Les porcs ne se vautrent dans la fange que pour y
trouver une fraîcheur et une humidité dont ils ont besoin,
à cause de l'extrême rigidité de leur peau, de la chaleur
et du prurit dont elle est habituellement affectée. Le porc
qui se baigne ou qu'on lave souvent, s'engraisse facilement et son lard est de bon goût, il est exempt de
ladrerie.

C'est ce qu'on fait en certains pays, où l'on oblige les
porcs à traverser une nappe d'eau pour arriver au lieu
où de la nourriture leur est distribuée.

Dans le canton de Maurs (Cantal) dont la principale
industrie est l'engrais de porcs qui fournissent des jambons
aussi estimés que ceux de Mayence et de Bayonne, on
lave ces animaux deux ou trois fois par jour.

Du pédiluve.

C'est l'immersion ou le séjour, depuis quelques minutes
jusqu'à plusieurs heures, du pied seul, ou avec la jambe,
dans de l'eau, soit pure, soit composée, et à diverses
températures.

On le donne fréquemment au cheval ; c'est, en effet,
une bonne pratique de laver fréquemment les jambes de
ce quadrupède, à la température atmosphérique. Un cavalier doit traverser à gué un ruisseau plutôt que de le

(1) Cependant on a établi, à l'école vétérinaire de Berlin, une
grande cuve en pierre de taille, enfoncée dans l'écurie, et dont l'accès
est facilité par un talus : les chevaux y entrent et y trouvent de l'eau
à la température convenable.

passer sur un pont ; et le palefrenier lave avec de l'eau fraîche, à 10 à 15 degrés, les jambes de l'animal.

Un pédiluve, à cette température, même plus basse, et on la rend telle en y faisant dissoudre un peu de sel, convient à des chevaux échauffés par une marche longue et rapide. Après avoir épongé, à plusieurs reprises, on essuie, on réitère cette double manœuvre, et l'on prévient ainsi des engorgemens et même la fourbure.

Si cette dernière affection était imminente, le pédiluve serait restrinctif, c'est-à-dire le plus froid possible.

Il doit être tiède quand les pieds sont douloureux, quoiqu'aucune maladie ne se soit encore déclarée.

L'eau de vaisselle, facile à se procurer partout, est beaucoup plus calmante que si elle était pure ; elle détend et assouplit avec plus d'efficacité ; est plus propre à prévenir la rigidité de l'ongle, d'où peuvent résulter seimes, encastelures, etc.

Un pédiluve analogue pour l'effet tonique aux eaux minérales, ferrugineuses, est à la portée des maréchaux ; ils plongent un fer incandescent qui se charge de carbonate de ce métal.

Quand le pédiluve est chaud (au-dessus de 30 deg.), il attire le sang sur la partie ; il opère un mouvement excentrique sur toute la périphérie : c'est alors une médication, non un moyen d'Hygiène.

Des lotions.

C'est l'action de laver une partie du corps ; si le liquide tombait d'une certaine hauteur, on pratiquerait une douche. Le palefrenier fait des lotions, quand il passe sur diverses parties du corps, surtout sur celles que l'étrille et la brosse ont respectées, l'éponge, le bouchon de paille, ou du linge mouillé. L'eau doit être vinaigrée, lorsque, dans les grandes chaleurs, on craint la pléthore et les phlegmasies ; on la rend tonique, antisceptique, avec de l'ail, du camphre, de l'assa fetida pour laver la bouche, les naseaux, dans la prophylactique des épizooties.

On pourrait considérer comme dépendantes de l'Hygiène prophylactique les injections dans des cavités, telles que les gargarismes et les lavemens.

Des onctions.

Ce sont des frictions avec des corps gras. Comme moyens hygiéniques, elles ne sont employées que sur l'ongle du cheval pour en entretenir la souplesse et l'élasticité, et prévenir ainsi des cercles, des avalures, des seimes, l'encastelure : accidens causés par l'humidité, le fumier, les boues des grandes villes, et auxquels sont prédisposés des pieds naturellement secs, mal conformés, livrés à la brutale impéritie des mauvais maréchaux. On peut ajouter à ces causes la pratique d'imprimer un signe, avec un fer rouge, aux pieds de certains chevaux, pour les marquer.

On oindra plus particulièrement la couronne ; c'est la partie du sabot la plus mince, celle qui s'altère le plus facilement.

L'onction composée de saindoux, d'onguent de pied, sera fréquemment renouvelée.

Pourquoi n'oint-on pas d'huile douce les articulations des jambes de chevaux, surtout celle des jarrets chez ceux qui tirent ?

CHAPITRE XXVI.

TONTE, TONDAGE, ABLATIONS HORS LES CAS CHIRURGICAUX DE LA QUEUE, DES OREILLES, DES CORNES, DES ORGANES DE LA GÉNÉRATION; EFFETS HYGIÉNIQUES DE CES OPÉRATIONS.

De la tonte (1).

Opération par laquelle on dépouille de leur toison les bêtes à laine; on la pratique sur les chèvres en quelques contrées.

Elle n'est pas indiquée par la nature; les moutons n'éprouvent pas, comme d'autres animaux, ce changement de poils qu'on nomme *mue*.

On a laissé à Rambouillet des mérinos sans les tondre, pendant 2, 3, 4 et 5 ans; dès la troisième année, les brins avaient 18 pouces, et la toison pesait jusqu'à 14 kilog.; elle allait ensuite diminuant. Les bêtes ne furent pas incommodées; seulement, si elles étaient tombées sur le côté, elles ne pouvaient se relever.

Une pareille expérience eût mal réussi sur des brebis portières et des béliers étalons.

D'un autre côté, on a essayé deux tontes dans le courant d'une année; la seconde, ne pouvant avoir lieu qu'à l'entrée de l'hiver, a présenté de graves inconvéniens, même dans le Midi, à moins de stabulation permanente.

(1) Cette opération sera considérée, ailleurs, sous le rapport économique.

Il est permis, dans les pays chauds, de tondre les agneaux; c'est même un moyen de les délivrer des poux et des teignes qui les tourmentent.

L'époque de la tonte est, aux environs de Lyon, vers la fin de mai, 15 jours plus tôt dans le midi de la France, un mois plus tard dans le nord.

Il est des tontes extemporanées : on tond les transhumans quelques jours avant le départ ; on ne pourrait faire voyager un troupeau chargé d'épaisse toison ; ce n'est que sur la peau dépouillée de laine qu'on peut appliquer les topiques indiqués en plusieurs circonstances.

On tond les bêtes dont la laine tombe par l'effet d'une maladie, ou de l'insuffisance de nourriture.

Nous signalons une pratique contraire à l'Hygiène, comme à la probité : elle consiste à entasser les bêtes dans une bergerie exiguë et bien close; elles transpirent abondamment ; on les sort, alors, pour les faire courir à travers la poussière, et le poids de la toison qu'on vend en suint est augmenté ; mais, par cette pratique, les bêtes vigoureuses sont exposées aux phlegmasies, les faibles à la cachexie aqueuse.

Il arrive quelquefois que, malgré l'adresse et l'attention du tondeur, les bêtes reçoivent des coupures, des entailles; on y appliquera sur-le-champ du charbon de bois en poudre, et si on ne prévient pas ainsi le développement des plaies, on empêche, du moins, que la mouche carnassière n'y dépose ses œufs.

Du tondage.

Cette opération, d'invention moderne, usitée en Espagne et dans quelques contrées de la France, notamment aux environs de Lyon, consiste à tondre de la moitié du corps et le plus souvent des parties antérieures, y compris la crinière, les chevaux et les mulets de trait et de labour, et cela, le plus souvent, aux approches de l'hiver.

En quelques parties de la Suisse, on tond, à la même époque, les vaches et quelquefois les bœufs, depuis la nuque ou seulement le garrot jusqu'à l'origine de la queue, et sur une largeur de 8 à 10 pouces.

Il est des pays où l'on tond les chevaux trois ou quatre fois dans l'année.

On ne peut avoir d'autres motifs que de suppléer le pansage qu'il vaudrait mieux pratiquer.

Le cheval, tondu à moitié et dépouillé de crinière, offre un aspect triste, désagréable, presque hideux.

Il est, en été, en proie aux mouches, exposé aux insolations, aux gersures; en hiver, à l'impression du froid; dans tous les tems, aux effets des transpirations arrêtées.

Si l'on a pour but de délivrer l'animal des insectes aptères qui pullulent sous les poils, pourquoi ne pas alors les couper tous? Les parasites ne se réfugient-ils pas, comme chez les chiens tondus à moitié, sur les parties restées poilues?

Si l'on veut prévenir les inconvéniens de la sueur, pourquoi tondre seulement les parties où elle est la moins abondante, où elle ne s'arrête pas, laissant recouverts de poils les fesses, les flancs, la partie inférieure du ventre, les jambes, d'où découle le plus de sueur?

Une couverte, jetée sur les parties tondues, ne préserve pas du froid comme le feraient les poils, et si elle se mouille, elle garde plus long-temps l'humidité.

Au reste, les inconvéniens du tondage sont moindres que ceux de la négligence absolue du pansage et des bains, et l'assuétude finit par le rendre en quelque sorte nécessaire.

De la dépilation partielle sur des chevaux.

On éclaircit la crinière trop touffue des chevaux entiers de grosse race, on les peigne, on les décrasse ensuite plus facilement, et on peut prévenir ainsi le *roux-vieux* auquel ces chevaux sont prédisposés. L'une des causes d'une maladie plus grave, la *taupe*, peut être écartée par le soin facile de couper les crins sur la nuque, précisément à l'endroit où repose la tétière.

C'est par l'effet d'un pur caprice qu'on coupe la crinière, en brosse, en vergette, à la houssarde.

Elle n'est pas fondée sur un motif plus sérieux, la recommandation que fait Bourgelat, de couper les grands poils des lèvres, du menton, de la barbe, des environs des naseaux, du dessous de la paupière inférieure.

Nous regardons encore comme une opération de caprice, et, tout au plus, de futile toilette la dépilation des oreilles, tant en dehors qu'en dedans, soit avec des ciseaux fins, soit avec un rasoir, après avoir savonné les parties. D'un autre côté, la nature n'avait-elle pas disposé ces poils pour empêcher l'introduction de la poussière dans l'intérieur de la conque, pour affoiblir la trop vive impression des rayons sonores ?

Ce n'est pas enfin sans danger qu'on coupe le poil aux jambes des gros chevaux qui font leur service dans des pays froids et humides, qui marchent dans les boues infectes des grandes villes. M. Huzard père assure que des *eaux aux jambes* sont quelquefois la suite de cette dépilation imprudente.

De l'amputation des cornes.

Cette opération a lieu assez souvent sur les béliers,

rarement sur les bêtes bovines; on la pratique sur les premiers, pour les motifs qui suivent :

1.º Les cornes leur sont inutiles dans l'état de domesticité, n'ayant pas alors besoin d'armes, soit pour attaquer, soit pour se défendre.

2.º Elles les empêchent d'enfoncer la tête entre les fuseaux du ratelier pour prendre les fourrages, surtout les épis.

3.º Les brebis, au passage des portes, sont quelquefois blessées par les cornes des béliers, d'où peuvent résulter des avortemens.

4.º Les combats que se livrent entre eux les béliers armés de cornes, sont souvent meurtriers.

5.º Ces organes peuvent prendre une telle direction qu'elles serrent les côtés de la tête, et même les blessent.

6.º La nourriture qui se porte aux cornes pour développer et entretenir des parties inutiles, produirait de la viande et de la laine. Ce n'est pas seulement ces organes qui absorbent des élémens alibiles, mais encore les os, les ligamens, les parties musculaires qui soutiennent ces cornes, et sont pour nous de nulle valeur (1).

7.º Les agneaux, produits par un bélier sans cornes, ont la tête moins grosse, et leur mère est moins fatiguée en les mettant bas.

On conçoit, au reste, la possibilité de créer des races sans cornes, même dans l'espèce bovine, en les coupant durant une suite de générations, et n'admettant à se

____

(1) M. Kline, chirurgien anglais, rapporte que le crâne d'un bélier cornu s'est trouvé peser cinq fois plus que le crâne d'un bélier sans cornes. Les deux crânes avaient appartenu à des animaux de même race, de même taille, de même âge: toute la différence était dans les cornes et dans les os qui leur servaient de support.

reproduire que des individus, naturellement où par amputation, dépouillés de ces organes.

On a conseillé, d'après les mêmes motifs, d'amputer
les cornes aux bêtes bovines; cependant, hors des cas
chirurgicaux, on ne pratique cette opération, et encore
fort rarement, que sur celles des bœufs laboureurs tournées
vers le timon, lorsqu'il les a assez longues et assez horizontales pour atteindre son compagnon.

De l'amputation de la queue sur les bêtes ovines.

On peut, hors des cas chirurgicaux, avoir des motifs
pour amputer la queue aux bêtes à laine ; mais ce n'est
que par un caprice barbare qu'on fait subir la même opération à des chevaux, à des chiens, à des chats.

Cette pratique était ancienne en Espagne, quand les
mérinos furent introduits: elle fut adoptée pour les motifs
qui suivent :

1.º Les moutons qui paissent l'herbe printannière,
éprouvent des diarrhées qui souillent la queue, laquelle
salit ensuite les parties voisines.

2.º Elle se charge de boue, la répand sur la laine, et
la porte, non sans fatigue, à la bergerie où elle gâte le
fourrage.

3.º Le pis des nourrices et des laitières, quelquefois
très-distendu, devient douloureux par le contact de cette
boue.

4.º Les portières, auxquelles on fait subir cette opération dans leur jeunesse, reçoivent mieux le mâle, et
elles n'ont pas à craindre l'entortillement sur la queue du
cordon ombilical: on peut ajouter que cette partie ne sert
de rien à la bête ovine domestique, et que la laine qui la
recouvre est toujours de qualité très-inférieure.

Pour que l'opération soit bénigne, il faut la pratiquer sur des agneaux d'un à deux mois, et à trois ou quatre pouces de la naissance de la queue.

Il y aurait, à la pratiquer plus près, un inconvénient pour les femelles ; la vulve etant à découvert, des diptères pourraient y déposer leurs œufs.

De l'amputatiou de la queue et de celle des oreilles sur les bêtes chevalines.

Inventée en Angleterre (1), l'anglomanie l'a introduite en France. La queue ainsi mutilée se nomme *anglaisée*, *niquetée* ; on nomme *bretaudée*, *courteau*, le malheureux animal à qui on a, avec la queue, coupé les deux oreilles.

On anglaise la queue du cheval en enlevant les muscles abaisseurs, donnant ainsi toute puissance à leurs antagonistes : on se propose de faire prendre à l'organe mutilé l'attitude qu'il a sur les chevaux de sang ; mais avec beaucoup moins de grâce et de noblesse, il est plus

(1) Elle n'est pas nouvelle chez nos voisins d'outre-mer ; car le concile de Calchyd (concilium calchutense), qui se tint sur la fin du 8e siècle, défendit, sous peine d'excommunication, de mutiler ainsi les chevaux, attendu que c'était un usage païen.

C'est à cet usage qu'on doit rapporter le sobriquet de *caudati* qu'on donna aux Anglais dans le 13e siècle.

Cette méthode, au reste, est ancienne chez les Allemands et chez les Flamands. En 1497, l'empereur Maximilien descendit en Italie par les montagnes des Grisons, avec une armée dont les chevaux étaient courtaudés. On lit dans la *Bibliothèque militaire* que cette invention, qu'on y dit très-ancienne, est due aux Allemands ; mais c'est aux Anglais qu'il faut en laisser le *mérite*.

C'est à lord Cadogan, qui vivait en France du temps de Louis XV, qu'on dut l'usage de couper la queue aux chevaux très-courte ; et en mémoire de ce lord, les chevaux ainsi anglaisés se nommèrent *ca-gans*, et donnèrent leur nom à une mode de coiffure.

haut et plus relevé, et on n'efface pas les cicatrices qui traversent la face inférieure du tronçon.

On donne encore pour motif de cette mutilation la gêne, pour le cavalier comme pour le cocher, d'une longue queue qui se charge de boue ; mais ne pourrait-on pas la relever au lieu de l'amputer, surtout à la manière anglaise qui est un raffinement d'absurdité et de barbarie ?

En certains corps de cavalerie on évite les inconvéniens des queues trop longues, non en les anglaisant, mais en en raccourcissant les crins au point de ne pas leur permettre de dépasser les jarrets. Lorsqu'on veut l'avoir plus courte encore, on emporte les derniers nœuds qu'on nomme le *fouet*, sans rogner les crins, et alors la queue est dite en *balai*. Enfin on appelle courte queue celle dont on a extrait les derniers vertèbres et coupé les crins en brosse, au niveau de l'amputation.

Ces diverses opérations sont légères, tandis que celles que nous devons aux anglais est cruelle ; en effet, après avoir incisé, mutilé l'organe, on suspend ce qui reste à une corde qui roule sur une poulie, jusqu'à cicatrisation, c'est-à-dire, 15 à 20 jours.

Le résultat de tout cela est la privation d'une partie qui ornait le cheval, et qui lui servait de défense contre des nuées d'insectes tourmentans.

Et ce motif est suffisant pour qu'on doive exclure des haras où les poulinières pâturent, et c'est le plus grand nombre, celles qui sont *anglaisées*.

C'est encore par une puérile imitation des Anglais, et sans qu'il soit possible d'alléguer d'autres motifs, qu'on coupe les oreilles au cheval, tantôt la totalité à ras de tête, tantôt à *l'oreille garnie*, c'est-à-dire, qu'on se contente d'en diminuer le volume en lui conservant à peu près sa forme naturelle.

Les Anglais appellent *craps* le cheval ainsi mutilé ; nous le nommons *moineau* : c'est ainsi que disparaissent ou sont défigurés deux organes qui embellissent la tête du plus élégant des quadrupèdes, et qui, par leurs mouvemens variés, indiquent les impressions qu'il éprouve, les passions qui l'agitent, surtout les desseins qu'il médite, et qu'il est souvent important de connaître, pour en prévenir les effets (1).

De la castration, et des animaux qui la subissent.

Cette opération consiste à amputer les principaux organes de la reproduction, ou seulement à les atrophier, au point de les priver de toute énergie.

Après l'avoir subie, le taureau se nomme bœuf, le bélier mouton, le verrat cochon, le coq chapon. Le cheval conserve son nom ; on lui donne l'épithète de *hongre*, parce que ce fut sans doute de la Hongrie que nous arrivèrent les premiers chevaux ainsi mutilés. Par un motif analogue, on les appelle *valachs* en Allemagne, ainsi que la Hongrie, la Valachie est en effet, de tems immémorial, fertile en chevaux.

D'autres animaux domestiques subissent la castration. On voit dans les basses-cours des chiens, dans les salons des chats qu'un caprice ridicule a privés de la faculté de se reproduire. Les tribus tartares qui mangent des chiens ont, eux, des motifs pour les châtrer ; ils en rendent la chair plus abondante et plus savoureuse.

(1) Que dire de la puérile fantaisie qui fait qu'on coupe les oreilles et la queue à son petit chien, à son chat ? On peut, sans l'approuver, concevoir l'amputation des oreilles d'un chien de forte race ; c'est, dit-on, pour donner moins de prise à ses ennemis.

En Angleterre on pêche de jeunes carpes; on leur enlève les laites, organes mâles dans ces poissons; on les rejette ensuite promptement dans le vivier; elles s'y développent en peu de temps, et leur chair acquiert un goût exquis.

On châtre communément en ce pays les lapins de clapier : pratique que nous devrions imiter.

Parmi les femelles, nous ne châtrons d'ordinaire que les poules pour en faire des poulardes, et quelquefois les truies qui deviennent ainsi des cochonnes. L'extraction des ovaires, objet de l'opération, est très-facile dans cette dernière espèce.

Il est des pays où l'on châtre les brebis, qui se nomment ensuite *châtrices* ou *moutonnes*. En d'autres, on châtre les vaches qu'on veut engraisser; l'opération est sans danger. La chair et le suif de ces femelles ne peuvent plus se distinguer des mêmes substances fournies par les bœufs gras.

Il est à remarquer que les vaches qui ont perdu les ovaires et même la matrice peuvent, pendant long-temps encore, continuer à donner du lait.

De son influence physiologique, principalement dans les espèces bovines.

Les mâles châtrés jeunes n'acquièrent pas les armes que la nature leur destinait pour conquérir et défendre leurs femelles. Le mouton n'aura point de cornes; le bœuf ne les aura pas dans une attitude propre au combat; le porc sera sans dents canines puissantes; le chapon sans éperons.

La voix du cheval hongre ne ressemblera pas au hennissement sonore, fier et guerrier du cheval entier; le beuglement du bœuf sera bien différent du mugissement profond, prolongé, bruyant du taureau; le bêlement du bélier n'annonce pas la faiblesse et la stupidité comme celui du mouton. On ne reconnaît plus le chant du coq dans le gloussement du chapon.

Tous ces animaux dégradés ont perdu en partie les formes caractéristiques de leur espèce ; ils ont diminué en vigueur et en intelligence, et ont acquis une grande aptitude à l'engraissement.

Cette dégradation est remarquable, surtout dans l'espèce du taureau et dans celle du cheval.

Les changemens, dans la bête bovine châtrée, sont :

1.º Tête moins large et plus longue ; les poils qui tapissent la nuque et le front plus courts et moins crépus.

2.º Cornes amincies à leur base, allongées et contournées à la manière de celles des vaches ; protubérence occipitale, située entre ces deux organes, sinon effacée, du moins peu saillante.

3.º Oreilles ayant perdu de leur épaisseur, de leur horizontalité, de leur mobilité ; la conque garnie d'un poil moins abondant ; ouverture des naseaux rétrécie.

4.º Encolure allongée, moins grosse ; épaules abaissées, applaties, plus rapprochées l'une de l'autre ; poitrine moins ample ; fanou moins long ; hanches moins saillantes.

5.º Le corps est plus long, le ventre plus gros, les cuisses plus volumineuses, les extrémités plus longues.

6.º La peau est moins dense, surtout sur le poitrail et à la partie inférieure de l'encolure ; elle a, au contraire, augmenté d'épaisseur sur les reins et les cuisses ; elle est devenue plus maniable et plus souple sur la presque totalité du corps.

7.º Le taureau, devenu bœuf, n'offre plus un aspect fier, et quelquefois farouche ; sa voix ne fait plus entendre des sons bruyans, quoique profonds et long-temps pro-

longés ; ses allures sont plus lourdes , plus lentes ; si sa
force est la même , sa vigueur a de beaucoup diminué ;
il est devenu plus docile ; on le domptera plus aisément ; il
travaillera avec plus de constance, plus de régularité ; il
est capable de prendre , par une nourriture surabondante ,
une chair volumineuse et succulente, et une grande quantité de graisse.

Dans les espèces chevalines.

La castration opère moins de changemens physiques
dans ces espèces que dans les bovines. Un cheval hongre
diffère moins d'un cheval entier qu'un bœuf d'un taureau.
Cependant, par l'effet de cette opération dégradante, on
remarque dans le cheval :

1.º Des oreilles moins droites, moins hardies, moins
mobiles, des yeux moins ouverts et moins vifs ; des naseaux moins dilatés.

2.º L'encolure est moins forte, elle n'est pas si relevée ;
la crinière n'est pas si touffue, et les crins si soyeux , si
ondulés ; la croupe est plus épaisse, les reins plus
larges.

3.º Les muscles, même dans les chevaux de sang, ne
sont pas si bien dessinés, les saillies osseuses si prononcées , les ramifications vasculaires cutanées si apparentes ;
il y a moins de sveltité ; il y a disposition à l'empatement.

4.º Les poils, surtout, sont moins courts, moins fins,
moins soyeux.

5. Les allures sont moins trides , moins rapides, moins
cadencées ; ce sont, en général, des chevaux entiers ou
des jumens qui disputent les prix de la course.

6º. En perdant les attributs de son sexe , le plus noble
des quadrupèdes diminue en intelligence , en courage , en

générosité, en attachement à son maître ; il est moins susceptible d'éducation ; ce sont des chevaux entiers dont les tours nous étonnent dans les cirques.

7.º C'est seulement dans le cheval entier que les passions sont exprimées avec énergie par les modulations du hennissement, et cette voix est souvent très-remaquable par la variété de ses accens.

J'ajoute qu'il est moins que le hongre exposé aux maladies, et qu'il vit plus long-temps.

On voit assez souvent des chevaux, faisant le service d'étalons, vivre jusqu'à 30 ans, âge bien rare chez les hongres.

Motifs de cette opération inapplicables aux chevaux.

Hors les cas chirurgicaux, on peut réduire à trois les motifs de la castration des animaux domestiques.

1.º Les rendre plus dociles, surtout dans le temps des amours.

2.º Donner à leur chair plus de volume et de saveur.

3.º Écarter de de la reproduction des individus qu'on croit indignes d'y être employés.

4.º On peut ajouter, en ce qui concerne les bêtes ovines, une plus grande facilité à les agglomérer en troupeaux.

Ces motifs ne s'appliquent pas au cheval ; comme on ne se nourrit pas de sa chair, on n'a pas besoin de l'affoiblir et de l'énerver pour en faciliter l'engraissement.

On peut, sans le mutiler, l'empêcher de se reproduire ; il est toujours, ou attaché ou sous la main de l'homme : les troupeaux, dans cette espèce, sont des haras libres ou seulement des poulinières avec leurs suites.

Il est facile enfin de dompter le cheval entier. C'est un

animal précieux qui s'attache naturellement à son maître,
non gagné par de bons traitemens, qui est sensible aux
caresses, très-susceptible d'éducation, et dont les bonnes
qualités sont altérées [...] par une opération avilissante.

Les anciens qui ne châtraient pas les chevaux, en ob-
tenaient de plus grands services que nous, ils les conser-
vaient plus long-temps.

Lorsque cette mode absurde et barbare nous vint du
Nord, les chevaliers la trouvèrent fort bonne pour les
vilains, mais ils rougissaient de monter un cheval ainsi
mutilé.

Aucun des peuples orientaux ne s'est avisé de rendre
eunuques ses chevaux, et c'est dans l'Orient que sont les
plus beaux, les plus vigoureux coursiers de l'univers, et,
en même temps, les plus doux et les plus dociles. Encore
aujourd'hui la cavalerie espagnole est montée sur des
chevaux entiers. Et partout en Europe, ne voit-on pas
dans les écuries des souverains, dans les académies d'équitation, des chevaux entiers fort tranquilles, même à côté
de jumens? Ne voit-on pas des attelages de chevaux
entiers fort calmes à côté de voitures auxquelles des
jumens sont attelées? (1) Ne sait-on pas que les chevaux
ne sont appelés à se reproduire qu'à certains temps fort
courts? Eh bien! que dans ces circonstances on use d'une
surveillance particulière, que dans toutes, on ait de l'as-
cendant sur le cheval entier, et l'on n'aura rien à craindre
du voisinage des jumens en chaleur. On ne doit pas conclure de l'ardeur, de l'impatience, de l'impétuosité d'un

(1) Les énormes chevaux, qui remontent les équipages sur le Rhône,
sont tous entiers; il en est de même d'un grand nombre de chevaux
de roulage, et même de labour, en plusieurs départemens.

étalon, habituellement oisif et emprisonné, à ce qui a lieu quand un cheval entier, employé à la selle ou au trait, rencontre par hasard une jument.

De l'âge pour cette opération.

Les animaux destinés à servir de nourriture doivent être châtrés dans leur première enfance. Les agneaux à 8 jours, les porcs à 15. L'opération est facile à cet âge, et exempte d'accidens. De tous les veaux qui naissent en France, un tiers seulement arrive à l'âge de six mois. On engraisse les autres, presque partout en ce pays, sans le secours de la castration ; on craindrait qu'ils ne pussent supporter l'opération. On n'est pas si timide en Angleterre ; on y châtre ces animaux à quinze jours ou trois semaines. C'est également à la mamelle que les veaux d'engrais sont châtrés en Suisse (1).

En plusieurs cantons de la Gascogne, on châtre après le sevrage les veaux d'élève, et on obtient des bœufs à ventre volumineux, à encolure grêle, à tête petite, sans fanon, fort mauvais travailleurs, mais d'un facile engraissement.

Dans le département du Rhône, on châtre à l'âge de deux ou trois ans les taureaux qu'on n'a pas destinés à la reproduction, et c'est trop tard ; le meilleur bœuf d'engrais étant, en effet, celui qui a été châtré jeune et n'a jamais servi d'étalon.

Dans la haute Auvergne, les taureaux sont mis en fonctions à deux ans, et à trois on en fait des bœufs par une castration incomplète, nommée bistournage, qui leur

(1) Ce qui se pratique en plusieurs cantons helvétiques, relativement à cette économie du bétail et à beaucoup d'autres, est réglé par le conseil de santé.

laisse beaucoup de la force et de la vigueur de l'animal entier, mais les rend, plus tard, peu aptes à un engraissement facile.

Quant au noble animal qu'une mode barbare a condamné à une avilissante mutilation, on ne pourrait pas la lui faire subir avant six mois, attendu qu'à cet âge seulement, les testicules descendent dans le scrotum. Celui qu'on choisit pour l'ordinaire est entre deux à trois ans; ce n'est, en effet, qu'à cet âge que les formes du poulain sont développées, et s'il n'a point servi d'étalon, il les conservera en partie, et son moral sera moins dégradé. L'opération tardive est souvent suivie d'accidens, et il n'est pas rare qu'elle laisse l'animal avec des reins faibles et une croupe maigre et chétive.

C'est par une combinaison malheureuse que la castration est retardée, dans la vue d'employer auparavant l'animal comme étalon; elle le dégrade alors au point d'effacer toutes ses qualités physiques et morales. Il n'est contre ce fait que de fort rares exceptions.

CHAPITRE XXVII.

LA FERRURE CONSIDÉRÉE SOUS LE RAPPORT DE SON IN-
FLUENCE HYGIÉNIQUE.

Définition, usage de la ferrure.

Cette opération consiste à rogner avec méthode l'ongle de quelques animaux domestiques, soumis à de rudes travaux, afin d'y ajuster et d'y fixer, avec des clous, des croissans de fer, en guise de chaussure.

On la reconnaît, entre le sol [...] de [...]; l'angle [...], par des frottements violents sur les pieds, s'use [...] plus vite qu'elle ne [...] et sur la pratique [...] le cheval. [...] et le pied [...] dans une grande partie [...] sur [les] bords (1).

Cependant, les chevaux sauvages parcourent des [...] chemins [...]; ils [...] sur les basaltes vomis par [...], sur les [...] roulés par les eaux, et leur [...] conserve toute son intégrité.

Il [...] existe [...] sur les chevaux domestiques en plusieurs [...]. [Pallas] rapporte, en son voyage en Dalmatie, que [...] chevaux [...] ne sont pas ferrés; ce serait, ajoute-t-il, [...] qu'ils se feraient, *quand ils galopent contre des roches* [...] *l'accroissement qu'à [...] galop*, *[...] faculté d'accroiss[ement]*. Gmelin nous apprend qu'avait [...] jamais les chevaux des [Kalmouks] et ceux des Cosaques [...] [Kaïsaks] qui [...] le [...] en vigueur, en [...], et [...] en beauté, à aucune race européenne [...]? N'avons-nous pas vus de ces chevaux sans fers que les chances de la guerre [...]aient, des [...], fait voler jusqu'à nos pays? Leur ongle était-elle usée par les frottements des pays d'une immense étendue de grandes routes?

[...] ferre [...] pas les chevaux de la Camargue, qui [...] courent sur les bords [...] du Rhône, [...] [...] galopent, pendant des journées entières, sur une aire dure comme un pavé.

Pourquoi, dans le royaume de Naples, se borne-t-on à ferrer les chevaux des pieds de derrière, tandis qu'en d'autres pays on ne les ferre que de ceux de devant?

C'est ainsi que, tantôt on ferre les bœufs d'un seul ongle aux quatre pieds et du côté externe, tantôt on

(1) Son usage est que le bœuf [est] beaucoup moins [docile].

[...] en laissant les trous de devant, la corne [...]
sorres des huit anglais.

Nous avons vu, en Égyptiens [...] ils les employés aux [...], dont les uns étaient [...] deux emplois, d'autres de quatre, d'autres d'autant, et ce ne sont pas ces derniers qui nous ont paru les plus souvent atteints de maladies.

La ferrure des bœufs est moderne, elle n'est introduite que [...] imitation de la ferrure des chevaux, qui [...] n'est pas [...] les chemins pierreux et même [...]

De la ferrure, et de son origine.

La ferrure n'est pas ancienne, car on ne trouve dans aucun ouvrage que nous ont laissé les Grecs et les Romains sur l'agriculture, l'équitation, l'art militaire, aucun trait qui se rapporte, soit à cette pratique, soit aux maladies des pieds, si nombreuses, causées par elle, ou dont elle peut être le remède ou le palliatif.

Ce qu'on a pris chez des poètes pour des allusions à la pratique de la ferrure, n'est autre chose que des tours poétiques mal traduits, exprimant la dureté *métallique* de l'ongle du coursier puissant.

C'est pour durcir l'ongle des poulains, que les Grecs les faisaient courir sur des cailloux roulés, et endurcissent cet organe de certains topiques, et quand il était usé ou fatigué, ils y mettaient des chaussures à faire de jonc, montée sur les chaussures [...] les attachait aux jambes [...] des courroies (1).

(1) Xénophon [...] traité [...] Apsyrte, vétérinaire [...] de [...]

Les Romains nommèrent *soleæ spartæ* (de spartium junceum) les chaussures qui , au lieu de courroies , étaient attachées avec des branches d'arbrisseaux flexibles ; ils appelè-
rent *soleæ ferreæ* celles qui étaient garnies de semelles de fer.

Il y a des représentations de chevaux antiques ainsi
affublés , aucune avec des fers cloués. On a découvert ,
dans des ruines , des espèces de sabots de fer , qu'on croit
avoir logé des pieds de cheval ou de bœuf.

Le plus ancien fer de cheval en forme de croissant a
été déterré dans le tombeau de Chilpéric premier , mort
en 489.

Les chevaux français n'étaient ferrés , dans le 9.me
siècle , que pendant les gelées.

Guillaume le bâtard introduisit la ferrure en Angleterre , et on ne trouve pas en Italie , pays jadis si fécond en
hyppiatres , des traces de ferrure , remontant au delà du
12.me siècle.

Nous ne saurions assigner d'une manière précise l'époque
où a été inventée la ferrure avec des clous. Tout porte à
croire qu'elle fut celle où s'éteignirent en Europe les
sciences, les lettres et les arts. L'invention est digne de
l'époque (1).

(1) « Elle a été (la ferrure) peut-être introduite, dit Bracy Clarck,
» par une des nations barbares qui dévastèrent l'empire romain ; les
» Goths qui , encore plus que les autres peuples du Nord, excellaient
» à travailler le fer , sont bien capables d'avoir imaginé ce moyen ;
» ils l'auraient, d'abord, employé comme une ressource instantanée
» dans le cas d'un accident ou d'une nécessité. Par exemple , un
» cheval se sera fendu le sabot par quelqu'accident , un habile ou-
» vrier y aura cloué un morceau de fer pour garantir la plaie , et il
» aura bien réussi ; ce même moyen connu aura été employé dans
» tous les cas semblables , et l'ouvrier devenu plus habile et plus
» hardi n'aura pas tardé à mettre un fer sur toute la surface du pied,
» même ensuite lorsqu'il n'y avait plus aucune espèce de mal. »

De l'influence de la ferrure sur la conformation de l'ongle, et ses mouvemens.

De rond que la nature avait fait l'ongle, la ferrure le rend ovale. Les quartiers ne se nourrissent pas convenablement, la fourchette se durcit aux dépens de son élasticité, et les autres parties de l'organe s'altèrent également. C'est ce qui résulte des expériences de Bracy Clarck, vétérinaire anglais, membre de l'Institut de France.

D'autres expériences ingénieuses ont prouvé à ce savant que le pied du cheval est une machine élastique, s'élargissant à chaque percussion, pour revenir ensuite sur elle-même : mouvement auquel participent toutes les parties du pied, et qui est bien plus prononcé quand l'allure est forte et rapide, et encore plus dans le jeune âge où les parties ont encore leur souplesse.

Le fer inflexible, fixé par des clous, ne permet pas aux talons de s'écarter à chaque mouvement de progression, comme les onglons du bœuf, les doigts du chien, les orteils de l'homme. Le biseau de la couronne, la sole, la fourchette, quoique n'étant pas immobiles, n'en sont pas moins comprimés, d'où résulte une douleur sourde que M. Clarck nomme *tenderness*, et qui s'exaspère quelquefois, au point de devenir insupportable, et de causer la chute de l'animal, non sans danger pour la vie du cavalier.

Pour faire diversion au *tenderness*, toujours plus sensible aux chevaux fins de selle qu'aux gros chevaux de trait, on applique un mors dur, et on use fréquemment du fouet et de l'éperon ; tous les membres du malheureux animal participent à la fatigue et à la douleur des pieds ; les jambes, les genoux, surtout les jarrets perdent leurs applombs, et se couvrent de tares, et l'animal qui fut

jadis un fier coursier, traîne, étant ~~vieux~~, tout le long des rues,
la charrette qui transporte les immondices des rues (1).

La ferrure des bœufs n'a pas à beaucoup près autant
d'inconvenient que celle des chevaux. On ne mutile pas
avec un boutoir les ongles du bœuf; on ne les brule pas
avec un fer incandescent, surtout on ne s'est pas avisé
d'unir et de tenir rapprochés les deux onglons par un fer,
du moins, hors les cas de quelques maladies, et dès lors,
les deux onglons peuvent s'écarter, pendant la marche,
selon le vœu de la nature, tout comme s'ils n'étaient pas
ferrés.

De quelques maladies des pieds causées par la ferrure.

Elles sont: la piqûre, l'enclouure, la retraite, les pieds
serrés par les clous, les pieds comprimés par les fers, la
sole échauffée, la sole brûlée, la sole desséchée, le pied
affaibli, les blessures de la sole. Elles sont encore, quoique
d'une manière moins immédiate: les bleimes, les oignons,
la sole battue, la sole foulée, l'étonnement de sabot, la
fourchette échauffée, pourrie, les javarts, la fourbure et
les suites graves de ces affections.

1.º Les clous que le maréchal enfonce dans la corne
pénètrent trop souvent dans le vif; voilà la piqûre qui,
étant négligée ou traitée sans méthode, est suivie d'abcès,
de fistule, de carie, de boursouflement charnu.

(1) « Ah! s'écrie M. Bracy Clarck, celui qui, le premier, intro-
» duisit cette méthode (la ferrure avec des clous), n'a pas soupçonné
» alors de combien de maux elle allait être la source pour le cheval.
» Non-seulement on doit mettre sur son compte la ruine de je ne
» sais combien de myriades de chevaux, dont cette méthode est la
» cause non soupçonnée, depuis au moins treize siècles, mais encore
» tous les châtimens et les mauvais traitemens que le malheureux état
« de leurs pieds leur attire. »

2.º Si les clous déviés ne sont pas arrachés sur-le-champ, il y a enclouure, et les suites peuvent en être le javard, et exiger l'arrachement d'une grande partie de l'ongle.

3.º Le clou qu'on enfonce, peut se diviser en deux lames, dont l'une pénètre dans le vif, il peut aussi chasser vers cette partie sensible la tige d'un ancien clou. Il en résulte un accident, nommé retraite, que n'évite pas toujours le maréchal le plus adroit, et dont les suites peuvent être graves.

4.º Le maréchal ignorant, qui ferre un jeune animal dont la corne est tendre, enfonce les clous trop près des parties sensibles, il les serre, d'où peut résulter la fourbure ; s'il ajuste trop exactement le fer sur le pied, il le comprime : delà les échymoses, la déformation du sabot, et encore la fourbure.

5.º Veut-il parer la sole avec le fer d'oiseau ? Il applique sur elle, et avant de le clouer, le fer qu'il a fait rougir au feu, il l'y laisse trop long-temps ; il pare ensuite, et souvent alors il voit un sérosité jaune, sanguine, suinter à travers les pores ; il échauffe qu'il a brûlé la sole, et les résultats de son imprudie sont des accidens qui peuvent exiger la dessolure.

6.º Lorsque ce mal est peu grave, on dit que la sole est échauffée, et le malaise peut se dissiper par le repos et les émolliens.

7.º A force de parer la sole, on dessèche le pied, on l'affaiblit, on le rend douloureux, on l'expose à se déformer, à se ruiner complètement.

8.º Le boutoir pénètre quelquefois jusqu'aux parties sensibles, il les blesse : delà des plaies qui dégénèrent en ulcères, en boursouflemens charnus dont la forme et la couleur sont celles d'une cérise qui leur a donné son nom.

9.° Ce même boutoir, en affaiblissant les parties posté-rieures de la sole, les expose aux contusions, aux échy-moses qu'on nomme bleimes ; il détermine vers les quar-tiers, principalement des pieds antérieurs, l'exubérance, nommée oignon.

10.° La bleime, l'oignon, et de plus, la sole foulée, battue, sont encore produits par des fers mal ajustés, mal attachés.

11.° L'ébranlement, nommé étonnement de sabot, auquel sont exposés les pieds faibles et délicats, est quel-quefois produit par le boutoir.

12.° Des suintemens puriformes, fétides, des ulcères rongeants, sordides, nommés crapauds, se forment quelquefois, parceque le maréchal n'a pas paré convena-blement.

13.° La fourbure s'est quelquefois développée par l'effet de la maladresse du maréchal qui a serré, comprimé le pied, l'a rendu douloureux, y a attiré une fluxion san-guine, une véritable apoplexie.

14.° Cette espèce de panaris, nommé javard encorné, peut dériver de la même cause.

15.° Enfin, elles ne sont pas étrangères à la mauvaise ferrure les difformités qui rendent les pieds des chevaux plats, combles, creux, rampins, cagneux, panards, dé-robés, de travers, encastellés, etc.

Un bon maréchal évite presque tous ces accidens ; il fait plus ; il en dissipe, ou du moins, il en pallie les suites : ainsi la ferrure remédie aux effets funestes de la ferrure ; et tant que persistera une mode qui dure depuis treize à quatorze siècles, on ne saurait trop encourager et honorer les bons maréchaux, puisque non-seulement ils se substi-tuent aux mauvais, mais encore en réparent les fautes grossières et désastreuses.

De l'utilité de la bonne maréchallerie.

Un maréchal digne de ce nom est autre chose qu'un artisan, travaillant sur le fer. Il ne connaît pas seulement la structure et la physiologie de l'organe sur lequel il opère tous les jours, mais encore le rapport de cet organe avec tous ceux de la locomotion. Il a étudié les vices et les difformités, congéniales ou acquises, dont le pied peut être affecté, ainsi que les maladies si nombreuses dont il est si souvent le siége, soit qu'elles soient produites par la mauvaise ferrure ou par toute autre cause.

Bien loin de suivre une marche toujours la même, il sait varier ses procédés selon les circonstances, souvent fort difficiles qui s'offrent à sa sagacité, encore plus qu'à son adresse.

Au moyen d'une bonne ferrure, il conserve la justesse et la régularité des proportions des pieds bien conformés autant, du moins, qu'il peut l'être après avoir subi l'action des fers armés de clous. Il agit avec méthode sur celui qui est défectueux, difforme ; il sait ce qu'il faut enlever, ce qu'il faut respecter ; il connaît les parties dont il faut détourner la nourriture, celles vers lesquelles il convient de la diriger.

Dans les cas pathologiques, le fer qui sortira de ses mains sera un bandage chirurgical, utile autant qu'ingénieux : à la faveur de cet appareil, on pourra, avant la cure complète, obtenir de l'animal des services légers, et l'on pourra conserver celui qui, sans ce secours, eût été nécessairement réformé.

Ce n'est pas toujours dans les pieds que résident les maladies, les vices, les difformités qui vicient les applombs, et troublent les allures ; mais, dans ces cas-là même, il arrive souvent qu'une ferrure méthodique remédie aux effets de ces vices, ou du moins, parvient à les pallier.

De l'âge auquel il est à propos de ferrer les animaux.

C'est, pour les poulains, quatre ans accomplis, et
mieux vaudrait attendre cinq ans ; à cet âge, celle de
corne alors, comme les autres parties, se rend tendre ;
elle a acquis de la consistence, et perdu de la souplesse ;
plus tôt, le développement naturel des parties qui la
constituent est gêné, étouffé, pour ainsi dire, par un
fer inflexible ; plus tendres, alors, elles tendent plus à
s'écarter dans les progressions, et le fer, qui ne leur
permet pas ce mouvement, cause une douleur (tendinesse)
plus vive.

Il y a, d'ailleurs, de l'avantage à accoutumer le jeune
animal à marcher nu-pieds sur un terrain dur et pierreux ; sa corne vierge se fortifiera, et, plus tard, sa marche
n'en sera que plus légère et plus sûre (1).

On aura beaucoup moins à craindre que l'animal ne
se *prenne dans les épaules* : mauvaise allure qu'il contracte
dans le jeune âge pour la garder toujours, et qui a pour
cause la douleur qu'il éprouve en posant à terre les sabots
souffrans, d'où résulte une contraction, un resserrement
dans les épaules.

M. Huzard fils, qui a bien étudié les uses équestres
de la Grande-Bretagne, nous apprend que les Anglais
retardent, autant qu'ils le peuvent, la ferrure des pou-

---

(1) Écoutons le vénérable Olivier de Serres : « On ne se hâtera
» pas trop de le ferrer, tant à ce qu'il s'endurcisse la corne du pied,
» en allant pieds nus, en bons et mauvais chemins, que pour marcher
» plus légèrement ; à quoi il s'habitue pour la douleur qu'il sent,
» touchant du pied sur les pierres et les rochers : laquelle douleur
» voulant éviter, il espargne tant qu'il peut ses ongles qu'il sent dé-
» biles, en s'aidant de l'adresse des jambes et de l'eschine : ainsi
» s'accoutume-t-il à légère démarche, etc. »

... de races ... et que, pour leurs premières
années, ils leur appliquent des fers très-légers, ne garnissant que la pince et les mamelles; leur but est de charger
le sabot, le moins possible, d'un poids étranger, et de
laisser aux quartiers et aux talons, plus mobiles que les
mamelles et la pince, la liberté de s'étendre et de s'épanouir.

Ne voit-on pas, en France, des poulains de deux ans,
d'un an et demi (j'en ai vus d'un an), déjà ferrés?

L'usage est de ne ferrer, d'abord, que des pieds de
devant, et six mois après, de ceux de derrière; les premiers supportant une plus grande partie du poids du
corps, les autres qui le poussent en avant, ayant une plus
grande élasticité.

L'âne dont le développement est plus précoce, peut
être ferré à trois ans.

Le mulet, à quatre.

Le bœuf, à deux ans et demi.

La première ferrure exerce une grande influence; c'est
d'elle que dépend, pour l'ordinaire, la bonne ou la mauvaise conformation des pieds: ce sont les jeunes chevaux
surtout qu'il faut bien se garder de confier à des maréchaux
ignorans et maladroits.

Lorsque, d'après le vœu de l'Hygiène, le ferrage est
tardif, on aura eu le soin de disposer les animaux à le
souffrir sans se défendre, on les aura habitués à se laisser
lever le pied et frapper dessus, récompensant leur docilité avec du son ou de l'avoine; par le même moyen on
les accoutume au bruit de la forge. Combien de chevaux sont
estropassés, parce qu'on a négligé, à leur égard, une
précaution si facile!

Les précautions à prendre en les ferrant.

1.° Ce n'est qu'à la dernière extrémité, et après avoir épuisé les moyens de douceur, qu'on mettra au travail le cheval à ferrer, qu'on le jettera sur un lit de paille ; et jamais on ne doit le faire trotter en cercle, après lui avoir mis des lunettes, dans l'intention de l'étourdir. La chute qu'on provoque ainsi, peut causer de graves accidens, et donner lieu à une action en dommages et intérêts contre le maréchal imprudent (1).

2.° Des moyens beaucoup moins dangereux sont des lunettes : l'animal étant attaché court, des morailles, des torche-nez, un trousse-pied pour les membres antérieurs, une corde, une plate-longe pour les postérieurs ; on doit savoir qu'en tenant le pied par la pince, on acquiert un grand empire sur le cheval ; on évitera de se reposer sur l'animal, pour ne pas l'inviter à imiter cet exemple.

3.° En étudiant le caractère des chevaux, on saura que plusieurs ne se laissent ferrer qu'autant qu'ils sont libres de tout lien, de tout licou ; d'autres, quand ils sont tenus en bride par un cavalier en selle ; on en a vus qu'on ne pouvait ferrer qu'à l'écurie, et à leur place (2).

4.° L'animal étant assujetti, le maréchal aura soin de parer également les quartiers ; il arrive assez souvent, en effet, que, par paresse ou impéritie, les quartiers externes du pied droit et les externes du pied gauche, restent plus hauts, et le pied est de travers.

5.° En parant, il faut, autant que possible, respecter

(1) On en a des exemples.

(2) Gohier disait dans ses leçons qu'on avait vaincu l'obstination de certains chevaux en leur mettant une balle de plomb dans chaque oreille.

la sole qui ne saurait avoir trop d'épaisseur pour garantir les parties vives de l'atteinte des corps extérieurs ; ne se renouvelle-t-elle pas, d'ailleurs, par couches qui tombent successivement d'elles-mêmes, sans qu'il soit besoin de les enlever ? Ce ne sont que les pieds malades, ou ceux qu'on veut opérer, qu'il est permis de parer jusqu'à *la rosée*, c'est-à-dire, jusqu'à un léger suintement de la sérosité sanguine.

6.° Quand le sabot est suffisamment abattu, il faut laisser à la paroi toute son épaisseur, et ne pas employer le rogne-pied et la rape, comme on le fait trop souvent, dans la vue de rendre le pied plus petit et plus joli ; par cette manœuvre peu rationnelle, on amincit la paroi, et dès lors il reste moins de place pour brocher les clous ; la couche extérieure qui est la plus dure, et qu'on pourrait comparer à un émail, étant enlevée, est fendue par les lames des clous, elle éclate : d'où résultent des pieds dérobés.

7.° Quand il s'agit d'ajuster le fer, c'est-à-dire, de l'approprier à la forme du pied, au moyen d'une concavité légère, il est permis, sans doute, de le présenter chaud à l'organe, pour y imprimer une empreinte capable de diriger les derniers coups de boutoir ; mais c'est très-légèrement qu'il faut faire cette application, et ne pas la réitérer : tel n'est pas l'usage le plus ordinaire. On apporte un fer trop chaud ; on le laisse trop long-temps ; on y revient à plusieurs reprises ; on cautérise l'ongle, le calorique pénètre jusqu'aux parties vives, qu'il brûle ; mais cet accident n'eût-il pas lieu, que la texture de la corne n'en serait pas moins altérée, desséchée, et par suite, déformée.

8.° Dans les pays où l'on a la malheureuse habitude de

ferrer les bœufs, on les fixe à un travail dont les formes varient: le plus souvent, on enlève ces animaux au moyen de larges sangles qui passent sous le ventre; on leur attache chaque pied à une pièce de bois ou de fer, et on les détache successivement pour les fixer à un autre pièce où on les ferre. Un moyen plus simple et moins fatigant pour l'animal, consiste à l'attacher par les cornes très-bas à un anneau, de manière à ce que son mufle touche à la terre; en cette attitude il ne se couche pas, il n'oppose aucune défense. Assujettis de cette manière, les taureaux subissent la castration.

En usant des précautions que nous avons indiquées, en ne ferrant que des pieds adultes, en ne confiant cette opération délicate qu'à des mains habiles, on écartera en grande partie les inconvéniens d'un usage qu'on croit nécessaire, et lié en quelque sorte à l'état de la civilisation. Ce ne sera qu'après une longue suite d'observations et d'expériences qu'on sentira d'abord l'opportunité de ne ferrer que certains chevaux, et dans des circonstances déterminées; qu'on modifiera les fers de manière à les rendre le moins nuisibles possible; on découvrira, plus tard, les moyens de durcir l'ongle du cheval, et l'on finira par abandonner à la nature, plus puissante que l'art, un organe dont elle saura bien, de générations en générations, proportionner la force de résistance aux causes capables de l'altérer.

Quant à l'animal qu'elle a créé pour les labours et autres travaux lents et paisibles, comme pour nous nourrir pendant sa vie et après sa mort, rien ne peut justifier l'usage de clouer des fers sous ses onglons.

LYON. — IMPRIMERIE DE J. M. BARRET.

CHAPITRE XXVIII.

HARNAIS DES CHEVAUX. — DE LA BRIDE ET DE L'EMBOUCHURE.

Des harnais en général.

Ce sont toutes les pièces qu'on place sur les animaux domestiques pour les gouverner, les défendre contre les intempéries, les insectes nuisibles, ou seulement pour leur donner plus d'élégance et de pompe.

Ainsi les entraves qui gênent au pâturage les mouvemens du poulain, le licol qui attache le cheval à l'écurie sont des harnais, tout aussi bien que la selle et la bride. Il en est de même du collier, du bât et du joug; des couvertures, des émouchoirs et des caparaçons; des plumes, des pompons, des ornemens de soie, de pelleteries précieuses, même d'or et d'argent.

L'armure de fer, souvent offensive, des dextriers et des palefrois de la chevalerie fesait partie de leur harnachement.

C'est uniquement, et pour ne pas trop nous éloigner du langage reçu, que nous n'avons pas compris parmi les harnais les croissans de fer que nous clouons sous les pieds, nonseulement des chevaux, mais encore des bœufs.

Les harnais, à l'aide desquels nous gouvernons les chevaux, sont la bride et la selle.

Dans l'Inde, on applique une selle sur le dos des bœufs, on les monte, on les conduit à l'aide d'un grand anneau de métal, passé à travers les cartilages du nez, et qui sert d'attache à des rênes.

De la bride.

C'est un harnais, à l'aide duquel la main du cavalier ou celle du cocher est en communication avec deux parties sensibles de la tête du cheval, les barres et la barbe, pour transmettre des ordres ou arrêter des mouvemens.

On trouve, parmi les monumens antiques, fort peu de chevaux embouchés; ils y sont, le plus souvent, représentés avec des brides sans mors, répondant à ce que nous nommons *caveçon*, harnais qui fait son appui sur le nez, partie presque aussi sensible, dans le cheval, que les barres et la barbe.

De nos jours, le caveçon supplée la bride à mors, en un grand nombre de circonstances.

Les premières embouchures étaient de simples cylindres arrondis de bois ou de fer, qu'on plaçait en travers dans la bouche, et au bout desquels on attachait des cordes ou des lanières de cuir.

A cette simplicité extrême succéda une complication barbare. La bride fut composée d'une multitude de pièces, tant fixes que mobiles, pesantes et anguleuses, plus propres à tourmenter le cheval, à le désoler, qu'à le rendre docile et obéissant (1).

(1) On a découvert des mors du poids de 15 livres. Mon confrère Rainard a décrit un instrument de ce genre qui fut trouvé à Crémieux, en Dauphiné, dans un *tumulus* qu'en ce pays on nomme *molard*; il gisait avec des débris de l'armure d'un guerrier qui vivait probablement au 4.me ou 5.me siècle. Les parties de ce mors, qui portaient sur les barres, étaient minces et carrées, et en guise de gourmette était une traverse de fer pesante et anguleuse. La bouche d'un cheval, comprimée par un pareil mors, devait être constamment ouverte et sanglante. C'est au célèbre écuyer Pignatel, qui florissait à Naples vers la fin du 16.me siècle, que nous devons la suppression de ces instrumens barbares.

La bride moderne se compose de trois parties qui , selon le besoin, le caprice ou la mode, varient beaucoup par leurs formes : ce sont le mors, la monture et les rênes.

Du mors.

Partie principale de la bride , qui agit immédiatement sur les barres et sur la barbe, se composant de trois parties, savoir : le canon , les branches et la gourmette.

Le canon ou embouchure est une pièce de fer, le plus souvent étamée , placée en travers dans la bouche du cheval à l'endroit des barres, et sortant des deux côtés. Il est tantôt cylindrique et droit comme une simple traverse ; tantôt il est partagé en deux parties, unies par des anneaux ou par une charnière, tantôt, et c'est le plus souvent, il offre, dans son milieu , un arc plus ou moins ouvert, nommé *liberté de langue*, parce qu'il sert à loger cet organe.

On appelle talons les parties du mors qui s'articulent par les anneaux ou par la charnière, ou qui sont séparées par la liberté de langue.

Les branches , au nombre de deux, sont des pièces de fer, communiquant avec le canon, la gourmette , les rênes et la monture. On les divise en deux parties, savoir : l'inférieure, ce sont les branches, proprement dites, et la supérieure, nommée *banquet*.

Les branches , qui descendent latéralement le long des lèvres, sont longues ou courtes *flasques* , c'est-à-dire , s'éloignant de la perpendiculaire en arrière, ou *hardies*, qui s'en éloignent en avant ; elles vont en diminuant de largeur jusqu'à leur partie inférieure, qui se termine par une ouverture de forme variée, nommée *gargouille*, au bas de laquelle est un trou , donnant passage à un crochet , nommé *tourel*, qui reçoit un anneau rond auquel s'attache le bout des rênes.

Les banquets, un de chaque côté, sont aplatis, tantôt triangulaires, tantôt échancrés sur les bords, montant au-dessus de la commissure des lèvres, plus larges à la partie supérieure où ils offrent chacun deux ouvertures, l'une plus grande longitudinale, nommée œil du banquet, qui reçoit l'extrémité du porte-mors ; l'autre, située postérieurement, est ronde ; celle du côté droit sert d'attache à un bout de la gourmette, l'autre, à un crochet où l'on fixe cette partie quand elle a cerné la barbe.

Les banquets s'unissent aux branches, proprement dites, vers les extrémités externes des canons : parties qu'on nomme *fonceaux*, ordinairement en relief, et sur lesquelles on applique quelquefois des ornemens, nommés bossettes, en bronze, en cuivre doré, ou en métaux plus précieux.

De la gourmette et de la chaînette.

La gourmette est une chaîne formée d'anneaux de diverses grosseurs. Les plus gros, qui sont au milieu, se nomment mailles, les autres, maillons.

D'après le mouvement de main, imprimé par le cavalier ou le cocher, la gourmette agit sur la barbe, comme le canon sur les barres.

La chaînette est à peu près de la même structure que la gourmette, mais à anneaux beaucoup plus petits ; elle unit les deux branches et s'y attache au moyen de deux petits trous percés à la partie inférieure de chaque gargouille ; cet instrument n'est pas seulement inutile : l'animal cherche à le saisir avec le bout des lèvres ; delà l'action de battre à la main, le danger d'une espèce de tic, l'épanchement de salive.

De la monture.

Six parties constituent ce harnais, savoir: la têtière, le frontail ou frontal, les montans, les porte-mors, la sous-gorge et la muserolle.

1.º La têtière est une bande de cuir, plus large que dans les autres parties de la bride; elle est placée sur le sommet de la tête, derrière les oreilles, et se divise, vers la hauteur des yeux, en deux paires de lanières, et en trois, si, comme dans la selle à la française, un bridon est joint à la bride. Deux de ces lanières, ordinairement les plus longues, s'unissent par une boucle au porte-mors, les deux autres à la sous-gorge.

2.º Le frontail est une bande de cuir qui ceint la partie inférieure du front, au-dessous du toupet et des oreilles; il se joint à la têtière, avant qu'elle se divise en lanières, au moyen d'un repli qu'il forme autour de cette pièce. Son usage est d'empêcher qu'elle ne se porte trop en arrière. Le frontail des chevaux de luxe est entrelacé d'or et de soie, avec plus ou moins de faste et d'élégance.

3.º La sous-gorge est une courroie qui, passant dessous la gorge, empêche la têtière de se porter trop en avant; on l'agrandit ou on la rétrécit au moyen de boucles, par lesquelles ses extrémités communiquent avec les lanières postérieures de la têtière.

4.º Les montans sont des courroies qui s'étendent le long des joues, s'attachant d'un bout par des boucles aux lanières du frontail, se terminant de l'autre au porte-mors, et de la même manière.

5.º Les porte-mors sont de petites pièces de cuir, engagées dans l'œil des banquets, cousues d'un côté par un bout au montant, et lui étant unies, de l'autre, par une boucle.

6.° La muserolle sert à maintenir dans sa position la partie inférieure du montant ; elle ceint les deux mâchoires à l'endroit correspondant au-dessous de l'épine maxillaire ; elle est fixée dans les replis que font les bouts des porte-mors, en sortant de l'œil du banquet, pour être arrêtés par une boucle ; on peut également, à l'aide d'une boucle, élargir ou rétrécir la muserolle.

Des rênes.

Ce sont deux bandes de cuir, longues et étroites, dont deux bouts sont dans les mains du cavalier, les autres aboutissent au mors de diverses manières.

Ils s'engagent dans la bride à la française qui nous paraît bien raisonnée, dans les anneaux qui s'unissent aux tourets, lesquels pivotent dans les trous qui percent la partie inférieure des gargouilles.

Les bouts opposés se réunissent au moyen d'un nœud de cuir fixe ; et dans la bride à la française il y a, au-delà de ce nœud, un fouet qui tient lieu de cravache.

Cette bride est garnie d'un autre nœud qui est mobile et coulant ; il embrasse les deux rênes, et il sert au cavalier pour allonger ou raccourcir l'une ou l'autre ou les rendre parallèles.

Au-dessus de la tétière est attachée une gourmette de rechange.

Des diverses sortes de brides.

Toutes les brides ne se composent pas des parties que nous avons signalées ; il en est sans frontail, sans muserolle, sans sous-gorge ; il en est même sans gourmette, et dont le canon est une simple traverse arrondie, et même en bois, dans des chevaux de selle très-communs.

On en voit, d'un autre côté, accompagnées d'un filet, canon brisé souvent en deux endroits, fort mince, sans branches, et sans gourmette, laissant une grande liberté à la langue; dont les rênes sont dans les mains du cavalier, et dont le montant part du frontail; c'est une doublure du mors, qui porte sur les lèvres plutôt que sur les barres, qu'on fait agir exclusivement pour soulager les bouches sensibles, et qui suppléerait la bride, si elle éprouvait un accident.

D'autres brides sont garnies de martingales, c'est-à-dire de courroies, tantôt simples, tantôt bifurquées, qui partent du filet ou de la muserolle, pour aller se boucler sous la *sous-ventrière* ou les sangles, et dont l'usage est de contenir le cheval qui porte au vent. Ceux qui sont enclins à s'encapuchonner sont corrigés par des pointes émoussées, fixées au poitrail.

La bride à la française et celle à l'anglaise sont, à juste titre, les plus estimées.

La première est celle que nous avons décrite.

Dans l'autre, le filet est indépendant de la bride ; on peut le laisser, en ôtant celle-ci ; les talons sont droits, ovalaires ; il n'y a point de muserolle ; les banquets et les branches sont sur une même ligne, sans trace de fonceau et de touret ; les branches sont plus courtes, flasques, moins propres à retenir le cheval (1).

On voit des mors dont les canons sont entourés d'an-

(1) Observons, dit Charles Dupin, qu'on reproche aux chevaux anglais d'être mal embouchés, ce qui ne permet pas de les retenir, quand ils sont une fois lancés. Un pareil inconvénient est surtout très-grand pour le service des troupes légères ; il contribue beaucoup dans l'armée britannique à l'infériorité de ce genre de troupes comparativement aux troupes étrangères, par exemple, à la cavalerie légère hanovrienne (et j'ajoute, à nos chasseurs, à nos hussards).

neaux roulans; nous ne leur connaissons d'autre utilité que celle d'amuser le cheval.

Il est des mors dont les branches sont en S ; on les appelle en gigot ou à gorge de pigeon ; elles sont hardies, élégantes, et adoptées, en général, par la cavalerie française.

D'autres mors sont à branches mobiles ; ils pressent plus que les autres les barres et la barbe, sous la main du cavalier ; ils conviennent aux bouches dures.

Parmi ces mors est celui qu'a inventé Secundo ; on l'appelle à bascule ; les deux branches, proprement dites, sont séparées des deux banquets qui sont fixes ; elles sont mobiles, sous l'action des rênes, et se rapprochent à volonté de la gourmette, d'où résulte une compression des barres et de la gourmette, suffisante pour arrêter brusquement le cheval le plus emporté ; sa mâchoire inférieure serait brisée plutôt qu'il ne se rendît maître du cavalier.

Zilger a inventé, pour atteindre le même but, un cordon en soie qui part de la commissure des lèvres, et serre la gorge. On a proposé aussi des œillères fixées au frontail, enveloppées, qu'on déploie à volonté sur les yeux du cheval fougueux qui, étant privé de la clarté du ciel, s'arrête tout-à-coup.

Du bridon et du caveçon.

Le bridon est une bride incomplète, à mors léger, brisé, dont les canons sont articulés par charnière ou unis par des anneaux ; il s'adapte à la tête par une tétière, un frontail, une sous-gorge, n'a point de muserolle, point de branches, ni de banquet. Les talons sont percés, hors de la bouche, d'un trou livrant passage à un cylindre longitudinal auquel est adapté dans son milieu un anneau où s'engagent supérieurement les porte-mors, inférieurement les rênes.

Ce harnais, qui fatigue peu la bouche, convient pour dresser les jeunes chevaux, promener les malades, conduire en main les étalons, mener à l'abreuvoir.

Le caveçon est une espèce de bride qui, en place du mors, a un demi-cercle en fer qui s'adapte sur le nez du cheval ; la pièce principale en est ce demi-cercle, dont la face postérieure offre une concavité à bords dentés en scie, et la postérieure convexe, garnie de trois anneaux, l'un, au milieu, plus grand, les deux autres, sur les côtés, servent d'attache à des cordes ou à des lanières, dont les latérales ont pour objet de contenir l'animal impétueux, l'autre de le moriginer, en lui imprimant des saccades.

Pour empêcher que l'impression ne soit trop vive, on recouvre d'un cuir léger les dents du caveçon.

Cette espèce de bride s'adapte à la tête par une têtière, un frontail, des montans. On s'en sert, dans les haras où la monte se fait en main, pour mener l'étalon à la jument.

Il est un harnais propre à gouverner le cheval, sans mors, qui n'est pas la muserolle ; on l'appelle *bride américaine*, ayant été inventée par M. Barnet, consul des États-Unis. Sa pièce principale est une bande de fer qui, après avoir embrassé les deux mâchoires, se ferme par une boucle ; des bandes de cuir y sont appliquées, qui d'un côté communiquent avec les branches, lesquelles agissent en la manière ordinaire sur la gourmette. Au moyen de cette bride, l'impression se fait par la barbe et le nez.

De l'embouchure.

C'est l'accord de la bride, plus particulièrement du

mors, avec la bouche, ainsi qu'avec d'autres parties du cheval (1).

Le canon doit être approprié à la conformation de la bouche ; les branches à celle de l'encolure ; la gourmette à la sensibilité de la barbe.

Les talons, contournés ou droits et olivaires, seront bien arrondis ; ce ne sont pas les plus gros qui sont les plus fatigans, car ils font partager aux lèvres l'impression ; ils doivent porter sur les barres, à quatre, à cinq lignes au-dessus des crochets de la mâchoire postérieure ; plus haut, ils fronceraient les lèvres, et pourraient les meurtrir ; plus bas, ils ne presseraient pas une partie assez sensible, et pourraient être saisis par les crochets.

L'appui des talons doit cesser à six lignes de la liberté de langue, pour ne pas trop presser, tant la langue, que les barres.

Si l'on plaçait un canon volumineux dans une bouche peu fendue, les lèvres fronceraient ; ces bouches ont, pour l'ordinaire, les barres délicates et les lèvres dures ; si les circonstances étaient opposées, le canon entrerait trop avant dans la bouche, et l'on dirait que le cheval *boit sa bride*. Ces bouches exigent que l'embouchure soit plus forte et que la gourmette soit placée plus bas. L'embouchure la mieux ajustée est la moins sensible à l'œil, c'est celle qui change le moins la situation naturelle des lèvres.

(1) Ce qui suppose de la part de l'éperonnier des connaissances d'hippiatrique. Les vétérinaires de leur côté, pas plus que les écuyers, ne doivent être étrangers à l'éperonnerie : voilà pourquoi je me livre à des détails que les élèves, je l'espère du moins, ne trouveront pas trop longs, que quelques-uns, peut-être, trouveront trop courts. Si la maréchallerie ne fesait pas partie de l'enseignement dans nos écoles, ce ne serait pas un seul chapitre que j'eusse consacré à cette partie essentielle de notre art.

Quand la bouche est trop sensible, ce qu'on nomme *égarée*, les barres sont élevées et tranchantes, souvent blessées. L'animal, à chaque mouvement de la bride, secoue la tête et bat à la main ; trop tourmenté, il se renverserait à terre. On emploie, en ce cas, de gros talons qui déterminent l'appui sur les lèvres, beaucoup moins sensibles que les barres ; de plus, un mors brisé, qui est beaucoup plus doux que s'il était entier, des branches droites ou flasques, qui pressent beaucoup moins, et une gourmette lâche ; car, lorsqu'elle est serrée, elle détermine la compression des barres, tout aussi bien que de la barbe ; ou, dans ce cas, on se borne au bridon.

Lorsque les barres sont épaisses, charnues, peu sensibles, on dit que le cheval a la bouche forte, qu'il tire à la main ; ces barres sont, pour l'ordinaire, basses ; le canon, dans ce cas, doit avoir une grande liberté de langue, pour appuyer davantage sur les barres ; alors les talons doivent être minces près des fonceaux.

L'embouchure sera à gorge de pigeon avec peu de fer, et la gourmette sera mince et serrée pour les chevaux qui, indépendamment de la grosseur de la langue et des barres, ont la tête et l'encolure épaisses, qui s'appuient beaucoup sur le mors. Mais, si un cheval pesait à la main par faiblesse naturelle, soit des pieds, des reins ou des hanches, cherchant alors à se soutenir sur le mors, aucune forme de bride ne pourrait corriger ce défaut.

Les branches seront hardies, pour ramener le cheval qui porte au vent.

Elles le seront plus encore pour celui qui est bas du devant, qui est mal assis sur les hanches, qui, se défiant des jambes de devant, cherche à se soutenir sur le mors, et dont la bouche est ordinairement mauvaise.

Les branches seront droites et courtes pour les chevaux bas du derrière ; leur encolure est belle, pour
l'ordinaire ; ils sont légers du devant, prompts à s'enlever,
même à se cabrer, et si, alors, ils sont contraints par la
bride, ils sont d'autant plus exposés à se renverser, qu'ils
sont plus faibles du derrière.

Il faut une embouchure très-douce ou même un simple
bridon pour les chevaux à encolure longue, effilée,
souple, qui la contournent en cou de cigne, qui bais-
sent la tête pour appuyer les branches contre le poitrail ;
ils annoncent, par ces mouvemens, la sensibilité d'une
bouche qu'il faut ménager.

*Effets qui peuvent résulter d'une mauvaise embouchure,
ou d'une main malhabile.*

1.º Un cheval, mal embouché, peut être incommodé du
mors, sans en souffrir beaucoup, il secoue la tête ; on doit
alors visiter la bouche et réparer les vices de l'embouchure.

2.º Si le mors cause de la douleur à un animal sensible
et vigoureux, au lieu de s'arrêter, il pousse en avant, afin
de faire cesser une douleur qu'il prend pour un châtiment ;
et s'il est arrêté par une main grossière et malhabile, il
entre en fureur, il cherche à prendre le mors aux dents,
il se cabre, se renverse, se jette à terre, non sans compromettre la vie du cavalier.

3.º Lorsque le mors fait souffrir un animal moins fougueux, il *fait les forces*, c'est-à-dire qu'il cherche à soustraire les barres à l'action du mors, en ouvrant la bouche,
remuant les mâchoires, grimaçant d'une manière ignoble.

4.º Par suite d'une embouchure trop dure et d'une
main habituellement lourde, les barres irritées s'enflamment sourdement, finissent par devenir calleuses, et,

dès lors, il faut, pour agir sur elles, des mors de plus en plus durs, jusqu'à ce que l'animal soit réduit au point de n'avoir *pas de bouche.*

5.º Il est des cavaliers brutaux qui tirent la bride avec force, par saccades; ils mettent la bouche en sang, excorient les barres, d'où résultent des ulcères, même la carie. D'un autre côté, des cavaliers, seulement mauvais écuyers, peuvent déterminer des effets presque aussi graves, lorsqu'ayant peu d'aplomb en selle et sur les étriers, ils se servent de la bride pour se tenir en équilibre. Le meilleur cheval, en pareilles mains, est bientôt ruiné (1).

6.º Les plaies des barres sont graves, se compliquent souvent de fistules et de carie; et lorsqu'elles guérissent, la cicatrice est calleuse, et la sensibilité amortie. Souvent des portions d'os sont tombées par exfoliation, d'où résultent des enfoncemens qui rendent les barres inégales; une seule d'entre elles peut être affectée, le mors n'agira que sur l'autre, et il sera à peu près impossible de conduire l'animal.

7.º On ne doit pas emboucher un cheval dont les barres sont blessées, même légèrement; on sent, en effet, que la moindre pression aggraverait l'accident. On ne bridera pas, non plus, à moins de nécessité absolue, le cheval dont la bouche est affectée d'aphtes ou de boutons; c'est dans ces cas que pourrait être fort utile la bride américaine à gourmette et sans mors.

8.º Une mauvaise embouchure, telle qu'un canon droit, peut blesser une langue épaisse; le même accident survient assez souvent, quand on attache le cheval par la bride,

(1) On a vu des chevaux que les mors les plus durs ne pouvaient arrêter sous la main de mauvais écuyers, se laisser conduire par d'autres à l'aide d'un simple bridon.

sans avoir eu soin de décrocher la gourmette; il arrive plus facilement encore, quand on l'attache par une corde ou par la longe d'un licol qu'on lui a passé dans la bouche (usage assez commun parmi les mauvais palefreniers); la section complète de la langue a été la suite d'une si grossière imprudence.

9.º La gourmette doit porter sur le milieu de la barbe, c'est-à-dire sur l'arrête qui résulte de la réunion des deux branches du maxillaire postérieur; si cette partie est tranchante, la gourmette sera lâche, car si elle exerçait une pression trop vive, l'animal s'armerait pour se soustraire à la douleur; si la barbe était arrondie, la gourmette ordinaire y serait sans action.

La gourmette doit être en harmonie avec la sensibilité de la barbe, comme le mors avec celle des barres. Une barbe bien sensible peut suppléer aux défauts de barres calleuses.

10.º Il est des barbes calleuses, à peau forte, épaisses, couvertes de cicatrices: c'est le résultat de gourmettes mal appropriées, mal ajustées, qu'on n'a pas habituellement placées sur leur face aplatie. Ces barbes sont à peu près insensibles à l'action de la gourmette.

Propreté de la bride.

L'Hygiène prescrit de laver le mors dans l'eau, toutes les fois qu'on a ôté la bride.

Ce n'est pas que la rouille, en ce cas, ait d'autres inconvéniens que celui de ternir le poli de l'instrument, l'oxide de fer n'ayant rien de malfaisant; mais il se forme dans les coins des mors, des dépôts de salive qui, chez le cheval surtout, est très-putrescible; il s'y arrête aussi des débris de fourrage à demi-mâchés: ces ordures se putri-fient, elles incommodent et dégoûtent le cheval.

On conseille encore de ne pas garnir les fonceaux de bossettes en cuivre; ce métal s'oxide facilement, et l'on connaît les effets du vert de gris.

CHAPITRE XXIX.

SELLE. — HARNAIS DES CHEVAUX DE TRAIT.

Définition, utilité de la selle, ses parties et ses appartenances.

On peut définir ce harnais un siége contourné que l'on place sur le dos du cheval et qui sert à rendre l'assiette du cavalier plus agréable et plus solide.

Pendant des siècles, on a bridé le cheval sans songer à le seller. Les premières selles étaient simplement des peaux qu'on jetait sur le corps de l'animal qu'on voulait monter. On voit encore sur les bords de ce qui reste des voies romaines des pierres plantées, qui, avant l'inven-tion des étriers, aidaient au voyageur à enfourcher sa monture.

Les avantages de la selle, motifs de son invention, sont les suivans:

1.° Le cavalier n'est pas en contact immédiat avec le cheval: inconvénient fâcheux, quand l'un et l'autre trans-pirent abondamment.

2.° Celui-ci se fatigue moins; il peut chevaucher plus long-temps, et à la guerre, se servir de ses armes avec plus d'aisance.

3.º Il resiste mieux aux efforts que fait un cheval fougueux pour se débarrasser d'un fardeau qui l'importune.

4.º Plus solidement établi, sa main est plus ferme et plus légère, elle s'accorde mieux avec les jambes et les talons; d'où résultent plus de facilité et plus de sûreté dans ce que les écuyers nomment *aides*, c'est-à-dire moyen d'avertir et de maîtriser l'animal.

5.º L'avantage de porter avec soi les objets dont on peut avoir besoin.

Les pièces qui composent ce harnais sont les arçons qui se divisent en plusieurs parties, les bandes, le siége, les quartiers, les panneaux et les contre-sanglons.

Ses appartenances sont le poitrail, les sangles et le surfaix, la croupière, les étriers.

Des parties de la selle.

1.º Les arçons, au nombre de deux, l'un antérieur, l'autre postérieur, en bois de hêtre, arqués; le premier contourne le dos, un peu en arrière du garrot, et surmonte cette dernière partie sans la toucher; le second, qui est plus évasé et plus arrondi, moins élevé, entoure les reins. Ils constituent, avec les bandes, la charpente de la selle. On nomme garrot l'arcade de l'arçon antérieur, laissant un vide qui est au-dessus du garrot du cheval. La partie supérieure et proéminente de cette arcade est le pommeau; ses parties latérales, invisibles, l'animal étant sellé, sont les mamelles, dont les extrémités se nomment pointes. L'arçon postérieur est surmonté d'un rebord, nommé troussequin, qui ceint les reins du cavalier; on y remarque, de chaque côté ainsi qu'au pommeau, des bandes fixes, élastiques, nommées bâtes, supposées propres à affermir l'assiette du cavalier.

2.° Les bandes: planchettes en bois, au nombre de deux, qui s'étendent, une de chaque côté, le long du dos, au-dessous de l'épine du cheval, lient et assujettissent les arçons, et les empêchent de se porter, soit sur le garrot, soit sur les reins.

3.° Le siége: partie sur laquelle le cavalier est assis; elle est rembourrée de crins ou de poils de chèvre, légèrement creuse dans le milieu.

4.° Les quartiers: deux pièces de cuir ou de toute autre matière, qui descendent du siége et recouvrent les côtes; elles sont en contact avec les jambes du cavalier.

5.° Les panneaux: au nombre de deux, coussins de toile, remplis de bourre ou de crins, attachés sous les arçons et les bandes, les soulevant et les empêchant d'appuyer sur le garrot, les rognons et les côtes.

6.° Les contre-sanglons: petites courroies en nombre indéterminé, attachées de chaque côté aux arçons, entre les panneaux et les quartiers, servant à fixer les sangles. On voit encore aux bords de l'arcade plusieurs boucles, servant à fixer le poitrail, la martingale, quand elle existe; et une seule à l'arçon postérieur, pour attacher la croupière.

Des appartenances de la selle.

1.° Le poitrail: assemblage de courroies, passant sur le poitrail du cheval, dont deux s'attachent de chaque côté de l'arçon antérieur, et une troisième à l'une des sangles, sous le ventre; elles sont disposées pour empêcher que la selle ne se porte en arrière et ne blesse les reins.

2.° Les sangles: larges bandes de cuir ou d'autres matières, dont le nombre varie, et qui, en passant sous le ventre, à la partie postérieure du sternum, se bouclent aux contre-sanglons; elles sont quelquefois renforcées par un surfaix, bande qui passe sur le siége. Les sangles et le surfaix servent à fixer et à assujettir la selle sur le dos du cheval.

3.º La croupière: bande de cuir, attachée à l'arçon postérieur par une boucle, se terminant par un anneau qui livre passage au tronçon de la queue, et qui est garnie d'un bourrelet qu'on nomme *culeron*. L'usage de la croupière est d'empêcher que la selle ne se porte sur le garrot et les épaules.

4.º Les étriers: espèce de cerceaux de fer ou d'autre métal, servant à appuyer les pieds du cavalier; ils pendent, supportés par des bandes de cuir, nommées étrivières, qui glissent dans des boucles carrées, fixées sous les panneaux; on nomme ces boucles porte-étriers.

Il est d'autres parties qu'on voit à quelques selles: telles sont un coussinet sur les reins, pour supporter un porte-manteau, des fontes pour recevoir des pistolets, une housse, dont le principal usage est d'orner pompeusement l'animal.

Des variétés dans la forme des selles.

La selle que nous avons décrite est à peu près celle dite à la royale. Il en est qui n'ont ni battes ni troussequin: telle est la selle à l'anglaise, devenue à la mode. D'autres ont ces parties très-élevées, et on les emploie dans les manéges, pour que les cuisses et les fesses du cavalier soient fixées avec plus de force sur le siége; on les nomme *selles à piquer*.

Dans les selles à la hussarde il n'y a point de panneaux, et les arçons reposent sur des couvertes bien pliées. Les

siéges qui ne sont pas rembourrés sont revêtus de cha-
braques ou peaux de mouton.

On a inventé une selle élastique dont les ressorts tendent à conserver l'équilibre au cavalier et à le préserver
de toute fatigue, même pendant le trot le plus dur ; le
cheval, de son côté, supporte mieux son fardeau ; il n'est
pas tourmenté par les secousses et les vacillations d'un
mauvais écuyer ; il marche mieux, plus long-temps et
avec moins de peine à toutes allures (1).

De la bonne confection de la selle sous les rapports de l'Hygiène.

1.º Quelque soit sa forme, la selle sera appropriée à la
structure du cheval, et une fois placée, elle ne causera
aucun frottement.

2.º Elle doit être peu rembourrée, bien unie, s'appuyer également sur toutes les parties qui doivent la
porter, sans toucher ni le garrot, ni l'épine du dos, ni
les reins ; et pour éviter ces inconvéniens, les deux arçons
prendront bien les contours des côtes.

3.º Les panneaux seront en toile fine, parce qu'elle
ne s'imprègne pas de la sueur autant que la grossière ; ils
seront également rembourrés, afin que la pression qu'ils
doivent exercer soit uniforme ; ils ne seront pas aplatis,
car la selle se porterait en avant. Il est des chevaux qui
ont la peau tendre, qui suent beaucoup ; on conseille de
coudre sous les panneaux de leur selle une peau de che-
vreuil, poils contre poils.

---

(1) Cette selle est, devant comme derrière, à double arçon,
et c'est entre ces arcs que sont des ressorts ingénieux qui jouent
sans efforts et avec régularité.

4.º Le siége doit être commode au cavalier ; ce harnais qui le sépare du cheval doit avoir le moins d'épaisseur possible ; il l'enfourchera mieux , et il sera plus à son aise, et le cheval aussi ; si le siége était plus élevé à l'une de ses extrémités, un cavalier peu d'aplomb se jetterait en avant ou en arrière, d'où pourraient résulter de graves accidens.

5.º Les sangles seront assez larges, assez fortes et assez serrées, pour maintenir la selle, lors même qu'un cavalier peu exercé appuyerait plus sur un étrier que sur l'autre.

6.º Le poitrail, dont l'usage est d'empêcher la selle de se porter sur les reins, ne doit pas descendre au-dessous de la jointure des épaules ; il en gênerait le mouvement.

7.º La croupière qui doit préserver le garrot, sera assez serrée pour remplir sa destination, et son culeron doit être assez gros pour ne pas écorcher le cheval sous la queue : accident auquel sont particulièrement exposés les chevaux bas du devant.

Des effets résultans des défauts de la selle ou de la maladresse du cavalier.

1.º Le plus grave de tous est le mal de garrot ; il peut être causé par le défaut de liberté de l'arçon antérieur qui pesera sur le garrot, par l'aplatissement des panneaux , d'où résulte la tendance de la selle à se porter en avant, par le trop de longueur de la croupière, par le relâche-ment des sangles. D'autres causes de l'accident sont les défauts d'aplomb du cavalier qui porte le corps en avant, quand l'animal trotte ou galope, et les mouvemens désordonnés du cavalier ivre ou endormi (1).

(1) Il arriva, un matin, aux infirmeries de l'école vétérinaire de Lyon , un assez grand nombre de chevaux garrotés; ils appartenaient

Sont prédisposés au mal de garrot les chevaux gras et pesants, qui ont cette partie basse et charnue ; les jumens, en particulier, dont le défaut le plus commun est d'être basses du devant.

Pour ces sortes d'animaux, la voûte de l'arçon antérieur doit être plus élevée ; les panneaux plus rembourrés, la croupière plus courte, plus tendue, la selle plus en arrière.

Si l'on s'apercevait en route que la selle blessât le garrot, ne fut-ce que légèrement, et que l'on ne pût s'empêcher de monter le cheval, on soulèverait la voûte avec des coussinets de foin ou de paille, placés convenablement, on serrerait fortement les sangles et la croupière, au hasard de blesser l'animal sous la queue.

S'il y avait nécessité absolue de monter des chevaux garrotés, il faudrait faire, à l'endroit de la selle correspondante à la plaie, une excavation, nommée *chambre*.

2.° Une autre maladie, causée par la selle, est le mal de rognon ; elle survient aux reins (rognons), vers les apophyses épineuses des dernières vertèbres dorsales, et des premières lombaires qu'elle intéresse quelquefois ; elle a pour cause le contact immédiat sur ces parties de l'arçon postérieur ; l'action d'un coussinet dont les côtés ne sont pas suffisamment écartés, l'introduction sous ce harnais de quelques corps, tels que courroie, boucle, pierre, etc., la position de la selle trop en arrière, par suite du relâchement des poitrails et des sangles.

Les chevaux les plus exposés au mal de rognon sont

à un régiment de dragons, qui était parti de Vienne en Dauphiné au milieu de la nuit, pour se rendre à Lyon en toute hâte ; il fut reconnu que ces chevaux avaient été montés par des recrues qui, en route, n'avaient pas manqué de s'endormir.

ceux qui, indépendamment du cavalier, portent un lourd porte-manteau, souvent mal attaché, et se balançant dans l'allure du trot : telles sont les montures des commis voyageurs.

3.º La queue peut être blessée par dessous, à sa naissance, par l'effet d'un culeron trop mince, d'une croupière trop serrée, du besoin de pousser en arrière la selle pour préserver le garrot, des crins ou autres corps qui se sont glissés sous ce harnais.

Cette blessure, quoique moins grave que le mal de garrot et que celui de rognon, peut se compliquer de fistules, même de carie, et mettre pour long-temps l'animal hors de service. Y sont plus exposés les chevaux bas du devant, ceux qu'on monte à une descente rapide.

4.º Les côtes peuvent, par l'effet des selles mal rembourrées, mal ajustées, vacillantes, être le siége de tumeurs et de blessures ; il peut s'y former des cors, résultat d'une désorganisation de la peau. Tant qu'il se borne à ce tégument, l'accident est peu grave ; mais il peut intéresser le périoste des côtes, et ces os eux-mêmes. Nous avons eu des exemples de caries, déterminées par cette cause.

L'accident se borne-t-il à un cor ou durillon, il suffirait pour tarer un cheval de prix, et on ne pourrait le faire disparaître, que par l'extirpation qui laisserait une cicatrice trop apparente.

5.º Il peut survenir des contusions et des plaies à la partie du cheval, que l'on nomme passage des sangles, c'est-à-dire à l'extrémité postérieure du sternum, en arrière des coudes. Ces accidens, causés par des sangles trop serrées, peuvent devenir graves par le défaut d'attention et de soin. Plus rarement que les chevaux de trait, ceux de selle sont exposés, par l'effet de la pression du poitrail, à la tumeur dure, indolente, nommée loupe, qui, au reste, est le plus souvent produite par la bricole ou le collier.

Des harnais d'attelage en général.

Ils sont plus volumineux, plus solides que ceux de selle; servent pour des chevaux gros, forts, souvent entiers, qui ont à vaincre de grandes résistances; en général, plus compliqués: les uns d'une extrême pauvreté, d'autres remarquables par le luxe de leurs ornemens.

N'étant pas les mêmes sur tous les chevaux attachés à certains attelages; plus composés sur celui qui est placé entre deux limons d'une charrette, pour cette raison nommé *limonier*, que pour les chevaux qui le précèdent, nommés *chevillier*, *cheval de faute*, *cheval de devant*; distinction qui n'est pas admise parmi les chevaux de carrosse, quel que soit leur nombre.

Ces harnais se divisent en ceux d'avant-main et ceux d'arrière-main (1). Les premiers, placés à la tête et au cou, c'est la bride et le collier; les autres, en plus grand nombre, sont la sellette pour les chevaux de charrette, le mantelet pour ceux de voiture, la sous-ventrière, l'avaloire ou reculement, la croupière, les traits et les accessoires de ces parties.

Un harnais doit aller à un cheval de trait, comme un habit à un homme; rarement le même peut-il servir à plusieurs. La bête mal harnachée est non-seulement exposée à se blesser par le frottement ou la compression, mais encore à se traverser, à s'abattre, à s'emporter, à

______

(1) Mieux vaudrait les diviser en ceux à l'aide desquels on conduit les chevaux, et en ceux qui servent aux chevaux pour traîner les voitures.

faire verser charrettes, voitures, carrosses; que d'accidens de ce genre, qu'on attribue aux vices des chevaux, sont dus à un mauvais harnachement!

On voit souvent un cheval trembler et frémir à la vue d'un harnais; on le croit mu par la haine du travail, tandis qu'il l'est par un souvenir de gêne et de douleur, que lui rappelle un appareil dont il a l'expérience.

Des différences entre la bride du cheval de selle et celle du cheval de trait.

1.º Le mors, dans les chevaux de charrette et de charrue, est souvent de bois, portant à chaque bout un anneau de fer. Il leur convient beaucoup mieux qu'aux chevaux de selle et aux chevaux fringans de carrosse. On les fait travailler plus jeunes et avant que leur bouche *soit faite*. Ne voit-on pas attelés à la charrue de l'agriculture des poulains de deux ans? Pour eux, mors de bois ou simples bridons; si on les fait travailler plus tard, c'est par le fiacre, l'omnibus, le tombereau que finissent leur destin des chevaux qui furent de superbes carrossiers; leur bouche est alors assez souvent couverte de plaies; ils ont, d'ailleurs, plutôt besoin d'être excités, que retenus, et pour eux les traits font fonctions de rênes.

2.º Les branches du mors sont ordinairement pour les chevaux de carrosse et de cabriolet, unies inférieurement en demi-cercle; elles sont espacées par des anneaux symétriques, pour recevoir les guides, de façon que l'effet du mors sur les barres est d'autant plus vif, que les guides sont placées plus bas; l'arc, qui unit les branches à plusieurs pouces de la bouche, les maintient dans leur position, et pourrait défendre le nez de l'animal dans une chute.

3.º Il n'y a jamais de filet; ce harnais supposerait des

rênes ou guides particuliers, et le cocher a bien assez des rênes de mors ordinaires, quand il conduit plusieurs chevaux.

4.° Il y a de plus des œillères, plaquées de tole, revêtues de cuir, rondes, ovales ou carrées, souvent enjolivées, qui sont placées, l'une de chaque côté, au sommet des montans. Elles servent à diriger la vue du cheval, et peut-être aussi à mettre des organes délicats à l'abri des coups de fouet, lancés par une main grossière et malhabile.

5.° Plusieurs courroies qui n'existent pas dans la bride du cheval de selle, telles que l'enchapure, bande de cuir qui double la tétière, les porte-œillères, situées à la partie antérieure de la tétière, les courroies de panurge qui sont à la partie postérieure, et dont l'usage est de supporter les fausses rênes, des bandes de cuir croisées, nommées croisières, allant du frontail à la muserolle (n'existant pas à toutes les brides d'attelage).

6.° Indépendamment des grandes rênes qu'on nomme guides, et dont les branches passent par des anneaux, nommés clefs, dont nous parlerons plus tard, il y a, pour l'ordinaire, de petites rênes qui se terminent à un crochet placé entre les deux clefs, et dont l'usage est de maintenir en position la tête du cheval, sans le secours de la main du cocher.

7.° Plus d'ornemens, tels que des aigrettes, des houppes au haut de la tête, des cocardes à côté, des tresses de soie, etc., au frontail.

Les chevaux harnachés avec pompe et élégance manifestent par leurs regards, leurs allures, leurs hennissemens, combien ils sont fiers de leur parure.

Du collier.

Pièce principale du harnachement d'un cheval de trait, quelquefois remplacée, pour les chevaux de carrosse seulement qui traînent un poids léger, par un entrelacement de courroies passant sur le poitrail, et nommées *poitrail* ou *poitraillère*.

Ce harnais consiste en un bourrelet rembourré, formant un ovale à jour, qu'on place au cou, et auquel correspondent toutes les autres pièces servant au tirage.

Comme nous le dirons plus tard, on l'emploie aussi pour les bœufs.

Il n'est pas construit de la même manière pour les chevaux de charrette et ceux de voiture. Dans le premier cas, il est beaucoup plus gros, rembourré de bourre ou de paille, surmonté d'un cône renversé, nommé *tête*, garni de chaque côté de planches recourbées en bois de hêtre, nommées *attelles*.

Dans le second, il est léger, rembourré de crins ou de laine, et ses attelles sont des tiges minces de fer, qui l'entourent sur son sommet. Au lieu de la tête sont souvent deux ornemens, l'un nommé *bonnet*, l'autre *hausse-col*.

Dans l'un comme dans l'autre il y a, à la partie antérieure, un renflement circulaire, nommé *la verge*, séparé du corps du collier par une rainure où s'adaptent les attelles.

On distingue, dans le corps du collier, la partie externe et l'interne ; l'une sur quelques chevaux de carrosse (parmi lesquels j'entends ceux de cabriolet, etc.), se nomme *blanchet*, l'autre *mamellon*.

Le collier à la flamande, servant pour les charrettes, est

petit, rembourré de crins, à attelles étroites, droites, en bois mince, orné de deux rangs de clous dorés.

Ce dernier s'ouvre par le bas pour la facilité de l'ajustement. Il en est de même de ceux qu'on met aux ânes et aux bœufs qui, s'ils ne s'ouvraient pas, seraient difficilement placés sur ces animaux, à cause de la grosseur de leur tête.

Il est des colliers garnis d'une martingale, dont l'usage est le même que celle qui accompagne quelquefois la bride des chevaux de main.

Les attelles sont pourvus d'anneaux, nommés *tirages*, auxquels s'attachent les pièces qui servent à tirer.

La forme de cette pièce essentielle de l'harnachement importe peu, pourvu qu'elle soit légère, solide et bien ajustée au cou de l'animal.

Il est des lieux en France où l'on en fabrique d'un volume tel, qu'un seul homme a de la peine à les passer au cou des chevaux, comme si la solidité était toujours dans la masse et le volume; une surcharge de poids n'est pas le seul inconvénient de cette pratique absurde.

Les Anglais et les Flamands mettent au cou de leurs chevaux de labour des colliers fort légers, bien rembourrés de crins; les premiers les garnissent d'attelles de fer, comme pour les chevaux de carrosse; les seconds en bois dur, mince, presque sans oreilles.

Quand on a plusieurs animaux à atteler par des colliers, il faut veiller exactement à ce que chacun ait le sien, et que toutes ces pièces soient tenues en bon état; on doit les huiler de temps en temps pour maintenir la souplesse du cuir.

De la sellette et du mantelet.

Ces deux harnais se placent sur le dos des chevaux d'attelage, et correspondent à la selle de ceux de main. Le premier convient aux chevaux de charrette, le second aux carrossiers.

La sellette ne diffère guère que par le volume et les usages des selles, dites à l'anglaise; elle a des arçons, des panneaux, des quartiers, un siége, etc.

Mais, au lieu de servir à l'assiette d'un cavalier, elle porte, au moyen d'une large courroie, nommée dossière, les limons de la charrette.

Au côté droit de la sellette est attachée une large courroie qui répond aux sangles; on la nomme *sous-ventrière*. Après avoir passé sous le ventre, etc., elle va se boucler du côté gauche à une courroie, nommée *contre-sanglon*; son usage est d'empêcher le vacillement de la sellette.

Le mantelet porte encore le nom de sellette; il est plus étroit, plus orné, ne supportant pas une dossière, tenant les brancards au moyen de bandes de cuir, nommées *petits boucletaux*, offrant sur leur face supérieure et convexe deux clefs pour le passage des guides, et un crochet pour attacher les petites rênes qui tiennent le cheval bridé.

A la partie postérieure du mantelet vient se boucler le contre-sanglon de la croupière.

Les chevaux de cabriolet ont, pour l'ordinaire, des sellettes au lieu de mantelet; elles sont, comme pour les chevaux de charrette, accompagnées d'une dossière garnie de nœuds, pour recevoir les bras du brancard.

Des panneaux.

On appelle de ce nom, non-seulement les coussins placés sous les selles et les sellettes, même les bâts, mais encore un petit matelas de peau par-dessus, de toile par-dessous, et dont l'intérieur est rembourré de paille et de bourre ; on le place sur le dos d'un cheval, en guise de selle, et au lieu de l'enfourcher, on s'assied dessus.

Le roulier fatigué monte ainsi le second cheval de son attelage, nommé *chevillier* ; de là le nom de chevillier, donné à cette espèce de panneaux qui est fixé sur l'animal au moyen d'une sangle de cuir, portant un anneau de fer à chaque bout. Les charretiers agriculteurs, les bouchers montent aussi des chevaux portant cette sorte de harnais.

On fabrique, pour conduire certains attelages, des panneaux, dits à *troussequin*, parce qu'ls sont garnis d'un rebord latéral. Il n'entre aucun bois dans leur confection ; on y est commodément assis.

Tous les chevaux de hallage qui traînent par paires, qu'on nomme *courbes*, doivent avoir des panneaux, attendu que leurs conducteurs doivent avoir la facilité de s'élancer de l'un à l'autre.

De l'avaloire.

L'avaloire ou avaloir est un harnais particulier au cheval de charrette unique ou limonier, qui correspond au reculement sur le cheval de carrosse ; il est placé au-dessus de la croupe, au-dessous des fesses et en avant des flancs. Il se compose de plusieurs courroies ; la principale, qu'on pourrait considérer comme le reculement, proprement dit, est la plus large et la plus longue; elle passe au-dessous de la selle et vient, par ses deux bouts, se terminer aux flancs, dans de grands anneaux reposant sur une peau, nommée *garde-flanc.*

De ces mêmes anneaux part supérieurement une autre courroie, nommée *bras-de-dessus*, qui passe sur la croupe, étant cousue sur deux coussinets au-dessus de cette partie, qu'ils empêchent d'être blessée par le harnais. Les autres courroies, en nombre indéterminé, servent à unir le bras de dessus avec l'avaloire.

Ce harnais est fixé par deux chaînes qui s'attachent par des crochets aux deux brancards; il tient encore à la sellette par des courroies partant des bras de dessus.

Quelquefois par-dessus l'avaloire est une longue courroie, nommée *fessière* ou *bascule* qui, passant dessus les grands anneaux, vient s'attacher, par ses deux bouts, aux côtés de l'arçon postérieur de la sellette. On peut la supprimer dans les plaines.

Le reculement des chevaux de carrosse se compose de la grande bande de cuir passant derrière les fesses, dont les deux bouts sont fixés à une grande boucle carrée, qui se trouve dans un cuir replié, nommé *bouclelaux.*

Il est soutenu par plusieurs courroies passant sur la croupe, et nommées *barres de fesse*; il est attaché aux brancards par des bandes, nommées *courroies de reculement.*

Il est quelquefois renforcé par une autre courroie, nommée *platelonge*, correspondant à la bascule du cheval de charrette.

Cet appareil sert à lier l'arrière-main du cheval de charrette aux limons, et celui du cheval de carrosse aux brancards; il est indispensable quand le cheval descend.

Quant à la croupière du cheval de trait, elle diffère de celle du cheval de main en ce qu'elle est pourvue quelquefois d'une seconde courroie, nommée *blanchet*; qu'elle est plus forte et à culeron plus gros.

Des traits.

Ce sont des bandes de cuir cousues plusieurs ensemble, qui servent au tirage des chevaux de carrosse, et qui sont remplacées par des cordes ou des chaînes, pour les chevaux de charrette; elles s'étendent aux deux côtés du cheval, depuis l'épaule jusqu'aux fesses; sont attachées par leurs bouts antérieurs à de grandes boucles où aboutit le reculement, et se terminent postérieurement aux pelonnières, pièces d'union qui lient le cheval avec son fardeau.

Les deux boucles latérales en carré long, sont reçues dans des replis de cuir, situés au bas de chaque épaule, et attachés aux attelles par des anneaux; ces replis se nomment *grands boucletaux*; ils sont accompagnés de courroies, nommées petits boucletaux, dont l'une s'attache au mantelet, l'autre au brancard; elles servent à maintenir l'attelage en haut.

Du tirage à plusieurs chevaux.

Les chevaux de charrette tirent les uns derrière les autres; ceux de carrosse ou même d'agriculteur, deux ou même trois de front.

La bride du limonier charretier va se boucler à un anneau fixé à la sellette; celle des chevaux de devant se termine au culeron. Ces derniers, n'ayant ni à porter ni à soutenir un fardeau, n'ont besoin ni de sellette ni de sous ventrière, ni de l'équipage du reculement.

Les carrossiers, qui marchent deux à deux, sont unis par des chaînettes qui partent de deux anneaux en fer, situés à la base du collier ou du poitrail, et se bouclent au timon. Cette chaîne maintient les chevaux à une distance convenable, soit entre eux, soit avec le timon, et, dans les descentes, elle est l'auxiliaire du reculement.

Les guides, à l'aide desquels on conduit deux chevaux, sont doubles ; quand elles se bouclent ensemble, on conduit à la française et à l'italienne, lorsqu'elles sont séparées.

L'équipage d'un chaise de poste est assez souvent impair ; un cheval qui est en avant porte le postillon sur une petite selle rase ; il se nomme *bricolier* ; un autre est attaché au brancard ; le troisième est à côté de lui.

Ce qui précède peut s'appliquer aux chevaux des grands attelages qui sont en avant et qu'on appelle de *volée*. Seulement leur harnachement est beaucoup plus élégant que compliqué ; il peut-être fort léger, ces chevaux ne se fatigant pas, étant plutôt de parade que de service.

CHAPITRE XXX.

HARNACHEMENT DU BŒUF, SOIT AU JOUG, SOIT AU COLLIER. — EFFETS DES HARNAIS DE TIRAGE MAL AJUSTÉS. — BATS. — HARNAIS D'ÉCURIE.

Du joug.

Harnais qu'on place sur la tête de deux bœufs pour les dompter, les accoupler et les faire tirer, soit à la charrue, soit à la voiture, soit au manége.

C'est une traverse de bois à double échancrure, pour s'adapter à la tête des deux bœufs, de manière à porter sur la base des cornes.

Il repose ordinairement sur un tampon de paille, qu'on appelle, dans le Lyonnais, *meulière* ou *plumet*, dont l'usage est de défendre la base des cornes et le front des effets de la pression immédiate du corps dur.

Ces deux pièces sont unies par de fortes courroies qu'on entortille autour des cornes, et qui servent encore à fixer le timon.

La forme du joug varie dans les divers pays.

En Lyonnais, le coussinet est recouvert d'une peau de mouton; il est placé sur le front, d'où résulte que les bœufs tirent horizontalement et avec facilité, tandis qu'en Maconnais, où il est plus haut, ces animaux ont le nez au vent.

Dans la haute Auvergne, on emploie rarement un coussinet; mais les jougs y sont si bien ajustés, qu'ils ne blessent presque jamais les parties qu'ils touchent; ils sont percés à leur partie mitoyenne d'un trou vertical, où pénètre une tige de fer à deux bras, contournés en haut, où s'adaptent deux anneaux de même métal, l'un en avant, l'autre en arrière du joug; ils descendent entre les deux bœufs assez bas pour recevoir le timon qui est assujetti au moyen de trous et de chevilles. Par cette combinaison, quand l'attelage monte, le timon fait effort vers la partie antérieure, et les bœufs, dont la tête est baissée, ont plus de force d'impulsion; à la descente, l'attelage est soutenu en haut; le timon agissant en dessous par l'anneau postérieur, il résulte plus de force de résistance; dans tous les cas, l'anneau de devant agit quand les bœufs tirent, et celui de derrière quand ils retiennent. En Suisse, ce n'est point au joug que s'attache le timon, mais à une pièce de bois qui lie ces deux instrumens.

On emploie un petit joug pour faire tirer un bœuf tout seul dans un manége ; il déborde des deux côtés de la tête, portant à chacune de ses extrémités des anneaux, dans lesquels on accroche les chaînes ou les traits qui aboutissent à la résistance.

Du joug à frontal.

Usité en Saxe et en Bavière sous le nom de *stirnblast*. C'est une planchette concave sur une face, convexe sur l'autre ; la première qui s'adapte au front est garnie d'un coussin de crin ou de bourre, recouvert d'un cuir (c'est une espèce de panneau) ; elle déborde le front, et est échancrée à l'origine des cornes.

Une bande de fer recouvre la face convexe ainsi que les échancrures, et dépassant la tête de l'animal de chaque côté, elle s'arrondit, et forme à ses deux bouts une anse allongée, dans laquelle s'engage un anneau mobile', pour recevoir les traits qui s'attachent à la charrue ou à la voiture.

Dans chacune des échancrures, et entre le bois et la bande de fer, passe une courroie qui, au moyen d'une boucle, fixe le joug.

Par ce mode d'atteiage, un bœuf peut tirer seul ; plusieurs le peuvent, ou de front ou à la suite les uns des autres, comme des mulets et des chevaux ; leur tête est libre, leurs mouvemens sont aisés. On en a vus qui, employés dans les bagages militaires, suivaient, sans peine, les marches ordinaires.

Du double joug.

Il en existe en Savoie, aux environs de Genève, dans une partie du haut Bugey, l'un semblable à celui que nous plaçons à la base des cornes, l'autre plus léger, plus aplati, à échancrures plus évasées, est supporté par la partie inférieure du cou ; ce second joug partage avec l'autre le point d'appui de la puissance, il soutient le poids du timon, dont la tête n'est plus chargée. Sans placer deux jougs, on fait, en Portugal, participer le cou des bœufs à l'effort du tirage, au moyen d'une large et longue courroie qui part des cornes et revient se rattacher au joug de la tête, après avoir passé sous le cou.

On voit, dans le Valais, des jougs unis qui, posés sur le cou de l'animal, où ils sont retenus par une courroie lâche, passant sous le fanon, et encore par un durillon qu'a formé le frottement de l'instrument.

Des inconvéniens du tirage des bœufs par le joug.

1.º Les bœufs, attelés deux à deux par les cornes, et poussant dans cette attitude, sont mal à l'aise ; ils sont contraints de porter la tête plus bas qu'ils ne le font naturellement, quand ils marchent. Ce n'est, en effet, qu'en paissant, qu'ils la tiennent près de terre, quoique, moins que le cheval, ils la relèvent dans la progression, et d'autant plus que sa rapidité est plus accélérée ; alors, en effet, elle pèse moins.

2.º La tête, chez le quadrupède, est un balancier qui tend à retablir l'équilibre, constamment rompu par la marche : avantage perdu pour le bœuf accouplé à un autre par un joug inflexible ; tenant leur tête toujours à même distance, ils s'écartent fréquemment par le train postérieur, et dès lors, aberration fatigante dans la ligne du tirage.

3.º Le bœuf ainsi attelé est forcé de suivre les attitudes, les mouvemens de son camarade, dont il peut être fort différent en force, en allure, avec lequel il peut être antipathique. Ne voit-on pas souvent, quand une voiture à bœufs est arrêtée, l'un d'eux couché, et l'autre qui veut rester debout ou à qui la place manque, être forcé de tordre l'encolure et de rester long-temps en cette attitude fatigante?

4.º Comme ils tirent obliquement, ils se fatiguent davantage, et une partie de leurs forces est perdue; et si cette obliquité est plus grande qu'à l'ordinaire, la gêne l'est aussi; si l'un des deux est plus ardent, quoique moins fort, il est exténué; l'animal dont la tête est abaissée par le joug tout près de terre, en aspire la poussière, et les exhalaisons souvent délétères; il éprouve plus vivement les effets de la chaleur rayonnante; il ouvre la bouche, sort la langue, halète sous les ardeurs de la canicule, et à peine lui a-t-on ôté le joug, qu'il lève la tête et respire facilement.

5.º Sa marche est nécessairement plus lente et plus embarrassée; il parcourt beaucoup moins d'espace dans un temps donné; de là l'infériorité, comme animal de labour, qu'on a tant reprochée au bœuf, en le comparant au cheval; tandis que partout on a vu les bœufs, attelés au collier, aller à peu près aussi vite que les chevaux, tout en traînant un fardeau de même pesanteur, et pouvant marcher plus long-temps.

6.º Enfin, il est des circonstances où un seul bœuf suffirait, et à cet animal unique on ne peut mettre un joug ; il y aurait souvent des avantages à les faire marcher un à un à la file, et dès qu'un bœuf travailleur au joug a perdu une corne, il revient au boucher.

Usage des colliers pour le tirage des bœufs.

Dès la plus haute antiquité, on a attelé les bœufs, tant au joug, qu'au collier, et les deux méthodes ont été pratiquées sur toute espèce de terrains.

On peut dire, néanmoins, que la première est plus usitée sur les montagnes, l'autre dans les plaines.

Les plus habiles agronomes de tous les temps se sont prononcés pour le collier, sans acceptions de localités ; je citerai Columelle, Arthur Young, Matthieu de Dombasles.

1.° Le premier disait : la méthode d'attacher le joug à leurs cornes (des bœufs) est rejetée presque par tous ceux qui ont écrit des préceptes à l'usage des gens de la campagne, et avec raison ; car les animaux sont en état de faire de plus puissans efforts avec le cou et la poitrine, qu'avec les cornes.

2.° Voici les paroles d'Arthur Young : « Je ne peux trop recommander cet exemple (l'usage des colliers en place des jougs) aux personnes qui veulent se servir des bœufs, et surtout à celles qui s'imaginent faussement que ces animaux vont moins vîte que les chevaux ; qu'ils ne peuvent pas tirer une si grande charge, et qu'en labourant ils foulent davantage la terre ; *toutes ces idées, quelques vraies qu'elles puissent être, relativement aux bœufs attelés sous le joug, sont certainement fausses, relativement aux bœufs harnachés au collier.*

3.° Matthieu de Dombasles ne s'est pas contenté d'établir le fait dont il s'agit par des raisonnemens, il l'a dé-

montré par des expériences. Des bœufs au collier à Ro-
ville ont marché plus vîte que des bœufs sous le joug,
sans se fatiguer davantage ; leur sillon a été tout aussi
profond en plaine, et plus correct en pente. » Une semaine suffit pour habituer ses bœufs au collier, et cet
habile agronome a tout-à-fait renoncé au joug, après six
mois d'expérience.

Des obstacles à l'adoption des colliers pour les bœufs.

1.º On oppose la théorie : la force du bœuf est, dit-
on, dans la tête et l'encolure ; car c'est avec la tête qu'il
frappe dans sa fureur. On n'a pas considéré que c'était
parce que c'est là que sont ses armes offensives. Huzard
père a observé à Rambouillet que les bœufs sans cornes,
aussi querelleurs que ceux d'autres races, cherchaient à
frapper avec leur poitrail musculeux plutôt qu'avec leur
tête désarmée.

2.º On objecte la difficulté de dompter sans le secours
du joug, les bœufs, surtout les taureaux ; comme si ce
n'étaient pas la maladresse et la brutalité de leurs conducteurs qui rendent les animaux domestiques intraitables ;
comme si, sauf quelques exceptions individuelles, ils ne se
pliaient pas aisément sous la main de l'homme.

Veut-on dresser un bœuf au collier ? qu'on lui
mette autour du cou une large courroie d'où parte une
corde à laquelle sera attachée une pièce de bois ; il la traînera au pâturage, et, au bout de trois ou quatre jours, il
sera façonné à ce genre de harnachement.

3.º Une objection plus forte est la difficulté que doivent éprouver, sur un terrain inégal, des bœufs de
charrois dont le collier n'est accompagné ni de croupière,

ni d'avaloire, et l'on ne veut pas tenir, pour ce service, des bœufs et des harnais particuliers (1). On dit encore que sur des terrains remplis de rocs, hérissés d'aspérités, des bœufs attelés au collier, ne se détourneraient pas aussi aisément que s'ils étaient sous le joug; ils useraient, dit-on, leurs forces contre un obstacle invincible, et briseraient la charrue.

Ceci est de la théorie plutôt que de l'expérience: les bœufs qu'on n'excite pas avec l'aiguillon ou le fouet, s'arrêtent au moindre obstacle extraordinaire. J'en ai vus en Auvergne, s'arrêter et tourner à droite et à gauche à la voix du bouvier. La réponse à la première objection est le conseil de la méthode savoisienne qui, tout en laissant parfaitement libre la tête de chaque bœuf, réunit à l'avantage du joug pour retenir, celui d'une plus grande facilité pour le tirage.

Le collier à bœuf, encore plus que celui du cheval, est d'ailleurs susceptible de perfectionnement : rien n'empêche d'y ajouter, pour les bœufs charretiers, la sous-ventrière, le reculement et la croupière. C'est avec succès qu'on a pris ce parti dans le pays de Gex.

4.° Il est un obstacle bien plus puissant à l'adoption du collier : c'est le même qui s'oppose à la propagation,

(1) Déjà Olivier de Serres avait dit : « Son avis (de Columelle sur » l'usage du collier) est reçu de la pluspart des bouviers d'au- » jourd'hui, mais non approuvé par ceux qui font servir leurs bœufs » à double usage, au labour de la terre et au tirer de la charrette ; » d'autant que bien, ni à propos, la charrette ne se peut attacher » qu'aux cornes pour estre retenue ès descentes et vallées : le fardeau » de laquelle sortiroit hors du pouvoir des bœufs, si elle estoit tirée » au col. »

Et il ajoute : « Les Savoisiens ont mis fin à cette dispute, en fe- » sant tirer leurs bœufs et par le col et par la teste tout à la fois, » en leur accommodant deux jougs en ces deux endroits. »

dans les campagnes, des semoirs, des vanoirs, des hache-pailles, des charrues perfectionnées. On ne veut ou l'on ne peut pas faire un débours, fût-il modique, dût-il amener de grands bénéfices.

Au lieu d'aller au bourrelier, on fait soi-même ses jougs dans les soirées d'hiver, on arrange artistement les coussinets, et on ne veut pas avoir des talens inutiles (1).

Effets sur le cheval et sur le bœuf des harnais de tête mal ajustés.

1.º Une tétière trop serrée tire le frontail et presse la base des oreilles et y cause des plaies ; on observe cette disposition vicieuse, principalement aux licous des chevaux de charrette, dont le harnachement est généralement grossier.

2.º Il n'est pas rare que des sous-gorges et des muse-rolles soient assez serrées pour empêcher l'animal de manger : l'une comprime le pharynx, l'autre gène l'écartement des mâchoires ; par l'effet de cette cause, des contusions et des ulcères se sont développés sous la mâchoire postérieure.

3.º Le surnez des licous ne diffère de celui du caveçon, que par l'absence des pointes en fer ; cependant, par le seul effet d'une forte compression, le surnez peut, chez les jeunes chevaux surtout, déterminer des exostoses, la carie, donner lieu à une dépression, d'où résulte ce qu'on nomme *nez de rinocéros*.

4.º Les jouières, montant de bride des chevaux de trait, ou pièces de cuir qu'on y ajoute, peuvent s'élever

(1) Une paire de colliers en veau, avec des traits de fer, pourraient bien revenir à 30 ou 40 fr. ; mais combien de temps, avec des soins, pourrait-on les faire durer !

trop haut, serrer trop fort, et alors elles blessent les pommettes.

5.º Quant au harnais de tête du bœuf, c'est-à-dire au joug, s'il presse trop fortement la base des cornes, s'il y est vacillant, si le coussinet est mal fait, mal placé, il blesse une partie recouverte d'une peau fine et sensible; elle devient douloureuse, et si on ne dételle pas sur-le-champ, pour donner du repos, faire un traitement convenable, il survient des ulcères carcinomateux, capables de déterminer la réforme de l'animal.

6.º Lorsque le timon est assujetti au joug d'une manière inflexible, au lieu de pouvoir tourner librement dans un anneau de fer, il peut en résulter, si la charrette verse, un grave accident, assez commun dans le département de l'Aveyron où les chars sont, d'ailleurs, mal disposés, et où les routes sont ardues: c'est un *encéphalocelle*, nommé dans le pays *mal cup*, suite d'une vive secousse qui ébranle le cerveau.

7.º Les bœufs mal attelés travaillent mal, ils se fatiguent beaucoup, ils maigrissent, et ils s'engraisseront, par la suite, difficilement.

Effets du collier mal ajusté, particulièrement sur le cheval.

1.º Celui qui est trop juste ou qui, n'étant pas assez assujetti, prend une direction oblique, comprime la trachée, quand l'équipage monte; l'animal alors respire avec peine, il corne, il peut être asphyxié.

2.º Celui qui, étant trop volumineux et trop ouvert, est poussé en avant, surtout quand l'équipage descend, gêne le mouvement des épaules, et par un frottement prolongé il excorie l'encolure, en avant du garrot, et d'où peut résulter un ulcère profond qui se complique quelquefois de la carie du ligament cervical. Cet ulcère, quoique moins grave que le mal de garrot, est lent et difficile à guérir.

3.º Ce même collier, quand il est mal rembourré, surchargé d'énormes attelles, exerce un frottement à la partie correspondante aux apophyses acromoïdes, d'où résultent des tumeurs, et ensuite des ulcères, d'autant plus graves, que l'animal est plus maigre.

4.º Des accidens de même genre, produits par des causes analogues, surviennent à la partie inférieure des épaules.

5.º Un autre accident, bien plus commun sur les chevaux de charrette attelés au collier, est une tumeur dure, indolente, ronde, pour l'ordinaire, dont le volume peut arriver à 8 ou 10 pouces de diamètre ; c'est une loupe qui se montre à droite, à gauche, ou au milieu du poitrail, impossible à resoudre, ne laissant d'autre ressource, que l'ablation et ensuite la cautérisation, et par consequent un long séjour de l'animal sur la litière, une cicatrice difforme et l'incertitude d'un succès complet.

6.º Les accidens, signalés comme pouvant résulter des vices du collier, sont très-rares chez le bœuf soumis à ce harnais. Il a la peau plus dure, moins sensible que le cheval, les saillies osseuses et musculaires moins prononcées, les mouvemens plus lents.

De la bonne confection des colliers.

Elle exige tout l'art du bourrelier, et doit être telle que le harnais soit le plus solide, le plus léger, et le plus approprié possible à la forme du corps.

Sans être large, il doit être aisé à l'encolure, et sa longueur doit être telle que l'on puisse passer la main ouverte entre sa partie inférieure et le poitrail , et pour la liberté de l'encolure , on a dû , à sa partie supérieure , ménager une dépression.

Les mammelles seront larges, souples, douces : on veillera à les maintenir en cet état, et à ne pas en laisser dessécher et racornir le cuir.

Chaque bête de trait doit avoir son collier particulier , fait à sa taille, et il faudrait le lui changer, si elle venait à engraisser ou à maigrir sensiblement.

Un vice général des colliers de charrette, en France, est le volume et le poids des attelles (ou ételles) ; ce sont des planches , ordinairement de hêtre, de formes variées , fixées en avant des colliers, et qui, comme nous l'avons dit , reçoivent les traits et autres courroies.

Il en est d'un pied et demi de diamètre, et d'une épaisseur proportionnée ; les bêtes qui en sont affublées ne peuvent passer par toutes les portes d'écurie. Il est des charretiers qui mettent un amour-propre ridicule à conduire des chevaux ainsi harnachés.

Cependant ces colliers, du poids de 70 à 80 livres, imposent à l'animal un fardeau inutile, et contribuent aux blessures que nous avons signalées.

Les Anglais et les Flamands mettent sur les chevaux de labour et de charrette des colliers légers, à attelles fort petits, et ces animaux, qui ne sont jamais blessés, vont plus vite et tirent des fardeaux plus considérables que les nôtres (1).

(1) S'il faut s'en rapporter à Cordier de l'académie des sciences, la quantité d'ouvrage exécuté par un seul cheval, en Flandre , équivaut à un travail ordinaire de six chevaux dans l'intérieur de la France. Il attribue cette énorme différence à la manière dont ils sont attelés. Chez nous les traits sont dans une direction horizontale ; ce-

On ne s'est pas avisé d'affubler les bœufs de ces énor—
mes attelles. En Suisse et dans le pays de Gex, elles ne
dépassent pas la pointe du collier. J'ai vu, en Dauphiné,
des colliers à bœuf sans attelles de bois.

Des effets des harnais d'arrière-main mal ajustés.

1.º La sellette qui n'est pas retenue suffisamment par
la croupière, peut se porter trop en avant, et presser le
garrot: delà l'ulcère grave et presque incurable que nous
avons déjà signalé; si elle est tirée trop en arrière, il
peut en résulter le mal de rognon.

De même que la selle, ce harnais sera garni de pan ·
neaux bien rembourrés, avec une liberté suffisante aux
arçons.

Lorsqu'étant mal assujetti, il frotte sur les côtes, il
détermine pour l'ordinaire des durillons.

2.º La sous-ventrière, surtout la dossière, qui au timonier
surtout, pressant le sternum au point de soulever, à la
montée, une grande partie du poids de l'animal, peuvent
excorier cette partie : accidens qu'on prévient en donnant
beaucoup de largeur et de souplesse à ces courroies, et en
les plaçant sur une peau de mouton.

3.º La croupière peut blesser l'animal, de trait surtout,

pendant, l'épaule du cheval présentant un plan incliné au collier, il
en résulte que le tirage en s'opérant en ligne droite force le collier à
remonter le long de l'épaule : mouvement d'ascension qui n'est arrêté
que par la gorge. C'est, ajoute-t-il, pour prévenir les effets de cet
étranglement et faire contre-poids qu'on a imaginé les énormes colliers : moyen, au reste, qui ne rémédie pas au vice du tirage.

Un autre avantage des attelages flamands consiste en des volées à
bascule, qui forcent les chevaux mous à tirer autant que les vifs ; tandis
que les nôtres étant attachés à une barre fixe, le cheval ardent
traîne sa charge avec celle du cheval paresseux.

de deux manières, par sa courroie, nommée fourchet sur les reins, et par son culeron sous la queue. Le second accident peut être assez grave pour intéresser les os coxigiens ; on prévient le premier, en plaçant un coussinet sous le fourchet, et le deuxième, en donnant au culeron beaucoup de souplesse et un diamètre convenable. On conseille des culerons remplis de son, imprégnés de suif, pour prévenir cet ulcère ou même le guérir, lorsqu'étant à son début, on ne peut éviter de placer la croupière.

4.º On place aussi des coussinets sous les courroies qui, s'étendant sur la croupe, soutiennent l'avaloire.

Le cocher et le charretier soigneux visitent fréquemment les harnais ; ils les huilent de temps en temps, les tiennent à l'abri de l'humidité, et sont prompts à porter au bourrelier ceux qui ont besoin de la moindre réparation, et surtout ils doivent bien se pénétrer qu'il n'y a point de harnais pour tout cheval de trait, pas plus que de joug banal pour les bœufs.

Du bât.

C'est une espèce de selle qu'on place sur le dos des ânes, des mulets, quelquefois des chevaux, plus rarement des bœufs, pour y fixer des fardeaux.

Il se compose principalement des pièces suivantes :

1.º Un fût ou charpente à laquelle est uni solidement un panneau recourbé qui s'adapte au dos de la bête de somme, offrant en avant et en arrière des courbes proéminentes qui sont terminées de chaque côté par des appendices, nommées *lobes*.

2.º Une sangle fendue à un bout en fourchet, qu'on cloue à des boucles qui garnissent les contre-sanglons. Le bât est, de tous les harnais, celui qu'il faut sangler avec plus de force.

3.º Une croupière à deux branches, dont la plus longue qui est cousue à l'un des bouts du culeron va se joindre à l'autre, après avoir traversé les arcades des courbes ; celle-ci sert à fixer plus solidement les pièces du harnais.

4.º Une toile couvrant la croupe jusqu'aux culerons : c'est un ornement, un préservatif contre les mouches, plutôt qu'une partie essentielle du bât.

Tel est le bât des chevaux et des mulets le plus ordinaire. Celui qu'on place sur le dos des ânes est plus simple et très-grossier.

Il en est un autre, dit à la française, dont font partie un poitrail et un bascul ou fessier.

Un troisième, dit à mulet ou d'Auvergne, est remarquable par des planchettes très-minces de bois, nommées *élèves*, qui sont substituées aux lobes du fût, qu'ici on nomme la *selle*, tandisque le panneau s'appelle la *forme*. Ce harnais léger, solide, à courbes élevées pour mieux embrasser le fardeau, est bien approprié à un animal destiné à cheminer d'un pied sûr à travers des montagnes escarpées, semées de précipices. Son ardeur n'est pas peu excité par les sonnailles qu'on leur met à la tête de tous.

Il doit marcher en liberté, les rênes attachées à l'arçon antérieur.

Le bât, pas plus que les autres harnais, ne doit être banal ; il sera solidement assujetti par la sangle, la croupière et, au besoin, par une poitraillère. De même qu'une selle ordinaire mal disposée, il peut blesser l'animal sur la dos, comme sur le garrot. Embrassant davantage le corps, il détermine plus souvent des ulcères sur le côtes ; c'est ce qui a lieu lorsqu'il est trop étroit, et, de plus, il gêne

alors la respiration ; s'il est trop large, il blesse par le
frottement, il vacille, et il peut, par un soubresaut,
tourner entièrement, non sans danger d'écorcher le garrot, le dos ou les reins: danger bien plus grand, lorsque
le fardeau est en deux parties inégales en poids, l'une de
chaque côté.

Harnais d'écurie. — Licous.

Il est des harnais d'écurie qui servent à fixer l'animal :
tels sont le licou pour les chevaux, des cordes et des chaines
pour les bœufs ; d'autres, qui sont disposés pour le bien-
être des animaux, ce sont des couvertures, etc.

Le licou est, ainsi que le caveçon, une bride sans mors ;
elle n'a pas, comme lui, un cerceau armé de pointes de fer
pour retenir le cheval: son usage est d'attacher l'animal
à la mangeoire, au moyen d'une ou deux cordes ou lanières de cuir, nommées longes.

On se dispense, pour les chevaux de charrette surtout,
de garnir ce harnais de frontail et de sous-gorge.

Nous avons parlé des accidens qui peuvent résulter de
la têtière trop étroite, de la sous-gorge et de la muserolie
trop serrées, du surnez qui comprime trop fortement la
partie sur laquelle il est appliqué: nous devons ajouter
que, lorsque la longe a trop de longueur, l'animal peut
s'enchevêtrer, c'est-à-dire s'embarrasser dans son licou,
jadis nommé *chevêtre*; cet accident a lieu, le plus souvent, lorsque l'animal, cherchant à se gratter à la tête ou
à l'encolure avec le pied postérieur, il l'engage dans un
repli de la longe, il se débat avec d'autant plus de violence, qu'il est plus fringant, et s'il n'est pas débarrassé
à temps, il s'excorie, non-seulement la peau, mais encore
le tendon. On a vu des chevaux rester estropiés à la suite

d'un accident facile à prévenir en ne donnant à la longe du licou que la longueur nécessaire, et, ce qui est préférable, en attachant par deux longes les chevaux aux rateliers.

D'un autre côté, une longe trop longue donne à certains chevaux les moyens d'enlever la ration de leurs voisins et de les mordre, et une longe trop courte ne leur permet pas de se coucher (1).

On attache les bœufs et les vaches tantôt à la base des cornes, par des nœuds coulans ou des anneaux de bois, tantôt par des chaines de fer et aussi des anneaux de bois autour du cou; on leur laisse assez de liberté pour pouvoir hausser, baisser la tête, manger au ratelier et même se coucher. Pour peu que la tête soit élevée, ils ne peuvent regarder derrière eux : il en résulte une contrainte sans motifs, qui a souvent influé sur la qualité et la quantité du lait des vaches, qui s'oppose à ce que le bœuf travailleur prenne le repos dont il a besoin, et qui surtout serait peu favorable à l'engraissement.

Combien de veaux n'ont-ils pas été étranglés par la corde attachée à leur cou, au moment de sevrage!

(1) Il n'est pas sans exemple que des chevaux se soient étranglés, soit dans leur propre longe, soit dans celle de leurs voisins.

D'un autre côté, un cheval farouche, qui se prendrait un pied de derrière dans sa muserolle ou dans sa longe, pourrait, dans une chute violente, se luxer les vertèbres cervicales, se fracturer les os du crâne.

CHAPITRE XXXI.

ENTRAVES; INSTRUMENS DE PUNITION; HARNAIS POUR LE BIEN-ÊTRE DES ANIMAUX; APPLICATIONS; MARQUES.

Des entraves au pâturage.

Ce sont des instrumens employés pour ralentir ou rendre impossibles les mouvemens de locomotion des grands animaux. On les applique le plus souvent sur les poulinières et les poulains. Le but qu'on se propose est d'empêcher que ces animaux ne s'échappent, et ne fassent des dégâts dans les cultures voisines.

Les entraves les plus ordinaires consistent en une corde qui lie les pieds de devant ou ceux de derrière entre eux, ou un pied de devant avec celui de derrière correspondant, ou l'un des pieds de devant avec la tête.

On a quelquefois la barbarie de substituer à cette corde une chaîne de fer.

De tous les moyens d'entraver les poulains, c'est celui qu'a proposé Bosc qui offre le moins d'inconvéniens; il consiste dans des lanières de cuir doublées ou triplées, placées aux paturons par des boucles et des courroies; on y fixe un anneau de fer, on passe une corde, au moyen de laquelle les pieds sont liés entre eux à la tête, ou à des pieux, ou à des arbres.

En Normandie, on affuble les vaches qui pâturent, d'une espèce de bricole qui leur tient le nez contre terre; c'est une martingale qui, s'attachant à la tête, passe entre les deux jambes de devant, se croise sur le sternum et se fixe en arrière du garrot; elle cause moins de gêne que les entraves ordinaires, et prévient tout aussi bien les dégâts que pourraient faire ces animaux aux arbres, haies et plantations.

Un moyen bien préférable aux entraves, même perfectionnées, consiste à faire des clotures, telles qu'elles existent en Angleterre, ou dans la stabulation permanente (1).

Inconvéniens des entraves.

Les animaux ainsi gênés sont dans un état continuel de souffrances; ils mangent peu, digèrent mal; plus que s'ils étaient libres, ils sont en proie aux mouches. Les femelles pleines, les vaches surtout, sont sujettes à avorter. La contrainte qu'elles éprouvent aux extrémités, pendant tout le temps de la gestation, influe sur la nature et la quantité du lait: et ne peut-elle pas retentir sur les organes correspondans chez le fœtus?

Le poulain entravé est privé d'un exercice qui lui serait si salutaire ; il ne peut se livrer à cette gaieté du jeune âge, qui développe les facultés physiques et morales. Au lieu d'acquérir de la souplesse, de l'agilité, de la grâce, il deviendra lourd, grossier, paresseux.

Ce n'est pas tout : les entraves affaiblissent les extrémités antérieures chez le jeune animal, roidissent les ar-

(1) Pour empêcher les cochons de fouiller avec leur boutoir, on leur fait à l'extrémité de cette partie une coupure légère ; ils souffrent en fouillant, et ils s'abstiennent de cette action. Ils n'y reviennent pas, même après la cicatrisation de la plaie.

ticulations de ces parties, faussent les aplombs ; il de‑
vient sous lui, brassicourt : il n'a pas encore servi, il n'est
pas sorti de l'enfance, qu'il est déjà taré.

Instrumens de punition.

1.° Le fouet : c'est une cordelette ou plutôt un tortis de
chanvre ou de cuir, terminé par une petite lanière, et
attaché à un bâton. On s'en sert pour exciter et punir les
chevaux et les chiens, quelquefois les bœufs. Une cravache
est un petit fouet, plus ou moins élégant, dont on fait
usage à cheval, comme auxiliaire de l'éperon. On entend
par chambrière un long fouet, usité dans les manéges,
pour apprendre aux chevaux à troter à la longe.

2.° L'éperon : C'est une pièce de métal, communé‑
ment en fer, attachée ou fixée à chaque talon de la botte
ou du soulier d'un cavalier, et qui porte un aiguillon à
un ou plusieurs pointes. Le plus ordinairement elles
sont au nombre de cinq, et fixées sur une roue mobile, nom‑
mée *molette*. Cet instrument, dont on se sert pour aider
et exciter le cheval, quelquefois pour le châtier, était, dans
le moyen âge, la pièce la plus noble de l'armure du
chevalier.

3.° L'aiguillon est un bâton long et mince qui sert à
exciter les bœufs de travail, en les piquant. L'extrémité
de cette baguette est tantôt simplement épointée, tantôt
armée d'un clou acéré.

4.° Les morailles : c'est une espèce de tenailles, com‑
posée de deux branches de fer, tournant d'un côté sur
une charnière, et terminée de l'autre par deux boucles,
dans lesquelles on fait passer une ficelle pour les serrer ;
au lieu de ces boucles et de cette ficelle, on emploie
quelquefois un anneau de fer, qu'on arrête au moyen de

dents disposées sur l'une des branches de l'instrument.

Le torche-nez est une petite corde ou ficelle qu'on serre au moyen d'un morceau de bois. Ces instrumens, qu'on dispose de diverses manières, sont placés à la lèvre antérieure du cheval, quelquefois à l'oreille, pour le surprendre, l'occuper, le rendre docile, en lui causant de la douleur.

Abus des instrumens de punition.

1.° Le fouet ne convient qu'à l'égard des chevaux de tirage ; on s'en sert en quelque pays à l'égard des bœufs attelés à la charrue. On doit en user avec beaucoup de modération envers les chevaux fins ; car il peut causer des cicatrices deshonorantes aux cuisses et aux fesses. Les charretiers, les voituriers et les postillons en abusent beaucoup, et ce n'est pas l'une des causes les moins puissantes de l'usure prématurée des malheureux chevaux qu'ils conduisent. Il en est d'assez brutaux pour se servir du manche : ils en frappent la tête des chevaux ; et la taupe, maladie de la nuque extrèmement grave, est assez souvent la suite de cette brutalité.

2.° L'éperon, qui doit exciter le cheval sans le blesser, n'aura point de dents en lancette, mais en forme de grosse aiguille un peu émoussée ; on peut et on doit s'en servir, même avec vigueur, mais rarement et à propos. Rien n'avilit autant un cheval que des coups d'éperons sans motifs, comme sans mesure, et n'est plus propre à le rendre rétif.

3.° L'aiguillon, dans les mains d'un bouvier dur et brutal, est pour les bœufs un instrument de supplice ; il cause des plaies qui attirent les mouches, et dégénèrent en ulcères, souvent de mauvais caractère ; d'un autre côté, les bœufs, ainsi tourmentés, maigrissent; leurs forces diminuent; on les réforme et on a beaucoup de peine à les engraisser.

On a tort de croire que, sans aiguillon, on ne puisse conduire des bœufs; il est des pays où l'on se sert pour cela du fouet qui est beaucoup moins meurtrier; il en est d'autres où l'on se contente d'une baguette qui n'est pas même pointue: c'est ce qui se pratique presque partout dans la Haute-Auvergne, où le bétail est traité avec beaucoup de douceur; mais les bœufs, de tout temps conduits à coups d'aiguillon, ralentissent le pas et finissent par s'arrêter si l'on cesse de les piquer.

C'est ainsi que les châtimens, émoussant la sensibilité et avilissant le caractère, rendent les châtimens nécessaires.

4.° Ce n'est que dans le cas d'absolue nécessité qu'il faut mettre aux chevaux les morailles et le torche-nez ; pour les animaux fiers et généreux il faut préférer des lunettes, c'est-à-dire, des casques ou chapeaux de cuir qu'on leur fait tomber sur les yeux; privés ainsi de la clarté du jour, ils se laissent panser, ferrer, etc.

Il arrive quelquefois d'oublier les morailles ou le torche-nez à la lèvre d'un malheureux animal. On a vu la gangrène se déclarer au bout du nez d'un cheval qui, pendant cinq ou six heures, avait été fortement comprimé par un instrument de ce genre.

Nous pourrions comprendre parmi les instrumens de punition, les caveçons de fer avec lesquels on écorche le nez du cheval, et dont on abuse beaucoup pour retenir les poulains, et les mors qu'on fait agir violemment sur les barres, tandis qu'on pique des éperons; ce dernier genre de punition dont sont prodigues les casse-cous, tend à déchirer les barres et les flancs, à mettre le cheval en fureur, et à compromettre la vie de l'imprudent cavalier.

Il est quelques objets qui servent au bien-être de l'animal, tels que couvertures, caparaçons, etc.

Des couvertures (1) et des caparaçons.

Les couvertures sont des harnais d'écurie qu'on laisse sur les chevaux en les menant à l'abreuvoir, ou en les faisant voyager en main et au petit pas. — Elles sont en laine pour l'hiver, et pour l'été en toile. Quelquefois c'est un habit qui revêt le corps presqu'entier, avec des étuis pour les oreilles et des fenêtres pour les yeux. Le plus souvent elles ne recouvrent que le garrot, le dos, les reins, la croupe et les flancs, étant maintenues par un surfaix et boutonnées sur le poitrail.

En Angleterre et en Hollande, où des vaches sont entretenues jour et nuit, et dans toutes les saisons en plein air, on a soin d'envelopper de couvertures celles qui sont délicates.

En Saxe, on s'est avisé de mettre aux mérinos une espèce de casaque, non pour le maintien de la santé de l'animal, mais pour le perfectionnement de la laine.

Dans quelques chenils bien tenus, on habille non-seulement les chiens malades, mais encore ceux qui, au retour de la chasse, transpirent abondamment.

Ce qu'on nomme caparaçon a deux acceptions : c'est tantôt une couverture de voyage, une housse plus ou moins ornée dans laquelle entre souvent de la toile cirée,

(1) Il ne s'agit pas de couvertures pliées en quatre, qui tiennent lieu de panneaux pour les chevaux de hussards, de chasseurs, d'artillerie légère.

pour défendre de la pluie; on la met en dessous de la selle, le cheval étant monté, et par dessus, s'il est mené en main; alors elle peut être une pièce de cuir. Tantôt c'est une toile à mailles écartées, espèces de filets dont on recouvre le corps des chevaux en voyage pour les défendre des mouches; l'expression d'*émouchoir* (chasse-mouche) conviendrait mieux à ce dernier harnais ; l'émouchoir est encore pour les vétérinaires une queue de cheval emmanchée d'un bâton dont on se sert pour chasser les mouches, quand on panse ou qu'on ferre les chevaux.

Les caparaçons-émouchoirs sont bordés de franges d'où pendent des ficelles qui, par leur agitation, écartent les insectes pernicieux. Ces franges attachées des deux côtés des chevaux de trait, constituent souvent tout ce harnais. On en place sur le front des bœufs, qui tombent sur le muffle et préservent cette partie ainsi que les yeux.

Des avantages des couvertures sous le rapport hygiénique.

1.º Elles garantissent les chevaux du froid, maintiennent une douce transpiration, défendent des mouches, préservent de la poussière ;

2.º Il serait bon qu'elles fussent de laine en hiver, de toile en été; mais on a cru observer que les premières hérissaient et mangeaient le poil ; sans cet inconvénient, elles seraient bien préférables comme plus chaudes, et laissant plus aisément s'exhaler la matière perspiratoire.

Quelque soit leur tissu, elles préviennent les effets d'un changement brusque de température, bien plus dangereux que l'intensité du froid ou celle de la chaleur;

3.º Elles sont particulièrement utiles, lorsqu'à la suite d'un exercice véhément , d'une manœuvre militaire par exemple, les chevaux arrivent tout en nage ; il est dangereux de les exposer à l'air en les dessellant ; il l'est aussi de laisser sur leur corps soit des panneaux, soit des couvertures pliées en quatre, que la sueur a traversés. L'Hygiène exige, dans ce cas, que les chevaux soient dessellés sur-le-champ, bouchonnés, époussetés et enveloppés d'une couverture sèche, la plus ample possible ;

4.° Elles préserveraient de bien de maladies les bœufs de travail si, mises en réserve au bord du champ, on en couvrait les animaux après l'attelée, soit qu'on les ramenât à l'étable ou qu'on les laissât paître ; on ne les découvrirait pas, s'ils devaient passer la nuit au pâturage ;

5.° En habillant les moutons on les garantirait des intempéries, on rendrait le parcage plus facile, on préviendrait la perte des flocons de laine qui restent accrochés aux haies et aux portes ; la toison serait à l'abri de la poussière et autres ordures ; elle serait plus blanche, plus ferme, tout aussi fine. Qu'opposer à ces avantages reconnus par les geoponiques anciens, et récemment constatés en Saxe pour les moutons mérinos, en Russie pour les agneaux dont on destine la toison à faire des fourrures ? que lui opposer, sinon la dépense des couvertures, et l'embarras d'habiller et de déshabiller un nombreux troupeau de moutons (1)?

(1) Les Membres de la commission d'agriculture firent envelopper de toile, pendant un an, le corps de quelques moutons, et ils s'assurèrent que la laine garantie ainsi des impressions de l'air s'affinait tout en augmentant de blancheur ; cette différence leur a paru très-sensible. Reste à savoir, observe M. Tessier, *si les frais d'habillement n'excèdent pas la plus value de la laine.*

Des applications extérieures contre les insectes ailés.

On peut employer à cet effet deux sortes de substances : 1.º de la graisse ou de l'huile qui, fournissant un aliment aux insectes avides, les détourne de piquer la peau, afin de sucer le sang ; 2.º des décoctions amères, âcres ou acrimonieuses qui les repoussent ou les empoisonnent : telles sont celles de feuilles de noyer, de cocombre sauvage, de tabac, de staphysaigre, etc. (1)

Ces substances, particulièrement la décoction de feuilles de noyer sont efficaces ; mais il faudrait les renouveller tous les jours, car elles se dissipent avec la matière perspiratoire, sont enlevées par le pansage, les harnais, etc.

Il est des bouviers qui se gardent bien de panser leurs bœufs, regardant une couche épaisse de fumier comme un préservatif des mouches ; mais d'après cette idée grossière et absurde, ils devraient en enduire toutes les parties du corps.

Des moyens plus simples consistent à ajouter aux harnais des chasses-mouches, à bien fermer les étables quand les animaux sont dehors, ou à les maintenir dans l'obscurité (2).

(1) « Les mousches ne nuiront aux chevaux, dit notre bon Olivier, » si on les frotte partout le corps avec des feuislles et des jetons de » courges, faisaut attacher leur jus, et après y passer dessus du sain » avec le plat de la main. Le mesme faict l'onguent composé avec » poix et graisse meslés et fondus ensemble, y adjoustant de la » feuislle d'ers, si l'on en frotte les chevaux, lesquels moyens ser- » viront aussi aux bœufs pour ne donner prinse sur leur corps à au- » cune mousche ».

(2) On a observé que les bétes bovines noires étaient plus que les autres sujettes aux mouches, qu'elles en apportent à l'etable de grandes quantités. On les appelle, en Lyonnais, des magasins aux mouches.

On purge les écuries des mouches par les moyens employés dans ce but dans les maisons.

D'une application hygiénique sur les moutons (Sméaring).

Enduit usité dans la Grande-Bretagne et particulièrement en Écosse, qui se compose de beurre et de goudron. Ce dernier en proportion d'autant plus grande que l'air est plus humide.

On en frictionne la peau en écartant la laine par petites mèches.

L'opération a lieu une fois tous les ans, à la fin de l'automne ; on emploie une livre de cet enduit pour chaque bête.

Nommé en Angleterre (*Sméaring*), on lui attribue la faculté de maintenir la chaleur du corps, d'assouplir la laine, de tenir lieu de suint sur des animaux entretenus en plein air à toutes les températures, d'empêcher que la laine ne devienne rude, grossière, qu'elle ne se divise en grosses mèches comme les poils de la chèvre. On le regarde de plus comme le meilleur moyen de détruire la vermine et de préserver de la gale et de la cachexie.

C'est particulièrement dans les contrées de l'Écosse, où les fourrages sont rares, et par conséquent les moutons plus débiles, qu'on regarde cette précaution comme indispensable.

Des marques faites sur les chevaux.

Les marques sont, sous le double rapport de l'Hygiène et de l'économie vétérinaire, des empreintes que l'on fait sur les animaux domestiques pour les distinguer entre eux.

On signale ainsi les chevaux, les moutons, quelquefois les bœufs :

1.º Lorsque plusieurs troupeaux, appartenant à divers propriétaires, voyagent ou pâturent pèle-mêle, car il importe, alors, que chaque bête offre la marque de son maître ;

2.º Quand on se livre à l'amélioration des races par les croisemens, pour ne pas confondre entre eux les métis de divers degrés ;

3.º Pour qu'on puisse reconnaître l'origine d'un animal sorti d'un établissement renommé, ou le revendiquer s'il a été volé ;

4.º Pour distinguer les chevaux d'un régiment, d'une compagnie ;

5.º Pour signaler, lors de la répression des épizooties, les animaux sains, malades, convalescens, guéris.

On marque les chevaux par une incision, un corrosif, le fer chaud ; ce dernier moyen est le moins douloureux, surtout quand le cautère est incandescent ; il se forme une escarre qui tombe en peu de jours, en laissant une empreinte ineffaçable. On pratique les empreintes plus souvent sur les cuisses ou les fesses, quelquefois sur les faces latérales de l'encolure, rarement sur les sabots, bien peu convenables sur les parties, car elles peuvent y déterminer des seimes, et elles descendent sous forme d'avalure : ce qui oblige à les renouveler de temps en temps.

Des marques faites sur les moutons.

Il est rare qu'on se serve du fer chaud pour marquer les moutons; tantôt on leur perce l'oreille ou l'on en emporte une partie, tantôt, et c'est le plus souvent, on se contente de teindre quelques flocons, employant pour cela divers ingrédiens : tels qu'un mélange de goudron, d'huile grasse et de noir de fumée, c'est ce qu'on nomme *terque.*

Les Espagnols emploient, soit du goudron fondu qu'ils font couler sur les flancs à travers d'un moule de fer, percé à jour, représentant l'initiale du nom du propriétaire, soit de l'ochre délayé dans l'eau; le suint s'incorporant avec cette terre ferrugineuse, forme, dit-on, une empreinte indélébile.

Cette opération, qui se pratique en Espagne vers la mi-septembre, est appellée *ochration.*

On la varie beaucoup plus qu'on ne pourrait varier les incisions et les découpures.

Mais celles-ci durent long-temps ou toujours, tandis que les autres peuvent être effacées par le suint, la pluie, la poussière, la boue, etc.

Les lois espagnoles sont d'une grande sévérité contre les contrefacteurs des marques imprimées sur les moutons (1).

(1) J'ai cru devoir consacrer sept chapitres étendus aux choses hygiéniques qui agissent sur la surface du corps des animaux domestiques (applicata de hallè). Je me suis dispensé de décrire les insectes tourmentans, ayant tracé leur histoire et exposé leurs ravages dans le précis du cours de zoologie.

CHAPITRE XXXII ET DERNIER.

INFLUENCE DES BONS ET DES MAUVAIS TRAITEMENS SUR LES ANIMAUX DOMESTIQUES.

❖

De la rigueur et de la douceur dans l'éducation des poulains.

L'action directe de l'homme sur ces jeunes animaux commence immédiatement après le sevrage ; le plus souvent, alors, on les retire du pâturage pour les renfermer dans l'écurie ; ils regrettent vivement leur mère et leur liberté ; ils s'agittent, se débattent, se tourmentent ; sont-ils attachés court ? ils éprouvent une contrainte, une fatigue extrêmes ; sont-ils attachés long ? ils courent un danger continuel de s'enchevêtrer, de s'étrangler.

Il vaut mieux les laisser libres dans des stales larges, ou même dans des écuries.

On se gardera bien de les battre, même de les menacer. On nuirait à leur développement ; on gâterait leur caractère. On attendra qu'ils soient pressés par la faim pour se substituer, en quelque sorte, à leur mère, en leur apportant de la nourriture. Ce don sera accompagné de beaucoup de caresses : une fois habitués à la main puissante de l'homme, ils se laisseront attacher, panser, lever les pieds, et, plus tard, brider et seller. On les fera trotter à la longe ; on les montera ensuite, ou on les soumettra au tirage en agissant sur eux par l'appât et la distribution de la nourriture et des caresses (1), plutôt que par la crainte et la douleur des châtimens.

L'homme chargé de les dresser étudiera leur caractère; sont-ils timides? il les rassurera, les encouragera par de bons traitemens, se gardant bien de les battre de peur de les rendre craintifs et ombrageux; sont-ils ombrageux? il leur fera connaître avec une imperturbable patience l'objet qui leur avait inspiré des craintes; sont-ils impatiens du frein, colères, emportés, et en même temps fiers et sans méchanceté? il redoublera avec eux de ménagemens, attendant patiemment que leur fougue soit passée, et dans cette intervalle point de nourriture. Le soir ou le lendemain, le poulain, pour l'ordinaire, aura réfléchi; il se résignera à obéir, et il recevra des alimens; s'il obéit encore, on lui accordera des caresses; si cette première leçon ne suffisait pas, elle serait réitérée en y ajoutant la privation de sommeil.

L'instituteur des poulains doit savoir s'expliquer nettement avec ses élèves, ne leur demander que ce qu'il sait pouvoir en obtenir, et ne se relâcher jamais. Il doit employer le châtiment à propos et seulement à la dernière extrémité; il punira sans cris, sans colère, d'un grand sang-froid, comme entraîné par la nécessité; et après ces rares exemples, il doit revenir d'un air riant à son système de douceur et de complaisance.

C'est par les mêmes procédés qu'on réforme le caractère de chevaux, naturellement fiers et généreux, devenus méchans pour avoir été excédés et battus (*estrapassés* en termes d'équitation).

(1) Si après le sevrage, les poulains pâturent encore, que ce soit dans des enclos: c'est à leur égard surtout qu'est absurde et barbare l'usage des entraves.

Exemples de l'influence sur les chevaux de la douceur et de la patience.

Il y avait autrefois des écuyers chargés de l'éducation des poulains nés dans des haras sauvages. On les appelait cavalcadours de *bardelle* ; ils accoutumaient de jeunes animaux, nourris dans toute la liberté de la nature, à se laisser approcher dans l'écurie, lever successivement les quatre pieds, souffrir la bride, la croupière, les sangles, etc. ; ils les assuraient, les rendaient doux au montoir, n'employaient jamais la force et la rigueur qu'après avoir épuisé tous les moyens de douceur dont ils pussent s'aviser ; c'est par cette patience ingénieuse qu'ils rendaient un cheval souple, obéissant, familier, ami de l'homme.

Un écuyer, sage autant que patient, n'excédait pas de coups un cheval qui se refusait obstinément à passer par un chemin ; il y plantait un piquet auquel il attachait son cheval, et il le laissait là vingt-quatre heures sans boire ni manger : au bout de ce temps, il revenait avec une mesure d'avoine et de l'eau ; si le cheval obéissait, il le fesait manger et boire, et pour l'ordinaire il était corrigé ; mais si, au contraire, il montrait la même opiniâtreté, il le laissait encore là douze heures, quelquefois plus long-temps, et le cheval finissait par réfléchir et céder.

Presque tous les chevaux méchans ne le sont devenus que pour avoir été maltraités dans leur enfance ; ils étaient d'un caractère fier, un brutal a excité leur colère vindicative ; et ils ont pris en haine l'espèce humaine toute entière : tel était un andaloux magnifique qu'on avait été forcé d'enfermer dans une loge ; aucun homme n'osait l'approcher, on lui jetait des alimens par un trou pratiqué au plancher. On introduisait dans sa prison des chiens, des moutons qu'il accueillait avec bienveillance ; on y fesait entrer à reculons des jumens qu'il servait avec ardeur et non sans fruit ; mais la vue d'un homme le transportait de fureur.

Un pareil caractère eût probablement fléchi sous une main douce, patiente et habile.

On allait tuer à coups de fusil un cheval non moins exaspéré que cet andaloux ; un écuyer l'achète pour le prix de sa dépouille ; il le soumet à la diète ; il le prive de sommeil, et ce n'est pas lui qui a l'air d'imposer ces rigueurs. Quand l'animal est exténué de faim et de fatigue, l'écuyer montre de loin de la nourriture : la fureur se réveille-t-elle ? la nourriture disparaît, et revient un palefrenier armé d'un fouet. Cette démonstration est répétée plusieurs fois, et le noble animal finit par voir dans l'habile écuyer un protecteur et un ami ; il se laisse approcher ; il reçoit les caresses, il les rend ; et les rapports les plus intimes s'établissent entre le bienfaiteur et l'objet des bienfaits.

Puissance de la douceur pour dompter et faire travailler des bêtes bovines.

Ce n'est pas seulement le bœuf, mais encore le taureau qui, étant traité avec douceur, se laisse atteler sans difficulté et trace tranquillement un sillon ; les attelages de taureaux pour le labour, qu'en quelques pays on regarde comme dangereux et presque impossibles, sont les plus communs de tous dans quelques parties de la Haute-Auvergne ; mais pour les former on s'est bien gardé d'user de force et de violence. On a joint, tout en prodiguant les caresses et donnant un peu de sel, à un bœuf dressé, un taureau novice ; on ne le pique pas, on ne le maltraite pas, même de la voix. On le fait ainsi marcher sans rien tirer ; il traînera plus tard un léger fardeau, et après cinq à six leçons, l'éducation sera finie. Celui qui doit être son compagnon recevait en même temps des leçons semblables d'un autre bœuf dressé, qui, lui-même, était le camarade du premier instructeur.

L'éducation a coûté un peu d'avoine ou de son, quelques grains de sel, et n'a donné le sujet ni d'un coup d'aiguillon, ni d'un coup de fouet.

Voilà les deux taureaux, labourant sans contrainte sous la conduite d'un bouvier, muni d'un aiguillon émoussé, dont l'usage est d'avertir plutôt que d'exciter, je ne dis pas de punir.

Les deux taureaux ont chacun leur nom, et ils obéissent à la voix de leur conducteur qui est leur ami.

Lorsque les bouviers entrent à l'étable pour garnir les ratcliers, bœufs, vaches et taureaux tournent vers eux des regards où se peint la reconnaissance. Ils les suivent sans difficulté, quand ceux-ci vont les chercher au pâturage, soit pour les ramener à l'étable, soit pour les fixer à la charrue. Chaque camarade connaît la place qu'il doit occuper ; tandis que l'un est attaché au joug, l'autre attend son tour pour se présenter.

Si l'ardeur des animaux travailleurs se ralentit, le bouvier la ranime en chantant.

C'est aussi en chantant, et non en les déchirant à coups d'aiguillon ou de fouet, que les conducteurs des charrois auvergnats accélèrent les pas des bœufs qui, dans les derniers jours de l'automne, transportent les énormes fromages du Cantal (fourmes) dans l'Ouest de la France.

Cette manière d'exciter les bœufs est usitée en Poitou ;

on y connaît, de temps immémorial, le *noteur* ou chanteur qui est chargé d'encourager, par ses airs, les bœufs qui tracent les sillons.

De la douceur à l'égard des vaches laitières et des bêtes d'engrais.

La production permanente du lait chez la vache, comme chez la chèvre et la brebis, n'est pas dans la nature. Les races sauvages n'en secrètent que le temps nécessaire à leurs petits pour s'habituer à d'autres alimens ; les organes mammaires se rapetissent et disparaissent, en quelque sorte, sur ces femelles entre deux nourrissages. Si, étant issues de races sauvages, anciennement domestiques, elles retournent à la servitude, elles apporteront les modifications de l'état d'indépendance, et ne donneront du lait qu'en présence de leurs nourrissons.

Les vaches complètement domestiques cessent souvent de fournir du lait, après avoir perdu leurs petits, et ce n'est qu'à force de douceur et de bons traitemens qu'on peut rappeler ce fluide à leurs mamelles.

Les économes n'ignorent pas qu'à égalité de race et de nourriture, les vaches traitées avec douceur, comme elles le sont généralement autour de notre ville, sont celles qui donnent, en plus grande abondance, le meilleur lait, et qu'il en est même qui le refusent obstinément à des filles de basse-cour, sans adresse et surtout sans douceur. Il en est qui, habituées à une trayeuse, ne veulent point l'accorder à une étrangère ; d'autres enfin auxquelles il faut toujours le payer par des caresses et des friandises.

L'animal soumis à l'engrais doit être tenu dans un calme parfait, une profonde quiétude. Tout entier à la digestion, rien ne doit troubler le seul travail que nous exigions de lui.

Cent bœufs étaient à l'engrais dans une prairie de la vallée d'Auge. L'opération manqua dans une saison, parce qu'une route avait été tracée dans le pré pour le transport bruyant des matériaux de la construction d'un édifice.

En Limousin quand, sur la fin de l'engrais, un bœuf est dégoûté, le nourrisseur qui lui présente la nourriture à travers un guichet se met à chanter ; l'animal mange : le chanteur s'arrête-t-il ? L'animal blasé cesse de manger, et il recommence avec les chants.

Des distinctions et des humiliations comme moyens d'action sur les animaux.

Les muletiers espagnols ornent de plumets leurs animaux les plus ardens et les plus dociles, et ils les en privent pour un temps déterminé, s'ils ont à s'en plaindre. Des rouliers du midi de la France, qui remarquent une bête d'attelage tirant avec langueur, lui crient en l'appelant par son nom, et dans un langage connu d'elle, qu'elle sera attachée derrière la voiture ; et si l'avertissement est sans effet, elle y est attachée avec ignominie, et, pour aggraver la honte, c'est à l'entrée d'un village que la peine est infligée.

Les chevaux de premier sang, qui remportent les grands prix aux courses anglaises, sont couverts, même à l'écurie, de riches harnais ; leurs mangeoires sont en marbre sculpté, et leurs rateliers de bois d'acajou. Il est de ces chevaux au service desquels cinq valets, sous le nom de *grooms*, sont attachés avec ordre de ne paraître en leur présence qu'en grande livrée et chapeau bas.

C'est là, sans doute, une manière britannique quelque peu insolente ; mais il n'en est pas moins vrai que le sentiment de son importance enflamme le coursier anglais, et le fait voler dans l'arène avec la rapidité de l'éclair.

Nous voyons tous les jours des chevaux richement harnachés, qui sont tout fiers de l'or et de la soie qui les couvre. Sont-ils revêtus de harnais plus simples? Ce n'est plus la même noblesse dans l'attitude, la même fierté dans le regard, la même énergie, la même élégance, les mêmes grâces dans les allures.

On a vu des chevaux distingués, marcher avec nonchalance, la tête basse et l'œil morne, parce qu'ils se sentaient couverts d'une poussière qui n'était pas celle des combats.

Effets de la violence et des mauvais traitemens sur les taureaux et les bœufs travailleurs.

Les anciens n'osaient pas atteler les taureaux, et nous voyons dans les livres des géoponiques romains que leurs bœufs n'étaient pas plus forts que les nôtres, car ils ne travaillaient pas davantage ; et cependant quelle violence dans les moyens qu'ils employaient pour les dompter ! On choisissait des hommes grands, robustes, à voix forte et menaçante. Ceux-ci s'emparaient de l'animal à dompter ; ils l'enchaînaient, l'attachaient fortement à la crèche, où il était tenu pendant quatre à cinq jours, le joug sur la tête, sans sommeil et sans nourriture ; et quand il était bien faible, bien exténué, on venait l'amadouer avec du sel, du vin, des gâteaux. Ce n'était qu'à force de menaces et de coups qu'on en obtenait ensuite du travail.

Cette méthode violente de dompter les bœufs est usitée dans une grande partie de la France ; et, par ce moyen, on ne vient pas toujous à bout de les assouplir. On dit, alors, qu'on les a *manqués* ; ils travaillent mal, et sont dangereux. On les détèle avant le temps ; ils prennent difficilement la graisse, et on s'en défait avec perte. On en a vus qu'il a été impossible de soumettre à aucune espèce de travail ; d'autres, qui ont cessé de travailler pour avoir été maltraités.

C'est ainsi que deux bœufs robustes qui, pendant long-temps, avaient fait leur service avec la plus grande docilité devinrent tout-à-coup intraitables et furieux ; ils avaient changé de conducteur, et le nouveau était brutal ; et, au grand détriment du propriétaire, il fut impossible de les engraisser.

On a vu un superbe taureau, d'une grande douceur, qui, sous la conduite d'un enfant et d'un chien, suivait paisiblement les vaches au pâturage ; il rendait à tous ceux qui l'approchaient les caresses qu'il en recevait. Tout-à-coup il devient furieux, implacable, poursuivant avec acharnement hommes et chiens. On le croit enragé ; on le tue à coups de fusil, et on apprend que le malheureux pâtre s'était amusé à agacer le chien contre le taureau, qu'il en était résulté un combat sanglant : rien ensuite n'avait pu calmer la fureur du taureau offensé.

De l'abus des châtimens sur le cheval.

Au lieu d'agir sur le plus fier et le plus docile des quadrupèdes par la douceur, les caresses, les éloges, les distinctions flatteuses, c'est uniquement par le fouet et l'éperon qu'on prétend le façonner au mors et au harnais ;

au lieu de faire connaître ses volontés à l'animal par les moyens que les écuyers nomment *des aides*, c'est-à-dire de légers mouvemens de la jambe ou de la main ; le *pincer* de l'éperon, la simple vue de l'instrument de punition, le son de la voix, on ne veut communiquer avec lui que par la douleur ; on le frappe, non-seulement pour le punir d'une désobéissance, mais encore pour lui donner un ordre ; on le frappe plus fort, parce qu'il n'a pas obéi à un ordre qu'il ne comprenait pas, ou dont l'exécution lui était impossible ; et c'est par de nouveaux châtimens qu'on prétend lui donner des forces, de l'adresse et de l'intelligence.

Si c'est ainsi qu'a été élevé le poulain, il ne peut plus y avoir *d'aides* pour le cheval adulte.

Les châtimens ont, en quelque sorte, rendu les châtimens nécessaires.

Mais encore faudrait-il ne les infliger qu'à propos, avec ménagement et regret. Bien loin de là : on bat souvent son cheval sans mesure comme sans motifs. Il est des valets de charrue, de roulage, des postillons, des cochers peut-être qui battent leurs malheureux chevaux par mauvaise humeur, par habitude, par désœuvrement et comme pour se désennuyer.

Qu'on ne croie pas qu'une douleur physique soit le seul effet de cette brutalité. L'animal qui en est la victime n'exprime pas la douleur intérieure qu'il éprouve ; mais il digère mal ; on le voit maigrir ; ses forces diminuent ; sa souplesse et son élasticité s'évanouissent ; et si à cette cause se joignent l'excès du travail et l'insuffisance de nourriture, l'animal, jeune encore, est usé, décrépit, il appartient à l'écarrisseur.

Du travail prématuré et du travail excessif.

C'est, pour l'ordinaire, afin d'en obtenir le plus de travail possible qu'on prodigue les coups aux animaux travailleurs. On veut que le poulain, que le bouvillon gagnent déjà leur nourriture; et c'est à grands coups d'aiguillon ou de fouet qu'on prétend leur donner la force et la vigueur que la nature n'a pas encore développées. Heureux si on ne monte pas le jeune cheval, avant que ses reins aient la consistance nécessaire pour supporter un lourd fardeau, et ses jambes assez de fermeté pour ne pas fléchir sous le poids. C'est en abusant ainsi de l'enfance d'un poulain que, tout en avilissant son caractère, on altère pour toujours sa constitution. Il montrera de bonne heure tous les signes de l'usure sénile; il sera réformé à un âge où, dans l'ordre de la nature, il devrait être dans toute la plénitude de son énergie.

Ne l'eût-on pas soumis à un travail prématuré, si celui qu'on en exige est au-dessus de ses forces, s'il est ce qu'on nomme *surmené*, il peut mourir subitement, être atteint de maladies aiguës ou d'affections chroniques.

Dans le premier cas, qui n'est pas fort rare, l'autopsie décèle des ruptures de l'estomac, ou du diaphragme, ou de quelques gros vaisseaux, etc.

Les maladies aiguës, produites par cette cause, sont de violentes indigestions, la fourbure, le lumbago, le tetanos, la fluxion de poitrine.

Parmi les maladies chroniques résultant d'un travail habituellement excessif, on peut citer les exostoses, les ankiloses, les dilatations des vaisseaux sanguins et des capsules articulaires, presque toutes les affections des pieds, les rhumatismes, la phtysie pulmonaire.

Aucune maladie déterminée ne se déclarât-elle sous cette influence, que l'animal n'en tomberait pas moins dans la maigreur et le marasme ; toutes proportions étant rompues entre les pertes et les réparations vitales : et tel est cet appauvrissement que ni le repos, ni le meilleur régime alimentaire, ne peuvent rétablir l'animal. On n'engraisse point les bœufs usés par le travail : on dit, en Lyonnais, qu'ils ont le foie brûlé.

Rapports entre la condition des animaux et l'état de la société.

Comme agents et produits de la culture, les animaux sont l'élément principal de la richesse publique ; et ils sont d'autant plus nombreux, d'autant plus beaux, d'autant plus productifs qu'ils sont traités avec plus de douceur. Dès lors, en effet, sans que leur entretien soit plus dispendieux, ils ont moins de maladies, et ils vivent plus long-temps ; plus vigoureux et plus dociles, ils transmettent par voie de génération leurs qualités physiques et morales.

Travaillant sans contrainte et, en quelque sorte, de bonne volonté, ils font plus d'ouvrage avec moins de fatigue ; il faut, pour les soigner, moins de valets et moins de temps. On peut, sans inconvéniens, les abandonner dans les pâturages ; s'ils en sortent, c'est pour revenir spontanément à l'étable où les attendent de la nourriture et des caresses.

C'est parce qu'on l'accueille avec douceur, quand il se présente à l'habitation, qu'on peut laisser sans gardiens dans des pâturages immenses le bétail américain. On ne garde pas davantage le bétail sur les montagnes de la Suisse et de l'Auvergne; il vient de lui-même, ici au chalet, là au buron. C'est avec un *pique-bœuf* sans aiguillon que le laboureur du Cantal conduit ses bœufs, et leur pied n'en est que plus sûr au milieu des précipices. Le sillon des champs de la Flandre est profond et correct, parce que le laboureur est sans fouet, et qu'il ne se sert des rênes que pour faire tourner ses chevaux.

On ne maltraite jamais le cheval arabe; il est considéré comme membre de la famille. Là, l'enfant à la mamelle, se joue sous les jambes de la fière cavale qui, à la voix de son maître, s'élancera, dévorera l'espace, et dans moins d'un jour, sans prendre de nourriture, laissera quarante lieues derrière elle.

Comment se fait-il que ce soit précisément en France, dans ce pays qui se vante de sa haute civilisation, que les animaux domestiques, et particulièrement le plus noble de tous, soient traités avec le plus de dureté?

N'a-t-on pas dit, et avec raison, que Paris était *l'enfer* des *chevaux*; et ne sait-on pas avec quelle servilité les provinces imitent la capitale!

Aussi, nulle part en Europe, je n'en excepte ni l'Espagne, ni l'Italie, le bétail n'est si chétif qu'en France.

En considérant ce triste sujet sous un autre point de vue, je pourrais me demander si les traitemens barbares exercés sur les animaux domestiques sont sans influence sur la morale publique. Ne serait-il pas temps de faire cesser le scandale de ces combats d'animaux, de ces transports de piles de veaux à demi morts sur des charrettes qui roulent dans les rues, de ces boucheries sanglantes, souillant les quartiers les plus populeux?

Des bills, espèces de code noir, ont été portés en Angleterre pour protéger les animaux contre la brutalité de leur maître.

Au lieu de demander ces lois protectrices, nous nous contentons de proclamer dans le sens de notre consciencieuse publication, que l'intérêt le plus puissant de l'homme est d'entretenir convenablement, surtout de traiter avec douceur les êtres doués d'intelligence et de sensibilité, qui naissent, vivent, travaillent et meurent pour lui.

FIN.

TABLE.

ZOOLOGIE.

CHAPITRE I. — *Généralités.* 1
Définition de la Zoologie, et de son objet. *Id.*
Classification des animaux. 2
Des mammifères. 4
Division zoologique des mammifères domestiques. 5
CHAPITRE II. — Du cheval. 8
CHAPITRE III. — De l'âne. 16
CHAPITRE IV. — Du bœuf. 21
CHAPITRE V. — Du mouton. 29
CHAPITRE VI. — De la chèvre. 36
CHAPITRE VII. — Du cochon ou porc. 43
CHAPITRE VIII. — Du chien. 49
CHAPITRE IX. — Du chat. 56
CHAPITRE X. — Du lapin. 62
CHAPITRE XI — *Mammifères nuisibles.* 67
Du loup. *Id.*
Du renard. 69
De l'ours. 71
Du blaireau (taisson). 72
De la fouine. 73
De la belette. — Du putois. — Du furet. 75
De la loutre. *Id.*
CHAPITRE XII. — *Oiseaux.* 77
CHAPITRE XIII. — *Gallinacées.* — Poules. 81
Du mâle (coq). 85
CHAPITRE XIV. — *Du dinde et de quelques autres gallinacées.* 87
Du paon. 90
De la pintade. 91
De l'outarde. *Id.*
Du hocco. 92

CHAPITRE XV. — *Des pigeons.* *Id.*
CHAPITRE XVI. — *Des palmipèdes.* 96
Du canard. *Id.*
CHAPITRE XVII. — De l'oie. 101
Du cygne. 106
CHAPITRE XVIII. — *Des Insectes.* — *Généralités.* 107
CHAPITRE XIX. — De l'abeille. 113
CHAPITRE XX. Du ver à soie. 118
CHAPITRE XXI. *Insectes nuisibles au bétail.* 125
Famille des diptères. *Id.*
Du taon. *Id.*
Du cousin. 126
De l'asile. 127
Du stomoxe. *Id.*
De l'hippobosque. 128
De la mouche 129
De l'œstre. 130
CHAPITRE XXII. — *Des insectes aptères et autres invertébrés ennemis du bétail.* 136
Du pou. *Id.*
Du ricin. 138
De l'ixode. 138
De la puce. 140
Du scorpion. 141
Des acares. 142
CHAPITRE XXIII. — *Des entozoaires.* 144
CHAPITRE XXIV. — *Entozoaires communs chez les animaux domestiques.* 149
Du strongle. *Id.*
De l'ascaride. 150
De la filaire. 151
De l'échinorhinque. 152
De la douve. *Id.*

Du tœnia. 153
Du cysticerque. 154
Du cœnure. 155
De l'échynocoque. 156
CHAPITRE XXV ET DERNIER. — *Autres animaux de diverses classes compris dans la zoologie vétérinaire.* Id.
De la sangsue. 157
De la cantharide. 158
Du scarabée des maréchaux. 161
Du cynips de la noix de galle. 162
De la vipère. 163

HYGIÈNE.

CHAPITRE I. — *Généralités.* 167
Définitions de l'Hygiène. Id.
Sujets de l'Hygiène vétérinaire. — Animaux domestiques. — Leur caractère. 168
Son importance. 171
Ses rapports avec d'autres connaissances. 172
Connexion avec l'économie rurale. 175
CHAPITRE II. -- *Plan du cours.* 177
Section 1.re — Air et lieux. Id.
Section 2. -- Alimens. -- Boissons. — Condimens. 178
Section 3. — Applications extérieures. — Effets sur la sensibilité. 179
Section 4. -- Services et produits. 180
CHAPITRE III. — *De l'air atmosphérique et des influences hygiéniques de ses divers états.* 181
Composition et propriétés. Id.
Pesanteur de l'air. — Son influence. 182
Chaleur de l'air. -- Son influence. 184
Air froid et ses effets. 187
Air sec et ses effets. 189
Air humide et son influence. 191
Des brusques variations dans l'état de l'air. 194

CHAPITRE IV. — *Influence de la lumière et de quelques météores.* 196
De la lumière. Id.
Des météores en général. 199
Des vents. Id.
Des brouillards. 201
De la rosée. 202
De la pluie. 203
De la gelée. 204
De la glace. 205
De la neige. 206
De la grêle et du grésil. 207
De la gelée blanche et du givre. 208
De la foudre. Id.
CHAPITRE V. -- *Altération de l'air par l'interposition entre ses molécules de substances insalubres.* 211
Des gaz délétères. Id.
Des émanations putrides et empyreumatiques. 212
Des émanations marécageuses. 214
Formation de la matière de ces émanations. -- Leur dispersion dans l'air. Id.
Leurs effets sur l'économie vivante. 215
Précautions hygiéniques contre l'influence de ces émanations. 216
Des rizières et des routoirs. 218
Des émanations animales morbides. 219
CHAPITRE VI. — *Des saisons et de leur influence hygiénique.* 221
Du printemps. 222
De l'été. 224
De l'automne. 226
De l'hiver. 227
CHAPITRE VII. -- *Pâturages en général, et particulièrement de ceux qui sont absolus.* 229
De ce régime considéré dans les divers herbivores domestiques. Id.
Influence du pâturage, principalement sur le cheval. 230

Des circonstances où le régime du pâturage convient particulièrement. 232
Pâturages libres, absolus en plein air. 234
De la transumance. 236
Pâturages en toutes saisons, le jour comme la nuit dans des clos. 238
CHAPITRE VIII. -- *Pâturages temporaires.* 240
Des prés. 241
Des landes, friches, jachères. 242
Des bois. 243
Des marais. 245
Des communaux. *Id.*
Du parcours et de la vaine Pâture. 246
Des pâturages de montagnes. 247
Des herbages (embouche en charolais). 248
Stabulation permanente. Avantages. 249
Examen des inconvéniens de cette méthode. 251
CHAPITRE IX. -- *Des habitations des animaux domestiques ; influence de leur mauvaise tenue sur la santé du bétail.* 252
Définitions.--Diverses sortes. *Id.*
Motifs de la stabulation. 254
Ses vices. -- Préjugés à cet égard. 255
Infection par suite d'une stabulation vicieuse. 256
Effets de cette infection sur le bétail. 258
Désinfection. 261
CHAPITRE X. -- *Règles d'Hygiène relatives aux habitations des animaux domestiques.* 263
Du placement (assiette) de ces lieux. *Id.*
De l'orientement. 265
De l'aération. 267
Du sol et du plancher. 269
Des dimensions. 271
Des séparations et des compartimens. 272

Des rateliers. 274
Des mangeoires ou auges. 276
Des toits à porc. 277
Des chenils. 278
CHAPITRE XI. -- *Alimens en général, de leurs principes, de leurs effets physiologiques indépendans de la nutrition.* 280
Définitions et considérations. *Id.*
Des principes des alimens en général. 282
De la fécule. 283
Du gluten. *Id.*
Du muqueux. 284
Du sucre. 285
De l'albumine, et des huiles grasses végétales. *Id.*
Des assaisonnemens végétaux. 286
Des substances alimentaires, puisées dans le règne animal. 289
Effets physiologiques des alimens, indépendans de la nutrition. 291
CHAPITRE XII. -- *De l'alimentation selon les espèces, les âges, les lieux, les saisons, les genres de services et de produits, les conditions physiologiques.* 293
Rapports entre le genre de l'alimentation et la forme de l'appareil digestif. *Id.*
Ses rapports avec le naturel. 295
Sa nature selon les âges. 296
Selon les lieux, les climats. 299
Sous le rapport des saisons. 300
Selon le genre de services et de produits. 302
Selon les conditions physiologiques. 304
CHAPITRE XIII. -- *Alimentation diététique en général, et particulièrement régime du vert pour les solipèdes.* 307
De la diète dans les mammifères domestiques. *Id.*
Du régime du vert. 309

Saison du vert, sa durée. *Id.*

Diverses manières de donner le vert 311

Avantages du vert en liberté. *Id.*

Ses inconvéniens, sous le rapport de l'économie. 312

Sous celui de l'Hygiène. 313

Hangars disposés dans la prairie. 314

Du vert donné à l'écurie. *Id.*

Transition du régime sec au vert. 315

Bonne distribution du vert à l'écurie. 316

Du vert d'escourgeon. 317

Effets immédiats du vert. 318

Effets consécutifs et favorables du vert. 319

CHAPITRE XIV.-- *Prairies permanentes, leur composition.* 321

Définitions, considérations. *Id.*

Variété dans la qualité des plantes dans les prairies permanentes. 322

Plantes nutritives, à un degré satisfaisant parmi les graminées. 323

Plantes de mêmes qualités parmi les légumineuses. 325

Plantes parasites. 326

Plantes parasites auxquelles le bétail ne répugne pas. 327

Plantes parasites qu'il dédaigne dans les pâturages. 328

Plantes vénéneuses. 330

Considérations sur les plantes vénéneuses des prairies. 332

CHAPITRE XV. -- *Des prairies temporaires, dites artificielles; de leur influence sur les assolemens de l'agriculture, la multiplication et l'amélioration du bétail.* 334

Définitions, considérations. *Id.*

De la luzerne commune, et de son usage alimentaire. 336

Du trèfle des prés. 338

Du sainfoin. 339

Autres légumineuses. 340

De la chicorée sauvage. 341

De la pimprenelle commune. *Id.*

De la spergule. 342

De l'ortie commune. 343

Influence des prairies temporaires (dites artificielles) sur la prospérité de l'agriculture. 344

Influence de cette culture sur la multiplication du bétail. 346

CHAPITRE XVI. -- *Du foin et des altérations dont il est susceptible.* 347

Définition. *Id.*

Du fauchage. 348

Du fanage. 349

De la seconde dessication. 350

Du fenil. 351

Des meules. 352

Caractères d'un bon foin. 353

Du foin nouveau et du foin vieux. 354

Du foin cassant, délavé. *Id.*

Du foin rouillé. 355

Du foin vasé ou terré. *Id.*

Du foin moisi. 357

De quelques altérations particulières du foin. *Id.*

Falsification du fourrage. 358

Correctifs du foin altéré. 359

Du regain. 360

CHAPITRE XVII. -- *Paille, feuilles d'arbres.* 361

Définitions de la paille, espèces de ce fourrage. *Id.*

De celle de froment. 362

De la récolte et de sa conservation. 363

De ses altérations. *Id.*

De la paille hachée. 365

Propriétés alimentaires de la paille de froment. 366

De quelques autres pailles alimentaires. 368

Usage alimentaire des feuilles d'arbres. 369

Espèces d'arbres dont on les retire principalement. 370

Arbustes qui en fournissent. 372

Récolte et conservation. 373
Chapitre XVIII. -- *Grains et son.* 375
Définition, origine, espèces de grains. Id.
De l'avoine et de ses variétés. 376
Caractères d'une bonne avoine. 377
De l'avoine nouvelle, et de celle qui est trop javelée. 378
Usage alimentaire de l'avoine. 380
De l'orge; description et analyse. 381
Usage alimentaire. 382
Du froment; de l'épéautre; du seigle. 384
Du maïs. 385
Du sarrasin. 386
Du son. 387
Usage alimentaire du son. 389
Chapitre XIX. -- *Graines de légumineuses; fruits tant secs que mous; marcs.* 391
De la féverolle. 392
Du fenugrec. 393
Autres graines de légumineuses. 394
Du chènevis et autres graines pour les oiseaux. 395
Du gland. 396
De la châtaigne. 397
Des marrons d'Inde. Id.
De la faîne. 398
Des courges. 399
Des poires et des pommes. 400
Des tourteaux. 401
Du marc des raisins. 402
Autres marcs ou résidus. 403
Chapitre XX. -- *Racines, tubercules, choux.* 405
Définitions, généralités. Id.
De la carotte. 407
Du panais. 408
De la betterave. 409
De la rave et du turneps. 410
Du navet et du rutabaga. 411
De la pomme de terre. 412
Son emploi pour la nourriture du bétail. 413
Du topinambour. 414

Choux-raves et choux-navets. 415
Autres choux fourrages. 416
Chapitre XXI. -- *Cuisson; autres préparations alimentaires végétales; sel; autres condimens.* 419
Effets de la cuisson sur les alimens végétaux. Id.
De l'insalivation dans les animaux nourris de végétaux cuits. 420
Pratique de la cuisson des fourrages. 422
Appétence des herbivores pour le sel. 427
Effets hygiéniques du sel sur le bétail. Id.
Effets du sel sur les fourrages. 429
Diverses manières de donner le sel. 430
Succédanés du sel pour l'hygiène du bétail. 432
Chapitre -- XXII. *Eau considérée comme boisson des bestiaux, -- abreuvoirs.* 433
Effets de l'eau sur l'économie animale. Id.
Caractères de l'eau potable. 434
Des abreuvoirs en général. 435
Des sources. 436
Des ruisseaux; des rivières; des lacs. Id.
Des marais. 437
Des abreuvoirs artificiels, fontaines. 438
Des puits. 439
Des citernes. 441
Des réservoirs. 442
Des étangs. 443
Des mares. Id.
Des eaux qu'on ne doit pas chercher à purifier. 445
Chapitre XXIII. -- *Distribution des alimens; hivernage.* 446
De divers fourrages, comparés au foin pour leurs facultés nutritives. Id.
De l'hivernage. 448

De ce régime pour les vaches en Auvergne. 449
Hivernage des bêtes ovines. 452
Distribution de la nourriture au bœuf de travail. 454
De la nourriture du cheval. 455
Distribution de cette nourriture. 457
Quelques exemples de ration pour le cheval. 458
Ordre des repas. 459
CHAPITRE XXIV. -- *Manière d'abreuver les animaux domestiques; boissons nutritives; boissons animales pour les herbivores.* 460
Quantité de boissons à donner selon les circonstances. Id.
Manière d'abreuver le cheval. 461
Manière d'abreuver le bœuf. 462
Manière d'abreuver le mouton et la chèvre. 463
Boissons nutritives, eau blanche. 464
Drèche. 465
Buvées pour les bêtes bovines. 466
Boissons animales pour les herbivores. 468
CHAPITRE XXV. -- *Pansage, bains, lotions, onctions.* 470
Des choses appliquées sur la surface cutanée du cheval. Id.
Définition du pansage. 471
Sur les autres animaux. 473
Instrumens qui servent au pansage. 474
Mode du pansage des chevaux. 476
Des bains et de leurs différentes espèces. 478
Des bains frais pour le cheval. Id.
Pour les autres animaux domestiques. 480
Du pédiluve. 481
Des lotions. 482
Des onctions. 483
CHAPITRE XXVI. -- *Tonte, tondage, ablations hors les cas chirurgicaux de la queue, des oreilles, des*

cornes, *des organes de la génération ; effets hygiéniques de ces opérations.* 484
De la tonte. Id.
Du tondage. 485
De la dépilation partielle sur des chevaux. 487
De l'amputation des cornes. Id.
De l'amputation de la queue sur les bêtes ovines. 489
De l'amputation de la queue et de celle des oreilles sur les bêtes chevalines. 490
De la castration, et des animaux qui la subissent. 492
De son influence physiologique, principalement dans les espèces bovines. 493
Dans les espèces chevalines. 495
Motifs de cette opération inapplicables aux chevaux. 495
De l'âge pour cette opération. 498
CHAPITRE XXVII. -- *La ferrure, considérée sous le rapport de son influence hygiénique.* 499
Définition, usage de la ferrure. Id.
De la nouveauté de son origine. 501
De l'influence de la ferrure sur la conformation de l'ongle, et ses mouvemens. 503
De quelques maladies des pieds causées par la ferrure. 504
De l'utilité de la bonne maréchallerie 507
De l'âge auquel il est permis de ferrer les animaux. 508
Les précautions à prendre en les ferrant. 510
CHAPITRE XXVIII. -- *Harnais des chevaux. De la bride et de l'embouchure.* 513
Des harnais en général. Id.
De la bride. 514
Du mors. 515
De la gourmette et de la chaînette. 516
De la monture. 517
Des rênes. 518
Des diverses sortes de brides. Id.

Du bridon et du caveçon. 520
De l'embouchure. 521
Effets qui peuvent résulter d'une mauvaise embouchure, ou d'une main mal habile. 524
Propreté de la bride. 526
CHAPITRE XXIX.--*Selle, harnais des chevaux de trait.* 527
Définition, utilité de la selle, ses parties et ses appartenances Id.
Des parties de la selle. 528
Des appartenances de la selle. 529
Des variétés dans la forme des selles. 530
De la bonne confection de la selle sous les rapports de l'hygiène. 531
Des effets résultans des défauts de la selle ou de la maladresse du cavalier. 532
Des harnais d'attelage en général. 535
Des différences entre la bride du cheval de selle et celle du cheval de trait. 536
Du collier. 538
De la sellette et du mantelet. 540
Des panneaux. 541
De l'avaloire. Id.
Des traits. 543
Du tirage à plusieurs chevaux. Id.
CHAPITRE XXX. -- *Harnachement du bœuf, soit au joug, soit au collier. — Effets des harnais de tirage mal ajustés. —Bâts. — Harnais d'écurie.* 544
Du joug. Id.
Du joug à frontal. 546
Du double joug. 547
Des inconvéniens du tirage des bœufs par le joug. Id.
Usage des colliers pour le tirage des bœufs. 549
Des obstacles à l'adoption des colliers pour les bœufs. 550
Effets, sur le cheval et sur le bœuf, des harnais de tête mal ajustés. 552

Effets du collier mal ajusté, particulièrement sur le cheval. 553
De la bonne confection des colliers. 554
Des effets des harnais d'arrière-main mal ajustés. 556
Du bât. 557
Harnais d'écurie. -- Licous. 559
CHAPITRE XXXI. --*Entraves; instrumens de punition; harnais pour le bien-être des animaux ; applications ; marques.* 561
Des entraves au pâturage. Id.
Inconvéniens des entraves. 562
Instrumens de punition. 563
Abus des instrumens de punition. 564
Des couvertures et des caparaçons. 565
Des avantages des couvertures sous le rapport hygiénique. 567
Des applications extérieures contre les insectes ailés. 569
D'une application hygiénique sur les moutons (Sméaring) 570
Des marques faites sur les chevaux. Id.
Des marques faites sur les moutons. 572
CHAPITRE XXXII ET DERNIER. *Influence des bons et des mauvais traitemens sur les animaux domestiques.* 573
De la rigueur et de la douceur dans l'éducation des poulains. Id.
Exemples de l'influence, sur les chevaux, de la douceur et de la patience. 575
Puissance de la douceur pour dompter et faire travailler des bêtes bovines. 576
De la douceur à l'égard des vaches laitières et des bêtes d'engrais. 578
Des distinctions et des humiliations comme moyens d'action sur les animaux. 579

594

Effets de la violence et des
  mauvais traitemens sur les
  taureaux et les bœufs travailleurs.   580
De l'abus des châtimens sur
  le cheval.   581

Du travail prématuré et du
  travail excessif.   583
Rapport entre la condition
  des animaux et l'état de
  la société.   584

FIN DE LA TABLE.

LYON. — IMPRIMERIE DE J. M. BARRET.